U0249508

DIGITAL CONSTRUCTION

“十三五”国家重点图书出版规划项目
中国工程院重点咨询项目（2019-XZ-029）

数字建造｜运营维护卷

数字化运维

Digital Facility Management

郑展鹏　窦　强　陈伟伟　胡振中　方东平｜著
Jack C.P. Cheng, Qiang Dou, Weiwei Chen,
Zhenzhong Hu, Dongping Fang

中国建筑工业出版社

图书在版编目（CIP）数据

数字化运维 / 郑展鹏等著. — 北京：中国建筑工业出版社，2019.12（2024.1 重印）

（数字建造）

ISBN 978-7-112-24511-6

Ⅰ.①数… Ⅱ.①郑… Ⅲ.①数字技术－应用－建筑工程 Ⅳ.①TU-39

中国版本图书馆CIP数据核字（2019）第283524号

随着信息技术的飞速发展，云计算、大数据、物联网、人工智能等技术层出不穷，并推动了建筑工程的信息化和智能化发展。数字化运维是智能建筑的核心，数字化运维的不断发展推动着智慧城市的快速实现。本书分为10章，主要研究数字化技术在建筑工程运营维护阶段的应用。从数字化运维的概念和范畴开始，介绍数字化运维的技术和主要内容，从设施管理及维护、空间管理、能源与环境管理，以及安防、消防与应急管理多个方面，进行详细阐述和分析。对如何将数字化技术应用到不同的管理场景中，进行了实际应用和深度分析。最后，从七个不同类型、内容完整且详细的数字化运维应用案例，展示了数字化运维的优势和前景，给实际运维工作者提供良好的应用基础。

总 策 划：沈元勤
责任编辑：赵晓菲　朱晓瑜
助理编辑：张智芊
责任校对：姜小莲
书籍设计：锋尚设计

数字建造｜运营维护卷

数字化运维

郑展鹏　窦　强　陈伟伟　胡振中　方东平　著

*

中国建筑工业出版社出版、发行（北京海淀三里河路9号）
各地新华书店、建筑书店经销
北京锋尚制版有限公司制版
北京中科印刷有限公司印刷

*

开本：787×1092毫米　1/16　印张：21¼　字数：389千字
2019年12月第一版　2024年1月第三次印刷
定价：150.00元

ISBN 978－7－112－24511－6
（35152）

《数字建造》丛书编委会

丛书序言

伴随着工业化进程，以及新型城镇化战略的推进，我国城市建设日新月异，重大工程不断刷新纪录，“中国制造、中国创造、中国建造共同发力，继续改变着中国的面貌”。

建设行业具备过去难以想象的良好发展基础和条件，但也面临着许多前所未有的困难和挑战，如工程的质量安全、生态环境、企业效益等问题。建设行业处于转型升级新的历史起点，迫切需要实现高质量发展，不仅需要改变发展方式，从粗放式的规模速度型转向精细化的质量效率型，提供更高品质的工程产品；还需要转变发展动力，从主要依靠资源和低成本劳动力等要素投入转向创新驱动，提升我国建设企业参与全球竞争的能力。

现代信息技术蓬勃发展，深刻地改变了人类社会生产和生活方式。尤其是近年来兴起的人工智能、物联网、区块链等新一代信息技术，与传统行业融合逐渐深入，推动传统产业朝着数字化、网络化和智能化方向变革。建设行业也不例外，信息技术正逐渐成为推动产业变革的重要力量。工程建造正在迈进数字建造，乃至智能建造的新发展阶段。站在建设行业发展的新起点，系统研究数字建造理论与关键技术，为促进我国建设行业转型升级、实现高质量发展提供重要的理论和技术支撑，显得尤为关键和必要。

数字建造理论和技术在国内外都属于前沿研究热点，受到产学研各界的广泛关注。我们欣喜地看到国内有一批致力于数字建造理论研究和技术应用的学者、专家，坚持问题导向，面向我国重大工程建设需求，在理论体系建构与技术创新等方面取得了一系列丰硕成果，并成功应用于大型工程建设中，创造了显著的经济和社会效益。现在，由丁烈云院士领衔，邀请国内数字建造领域的相关专家学者，共同研讨、组织策划《数字建造》丛书，系统梳理和阐述数字建造理论框架和技术体系，总结数字建造在工程建设中的实践应用。这是一件非常有意义的工作，而且恰逢其时。

丛书涵盖了数字建造理论框架，以及工程全生命周期中的关键数字技术和应用。其内容包括对数字建造发展趋势的深刻分析，以及对数字建造内涵的系统阐述；全面探讨了数字化设计、数字化施工和智能化运维等关键技术及应用；还介绍了北京大兴国际机场、凤凰中心、上海中心大厦和上海主题乐园四个工程实践，全方位展示了数字建造技术在工程建设项目中的具体应用过程和效果。

丛书内容既有理论体系的建构，也有关键技术的解析，还有具体应用的总结，内容丰富。丛书编写者中既有从事理论研究的学者，也有从事工程实践的专家，都取得了数字建造理论研究和技术应用的丰富成果，保证了丛书内容的前沿性和权威性。丛书是对当前数字建造理论研究和技术应用的系统总结，是数字建造研究领域具有开创性的成果。相信本丛书的出版，对推动数字建造理论与技术的研究和应用，深化信息技术与工程建造的进一步融合，促进建筑产业变革，实现中国建造高质量发展将发挥重要影响。

期待丛书促进产生更加丰富的数字建造研究和应用成果。

中国工程院院士

2019年12月9日

丛书前言

我国是制造大国，也是建造大国，高速工业化进程造就大制造，高速城镇化进程引发大建造。同城镇化必然伴随着工业化一样，大建造与大制造有着必然的联系，建造为制造提供基础设施，制造为建造提供先进建造装备。

改革开放以来，我国的工程建造取得了巨大成就，阿卡迪全球建筑资产财富指数表明，中国建筑资产规模已超过美国成为全球建筑规模最大的国家。有多个领域居世界第一，如超高层建筑、桥梁工程、隧道工程、地铁工程等，高铁更是一张靓丽的名片。

尽管我国是建造大国，但是还不是建造强国。碎片化、粗放式的建造方式带来一系列问题，如产品性能欠佳、资源浪费较大、安全问题突出、环境污染严重和生产效率较低等。同时，社会经济发展的新需求使得工程建造活动日趋复杂。建设行业亟待转型升级。

以物联网、大数据、云计算、人工智能为代表的新一代信息技术，正在催生新一轮的产业革命。电子商务颠覆了传统的商业模式，社交网络使传统的通信出版行业备感压力，无人驾驶让人们憧憬智能交通的未来，区块链正在重塑金融行业，特别是以智能制造为核心的制造业变革席卷全球，成为竞争焦点，如德国的工业4.0、美国的工业互联网、英国的高价值制造、日本的工业价值网络以及中国制造2025战略，等等。随着数字技术的快速发展与广泛应用，人们的生产和生活方式正在发生颠覆性改变。

就全球范围来看，工程建造领域的数字化水平仍然处于较低阶段。根据麦肯锡发布的调查报告，在涉及的22个行业中，工程建造领域的数字化水平远远落后于制造行业，仅仅高于农牧业，排在全球国民经济各行业的倒数第二位。一方面，由于工程产品个性化特征，在信息化的进程中难度高，挑战大；另一方面，也预示着建设行业的数字化进程有着广阔的前景和发展空间。

一些国家政府及其业界正在审视工程建造发展的现实，反思工程建造面临的问题，探索行业发展的数字化未来，抢占工程建造数字化高地。如颁布建筑业数字化创新发展路线图，推出以BIM为核心的产品集成解决方案和高效的工程软件，开发各种工程智能机器人，搭建面向工程建造的服务云平台，以及向居家养老、智慧社区等产业链高端拓展等等。同时，工程建造数字化的巨大市场空间也吸引众多风险资本，以及来自其他行业的跨界创新。

我国建设行业要把握新一轮科技革命的历史机遇，将现代信息技术与工程建造深度融合，以绿色化为建造目标、工业化为产业路径、智能化为技术支撑，提升建设行业的建造和管理水平，从粗放式、碎片化的建造方式向精细化、集成化的建造方式转型升级，实现工程建造高质量发展。

然而，有关数字建造的内涵、技术体系、对学科发展和产业变革有什么影响，如何应用数字技术解决工程实际问题，迫切需要在总结有关数字建造的理论研究和工程建设实践成果的基础上，建立较为完整的数字建造理论与技术体系，形成系列出版物，供业界人员参考。

在时任中国建筑工业出版社沈元勤社长的推动和支持下，确定了《数字建造》丛书主题以及各册作者，成立了专家委员会、编委会，该丛书被列入“十三五”国家重点图书出版计划。特别是以钱七虎院士为组长的专家组各位院士专家，就该丛书的定位、框架等重要问题，进行了论证和咨询，提出了宝贵的指导意见。

数字建造是一个全新的选题，需要在研究的基础上形成书稿。相关研究得到中国工程院和国家自然科学基金委的大力支持，中国工程院分别将“数字建造框架体系”和“中国建造2035”列入咨询项目和重点咨询项目，国家自然科学基金委批准立项“数字建造模式下的工程项目管理理论与方法研究”重点项目和其他相关项目。因此，《数字建造》丛书也是中国工程院战略咨询成果和国家自然科学基金资助项目成果。

《数字建造》丛书分为导论、设计卷、施工卷、运营维护卷和实践卷，共12册。丛书系统阐述数字建造框架体系以及建筑产业变革的趋势，并从建筑数字化设计、工程结构参数化设计、工程数字化施工、建筑机器人、建筑结构安全监测与智能评估、长大跨桥梁健康监测与大数据分析、建筑工程数字化运维服务等多个方面对数字建造在工程设计、施工、运维全过程中的相关技术与管理问题进行全面系统研究。丛书还通过北京大兴国际机场、凤凰中心、上海中心大厦和上海主题乐园四个典型工程实践，探讨数字建造技术的具体应用。

《数字建造》丛书的作者和编委有来自清华大学、华中科技大学、同济大学、东南大学、大连理工大学、香港科技大学、香港理工大学等著名高校的知名教授，也有中国建筑集团、上海建工集团、北京市建筑设计研究院等企业的知名专家。从2016年3月至今，经过诸位作者近4年的辛勤耕耘，丛书终于问世与众。

衷心感谢以钱七虎院士为组长的专家组各位院士、专家给予的悉心指导，感谢各位编委、各位作者和各位编辑的辛勤付出，感谢胡文瑞院士、丁士昭教授、沈元勤编审、赵晓菲主任的支持和帮助。

将现代信息技术与工程建造结合，促进建筑业转型升级，任重道远，需要不断深入研究和探索，希望《数字建造》丛书能够起到抛砖引玉作用。欢迎大家批评指正。

《数字建造》丛书编委会主任 丁烈云

2019年11月于武昌喻家山

本书前言

建筑业是我国国民经济的重要物质生产部门和支柱产业之一，在改善居住条件、完善基础设施、吸纳劳动力就业、推动经济增长等方面发挥着重要作用。随着21世纪全球信息化的飞速发展，信息化技术也逐渐涌现出来，例如建筑信息模型、物联网、激光扫描技术等。如何利用先进的信息化技术，帮助提高建筑行业建造生产力，提高建筑环境安全系数，保障整个建筑全寿命期内的高效运作，是建筑行业需要研究和探索的重点。

本书是“十三五”国家重点图书出版规划项目、国家出版基金资助项目《数字建造》丛书系列的其中一册。《数字建造》丛书共包含12个分册，涵盖了建筑全寿命期从设计、建造、交付到运维阶段的整体研究。本册《数字化运维》重点关注建筑工程全寿命期内的运维阶段，主要研究如何使用新兴的建筑信息技术，帮助运维管理人员提高运维效率，保障为人们提供良好的建造环境和居住环境。

本书内容分为基础理论部分、技术体系部分和案例部分。由方东平、郑展鹏和陈伟伟负责总体策划和统筹安排等工作，郑展鹏负责大纲编写、组织协调和文字审核工作，陈伟伟、彭琛负责文字审核、格式制定和文稿汇总等工作。基础理论部分由郑展鹏、窦强、陈伟伟、胡振中和方东平负责编写，其中数字化运维概述由郑展鹏和陈伟伟负责；数字化运维技术由郑展鹏和陈伟伟负责；数字化运维基础由胡振中、郑展鹏和陈伟伟负责；数字化运维的价值与挑战由郑展鹏、方东平、陈伟伟、沈启和窦强负责。技术体系部分按照章节和专业内容进行分工，数字化运维整体设计及实施方案由窦强、吴若飒、郑展鹏和陈伟伟负责；数字化设施管理及维护由陈伟伟和郑展鹏负责；数字化空间管理由窦强、朱永磊和郑展鹏负责；数字化能源和环境管理由窦强、肖贺、钟文智和陈伟伟负责；数字化安防、消防与应急管理由郑展鹏、陈伟伟、栾金颖和窦强共同负责。案例部分选取了数字化运维的经典案例：中国香港机电署机电系统运维管理案例和武汉地铁运维管理案例由郑展鹏和陈伟伟提供；北京某办公楼智慧运维案例、大学智慧园区运维案例和商业地产案例由曾臻、李云飞提供；深圳嘉里中心二期运维案例和昆明长水国际机场航站楼运维案例由胡振中提供。

本书探究了数字化新兴技术在建筑运维中的应用，给出不同数字化技术应用场景和解决方案。建筑业作为中国国民经济的支柱产业，正在朝着数字化、智能化的方向转型。实施国家大数据战略，加快建设数字中国，也是本书的意义所在。

目录 | Contents

第 8 章　数字化能源和环境管理

第 9 章　数字化安防、消防与应急管理

第 10 章　案例分析

CHAP

1

第1章

数字化运维概述

1.1 概念与范畴

1.1.1 运维管理的定义

运维管理（Facility Management）是一门新兴的交叉学科。运维管理也可以翻译成设施管理，为了便于理解，本书统一采用运维管理表示。按照国际设施管理协会（International Facility Management Association,IFMA）和美国国会图书馆的定义，运维管理是“以保持业务空间高品质的生活和提高投资效益为目的，以最新的技术对人类有效的生活环境进行规划、整备和维护管理的工作”[1]。它将物质的工作场所与人和机构的工作任务结合起来，综合了工商管理、建筑、行为科学和工程技术的基本原理。传统的运维管理就是物业管理。现代的运维管理，可以结合数字化信息和数字化技术进行高效的管理，使得建筑和基础设施高效运作。运维管理从广义上来讲，是指考虑多种基础设施和多种建筑全寿命期的管理；从狭义上来讲，运维管理指不同设施、不同建筑以及各类基础设施的运营和维护阶段的管理，即重点关注的是运营和维护阶段（Operations and Maintenance，O&M）的管理。

国际设施管理协会（IFMA）最初定义运维管理的对象主要包括以下八类：不动产、规划、预算、空间管理、室内规划、室内安装、建筑工程服务及建筑物的维护和运作。后来将这八类优化到五类：不动产、长期规划、建筑项目、建筑物管理和办公室维护。运维管理的业务包括客户所有的非核心业务。国际设施管理协会提出运维管理的业务内容包括：策略性年度及长期规划；财务与预算管理；公司不动产管理；室内空间规划及空间管理；建筑及改造工程；新的建筑及修复；保养及运作；保安、通信及行政服务。随着认知的发展，运维管理还应包括能源管理、支援服务、高技术运用及质量管理等[1]。

中国香港设施管理学会（HKIFM）认为设施管理是一个机构将其人力、运作及资产整合以达到预期战略性目标的过程，从而提升企业的竞争能力[2]。运维管理包括硬件运维（Hard Services）和软件运维（Soft Services）两部分（表1–1、表1–2），在运维管理实践中根据业主的个性化需求还可以提供一些其他的管理服务（表1–3）。

硬件运维的范围　　表1–1

硬件运维的范围	
装修和更新	电扶梯维护
电气设备维护	防火系统维护

续表

硬件运维的范围	
管道	建筑维护
小项目管理	空调维护

表格来源：中国香港设施管理学会．What is Facilities Management[2].

软件运维的范围　表1-2

软件运维的范围	
保安	有害物控制
后勤服务	地面维护
废物处理	保洁
内部设备	循环利用

表格来源：中国香港设施管理学会．What is Facilities Management[2].

运维管理的其他服务　表1-3

运维管理的其他服务	
进度规划	会议室服务
商业风险评估	食宿服务
商业可持续性规划	车辆管理
标杆管理	打印服务
空间管理	邮政服务
合同采购	文档管理
绩效评估	环境管理
信息系统	移动管理
旅游订票	效用管理

表格来源：中国香港设施管理学会．What is Facilities Management[2].

此外，英国设施管理协会（BIFM）认为，运维管理通过整合组织流程来支持和发展其协议服务来支持组织和提高其基本活动的有效性[3]。澳大利亚设施管理协会（FMA）认为，运维管理是一种商业实践，它通过优化资产和工作环境来实现企业的商业目标[4]。

运维管理这一行业真正得到世界范围的承认还只是近几年的事。越来越多的实业机构开始相信，保持井井有条的管理和高效率的设施对其业务的成功是必不可少的。

1.1.2　建筑运维管理的四个方面

将运维管理聚焦到建筑范畴，运维管理可以分为：设施维护管理、空间和客户管理、能源和环境管理及安防、消防和应急管理等四个主要的部分[5]，这也是本书将详细展开的内容。

1. 设施维护管理

设施维护管理（Facility Maintenance Management）包括维护和改善基础设施、建筑物及其组件所需的所有预防、补救和升级工作。设施通常可分为两个部分，“软”服务维护管理，如接待和邮政室，以及“硬”服务，如机械、消防和电气的维护管理。

设施维护管理通常包括三个主要工作：维护、测试和检查。通常情况下，工作管理人员需要维护、测试和制定检查计划，以确保设施安全有效地运行，以最大限度地延长设备的使用寿命并降低故障风险，并履行相关法定义务。设施管理者可以使用（计算机辅助设施管理）系统来规划工作，也通过相应的“帮助台”来执行一些具体的工作，例如通过电话或电子邮件联系。帮助台可用于预订会议室、停车位和许多其他服务等。有些设备设施需要的不仅仅是定期维护，还有日常的跟踪检查，排除妨碍生产效率或具有安全隐患的问题。此外，设施维护管理也需要一定的清洁工作。

2. 空间和用户管理

空间是建筑的基本单元，承载各个设施系统，为人们提供生活、工作所需要的使用功能。空间管理是运维管理发展史上的重大突破，其通过空间位置的合理安排与空间流程的合理规划，提高空间利用效率、缩短工作流程、迅速处理资料、提供良好的工作和生活环境，最终创造人与空间的和谐环境，人与空间的和谐共处是空间和用户管理的重要目标。

3. 能源和环境管理

建筑中的能源管理是实现建筑节能的重要部分。能源管理是指通过系统化控制建筑能耗及用能模式的策略，在满足建筑内舒适度和功能等方面的条件下使能耗及其费用最小化。建筑能源管理可以从单个建筑延伸到面向城市的综合建筑能源管理。

建筑对环境的影响主要包括两个方面：一方面建筑施工和运行对自然环境的改变、污染或者破坏；另一个方面，建筑室内外环境问题也会对人类的生产、生活产生一定程度的反作用。研究建筑项目的环境管理，主要是为了营造适宜的环境，为在建筑中生产生活的人员提供健康的工作环境，也为建筑的可持续发展提供保证[6]。

4. 安防、消防和应急管理

安防、消防和应急管理，是以维护公共安全为目的，综合利用现代科学技术，为应对危害人民生命财产安全的各类突发事件而开展的管理工作。一般会有相应的技术防范系统，包括险情探测、报警和应急处理等。其中，安防系统包括：门禁系统、红外门磁报警系统、火灾报警系统、煤气泄漏报警系统、紧急求助系统、闭路电视监控系统、周边防跃报警系统、对讲防盗门系统等。消防设施一般分为公共消防设施和建筑消防设施。公共消防设施是指为保障公民人身财产、公共财产安全所需的消防站、消防通信指挥中心和消防供水、消防通道、消防通信设施及消防装备；建筑消防设施指建（构）筑物内设置的火灾自动报警系统、自动喷水灭火系统、消火栓系统等用于防范和扑救建（构）筑物火灾的设备设施的总称。

1.2 背景及必要性

随着《国务院办公厅关于促进建筑业持续健康发展的意见》（国办发〔2017〕19号）、《建筑业发展“十三五”规划》《住房城乡建设科技创新“十三五”专项规划》等国家各项政策不断落地，“数字建筑”将重新定义建筑业，在为人们提供个性化定制、工业级品质、绿色健康建筑产品的同时，进一步推动数字城市乃至数字中国建设，从而构建全面的数字经济场景，实现建筑业的数字化变革。综合当前大多研究者的观点，“数字建筑”是指利用建筑信息模型（Building Information Model，BIM）和云计算、大数据、物联网、移动互联网、人工智能等信息技术引领产业转型升级的行业战略。它结合先进的精益建造理论方法，集成人员、流程、数据、技术和业务系统，实现建筑的全过程、全要素、全参与方的数字化、在线化、智能化，从而构建项目、企业和产业的平台生态新体系[7]。

数字建筑是数字化运维的重要载体和实践，具有以下优势：

（1）数字建筑有利于提供高品质产品，创新可持续运营与服务能力。通过数字建筑，开发商可以应用BIM、虚拟现实和增强现实等交互方式以及一些社群化运营模式，为客户提供工业级品质的个性化定制产品。在开发商运营时，也可以充分利用智慧化运维，提升建筑运行品质，降低能耗，提高服务能力与水平等，实现从产品营销到服务营销的升级。

（2）数字建筑将助力施工企业实现集约经营和精益管理，驱动企业决策智能化。其对各种生产要素的资源优化配置和组合，实现了社会化、专业化的协同效应，降低了经营管理成本。数字化建筑可以实现对“人、机、料、法、环”等各关键要素的实时、全面、智能的监控和管理，更好地实现以项目为核心的多方协同和多级联动，建立预测管控系统，并整合建立高效且创新的管理体系，从而保证工程质量、安全、进度、成本等建设目标的顺利实现。

（3）数字建筑将促进政府部门的行业监管与服务水平提升。以数字建筑为载体，汇聚整合政府部门数据与行业市场主体数据信息，建设行业数据服务平台，可以为建筑市场宏观分析、监管政策决策分析、市场主体服务三大方向提供强有力的数据支撑，让行业信息更准确和透明，最终实现“宏观态势清晰可见，监管政策及时准确，公共服务精准有效”的行业监管，实现“理政、监管、服务”三层面的创新发展。

建筑运维具有自己的独特性，比如工作量巨大、数据多、维护过程复杂。从整个建筑全寿命期来看，相对于设计、施工阶段的周期，项目运维阶段往往需要几十年甚至上百年，且运维阶段需要处理的数据量巨大而凌乱，规划勘察阶段的地质勘察报告、设计各专业的CAD出图、施工各工种的组织计划、运维各部门的保修单等。如果没有一个好的运维管理平台协调处理这些数据，可能会导致某些关键数据的永久丢失，不能及时、方便、有效检索到需要的信息，更不用提基于这些基础数据进行数据挖掘、分析决策了。因此，在建筑全寿命期中最长的运维过程中，数字化技术的应用是重中之重。

在数字建筑的大环境下，建筑行业的全寿命期内都运用先进的数字化技术，从建筑的设计，到施工、交付和运营维护阶段。广义的智慧化运维，或者广义的数字化运维是指通过以虚控实的虚体建筑和实体建筑，实时感知建筑运行状态，并借助大数据驱动下的人工智能，把建筑升级为可感知、可分析、自动控制乃至自适应的智慧化系统和生命体，实现运维过程的自我优化、自我管理、自我维修，并能提供满足个性化需求的舒适健康服务。当智慧化运维成为现实，建筑空间甚至可以和单车一样实现共享，如会议室、办公设备、停车位等，将闲置资源充分利用，并连接起社会生态。狭义的数字化运维的通俗理解即为运用BIM等信息技术与运营维护管理系统相结合，对建筑的空间、设备资产等进行科学管理，对可能发生的灾害进行预防，降低运营维护成本。具体实施中通常将物联网、云计算、BIM模型、运维系统与移动终端等结合起来应用，最终实现设备运行管理、能源管理、安保系统、租户管理等。

目前，BIM等数字化技术在国内的兴起是从设计行业开始，逐渐扩展到施工阶段。究其原因，无非是设计领域与BIM的源头——BIM模型最近，BIM建模软件比较容易上手，建模也相对简单；到施工阶段发现应用起来实际落地很难，涉及领域更广，协同配合难度也更大；进一步延伸到运维阶段的BIM应用体现得就更明显，实施困难更大，因为运维阶段往往周期更长，涉及参与方更多更杂，国内外现存可借鉴经验更少。造成这种局面的原因很多，但是整体的BIM应用市场不成熟可谓是重要原因之一。整体市场不成熟——没有相应的指导性规范，没有成体系的匹配型实施人才，没有明确的责权利细分规则，没有市场角色定位，更没有相关的市场运营机制，这就在所难免地导致运维市场的混乱。因此，研究数字化技术和推行数字化技术在运维阶段的应用是关键。

1.3 发展现状

1.3.1 国外数字化运维的现状

本书的主要内容是数字化运维管理，在国际上，Facility Management可以翻译为运维管理或者设施管理。在早期，大家通常把Facility Management翻译成设施管理，直到2010年，大家逐渐对全寿命周期的运营和维护管理关注，才将Facility Management翻译成运维管理。因此，本书中，设施管理和运维管理是同一个概念。

1979年最早的设施管理行业协会——美国密歇根州的安·波设施管理协会成立，1980年创建美国国家设施管理协会，1989年“国际设施管理协会”成立。经过几十年的发展，设施管理在国外的发展已经很成熟，国外的学者在设施管理方面的研究也比较深入。1990年，首届欧洲设施管理协会的参与者呼吁进行大量细致分析的案例研究，以帮助界定有价值的实践活动。Nutt[8]指出，设施管理的未来有四个创新，这四个创新分别在四种类型的资源中：财务资源、人力资源、物理资源和知识资源。Quah[9]对设施管理的氛围进行研究，提出了更为具体的设施管理范围。Cotts[79]指出设施应该是通过各种途径为公司带来收益的有价值资产。Alexander[10]介绍了设施管理的相关理论和设施管理需要的技能，然后具体介绍了设施管理的内容，包括风险管理、环境管理、建筑运维管理以及信息管理。

对建筑运维管理研究比较深入的国家和地区主要有美国、英国、北欧、中国香港地区、澳大利亚和荷兰。目前设施管理的研究主要是从以下几个方面来展开的：技术、可持续性和设施管理全面性的研究。对建筑运维管理研究越深入，越能够发现数字化运维的重要性。国外对于数字化运维的研究分为基础研究和案例研究两个方面。

国外关于把BIM技术应用到数字化运维中，Kevin Yu，Thomas Froese，Francois Grobler等开发了基于工业基础类（Industry Foundation Classes，IFC）的设施管理模型，他们认为要设计集成BIM的设施管理系统，需要大量的底层技术支持，特别是建立标准化的数据模型，使计算机之间的信息实现共享，并主要从系统建立的目标、实现的方法和实施存在的问题几个方面阐述了该系统。

Godager[11]研究了BIM技术在已有建筑物设施管理中的应用。到目前为止，BIM的重点主要是在新项目中的应用，很少有机构对已有建筑物的BIM技术应用进行研究。该研究的主要目标是将BIM技术与现有建筑中的设施管理技术相结合，共同为建筑实施设施管理。Becerik-Gerber[12]等研究了将BIM应用到设施管理中，将BIM看作是设施管理的补充平台，该文章可以帮助专业人士认识BIM在设施管理中应用的潜在领域。Lee，An和Yu[13]研究了人们接受或拒绝将BIM运用到设施管理中的影响因素。Meadati，Irizarry和Akhnoukh[14]研究将BIM与RFID技术共同应用到设施管理中，他们认为BIM是一种新兴的方法，能创建、共享、交换和管理整个信息。另一方面，RFID技术，已成为一个自动的数据收集和信息存储技术，并且已被用在AEC/FM不同的应用阶段中。该研究提出将设施性组件的标签附着在设施上，其中存储器是 RFID标签包含着组件的全寿命周期信息。

澳大利亚皇家建筑师学会（RAIA）在墨尔本2007年4月19～22日会议上公布了一项采用BIM的设施管理的研究[15，16]。这项研究表明，数字化设计文件在操作和维护中有显著的效益，并着重指出BIM作为一个充当各种FM数据库的集成框架的潜力，BIM在悉尼歌剧院设施管理中的应用是将BIM运用到设施管理的一个成功案例。

1.3.2 国内数字化运维的现状

我国设施管理的发展是从1992年开始的。1992年，老洪立先生在香港地区成立了国际设施管理协会香港分部；2000年，香港设施管理学会（HKIFM）成立；2004年8月，IFMA的三位最高官员出席了在北京举行的“医院设施管理研讨会”，并颁发了中国内地的第一张会员资格证书。这标志着设施管理在内地正式开始。我国设施管理的研究从起步到现在，才发展了短短十几年，并且国内学者对这方面的研究也相对较少。在运维管理理念引进的这些年中，国内研究主要集中在以下三个方面：

（1）我国设施管理存在问题的研究。郑万钧和李壮[17]研究了我国的大厦型综合楼设备设施管理存在的问题：工作人员流动性大，管理水平低，设备资料不齐全，发生故障不能及时维修，各设备的维护成本比较大等。刘幼光和黄正[18]指出我国的设施设备管理存在的问题包括缺乏健全的设施管理体制，企业组织效率偏低，不利于激发员工的积极性等问题，并提出了相应的解决办法。刘会民[19]指出我国的设施管理存在以下几个方面的问题：管理人员思想观念陈旧，设施管理交接工作不到位，设施档案管理存在很多问题等，并根据这些问题提出了相应的措施。

（2）运维管理的基础理论研究。曹吉鸣[20]运用WSR方法构建设施管理三维要素模型，要素主要包括物理 W（工作场所）要素、事理S（工作过程）要素和人理 R（人员）要素，该模型的构建使设施管理人员可以有效地实施设施管理。陶赛伦[80]研究了设施管理服务评价的方法，根据WSR的方法确定设施管理服务的评价指标，并采用模糊评价法对设施管理服务进行评价。丁智深和赵娜[81]介绍了设施管理的定义和特点，分析了设施管理与物业管理的区别，最后构建了设施管理在我国的发展构架。

（3）建筑数字化技术研究。国内专门研究BIM在运维管理中的文献相当少，只有几篇文献[21~23]。过俊和张颖[21]研究了基于BIM的建筑空间与设备运维管理系统的构建，该研究是将BIM技术应用到设施管理的日常管理模块，探索了BIM技术在建筑运维管理阶段应用的解决思路，为实现高效、安全、舒适、经济的建筑运维管理目标寻找突破点。杨焕峰、闫文凯[22]发表的《基于BIM技术在逃生疏散模拟方面的初步研究》一文将BIM模型导入逃生模拟分析软件中，通过加载逃生路径、设置疏散人数以及研究参数设置，最终得到疏散时间、疏散轨迹，以及疏散口人数曲线图和区域人数变化曲线图，从而帮助建筑师对设计进行针对性调整和优化。张建平、郭杰[23]等人开发了一种基于 IFC标准和建筑设备集成的智能物业管理系统，该系统综合应用了IFC和BIM等技术，建立基于 IFC的建筑物业信息模型和IFC数据交换接口，实现了建筑物业管理阶段与设计阶段、施工阶段的信息交换和共享。建立了建筑自动化系统集成平台，对建筑设备进行监控和集成管理，并与常规物业管理相结合，实现了具有集成性、交互性和动态性的智能化物业管理。上海中心大厦，是我国第一个实施BIM全寿命期应用的项目，也是我国第一个将BIM技术运用到建筑设施管理中的项目。

1.4 从传统运维到数字化运维

经过数十年的发展，建筑运维发生了巨大的变化，经历了从纸质化的传统运维，到基于信息系统的信息化运维，再到三维可视化的智慧运维管理系统三个阶段。

第一个阶段是人工操作、手工记录阶段。运维完全靠人工操作，设备和机房的各类配置信息、运维信息使用大量的表格、文档进行记录，自动化程度低，建筑管理需要大量的人力，且依赖人工的专业技能、责任心和工程管理经验，由于建筑设备设施数量庞大，工程人员流动，以及设备设施老化等运维管理过程中必然出现的情况，使得大多数建筑存在运行品质难以维持，安全隐患难以发现，设备设施资产价值流失严重等问题。

第二个阶段是流程化、平台化阶段。设施管理人员按照既定的方法论建立事件、变更、问题和应急等流程进行运维。同时建立统一的资源、配置和监控平台进行管理，大大减少了表格和文档的数量。在运维操作上也引入远程操作技术手段，如集中管理、带外管理等。目前大多数成熟的建筑运维管理都处于该阶段。相对于第一个阶段，大大提高了管理效率，同时也提高了建筑工程资料和信息的管理能力，是实现数字化运维的基础。但仍然存在依赖人员技术能力和经验，难以实现标准化、规模化和精细化的管理效果。

第三个阶段是自动化、智能化阶段。自动化方面，日常运维更多地依靠软件平台输出分析结果，依靠脚本等工具集中批量操作；智能化方面，将主流的新技术，如人工智能、物联网和机器人等，应用于设备和机房的智能化运维管理，针对具体的运维场景，通过技术或者算法与行业特性的结合，形成具体的智能化运维方案，大大降低人力成本，实现了精细化运维的目标。

传统的运维管理侧重于人员现场管理，以保安、保洁以及采暖、通风、空调、电气、给水、排水等设施设备的维护保养为主要工作内容，以设施设备的正常运行为工作目标，具有“维持”的特点。运维管理目前面临的巨大挑战就是如何通过创新性的研究、实践、服务和设计以及它们之间的协作为社会和商业政策、目标制定和运作提供战略性和实施性的支持。传统的运维管理方式，因为其管理手段、理念、工具比较单一，大量依靠各种数据表格或表单来进行管理，缺乏直观高效的对所管理对象进行查询检索的方式，数据、参数、图纸等各种信息相互割裂，此外还需要管理人员有较高的专业素养和操作经验，由此造成管理效率难以提高，管理难度增加，管理成本上升。

随着信息化和建筑信息模型（BIM）等数字化技术在建筑的设计、施工阶段的应用愈加普及，数字化技术的应用覆盖建筑全寿命期成为可能[24]。因此在建筑竣工以后通过继承设计、施工阶段所生成的BIM竣工模型，利用BIM模型优越的可视化3D空间展现能力，以BIM模型为载体，将各种零碎、分散、割裂的信息数据，以及建筑运维阶段所需的各种机电设备参数进行一体化整合的同时，进一步引入建筑的日常设备运维管理功能，产生了基于BIM等数字化技术进行建筑空间与设备运维管理的想法[25]。

数字化运维是采用数字化技术，结合运维管理系统，提高整体运维的管理效率。除了BIM技术，还包括先进的运维管理系统、地理信息系统、激光扫描技术、物联网技术[26]及虚拟现实和增强现实技术等。

通常，整合的运维系统由三个数据层组成：整个数字化运维系统的底层为各种数据信息，包含了BIM模型数据、设备参数数据，以及设备在运维过程中所产生的设备运维数据；中间层是系统的功能模块，通过3D浏览来实现BIM模型的查看，点击BIM模型中的相应构件，实现对设备参数数据的查看，中间层中的设备运维管理，可以允许用户发起各种设备接报修流程，制定设备的维护保养计划等；最顶层的系统门户，类似于办公系统中的门户概念，是对各类重要信息、待处理信息的一个集中体现和提醒。本书在后续章节中将对整合的运维系统作详细阐述。

CHAP

2

第2章

数字化运维技术

2.1 建筑自动控制系统

2.1.1 系统简介

建筑自动化控制系统（Building Automation System，BAS）是由中央计算机及各种控制子系统组成的综合性系统，它采用传感技术、计算机和现代通信技术对包括采暖、通风、电梯、空调监控，给水排水监控，配变电与自备电源监控，火灾自动报警与消防联动，安全保卫等系统实行全自动的综合管理[27]。各子系统之间可以信息互联和联动，为大楼的拥有者、管理者及客户提供最有效的信息服务以及高效、舒适、便利和安全的环境。建筑自动控制系统一般采用分散控制、集中监控与管理，其关键是传感技术与接口控制技术以及管理信息系统。

建筑自动化系统不论国内外都是超集成化发展，例如，国家标准《智能建筑设计标准》GB 50314[28]对智能建筑定义为：以建筑平台、兼备建筑自动化设备自动控制（Building Automation，BA），通信网络系统（Communication Automation，CA），办公室自动化（Office Automation，OA），消防自动化系统（Fair Automation System，FA），以及安全防范系统（Safety Automation System，SA），集结构、系统、服务、管理及其之间的最优化组合，向人们提供一个安全、高效、舒适、便利的建筑环境。

建筑自动控制系统包括安防、门禁、通信、能源管理、照明、电梯、设备监视、暖通空调等。建筑自动控制系统的常见具体监控对象，包括空调系统设备、通风排风设备、热源设备、给水排水系统设备、供配电系统、照明设备[30]。图2-1展示了典型的建筑自动化控制系统。建筑自动控制系统主要目的是对整个建筑物实行全时间的自动监测和控制，并收集、记录、保存及管理有关系统的重要信息及数据，达到提高运行效率，节省能源，节省人力，最大限度延长建筑物使用寿命和保障建筑内人员的人身安全。

建筑自动化系统（BA）将各个控制子系统集成为一个整体，其核心是集散控制系统，它是由计算机技术、自控技术、通信网络技术和人际接口技术相互发展渗透而产生的。集散控制系统的核心是中央监控与管理计算机，它通过信息通信网与各个子系统的控制器相连，组成分散控制、集中监控和管理的功能模式，各子系统间也能通过通信网络相互进行信息交换和联动，实现优化控制管理，最终形成统一的由建筑自动化运作的整体系统。

办公自动化系统（OA）是利用先进的信息处理设备，以计算机为中心，采用传真机、复印机、电子邮件（E-mail）、国际互联网局域网等一系列现代化办公及

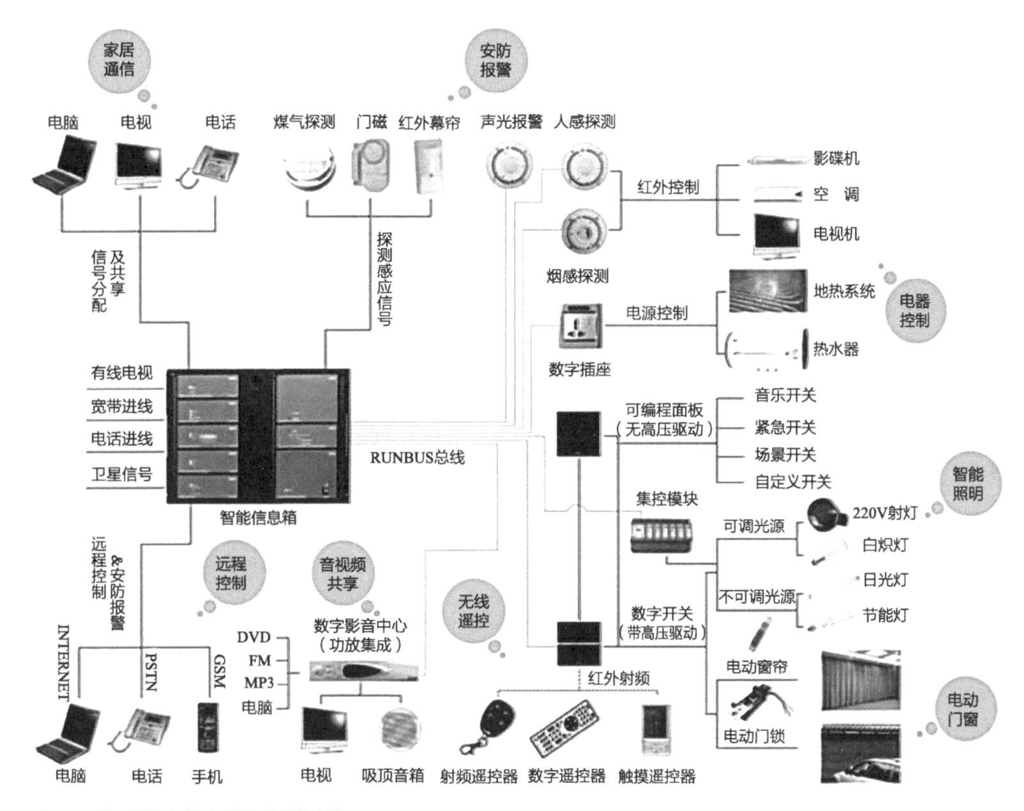

图2-1 典型的建筑自动化控制系统

通信设施，最大程度地提高办公效率、改进办公质量、改善办公环境和条件、缩短办公流程的时间、减轻劳动强度、减少人为失误和差错。办公自动化技术将使办公活动向着数字化方向发展，最终实现无纸化办公。

通信自动化系统（CA）能向使用者提供快捷、有效、安全和可靠的信息服务，包括语言文本、图形、图像及计算机数据等多媒体的通信服务。该系统是保证建筑物内语音、数据、图像传输的基础，同时与外部通信网相连，与世界各地互通信息。通信自动化系统的内容包括用语音信箱进行留言、对一些咨询的客户进行实时语音应答。互联网的接入、局域网的构建，可以实现常用的电子邮件、网上购物、网上医疗诊断、参观网上图书馆、视频对话等，在大门口可以安装电子显示系统、电视会议系统、同声翻译等现代通信应具备的先进手段。

消防自动化系统（FA）在现代智能建筑中起着极其重要的安全保障作用，它是智能建筑中的一个子系统但其又能在完全脱离其他系统或网络的情况下独立运行和操作，完成自身所具有的防灾和灭火的功能，具有绝对的优先权。通过建筑物内不同位置的烟火控制装置提供的信息进行确认后报警，同时启动火灾联动系统，包括关闭空调、开启排烟装置、启动消防专用梯并且启动消防系统运作、紧急广播疏散人群，从而有效地减少生命、财产损失。智能建筑对消防系统有着很高的要求，一般是由火灾探测与报警系统、通报与疏散系统、灭火控制系统和防排烟控制系统几部分组成，综合运用了自动检测技术、现代电子工程技术和计算机技术等。火灾自动检测技术可以准确可靠地探测到火灾所处的位置，自动发出警报，计算机接到火情信息后自动进行火情信息处理，并据此对整个建筑内的消防设备、配电、照明、广播以及电梯等装置进行联动控制。可见，消防系统的智能化程度极高，它可以受控于建筑设备自动化主系统，也可以独立工作，并可与通信、办公及保安等其他子系统联网，实现整个建筑的综合智能化。

安全防范系统（SA）是智能建筑中非常重要的一部分，其自动化程度也影响着智能建筑的整体水平。安全防范技术是智能建筑技术中的一项关键技术，智能建筑中安防系统是由闭路电视监控系统和周界防卫系统、安全对讲系统、家庭安全报警系统等三层立体式安防体系构成，确保了人民生命与财产的安全。

建筑智能监控通过上述一系列软件的整合，从而统一对建筑物内的设备进行综合监控。整合包括建筑自控系统（BAS）、消防系统（FA）、视频监控系统（CCTV）、地下停车系统、门禁系统等子系统，实现建筑物空调、给水排水、供电、防火等设备运行状态的实时监控和预警。同时，安防系统可以利用BIM三维空间模拟调整监控摄像机监控区域，调整布局，防止产生监控死角。

建筑自动控制系统为基础的系统集成方式，主要通过建筑综合布线系统和计算机网络技术，将智能建筑的各个主要子系统采用各种开放式结构，协议和接口都标准化和规范化。图2-2展示的是建筑控制系统的基本架构。

建筑自动控制系统集成的主要方式包括：

（1）硬件网络系统集成。智能建筑的系统集成结构大多采用二层网络形式，上层为以太网络，下层采用RS485、LonWorks等速率较低的标准工控总线方式集成串联各种硬设备[29]。集成模式还可通过开发与第三方系统的网络接口（网关或网络控制器），将各种系统资料集成到网络主干上，实现集成目的。

（2）信息系统集成。各建筑自动控制系统的厂家基本都依照以上的集成原理进行系统集成，而且自行开发系统集成的管理软件。建筑自动控制系统的厂家所开发的系统集成管理软件，透过已经架设好的网络架构系统集成，连接所有与之相关的对象，将信息综合地相互作用，以实现整体目标。可采用OPC技术和ODBC技术实现智能建筑的系统集成。

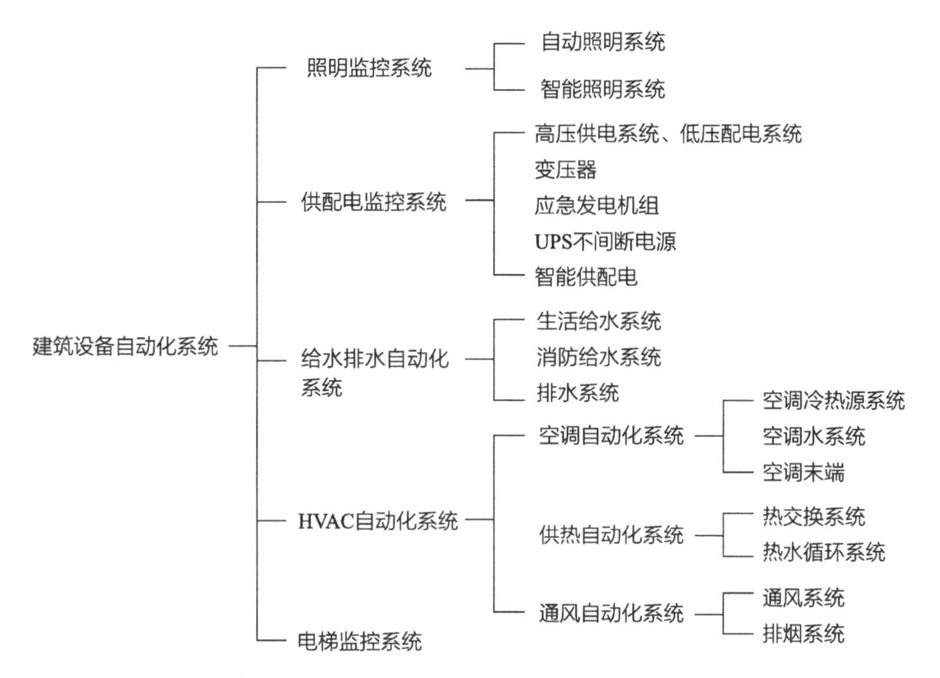

图2–2　建筑自动控制的基本架构

（3）远程系统集成。数字化运维最新的集成技术是将信息集成建立在建筑物内部网Intranet的基础上再通过Web服务器和浏览器在整个网络上的信息交换、综合与共享，因此可以远程取得资料，或发出连动，可将各大型建筑群统一在同一平台进行实时且有效的监控管理。

（4）实时数据与管理资料的集成。智能建筑中包括多个子系统，涉及实时控制和分时管理两个不同的信息处理领域。现场资料的收集与记录成为重要的系统集成对象，可以通过直接数字控制系统（Direct Digital Control，DDC）[31]将各个子系统集成为一个完整的大系统，实现对建筑物消防、保安、电梯控制、灯光控制、停车、周界防护、门禁等诸多子系统实时数据的集成，并完成各子系统之间的联动控制。直接数字控制是以微处理器为基础，不借助模拟仪表而将系统中的传感器或变送器的输出信号直接输进至微型计算机中，经微机预先编制的程序计算处理后直接驱动执行器的控制方式，这种计算机称为直接数字控制器DDC。DDC控制器中的CPU运行速度很快，并且其配置的输入输出端口（I/O）一般较多。因此，它可以同时控制多个回路，相当于多个模拟控制器。DDC控制器具有体积小、连线少、功能齐全、安全可靠、性能价格比高等特点。另外一种控制器是分站控制器：是以微处理机为基础的可编程直接数字控制器（DDC），它接收传感器输出的信号，进行数字运算，逻辑分析判断处理后自动输出控制信号，并执行调节机构。

2.1.2 基于自控系统的运维

目前，市面上很多建筑自动控制系统在尝试整合BAS和多个子系统，以实现将空调、照明、能源管理、安防、消防等系统的数据集成在同一个数据库里，实现有机共享，快速响应指令，从而达到真正的管理和联动。建筑智能运维实现了以下功能和作用：

①对空调系统及其冷、热源系统的相关参数进行调节控制及监测，对空调设备运行状态和性能进行监测。②空调设备如冷水机组、泵、风机等在规定时间的启停控制，以达到节能目的。③自动累积空调设备的运行时间，维修期限报警，以便更换或维修相关设备，延长设备使用寿命，提高设备的运行质量。④根据空调设备运行时间，自动切换工作及备用设备，保持设备良好的工作状态。⑤对空调系统的能量消耗进行计量。⑥各种物业管理文本的自动生成、打印及查询。

监控是最重要的功能之一，连续收集适宜的测量值可产生能耗数据并使能耗变得透明，为将来采取系统化地降低能耗从而可持续地降低运行成本的措施奠定了基础。建筑自动控制系统对建筑能源的消耗和运行数据进行监视，生成全面的报告，从而可以确定改进能源消耗并取得额外节约的方法，并且可以在建筑整个生命周期内进行跟踪。同时，连续使用效率监视不仅可保证建筑具有可持续的能效，而且还可以使用收集的信息来显示通过绿色建筑监视器取得的可持续性方面的成功，从而激励建筑用户持续节约能源。研究表明，如果员工的使用行为受到积极影响，则能耗可以降低10% ~ 15%。

再者，建筑自动控制系统有助于提高能源管理的效率，节能环保。通过建筑自动控制系统，设施管理者可以获取建筑的能耗与运行数据。能耗数据通过能源监测与控制进行收集，这些数据是进行高效能源管理的基础，对于建筑的可持续运行来说必不可少。集成能源管理用于收集和评估能耗数据，从而确定节能的目标以及可能的节能潜力，帮助管理者分析节能路径。

所以，建筑管理系统集成了所有重要信息和操作功能，包括供暖、通风和空调系统的控制以及对全部能耗的监控。自动建筑控制系统中心既可以在各个建筑上执行操作，也可以在单一集中地点对许多不同建筑执行操作。设施管理者能够对建筑进行远程监控，为现场人员提供重要信息，并从远程位置为建筑提供优化方案。

此外，基于建筑的自动化控制系统，还可以结合BIM技术，从而提高建筑数字化运维水平。整合的数字化运维技术，通常是采用数字化技术提高运维的效率和质量。整合的运维系统由三个数据层组成：①整个数字化运维系统的底层为各种数据信息，包含了BIM模型数据、设备参数数据以及设备在运维过程中所产生的设备运维数据。②中间层，即系统的功能模块，通过3D浏览来实现BIM模型的查看，点击BIM模型中的相应构件，实现对设备参数数据的查看。而中间层中的设备运维管理，可以允许用户发起各种设备报修流程，制定设备的维护保养计划等。③最顶层的系统门户，类似于办公系统中的门户概念，是对各类重要信息、待处理信息的一个集中体现和提醒。智能的建筑自动控制系统，将项目的BAS系统与BIM运维管理平台有机结合，实现基于三维BIM模型的BAS系统数据集成监测，为用户提供一个统一的运维管理入口。

整合的数字化运维的效益可以在以下几个方面体现：①提升效率，对测量和控制技术进行优化调节，以适应现有的HVAC系统。②测量与计数系统，在建筑中进行特定于属性的能源和介质消耗监测。③监控与确定基准，能耗监控和相似建筑的关键性能对比指示器用于报告、识别节能潜力和最优化测量咨询的基础。④持续地优化，基于设施运行和使用的同时分析以及对能耗预算的监控能够持续地带来改善。⑤运行支持，通过培训、故障排除协助、远程访问的事件分析以及定期的软件备份，为运营人员提供支持。

建筑信息数字化的运维系统可以包括现场设备、房间自动化和消防安全等设施的BIM信息。这些BIM信息既包括三维尺寸信息，也包括功能信息，以Autodesk Revit和IFC格式存储，可以直接上传兼容的BIM模型。当BIM模型可以展示建筑自控系统采集的设备实时运行信息时，BIM就不再是一个静止的三维模型了，而是加上了第四维度——时间。建筑里面各种设备的运行状况和能耗水平都可以实时、直观地在三维模型上展现出来，也可以生成历史数据的统计图表。这对提升建筑管理效率非常有帮助。

2.2 计算机设备管理及维护信息系统

2.2.1 系统简介

计算机维护管理系统（Computerized Maintenance Management System，CMMS）也称为计算机维护管理信息系统（Computerized Maintenance Management Information System，CMMIS），是一个软件包，用于维护有关组织，维护操作信息的计算机数据库，任何必须对设备、资产和财产进行维护的组织都可以使用CMMS

软件包。这些信息旨在帮助维护人员更有效地完成工作，例如确定哪些机器需要维护以及哪些库房包含他们需要的备件，并帮助管理人员作出明智的决策，例如将机器故障维修的成本与每台机器的预防性维护成本相对比，可能导致更好的资源分配。CMMS数据也可以用于验证合规性。此外，一些CMMS产品专注于特定的行业部门，例如维护车队或医疗保健设施。市面上有许多CMMS系统产品，例如IBM Maximo，eWorkOrders，MAPCON，iMaint EAM和Avantis等。

在20世纪80年代之前，维护数据通常用铅笔和纸张记录下来，维护在很大程度上是被动的而不是主动的，即只有在出现问题时才进行维护。预防性维护不太常见，因为将所有资产的维护记录保存在档案柜中时，跟踪哪些资产需要日常维护是不现实的。当CMMS解决方案在80年代末90年代初开始实现时，设施管理者开始从铅笔、纸张的处理方式迁移到用计算机来解决问题。在此之后，设施管理者可以跟踪工作订单，快速生成准确的报告，并立即确定哪些资产需要预防性维护。这延长了设备设施资产寿命，改善了组织，最终降低了成本并增加了利润。因此，CMMS作为辅助资产密集型企业和建筑运营管理的重要工具，维护模块理应成为系统及业务的重中之重。

维护是CMMS软件用户每天都在做的事情，无论是响应按需工作订单来查看破损的窗口，还是对发电机进行例行检查。计算机软件无法完成熟练技术人员的工作，但是，它可以做的是确保任务正确地排列优先级，以及相关材料、人员安排到位，以确保管理程序的成功实施。CMMS解决方案使技术人员能够更少地关注文书工作，而更多地关注实践维护。

2010年以后，随着移动互联网及云计算大数据的发展，CMMS进入新的阶段。便捷的移动端使维护记录变得更加简单，扫描二维码就知道历史的维护记录等信息，物联网（Internet of Things，IoT）技术让维护人员可以随时随地了解设备的实时运行状态，多维度的大数据分析让设备的预防性维护的可行性不断提高。IoT技术提供实时远程监测设备运行参数，透过设备历史运行与养护维修记录的数据挖掘分析，用数据驱动设备维修保养效率的提高，基于移动端与设备二维码扫描的维修保养，实现流程化的任务流转与协同，通过移动办公提高工作效率，减少备件与零件浪费。这些信息化技术正在让设备的寿命期与维护管理发生革命性的发展。

计算机维护管理系统将功能和易用性相结合，在拥有完整功能的同时，使工作更容易，用户登录平台后会很容易上手操作。其次，完全移动化的维护管理，基于移动平台的设施维护系统，可以让用户使用的门槛更低，用户随时随地都能使用维护软件管理设备，可以随时扫描一个资产条码，拍摄维护情况，并在工作现场创建工单。基于云实现短时间内上线部署及运行，用户在云上可以安全地运行设备维护管理软件，无须购买、安装或管理任何硬件，打开浏览器或登录微信就可以立即使用维护软件。

2.2.2 数字化维护模块

CMMS可以提供多种维护管理的服务，CMMS的功能包括工单管理、计划安排任务、外部工作要求、记录资产的历史信息、库存管理、审计和认证、情景规划、资源调度、健康和安全的问题等。具体的维护功能介绍如下：

1. 工单管理

所有生成的维护工作和作业单都应存储在中央工单存储库中。这使得用户可以通过建筑、资产、工程师或任何其他相关搜索标准轻松搜索开放、计划或关闭的维护工作。对于每个单独的工单，都记录了状态更新、花费的时间、使用的材料、文档、跟进行动、计划预算和实际成本等详细信息，并可用于生成报告。CMMS允许工程师轻松访问其个人工作，更新或关闭工作计划，查询相关资产信息、维护程序和清单。

2. 计划安排任务

当一个团队开始安排预防性维护时，他们需要一份可靠的工作日历。CMMS系统擅长安排重复性工作并向合适的人员发送提醒。有组织的计划有助于维护团队的工作量，确保任务不会被遗忘。

3. 外部工作要求

维护团队经常需要响应团队外人员提出的工作要求，例如，来自装配线操作员的请求，该装置操作员提出要求的原因是听到了一些奇怪的噪声。CMMS记录这些请求并跟踪其完成情况。

4. 记录资产的历史信息

许多维护团队必须关心10年、20年甚至30年的设备资产，这些机器有很长的修理历史。当问题出现时，查看该问题上次的解决方法，对于解决问题是有帮助的。在CMMS系统中，当修理完成时，维修工作被记录在机器的历史信息中，并且可以由运维人员再次查看。

5. 库存管理

维护团队必须存储和管理大量库存，包括诸如机器的备件，以及油和油脂之类的供应品等。CMMS系统让管理者看到有多少物品在存储中，有多少用于维修，以及何时需要订购新物品，管理库存有助于控制库存相关成本。

6. 审计和认证

CMMS系统保存着各项工作的记录，因此可以对资产的维护历史进行审计，这在发生事故或保险索赔时很有用，检查员可以查验维护工作是否科学合理。

7. 情景规划、资源调度

CMMS包含场景规划工具和图形计划板，用于可视化将要开展的工作，推迟活动计划，合并维护工作或拆分活动，并即时重新计算和显示对工作量和预算的影响。CMMS软件支持资源规划，根据人员的时间、工作负载、能力和技能，分配维护团队或单个工程师工作。

8. 健康和安全的问题

维护对于保持设备、建筑物和工作环境安全可靠至关重要，维护不当可能导致事故和健康问题。维护过程也是一项高风险活动，必须严格按规定执行，同时对维护人员给予适当的保护。CMMS软件符合健康和安全规定，可确保健康的工作环境和安全的维护工作，系统包含健康和安全文件、程序、清单和任何类型维护工作的工作流程，以确保安全合规性。

9. 监控和分析（Monitoring and Analysis）

监控有助于维护人员发现潜在的成本节约和改进潜力，CMMS提供多个监测数据和关键绩效指标（KPI），以分析资产的性能、维护计划和投资的有效性。监测数据可以评估提供商的性能，以确定它们是否符合合同规定的服务级别协议，包括完成时间、成本和质量等。这些监测数据为维护人员提供了对实际操作、潜在风险和工作执行偏差的直观量化依据。

10. 移动设备支持

维护人员需要随时随地访问其工作，无论是在连接区域还是没有互联网的地方。CMMS移动维护支持现场工程师高效地执行日常工作。维护人员可以使用移动设备或智能手机选择下一项工作，阅读具体的工作指示，查询特定资产信息，捕获所用时间和材料，完成工作并添加客户签名等。移动维护包括健康和安全检查以及动态风险评估，以确保遵守标准，并减少所涉及的任何潜在风险。

2.3 物业管理系统

2.3.1 系统简介

在物业管理领域，维护管理系统被升级后称之为“计算机辅助物业管理

（Computerized Aided Facility Management，CAFM）”或“物业管理系统（Facility Management System，FMS）”[32]。计算机辅助设施管理（CAFM）是信息技术对设施管理的支持。提供有关设施的信息是系统的中心，CAFM的工具可以称为CAFM软件，CAFM应用程序，或者CAFM系统。本书中认为CAFM系统除了计算机辅助设施管理系统，还有整合的设施管理信息系统（Integrated Workplace Management System，IWMS）也可用于设施管理。目前市面上的CAFM系统包括ARCHIBUS，EcoDomus，Planon，Onuma，IBM Tririga，ArchiFM，FM System，Autodesk Building Ops等。通常的CAFM系统，具有CMMS系统的管理功能，例如，工单管理、计划性及预防性维护、设施管理、库存管理等。但是CAFM还有更多的功能管理建筑设施，比如空间管理、能源管理和环境管理等。

图2–3讲述了CAFM系统的发展历程和FM的发展历程。1970年以前，FM是只关注简单的设施和设备，相对应的CAFM系统是用于空间预测和库存管理。CAFM系统也是人们自己写的代码，然后去运行的重要框架。20世纪70年代，FM开始作为一个技术和运维的角色，从简单的设备走向系统管理和家具管理。此时，能源危机开始

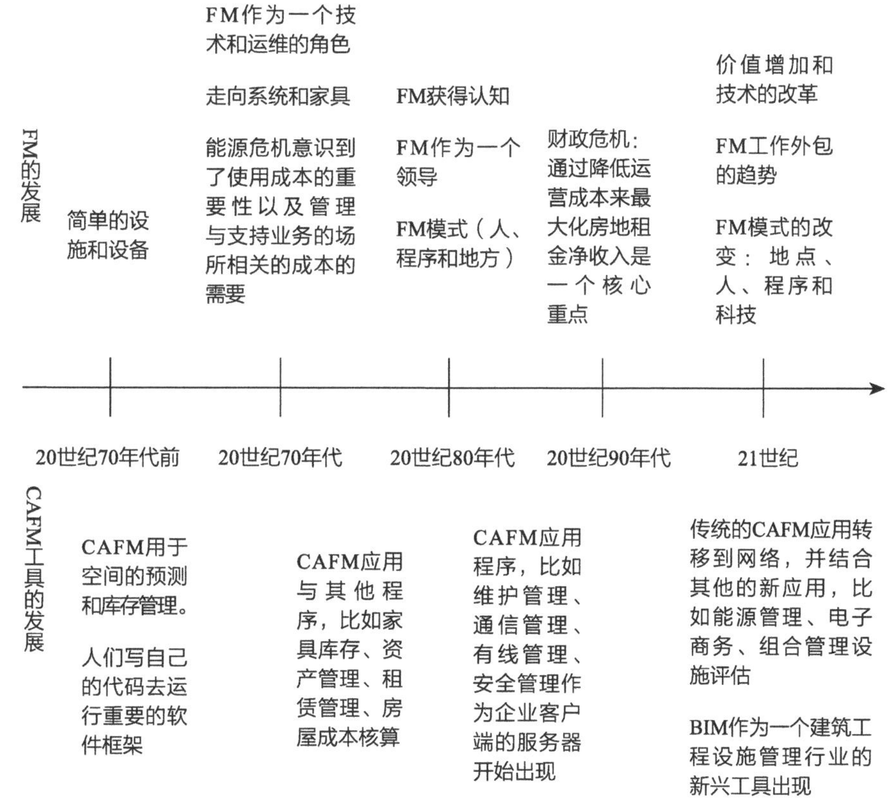

图2–3 FM的发展历程和CAFM的发展历程

出现，人们意识到了使用成本的重要性以及管理与支持业务的场所相关的成本的需要。到了20世纪80年代，FM逐渐获得人们更多的认知。FM的管理模式也包括了人、设备和空间。20世纪90年代，FM开始关注财务管理的问题，人们通过降低运营成本来实现利润最大化。同时，1980～1990年，CAFM开始关注更多方面，比如家具库存、资产管理、租赁管理、房屋成本、维护管理、通信管理和有线管理等。到了21世纪，随着技术发展，FM的应用价值开始提升，并且开始趋向于外包化。相对应的CAFM的软件发展也有很大变化，传统的CAFM应用转移到了网络，并结合其他的新应用，比如能源管理、电子商务、组合管理设施评估等。此外，BIM作为一个建筑工程设施管理行业的新兴工具出现后，也逐渐给CAFM的发展带来了新的契机。

2.3.2 数字化运维模块

计算机辅助物业管理系统具有很多的功能模块，包括：资产计划和项目管理、预算计算、设施维护管理、空间管理、搬运管理、库存管理、设施管理报告服务、状态评估、能源管理、租赁管理、质量控制、人力资源、工作管理、服务管理、合同管理和库存管理。对于不同的功能模块，对应的主要功能如下：

1. 资产计划和项目管理

高效的资产管理工具，可以记录和管理所有资产数据，并且兼具易用和能够与外部数据工具连接的特点。主要功能应包括：针对资产，包括位置、保修、部件和维护记录的众多数据，对资产进行逻辑分组以便于存储、检索和查看有关可用的资产时间表，以及全面查看资产服务历史记录。

2. 成本预算管理

成本预算管理工具，使组织能够更加准确地管理日常财务活动，管理设施采购、发票和财务数据的各方面信息，这些信息依据预算、合同和项目的多级层次进行跟踪。成本预算管理工具主要功能包括：双向数据流通，从第三方财务软件导入数据或导出数据文件；跟踪成本，通过预算、合同和项目的多级层次结构进行跟踪；完整设施成本的透视图，可以生成单行或多行的采购订单；对采购订单收货确认；易于导航、搜索和查看所有预算信息；可以跟踪项目支出，关键日期和利益相关者；将发票与特定采购订单进行匹配；向利益相关者分发信息，生成多种财务报告，包括临时报告或计划性报告。

3. 设施维护管理和计划性维护

CAFM软件在建筑整个寿命期内，协助对所有设备设施维护开展计划和预防性的管理，并使运维人员能够利用功能降低计划维护的风险。计划维护功能包括管理法律服务和维护要求，显示维护活动的工作计划界面，为未来资源规划和分配提供数据，计划的任务在需要的时间自动生成工单，根据工作需要将通知直接发送给维护的承包商，公用工具可用于查看资产维护进度并确保工作量可以每天进行管理。综合来看，CAFM提供了一种解决方案，使运维人员能够有效管理各种服务，从而为设施经理和承包商提供信息以优化其运营，并且通过设施管理系统的应用程序建立全面的属性信息数据库。

4. 空间管理和分配

建筑设施的空间管理也是运维管理中的主要部分。CAFM的空间管理模块，可以帮助使用者利用AutoCAD产品，提供必要的空间信息来协助进行空间规划、空间使用分配和成本回收。空间管理模板的主要功能包括使用熟悉的AutoCAD工具来详细管理空间和查看空间分配情况；在CAFM调色板中自动生成人员、资产和财产任务；工作空间标记功能在二维图上以突出空置、占用等状态，并映射出空间、资产和分配属性；设施图和数据库之间的双向沟通；为空间规划者轻松生成一个“规划图”来规划场景；跟踪空间使用情况；空间使用情况在数据库内自动更新；设置数据库功能，向占用空间的部门收费，并合理分摊共享空间；使用CAFM报告功能来分析数据。

5. 库存控制

建筑和基础设施中，备用的物资和常用设施的库存控制，也是需要考量的一个重要方面。常用的CAFM库存控制可让设施管理者有效管理物资的库存，从而实时分析库存水平和持有库存的当前价值。库存控制与采购相结合，允许订购和接收库存项目，以自动更新库存项目的余额。主要功能包括：自动先入先出（FIFO）的库存分配；供应商选择的顺序、支付价格、重新订购数量、补货水平和物资编号；库存物资的详细供应情况和历史记录；收货会自动更新库存物资级别；与帮助台集成，将库存项目分配给计划的工单；监控库存物资使用情况和估价；保持最佳库存水平，以确保使用者在需要时拥有正确数量的库存物资；生成库存物资管理报告。

6. 工单管理

借助基于网络和自动化的流程，可以快速记录被动和计划工单。因为工单从CAFM资源管理器中分配完成，一旦工单被记录下来，他们的进度可以很容易地在屏幕上的网格中进行追踪。CAFM软件通过许多自动化流程（例如电子邮件更新）提高服务水平并发出警报以维持贸易和承包商的效率，从而使工作订单在生命周期内毫不费力地完成工作。

由于工单从开始到完工的过程都是按照其从成本和资产维护历史中收集非常多的信息，从而为管理层提供关键决策信息，这些信息总是对降低运营成本产生巨大影响[32]。此关键信息可通过工作订单生命周期随时获得，并可在仪表板和报告中实时查看，也可以传递到其他CAFM应用程序或推送到其他相关外部业务包。

7. 工作计划

设施管理人员在易于使用的工作计划日历中简单易懂地显示员工时间表，其中可以通过点击和拖动操作将活动移动到时间可用的人员。工作计划员还可以通过减少重复的工作量，最大限度地减少时间安排任务和总成本，最大限度地提高他们的利用率等，从而改善对客户或员工的服务。主要功能包括：能够为交易人员记录公共假期、年假、疾病和其他活动；允许上传日历条目的实用程序，例如，所有或选定的行业人员的公共假期；包含一个日历界面，允许为每个交易人显示活动，并允许直接在日历中添加其他活动；包括工作计划人员的使用界面，允许为贸易人员显示活动，并允许将其他活动条目直接导入工作计划员；通过帮助台应用程序直接查看交易工作计划员或个人交易人日历的功能；提升工单时，可以轻松调度修理或浮动工单。这使得工作可以在特定的时间进行，并在日程安排日期/时间内分配给可用的交易人员；计划日期/时间可以在提出帮助台工作订单时输入，并在查看工作计划员工具时分配给可用交易人员；在为不同地点的交易人员安排工作时，可以实现屏幕提醒。如果与日历活动发生冲突，在约定的服务事件以外，安排工作，从而实现在资源管理器中提供大量的性能报告，也包括时间表报告。

8. 基于Web的移动界面

计算机辅助物业管理系统旨在为用户提供直观的基于Web的界面和移动性。CAFM Web支持各种台式机、笔记本电脑或平板电脑的互联网设备。基于Web的帮助台解决方案可帮助用户组织通过中央的基于Web的帮助台管理和向员工和客户提供支持服务。除了特定的承包商和工程师访问权之外，CAFM Web还支持CAFM帮助台和属性模块，支持用户帮助台请求。通过唯一的登录凭证确保访问安全性，这些登录凭证决定哪些用户可以使用哪些信息。主要功能包括：部署简单快捷、无须下载或更新本地设备的软件；支持桌面、笔记本电脑和平板电脑设备；简单、快速的故障报告和自动生成被动工单；能够让用户跟踪故障进展并查看预计完成时间；承包商和工程师能够管理他们自己的工作要求；可配置屏幕来限制对关键信息的访问。CAFM Web帮助台包含以下功能：记录、分配和发出工单，通过更改服务级别和重新发布工作、更新现有工单、添加备注、添加所需人工时间以及计算资产的所需成本，将工作订单置于保留状态并取消保留，解决和（或）完成工单，添加和查看文档。

9. CAFM移动端

通过将工作订单发放给交易人的移动设备，CAFM移动端大大提高了维护团队的效率。CAFM移动端是一种有价值的工具，能够快速有效地向现场的交易人员或承包商传达工作指令。主要功能包括：与现场人员实时沟通，从而改善工作流程，减少管理和成本，同时提高生产力。自动创建作业并将工作订单即时分配给合适的工程师。能够添加注释、资产、成本和劳动时间，检索专门分配给工程师的工作订单；检索并接受分配给其相关交易代码的工作订单；使用开始功能表示他们已开始分配给他们的工单以及选项记录行程时间；将分配给他们的工作订单置于保持和取消保持状态；解决和（或）完成分配给他们的工作订单；资产跟踪监控设备位置和条件；在工程师开始工作之前，通过确保问题和安全指示被读取，执行适当的风险评估和标准操作程序。在Windows Mobile 6.5，iPhone，iPad和Android 2.0+上进行签名捕获。

10. 帮助台功能

帮助台应用程序为被动维护和计划维护提供了简单、高效和可靠的软件解决方案。CAFM具有巧妙的屏幕提醒、过滤器和搜索功能。帮助台也可以简化，以便为最终用户提供更简单的维护呼叫记录过程。应用程序有助于管理所有设施计划维护任务的完整生命周期，并使设施团队能够降低计划维护的风险。当计划确定，计划的维护工作到期时，软件将自动生成帮助台的工作订单。帮助台可以完全扩展至多个或单个公司、地点或建筑物。帮助台能够安排工作并查看工作人员的可用性，向内部维护人员或外部承包商工作，轻松跟踪维护活动状态更新和屏幕上的临时更改，工作请求的自动电子邮件通知，轻松搜索和查看通话，自动相关危险警报，明确和主动地管理服务水平协议，在通话记录过程中简化成本分配和提高采购订单的选项，在仪表板上实时统计帮助台性能的统计报告，计划的任务在需要的时间内自动生成工单，为未来资源规划和分配提供数据，管理法律服务和维护要求，提供所需文件的规定与要求，即针对预定工作的风险评估或标准操作程序。工作计划员使用帮助台来显示计划的维护任务和可用的工时，以及计划维修时间表的状态。

2.3.3 不同软件的功能对比

对不同的计算机辅助设施管理功能进行对比，例如FM System，ArchiFM，Ecodoums等，如表2-1所示。

不同CAFM 系统的功能对比表[87] 表2-1

功能	Archibus	Archi FM	Asset WORKS	Bentley Facilities	BIM 360 Field	Ecodumus	FM System	IBM Maximo	Onuma System	Proteus MMX	TMA Systems	Tririga	Vizelia Facility Online
资产计划和项目管理	√		√			√	√			√	√	√	
成本预算管理	√	√				√							
设施维护管理	√	√	√			√	√	√	√	√	√	√	√
空间管理	√	√	√	√			√	√			√	√	√
搬运管理	√	√					√	√				√	√
状态评估	√					√	√	√	√			√	
可持续管理或能源管理	√		√			√	√					√	√
报告管理服务		√		√	√			√		√			√
租赁管理	√											√	
质量控制					√	√							√
人力资源		√											
工作管理								√			√		
服务管理								√			√	√	√
合同管理					√	√		√			√		
库存管理						√		√		√	√		
采购管理								√			√		

2.4 几种相关先进技术简介

2.4.1 建筑信息模型

BIM技术是近十几年来在CAD技术基础上发展起来的一种多维模型信息集成技术。美国建筑科学研究院在《国家建筑信息模型标准NBIMS》对建筑信息模型（Building Information Model，BIM）有如下定义：BIM是对设施物理特性和功能特性的数字化表示，它可以作为信息共享源从项目的初期阶段为项目提供全寿命周期的服务，这种信息共享可以为项目决策提供可靠的保证[34]。简而言之，BIM是一个建筑设施物理与功能特征的数字化表达。BIM系统有两个首要特点：第一，BIM是建筑设施三维立体模型；第二，BIM是建筑设施全面信息的载体。BIM可以把物理设施的各种信息集成在模型要素上，并立体直观地展示出来。

建筑信息模型技术即建筑行业的数字化，实施数字化建筑规划、建设和运营，显著提升建筑业生产率。BIM是近年来建筑计算机辅助设计领域的新技术，是工程建设的数字化变革，其目的在于建立完整的、高度集成的建筑工程项目信息化模型，利用这一模型在建筑的设计、施工以及运营管理各个阶段有效地提高建筑的质量和使用效率。BIM在设计、施工阶段的应用已经产生了巨大的经济效益，而在建筑运维与管理方面的应用则处于发展初期。

BIM技术可以集成和兼容计算机化的维护管理系统（CMMS）、电子文档管理系统（EDMS）、能量管理系统（EMS）和建筑自动化系统（BAS）。虽然这些单独的FM信息系统也可以实施设施管理，但各个系统中的数据是零散的；而且在这些系统中，数据需要手动输入建筑物设施管理系统，这是一种费力且低效的过程。

设施管理处于项目的最后一个阶段，同时也是时间最长、费用最高的一个阶段，需要项目设计阶段和施工阶段的很多信息，设施管理本身也会产生很多信息，因此信息量巨大，信息格式多样，而传统的设施管理方法无法处理如此庞大的信息。将BIM运用到设施管理中，构建基于BIM的设施管理框架构件的核心就是实现信息的集成和共享。

在设施管理中，人们使用BIM可以有效地集成各类信息，还可以实现设施的三维动态浏览。BIM技术相较于之前的设施管理技术有以下几点优势：

1. 实现建筑设备信息集成和共享

BIM出现的目的在很大程度上就是要解决建筑全寿命期中信息“建立、丢失、再建立、再丢失”的问题，从而实现建筑设备信息在建筑的全寿命期不断地创建、使用，并不断积累、丰富和完善。BIM技术可以整合设计阶段和施工阶段的时间、成本、质量等不同时间段、不同类型的信息，并将设计阶段和施工阶段的信息高效、准确地传递到设施管理中，还能将这些信息与设施管理的相关信息相结合。BIM模型中包含了海量的数据信息，这些数据信息可以为建筑后期的设备运维管理提供极大的帮助。从前期流转至运维管理阶段所需的BIM模型，包含了建筑设备从规划设计、建造施工到竣工交付阶段的绝大部分数据信息，而这些数据信息相互关联并且能够及时更新。包含丰富信息数据的BIM设备模型是实体建筑设备在虚拟环境中的真实呈现，因此BIM不仅仅是建筑信息的载体，其价值进一步体现在信息的调用方面。

2. 实现设施的可视化管理

三维可视化的功能是BIM最重要的特征，即将过去的二维图纸以三维模型的形式呈现。可视化的设施信息在建筑设备的运维管理中的作用非常大，比传统方式更加形象、直观。因为BIM模型中的每一台设备、每一个构件都与现实建筑相匹配，在日常设备维护中省去了由二维图纸等文档资料转换为三维空间设备模型的思维理解过程，在模型中定位的每一个设备都可以在现实建筑中找到，BIM所具有的三维可视化是一种能够同设备及其构件之间形成互动性和反馈性的可视。当设备发生故障时，通过调用可视化BIM模型，可以迅速定位和查看设备信息，方便运维人员开展进一步的维修保养工作。

3. 定位建筑构件

设施管理中，在进行预防性维护或是设备发生故障进行维修时，首先需要维修人员找到需要维修的构件的位置以及该构件的相关信息，现在的设备维修人员常常凭借图纸和自己的经验来判断构件的位置，而这些构件往往在墙面或地板后面这些看不到的地方，位置很难确定。准确的定位设备对新员工或紧急情况是非常重要的。使用BIM技术，不仅可以直接在三维模型中定位设备的位置，还可以查询该设备所有的基本信息及维修历史信息。维修人员在现场进行维修时，可以通过移动设备快速地从后台技术知识数据库中获得所需的各种指导信息，同时也可以将维修结果信息及时反馈到后台中央系统中，对提高工作效率很有帮助。

4. 建筑设备工程量统计

工程量统计是通过BIM软件（例如Autodesk Revit）明细表功能来实现的，通过创建和编辑明细表，运维人员可以从建筑设备模型中快速获取维修、保养等业务执行所需的各类信息，所有的信息则是应用表格的形式直观地进行表达。例如统计建筑内所有风管设备的信息，在生成的明细表中，可查看所有风管的几何信息、属性信息等，并可通过编辑明细表的功能来添加设备管理中所需的各种信息。

随着BIM技术在部分建设项目中的成功应用，通过继承建筑工程阶段形成的BIM竣工模型，为建筑运维管理信息化打造了很好的平台。BIM模型可以集成建筑生命期内的结构、设施、设备甚至人员等与建筑相关的全部信息，同时在BIM模型上可以附加智能建筑管理、消防、安防、物业管理等功能模块，实现基于BIM的运维管理。首先，在BIM平台建立起来后，把模型上的信息点与数据库关联，就可以在其上附加各种软件功能。其次，BIM运维模型优秀的3D空间展现能力可为建筑和基础设施项目的高层管理者提供空间的直观信息，为建筑空间布局优化调整提供快速决策平台，也可提供设施、设备、管线的三维空间位置，快速定位故障，缩短维修周期。再者，BIM模型与建筑监控系统（BAS）功能模块相结合，为安防、消防、建筑智能监控提供了全数字化、智能化的建筑设施监管体系。BIM运维系统一般安装在建筑大楼的中央控制室，与安防监控、应急指挥、消防中控和物业呼叫中心等系统集中布设，利用中控室电视墙统一显示和控制。MEP、HVAVC、电梯等运动部件可以实时动画展示运行状态，视频监控录像可以点击相应位置实时播放，各种设备的传感器数据或运行状态都可以实时显示在立体模型上。

此外，BIM模型数据库所储存的建筑物信息，不仅包含建筑物的几何信息，还包含大量的建筑物性能信息、设施维修保养信息，各类信息在建筑运营阶段不断地补充、完善和使用，不再表现为零散、割裂和不断毁损的图纸，全面的信息记录用于建筑全过程管理信息化，也为附加分析、统计和数据挖掘等高端管理功能创造了条件。在实施BIM运维系统时，原物业管理系统的数据可以直接导入BIM系统，甚至办公电脑和家具的台账信息都可以交给BIM模型进行可视化管理。

最后，基于BIM运维管理模型，能实现优良的能耗控制、精细的维修保养管理、高效的运维响应，可以使建筑取得更好的社会效益和更低的运营成本。

基于上述分析，利用BIM技术，设施管理者可以方便快捷地进行运维管理，表2-2表示了BIM能为运维提供的价值。

BIM在实现运维过程中主要的难点如下：①BIM代表一种新的建筑营造和管理模式，基于BIM的建筑运维鲜有应用，可借鉴的经验不多，需要不断地摸索和总结；②采用BIM技术初始实施费用较高，效益和成本没有经过市场广泛的评估和考验；③BIM运维管理方式对医院而言是全新的支撑保障技术，认知跨度大，需要有较长的适应过程；④实施BIM运维要求建筑的后勤支撑保障部门的组织结构要作相应的变革，科室调整涉及事业单位体制，人员信息化技能提高也是一个缓慢的过程。

BIM对数字化运维的价值体系　　表2-2

功能	内容介绍
BIM 模型管理	用于 BIM 模型导入、BIM 模型检查、二维三维转换、BIM 模型三维展示、模型编辑和模型查看的管理
空间管理	用于对房间基本信息、空间信息查询、创建分析报表和租赁的管理，空间定位，设备定位
设备 / 资产管理	用于对资产信息定义、资产查询和展示、资产盘点的管理。例如机电设备、IT 设备
设备维护管理	用于对设备维护损坏信息设置、设备查询、设备维护和设备维修的管理，用于对构件信息定义、构件查询和维护管理
能耗管理	用于对能耗数据监测、分类分项能耗数据统计、能耗数据实时监测预警和能耗数据综合分析管理
安全疏散管理	用于建造物人流检测和人流疏散路线模拟的管理
工单管理	维修任务时间、分配作业任务、预留和准备维修材料、分配外表服务商、工单完结确认、工时统计、成本核算、设备维修历史记录分析
预防性维护	创建预防标准与任务、创建周期性工作任务、维修计划编制、作业安排、工单生成、计划变更

2.4.2　地理信息系统技术

地理信息系统（Geographic Information System，GIS）是一种特定的十分重要的空间信息系统[35]。它是在计算机硬、软件系统支持下，对整个或部分地球表层（包括大气层）空间中的有关地理分布数据进行采集、储存、管理、运算、分析、显示和描述的技术系统。地理信息系统可以整合建筑BIM模型、桥梁模型、地下管廊模型，对多个基础设施和建筑进行运维管理。例如社区维护管理，城市层面的多建筑设施运维管理。

地理信息系统有几大主要的功能：①数字化技术，输入地理数据，将数据转换为数字化形式的技术；②存储技术，将这类信息以压缩的格式存储在磁盘、光盘，以及其他数字化存储介质上的技术；③空间分析技术，对地理数据进行空间分析，完成对地理数据的检索、查询，对地理数据的长度、面积、体积等的量算，完成最佳位置的选择或最佳路径的分析以及其他许多相关任务的方法；④环境预测与模拟技术，在不同情况下，对环境的变化进行预测模拟的方法；⑤可视化技术，用数字、图像、表格等形式显示和表达地理信息的技术。

图2-4展示了地理信息系统的数据层，表明了地理信息系统可以包含街道信息、

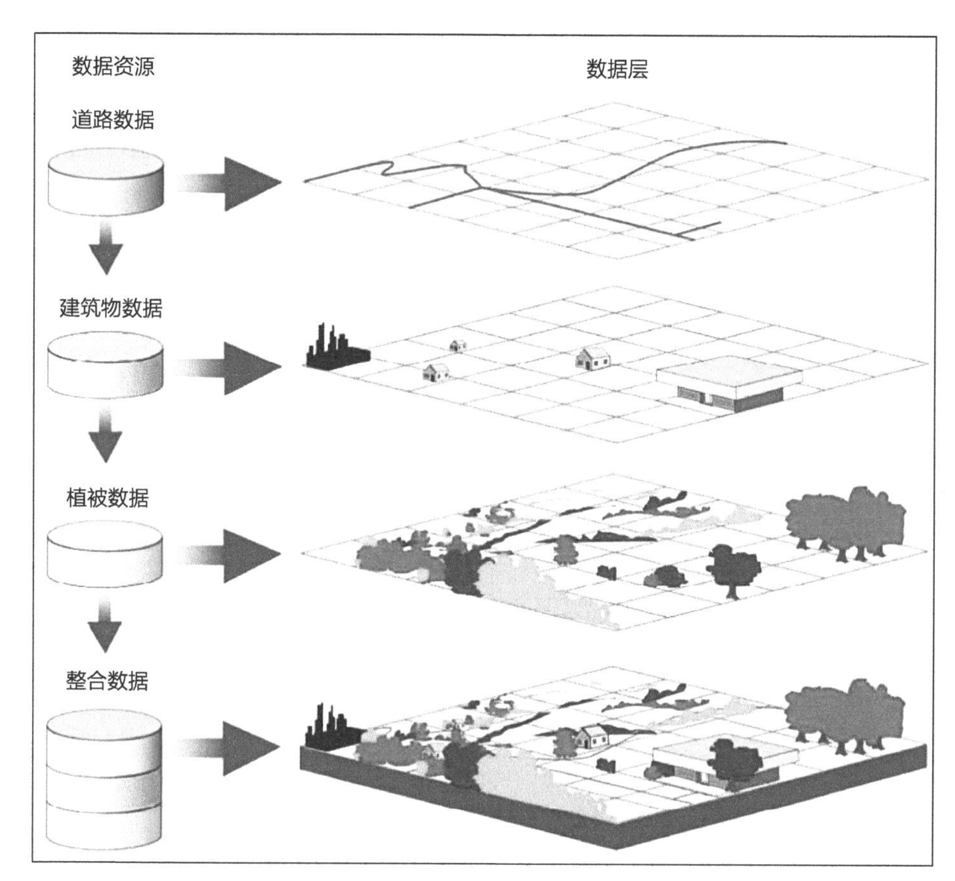

图2-4　地理信息系统的数据层

建筑信息、树木信息，最终将多层的数据整合在一起。

通常，GIS用于处理多个不同数据集，其中，每个数据集都包含经地理配准从而定位到地球表面的特定要素的集合（如道路）所对应的数据。GIS数据库设计以一系列数据主题为基础，每个主题都具有特定的地理表现形式。例如，地理实体可表示为要素（即：点、线和面），表示为使用栅格的影像，表示为使用要素、栅格或TIN的表面，以及表示为表中保存的描述性属性。

在GIS中，通常按照数据主题对同类地理对象进行组织，这些数据主题包括宗地、水井、建筑物、正射影像和基于栅格的数字高程模型等。精确且简单定义的地理数据集对有用的地理信息系统至关重要，而且基于图层的数据主题的设计也是一个关键的GIS概念。

GIS数据集是地理要素的逻辑集合，数据集是各主题的同类要素集合。地理表现形式按照一系列数据集或图层进行组织。大部分数据集都是简单地理元素的集合，这些元素包括路网、宗地边界集合、土壤类型、高程表面、某个日期的卫星影像、水井位置或地表水等。在GIS中，通常按照要素类数据集或基于栅格的数据集对空间数据集合进行组织。

大多数数据主题都可利用单个数据集完整地表现出来，如土壤类型或水井位置等。而其他主题，如交通框架或表面高程等，则通常由多个数据集进行表示。例如，交通可以表示为分别针对街道、交叉路口、桥梁、高速公路匝道、铁路等的多个要素类。表2–3说明了表面高程如何使用多个数据集进行表示。栅格数据集用于表示经地理配准的影像以及连续表面（如高程、坡度和坡向）。

常见的GIS表现形式　　表2–3

<table>
<tr><th>主题</th><th>地理表现形式</th></tr>
<tr><td>河流</td><td>线</td></tr>
<tr><td>大型水体</td><td>面</td></tr>
<tr><td>植被</td><td>面</td></tr>
<tr><td>城镇地区</td><td>面</td></tr>
<tr><td>道路中心线</td><td>线</td></tr>
<tr><td>行政边界</td><td>面</td></tr>
<tr><td>水井位置</td><td>点</td></tr>
<tr><td>正射投影</td><td>栅格</td></tr>
<tr><td>卫星影像</td><td>栅格</td></tr>
<tr><td rowspan="4">表面高程</td><td>数字高程模型栅格</td></tr>
<tr><td>等值线</td></tr>
<tr><td>高程点</td></tr>
<tr><td>晕渲地貌栅格</td></tr>
<tr><td>地块</td><td>面</td></tr>
<tr><td>宗地税收记录</td><td>表</td></tr>
</table>

GIS用户使用地理信息通过两种基本方式使用地理数据：①作为同类要素、栅格或属性的集合的数据集，如宗地、水井、建筑物、正射影像和基于栅格的数字高程模型；②作为各个元素或子集，例如各个数据集中包含的各个要素、栅格以及属性值。

在GIS中，按照常见主题的数据集组织同类地理对象集合，这些主题包括宗地、水井、道路、建筑物、正射影像和基于栅格的数字高程模型等。用户在GIS中执行的许多操作都将数据集作为输入或创建出新的数据集作为结果，数据集也表现了在GIS用户之间共享数据的最常见方法。这些视图主要将地理信息显示为一系列地图图层，每个地图图层都引用一个特定的GIS数据集，并对其进行符号化和信息标注。以这种方式，地图图层使GIS数据集变得更加生动和形象。图2-5和图2-6展示了GIS系统中的地理信息和GIS系统中的三维建筑模型。

2D地图及3D场景中的地图图层可用于以符号表示和标注GIS数据集。此地图中包含城市、高速公路、州和县边界、水体以及河流的图层。以上每个图层均用于描绘一个特定的GIS数据集。

地理处理输入和派生的数据集：GIS数据集是地理处理的常见数据源，对自动处理数据和GIS分析都非常有用。数据集通常用作输入，新生成数据集则可以派生出各个地理处理工具的结果。地理处理有助于通过一系列操作实现多个任务的自动处理，使这些任务能以单个步骤运行。这有助于创建可重复使用且详细记录的数据处理工作流，如图2-5、图2-6所示。

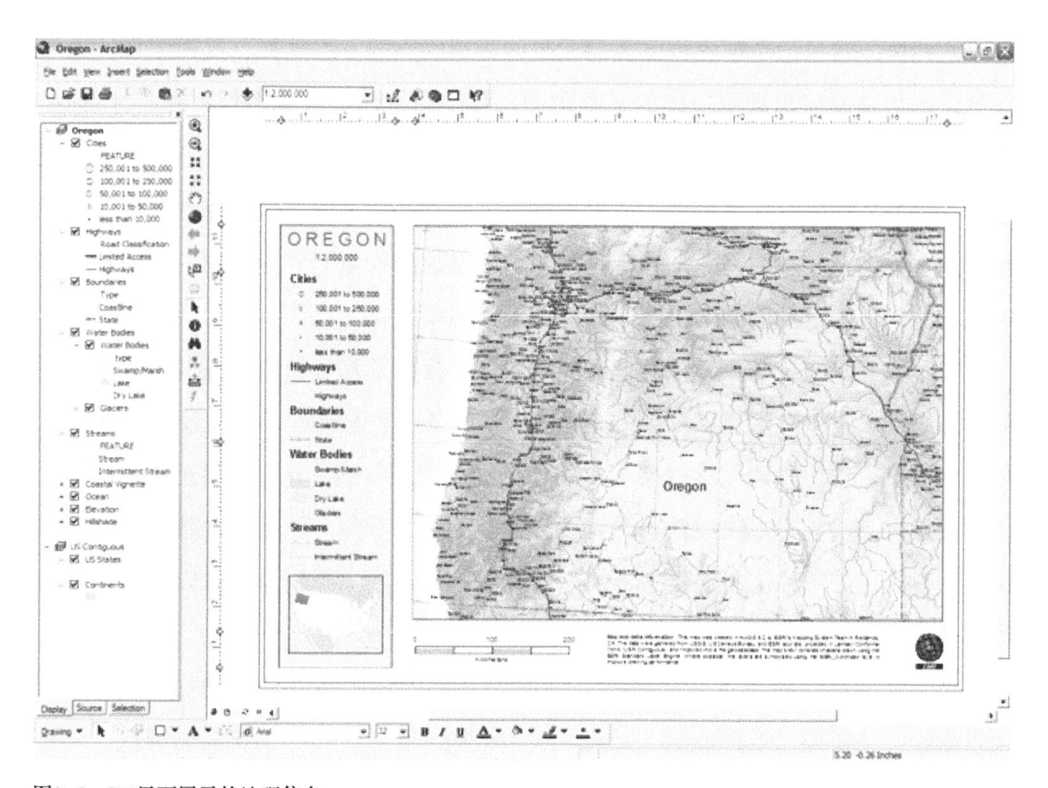

图2-5　GIS里面展示的地理信息

图2-6 地理信息系统里面的建筑

2.4.3 激光扫描技术

三维激光扫描技术是测绘领域的一次技术革命，它利用激光测距原理对空间进行三维扫描，通过记录被测物体表面大量的密集的点的三维坐标、反射率和纹理等信息，可快速复建出被测目标的三维模型及线、面、体等各种图件数据[36]。扫描精度可达到2mm，具有高效率、高精度的独特优势。因此，相对于传统的单点测量，三维激光扫描技术也被称为从单点测量进化到面测量的革命性技术突破。随着信息技术和测量技术的不断发展，三维激光扫描仪成为老旧建筑建立三维模型最好的工具，同时，也被广泛用在重建建筑设施三维模型中。

利用激光扫描技术，设施管理者能够快速捕捉建筑物、项目现场及其资产（例如动力组件、设备和管道工程）的非常复杂的完工几何结构。记录大型和复杂区域的三维数据，快速重建三维模型。此外，在现有建筑基础上建立BIM运维系统，可以利用三维扫描技术采集建筑物和管线立体空间点云数据，然后通过数据转化生成BIM模型，这是一种快速重建三维模型的方法。重建的三维模型，可以用于基础设施和建筑的运维中。

作为新的高科技产品，三维激光扫描仪已成功地在文物保护、城市建筑测量、地形测绘、采矿业、变形监测、工厂、大型结构、管道设计、飞机船舶制造、公路铁路建设、隧道工程、桥梁改建等领域应用。三维激光扫描仪，其扫描结果直接显

图2-7　激光扫描点云的结果示意图

示为点云技术，即为无数的点以测量的规则在计算机里呈现物体的结果，利用三维激光扫描技术获取的空间点云数据，可快速建立结构复杂、不规则的场景的三维可视化模型，既省时又省力，这种能力是现行的三维建模软件所不可比拟的。点云数据有黑白色的，也有彩色的，经过处理和加工，由扫描仪扫描出来的点云数据，重建后的三维模型如图2-7所示。

三维激光扫描技术原理：三维地面激光扫描仪一般由激光测距仪和反射棱镜组成，激光测距仪一方面主动发射激光，另一方面同时接收被测物体反射的激光信号，根据光速和激光来回时间差进行测距。由设备中心点坐标、每个测点的斜距、水平方向、垂直方向以及方向角几个要素，就可求得每个扫描点的空间坐标。激光扫描的原理程序如图2-8所示。

三维激光扫描仪扫描获得的基础数据是具有三维坐标的点云数据，这些离散点数据经过数据处理和加工后，即可得到满足生产应用的空间信息数据。对激光点云数据进行的后处理工作一般包括不同站点的点云数据的坐标转换和拼

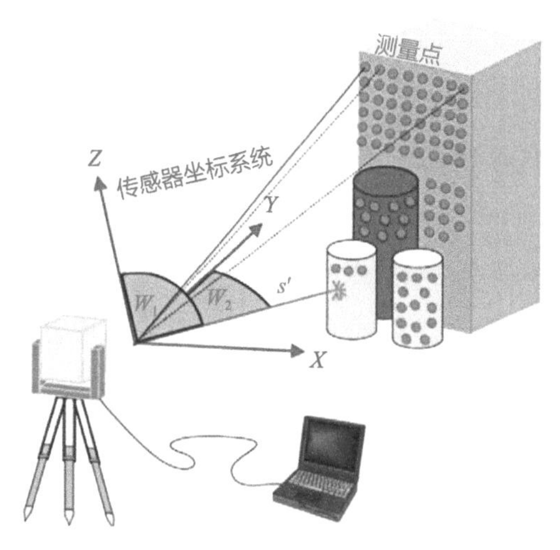

图2-8　激光扫描的原理程序图[37]

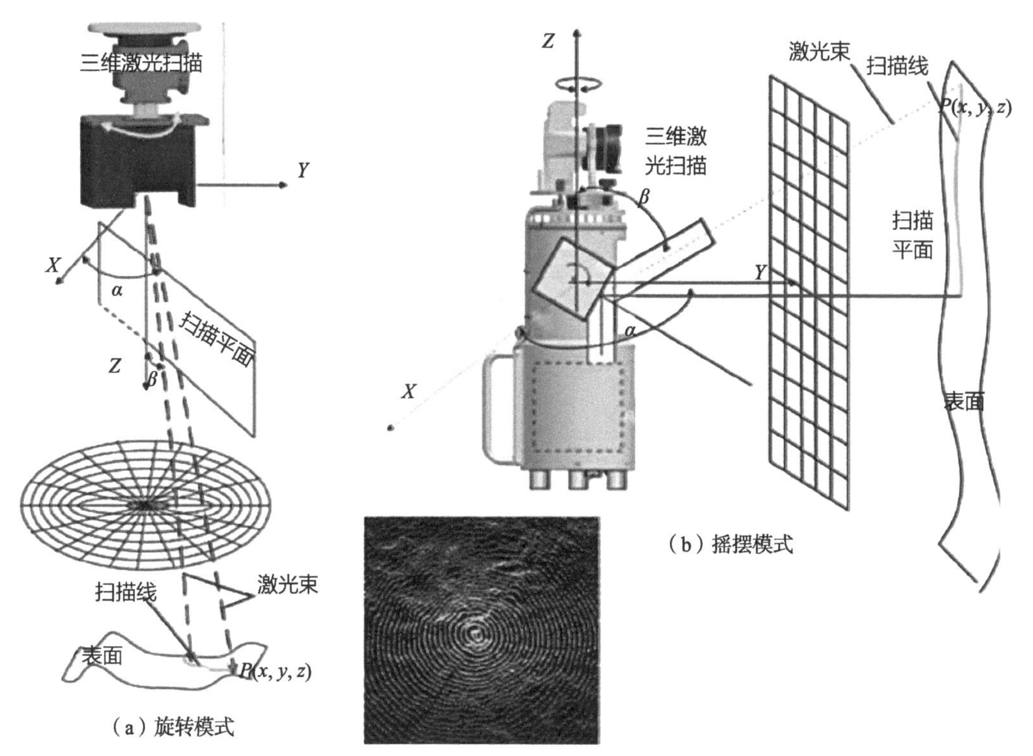

图2–9　激光扫描的原理[37]

接，植被过滤和构网，点云合并和关键信息的提取，点云分割和建模等。三维激光扫描的原理如图2–9所示。

2.4.4　物联网技术

2005年11月17日，在突尼斯举行的信息社会世界峰会（WSIS）上，国际电信联盟（ITU）发布了《ITU互联网报告2005：物联网》[38]，正式提出了"物联网"的概念。报告指出：无所不在的"物联网"通信时代即将来临，世界上所有的物体都可以通过互联网主动进行信息交换。射频识别技术（Radio Frequency Identification，RFID）、无线传感器网络技术（Wireless Sensor Network，WSN）、纳米技术、智能嵌入技术将得到更加广泛的应用。随着发展，人们又逐渐丰富了物联网的概念，物联网是指将各种信息传感器设备及系统，如传感器网络、射频标签阅读装置、条形码与二维码设备、全球定位系统和其他基于物–物通行模式（M2M）的短距无线自组织网络，通过各种接入网与互联网结合起来而形成的一个巨大智能网络。互联网实现了人与人之间的交流，那么物联网实现了人与物体之间的沟通和对话，也可以实现物体与物体之间的连接和交互。

物联网（Internet of Things，IoT）是互联网从人向物的延伸，是指在真实物理世界中部署具有一定感知能力和信息处理能力的嵌入式芯片和软件系统，通过网络设施实现信息传输和实时处理，从而实现物与物、物与人之间的通信[38]。从产业及应用的角度来上说，物联网是将现有的互联的计算机网络扩展到互联的物品网络，把任何物品与互联网、无线网络等连接起来，进行信息交换和通信，以实现智能化识别、定位、跟踪、监控和管理的一种网络。物联网的核心和基础仍然是互联网，是在互联网基础之上的延伸和扩展的一种网络，只是其用户端延伸和扩展到了任何物品与物品之间。从技术的角度来看，物联网是在计算机互联网基础上利用射频识别（RFID）、无线数据通信等技术，将射频识别设备、红外感应器、全球定位系统、激光扫描器等信息传感设施按约定的协议把任何物品与互联网连接起来进行信息交换和数据通信，以实现智能化识别、定位、跟踪、监测和管理的新一代网络技术。

以下简单介绍几种常见的物联网技术。RFID是一种无线通信技术，可以通过无线电信号识别特定目标并读写相关数据，而无须识别系统与特定目标之间建立起机械链接或者光学接触。射频标签可以附着于物品上并用于库存、资产、人员等的追踪与管理。例如，射频标签可以附着于轿车上、电脑设备上、书籍上、行动电话上等。根据RFID电子标签供电方式的不同，RFID电子标签又可分为无源标签（Passive Tag）、半有源标签（Semi-passive Tag）和有源标签（Active Tag）三种。无源电子标签不含电池，它接收到读写器发出的微波信号后，利用读写器发射的电磁波提供能量，无源标签一般免维护、重量轻、体积小、寿命长、较便宜，但其阅读距离受到读写器发射能量和标签芯片功能等因素限制；半有源标签内带有电池，但电池仅为标签内需维持数据的电路或远距离工作时供电，电池能量消耗很少；有源标签工作所需的能量全部由标签内部电池供应，且它可用自身的射频能量主动发送数据给读写器，阅读距离很远（可达30m），但寿命有限，价格昂贵。

RFID的工作原理如图2-10所示[39]。图2-10（a）展示了RFID读写器。由RFID输入相关的信息，然后读写器读取信息。之后控制器用有线或者无线的网络获取和传送数据到交换机中，再由交换机传送数据到服务器，最终到达生产管理软件中，从而支持设施管理。

物联网的RFID技术可以应用到数字化运维的各个方面，比如物流管理，RFID可以实现从商品设计、原材料采购、半成品与制成品的生产、运输、仓储、配送、销售，甚至退货处理与售后服务等。RFID技术还可以实现行李分类，在中国香港

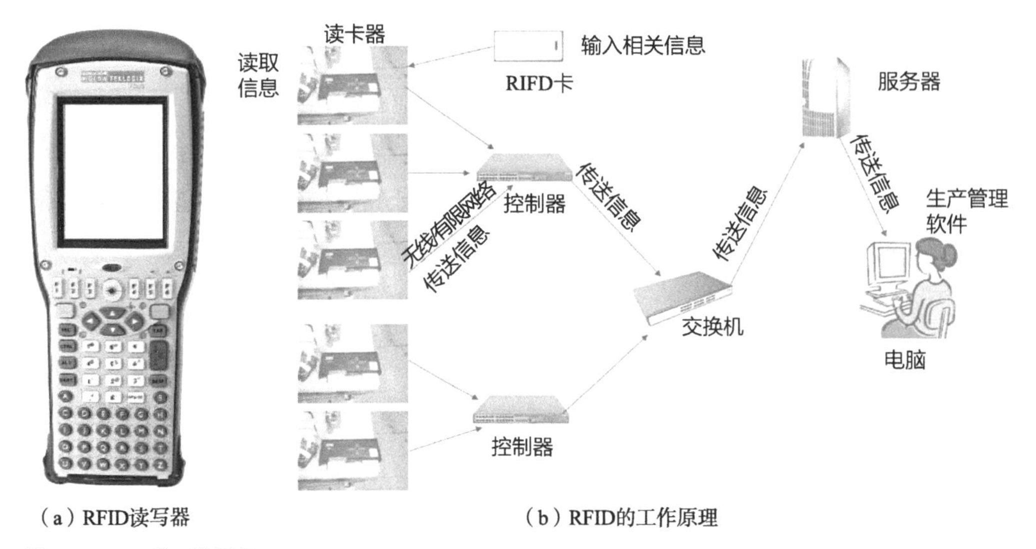

（a）RFID读写器　　（b）RFID的工作原理

图2-10　RFID的工作原理

国际机场案例部署了使用被动式无电源标签的无线射频识别行李分类解决方案。与使用条形码的行李分类解决方案相比，使用被动式的无电源标签RFID技术，可以从不同角度识别行李标签的ID，识别速度更快，结果更准确，并且标签上面的信息存储量也比条形码多。还可以用于运维管理中的安防管理，例如门禁系统。许多地区包括仓库、办公室、大学都在大门以及房门设有读卡器，用以控制人的出入。RFID技术还通常在物流供应链中应用非常广泛，可以防止货物在边远地区被盗窃，让企业供应链可以保持追踪，因为管理层可以在任何时间点清楚地看到车辆的位置以及车辆应该在的位置。

另外一种物联网中常见的技术是传感器。传感器是一种物理装置或生物器官，能够探测收集周围环境信息，并将探知的信息传递给其他装置或器官。这些传感器装置可以是电气、机械、磁力、机电、电磁、光学或化学等，传感器放置在使用地点或网络附近，根据应用不同有各种大小规格，它们可以是单独的元件，也可以集成到其他产品中，如安装到发动机内、智能温控器中、智能手表中、智能手机中；传感器收集的数据被发送回中心网络进行存储和处理。传感器的种类很多，如速度传感器、射线辐射传感器、热敏传感器、位置传感器、能耗传感器等。无线传感器网络（WSN）是由大量的静止或移动的传感器以自组织和多跳的方式构成的无线网络，以协作地感知、采集、处理和传输网络覆盖地理区域内被感知对象的信息，并最终把这些信息发送给网络的所有者。图2-11是几种常见的传感器，包括温度传感器、湿度传感器和光照传感器。

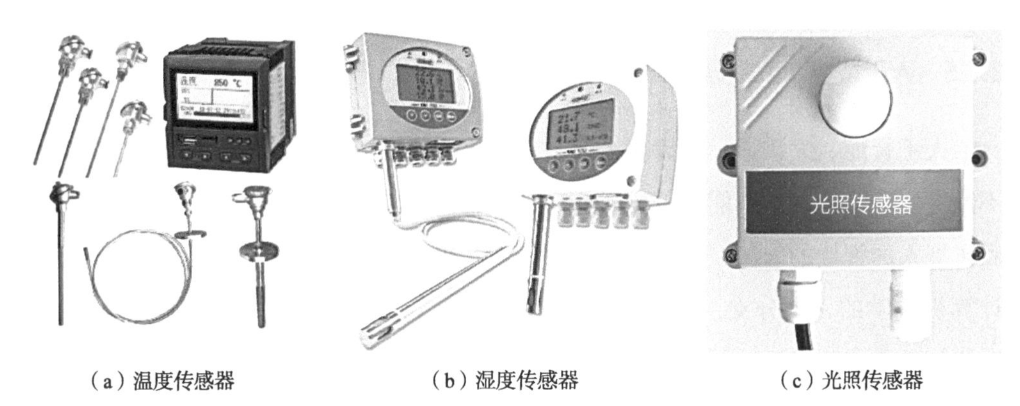

（a）温度传感器　（b）湿度传感器　（c）光照传感器

图2-11　不同类型的传感器

物联网是连接互联网可访问的物理对象的生态系统。物联网中的“物体（Things）”可能是带有心脏监测器的人或带有内置传感器的汽车，即已分配了IP地址并且能够通过网络收集和传输数据的对象，无需人工协助或干预。对象中的嵌入式技术有助于他们与内部状态或外部环境进行交互，从而影响所作出的决策。通过二维码、RFID等技术标识特定的对象，用于区分对象个体，例如在设施管理中的条形码标签，条码标签的基本用途就是用来获得对象的识别信息；此外通过智能标签还可以用于获得对象物品所包含的扩展信息，例如二维码中所包含的网址和名称等。这些功能够可以用于建筑的设施运维管理中。

物联网还可以用于环境监控和对象跟踪。利用多种类型的传感器和分布广泛的传感器网络，可以实现对某个对象实时状态的获取和特定对象行为的监控，如使用分布在市区的各个噪声探头监测噪声污染，通过CO_2传感器监控大气中CO_2的浓度，通过GPS标签跟踪车辆位置，通过交通路口的摄像头捕捉实时交通流程等。除此以外，物联网还可以用于对象的智能控制。物联网基于云计算平台和智能网络，可以依据传感器网络用获取的数据进行决策，改变对象的行为进行控制和反馈。例如根据光线的强弱调整路灯的亮度，根据车辆的流量自动调整红绿灯间隔等。

物联网的快速发展给设施管理提供了便捷，例如，目前市场上大力发展一种低功耗广域网（LPWAN）无线电技术标准——窄带物联网（NB-IoT），旨在使各种设备和服务能够使用蜂窝通信频段进行连接。NB-IoT支持低功耗设备在广域网的蜂窝数据连接，可以大大降低管理成本，让设施管理者可以随时掌握各种运维数据。

2.4.5 人工智能、大数据及云计算技术

人工智能、大数据、云计算等技术在数字化运维中起到了一定的作用，并且将不断应用下去。人工智能（Artificial Intelligence，AI）是研究开发用于模拟、延伸和扩展人的智能的理论、方法、技术及应用系统的一门新的技术科学。人工智能是计算机科学的一个分支，它试图了解智能的实质，并生产出一种新的能以人类智能相似的方式作出反应的智能机器，该领域的研究包括机器人、语言识别、图像识别、自然语言处理和专家系统等。人工智能是包括十分广泛的科学，它由不同领域组成，如机器学习、计算机视觉等。在建筑运维过程中，可以把人工智能的图像识别技术用于识别建筑物内部的图像。例如，在建筑地下管道检测维护中，可以采用地下管道检测机器人，收集地下管道的实时图像，然后采用人工智能的算法，计算出地下管道的破损情况和破损程度。或者，采用人工智能的算法，结合收集到的建筑运维过程中产生的海量传感器数据，比如能源数据和传感器数据，分析出建筑运维过程的能源消耗，提高建筑的管理效率。

大数据（Big Data），也称为巨量数据集合，指无法在一定时间范围内用常规软件工具进行捕捉、管理和处理的数据集合，是需要新型处理模式才能具有更强的决策力、洞察发现力和流程优化能力的海量、高增长率和多样化的信息资产。在维克托·迈尔–舍恩伯格及肯尼斯·库克耶编写的《大数据时代》中，大数据指不用随机分析法（抽样调查）而采用所有数据进行分析处理。大数据的具有五个特点：大量（Volume）、高速（Velocity）、多样（Variety）、价值（Value）、真实性（Veracity）。大数据的应用非常广泛，可以用于机器视觉、指纹识别、人脸识别、视网膜识别、虹膜识别、掌纹识别、专家系统、自动规划、智能搜索、定理证明、博弈、自动程序设计、智能控制、机器人学、语言和图像理解、遗传编程等。例如，Google对于某个地区的流感进行预测；中国阿里巴巴对杭州的交通进行流量分析和预测，从而进行较好的管理；商场可以根据采集的大数据，对消费者的用户需求进行预测，从而制定符合大众需求的营销策略。在数字化的运维管理中，结合物联网技术的运维管理，不断收集大量的传感器数据，这些数据结合不断累积的运维数据，比如能耗数据、维护数据记录等，基于大数据的算法进行分析，从而找到资产设施的高效运营模式，从而提高管理效率。

云计算（Cloud Computing），是分布式计算技术的一种，其最基本的概念，是通过网络将庞大的计算处理程序自动拆分成无数个较小的子程序，再交由多部

服务器所组成的庞大系统经搜寻、计算分析之后将处理结果回传给用户。通过这项技术，网络服务提供者可以在数秒之内，达成处理数以千万计甚至亿计的信息，达到和“超级计算机”同样强大效能的网络服务。云计算是一种资源交付和使用模式，指通过网络获得应用所需的资源（硬件、平台和软件）。提供资源的网络被称为“云”，“云”中的资源在使用者看来是可以无限扩展的，并且可以随时获取。

数字化的运维过程中，通常人们是将物联网和上述三个技术结合到一起，物联网是这几个技术的基础。物联网可连接大量不同的设备及装置，包括：家用电器和穿戴式设备。嵌入各个产品中的传感器便会不断地将新数据上传至云端，这些收集到的数据，就需要用到大数据对其进行管理、分析来发掘，从而整理出有价值的规律、有意义的洞见。云计算就是一种利用互联网实现随时随地、按需、便捷地访问共享资源池（如计算设施、存储设备、应用程序等）的计算模式。大数据和云计算能够为人工智能的发展提供助力，而人工智能技术又能更好地作用于物联网。在建筑运维管理过程中，如果涉及城市层面的多建筑运维应用。可以将大量的数据收集起来，存储到云端。然后利用大数据和人工智能进行计算，从而快速计算出城市多建筑的运维需求。所以说，数字化的智能运维和上述物联网、人工智能、大数据以及云计算是密不可分的。

智能数据中心可以分为采集层、平台层和应用层。在采集层中利用物联网等技术收集IT设备和基础设施设备的数据并汇集到平台层，大量历史数据可以作为平台层和应用层模型训练的样本。平台层进行数据存储，并基于人工智能、数据挖掘等技术进行数据的分析处理。应用层根据应用场景，实现集成监控、预测分析、智能运维和机器学习等功能。这个智能化运维平台已经比目前业界数据中心建设的DCIM（Digital City Information Modeling）平台更进了一步，增加了数据挖掘、大数据分析和机器学习等功能。

2.4.6 虚拟现实和增强现实技术

虚拟现实技术和增强现实技术提供了可以把三维虚拟模型和实际相结合的新型技术，这些技术可以在建筑运维中实现很好的应用效果。虚拟现实技术（Virtual Reality，VR）是一种可以创建和体验虚拟世界的计算机仿真系统，它利用计算机生成一种使用户沉浸于此的模拟环境，是一种多源信息融合的、交互式的三维动态视景和实体行为的系统仿真[40]。虚拟现实技术是仿真技术的一个重要方向，是仿真技术与计算机图形学人机接口技术、多媒体技术、传感技术、网络技术等多种技术的集合，是一门富有挑战性的交叉技术前沿学科和研究领域。虚拟现实技术主要包括模拟环境、感知、自然技能和传感设备等方面。模拟环境是由计算机生成的、实时动态的三维立体逼真图像。感知是指理想的虚拟现实应该具有一切人所具有的感知，除计算机图形技术所生成的视觉感知外，还有听觉、触觉、力觉、运动等感知，甚至还包括嗅觉和味觉等，也称为多感知。自然技能是指人的头部转动，眼睛、手势或其他人体行为动作，由计算机来处理与参与者动作相适应的数据，对用户的输入作出实时响应，并分别反馈到用户的五官。在虚拟现实技术中，传感设备是指三维交互设备。

虚拟现实技术的应用很广泛，比如在一些数据中心采用虚拟现实的方法，展现3D机房。通过定制开发，为客户打造酷炫3D机房，将网络设备和服务器集中监控，让管理步入虚拟现实领域，运维人员可以第一视角在机房中行走，查看机房、机柜、设备的实际运行状态。另外，对于不方便人员进入的基础设施，比如电网设备，也可以采取虚拟现实的场景进行管理和维护。基于沉浸式虚拟现实技术的变电站操作仿真，利用与变电站真实1：1场景的三维模型，结合变电站实时数据、任务角色、操作流程、操作动作和结果的呈现，展示出三维虚拟现实引擎技术，实现逼真的交互式变电站仿真场景，快速提升变电运行和运维检修人员的技能水平。

增强现实技术（Augmented Reality，AR）是一种实时计算摄影机影像的位置及角度并加上相应图像、视频、3D模型的技术，这种技术是在屏幕上把虚拟世界套在现实世界并进行互动[41]，这种技术于1990年提出。随着随身电子产品CPU运算能力的提升，预期增强现实的用途将会越来越广。虚拟现实和增强现实技术，可以实现建筑项目中的隐蔽工程的查看，对于隐蔽工程的维护、信息查看具有一定的帮助。增强现实技术是将计算机生成的虚拟物体、场景或系统提示信息叠加到真实场景中，从而实现对现实场景的增强，提高用户对现实世界的感知能力和交互体验。工业制造和维修是增强现实技术被应用的第一个行业。将AR技术应用于复杂装备维修，可在一定程度上解决新型复杂装备维修人员少、技术资料海量等问题，提高维修效率。AR技术在设备维护管理及辅助维修方面的应用场景包括：设备专业的新员工培训，设备专业的应急演练和设备远程辅助维修等。增强现实还可以应用到设计中，如图2-12所示，设计人员可以在设计阶段戴上AR眼镜，实时查看自己设计出来的产品原型。

图2-12 AR应用到设计管理中
（图片来源：http: //wallpapershome.com/hi-tech/computers/microsoft-hololens-a-r-headset-windows-10-motorcyle-2744.html）

CHAP

3

第3章

数字化运维的基础

3.1 技术与运维标准

3.1.1 建筑信息模型的数据标准

工业基础类（Industry Foundation Classes，IFC）是一个BIM领域国际通用的数据模型，由非营利性的buildingSMART International提出、开发并维护，用以促进建筑和土木工程行业不同软件系统之间的信息共享和交互[48]。

IFC标准诞生于1994年，由美国的欧特克公司（Autodesk Inc.）成立了一个顾问团队，来负责开发一系列用以支持集成应用开发的C++类。随后，有12家美国企业也加入了这一团队，包括著名的美国电话电报公司（AT&T）、HOK建筑师事务所等。这一团队随后对所有感兴趣的组织和个人开放，更名为国际互操作联盟（International Alliance for Interoperability，IAI）。IAI随后被改组为一个非营利性组织，发布了一系列中立的工业基础类数据标准，以用来对建筑全寿命期的信息进行建模，即最早的IFC标准。IAI随后负责IFC标准的后续开发和维护工作，并在2005年又一次更名为buildingSMART International。IFC的出现突破了之前建筑行业的异构软件系统之间的信息壁垒，迅速成为BIM的数据交换标准。目前，包括美国政府在内的许多国家、组织和企业都要求在其建设工程项目中使用兼容IFC的软件系统，比如Autodesk Revit，Bently，Tekla等。

IFC标准用数据建模语言Express描述了一个实体—关系模型（Entity-relationship Model，E-R模型），其中包括了组织在一个基于对象的继承层次结构中的数百个实体的定义[49]。IFC标准对建筑业信息的描述分成四个层次，从下到上分别为资源层、核心层、共享层和领域层，如图3-1所示。其中，每个层次又包含了若干模块。

资源层中包含了对基础信息资源的定义，例如材料、几何或者拓扑关系等。资源层的定义没有全局唯一识别符（Globally Unique Identifier，GUID），因此也不能脱离更高层的定义独立使用。除资源层外的三层所定义的对象都有GUID标识。其中，核心层定义了核心的数据模型，包括最常用的实体定义（如工程对象的位置和几何形状，以及工程对象之间的关系等）；共享层中定义了特定于某个产品或过程的被多个专业共用的实体，因此共享层的实体通常用于在不同的专业和领域之间进行数据交换和共享（如墙、梁、门、窗等）；领域层则定义了特定于某个专业或者领域的实体，通常用于领域内的数据交换和信息共享（如暖通空调领域中定义的锅炉、风扇和节气阀等）。

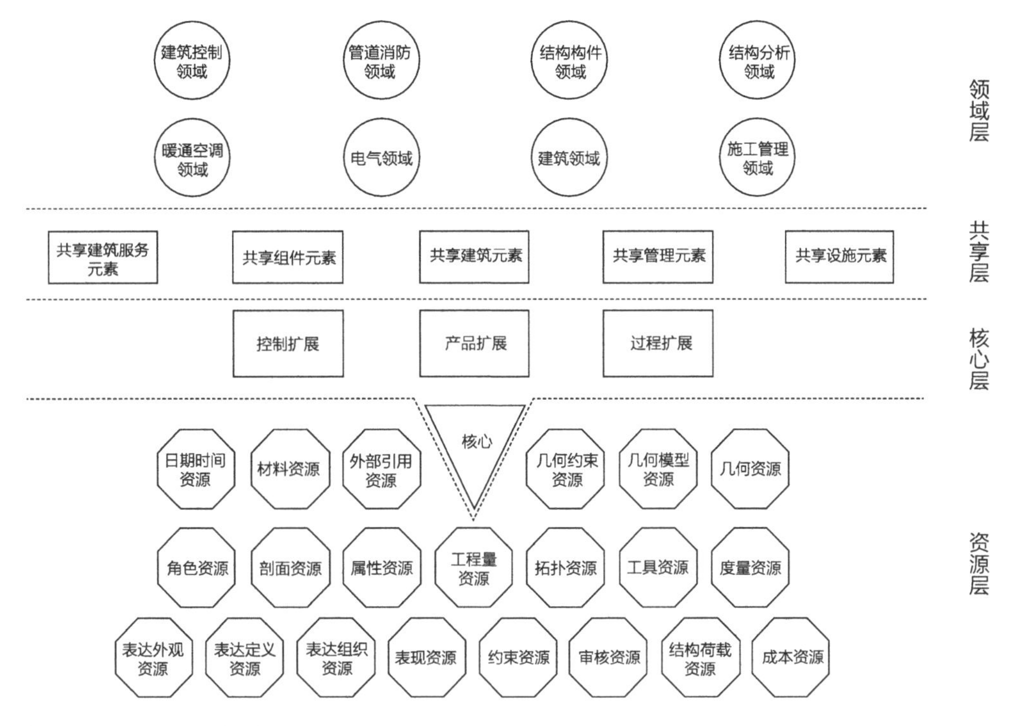

图3-1　IFC标准的层次结构

与E-R模型的原则相一致，IFC中定义的实体也有属性。IFC中的属性可以分为三类：直接属性、派生属性和反转属性。其中，直接属性指直接存储的标量值或者其集合；派生属性指值取决于其他属性的值的属性；反转属性通常指向其他实体，其定义是为了获取与之关联的其他实体的数据，用来表明实体间的关系。IFC中的实体是按照面向对象的原则组织成继承层次结构的，因此属性也满足继承原则，即通用的属性位于继承层次结构的上层，而专用属性则位于继承层次结构的下层。

以IFC中对梁的定义为例，由于建筑学、结构构件、结构分析和施工管理等多个领域都会涉及梁，因此梁的定义在共享层的共享建筑元素模块。定义梁的实体是IfcBeam，它是继承自实体IfcBuildingElement，并且沿着继承树可以一路追溯到IfcRoot实体。IfcBeam本身没有定义任何自身的专有属性，其所有属性都来自对父实体的继承。例如IfcBeam从IfcRoot继承了GlobalId属性，该属性的类型是IfcGloballyUniqueId，即一个GUID，其值会特异性地标识每一个IfcBeam类型的实例。类似地，IfcBeam也从IfcProduct继承了ObjectPlacement属性和Representation属性，分别代表梁的位置和几何形状。

IFC标准用于描述BIM模型的所有信息，为了实现系统间的信息共享和交换，IFC标准还定义了三种开放的、与平台无关的、用来表示建筑信息的文件格式，即

IFC-SPF，IFC-XML和IFC-ZIP[50]。其中IFC-SPF是一个遵循产品数据模型交换标准（Standards for Exchange of Product Model Data，STEP）的纯文本格式，后缀名是“.ifc”，也是目前使用最为广泛的IFC文件格式。IFC-SPF格式的特点是对数据的存储非常紧凑，而且可读性很高。IFC-XML则是一个遵循STEP标准的可扩展标记语言（Extensible Markup Language，XML）文件格式[51]，后缀名是“.ifcXML”；IFC-ZIP是IFC-SPF文件或者IFC-XML文件的压缩格式，后缀名是“.ifcZIP”。

3.1.2 施工运维建筑信息交换标准

施工运维建筑信息交换标准（Construction Operations Building Information Exchange，COBie），是一个面向建筑运维管理人员的国际信息交换标准，描述了一个扩展信息的BIM模型，旨在将原来基于纸质的竣工信息交付方法改为基于国际开放标准的信息交换方法。其定义并不包括几何信息，因为COBie关注的是建筑竣工所需要交付和运维所需要使用的工程扩展信息。

竣工交付的图纸资料和工程信息对于建筑运维管理有着重要的作用。在COBie出现以前，建筑工程竣工时往往是交付大量的纸质资料或数字化的竣工文档，后者包括各专业的图纸、进度记录、预防性的维修计划和其他资料等。然而，制作交付资料对于施工方而言很大程度上是一个重复劳动的过程，因为交付资料中的大量信息是设计信息，但是必须在施工完成后进行实地调查及采集，例如建筑中所有设备的位置、序列号和替换部件提供商等。同时，施工方提供的交付资料往往利用率很低，因为使用和管理这些资料本身需要消耗大量的人力和时间。

针对这些问题，COBie标准规定了建筑全寿命期每个阶段必须记录和交付的信息内容，以尽量避免竣工交付过程带来的大量成本和人力的浪费。例如COBie要求建筑设计方提供建筑的空间布局、系统列表、设备的类型和位置等；施工方提供设备的型号、序列号和制造商资料、质量保证书和替换部件信息等；试运行工程师提供维护计划和相关的工具及人员要求等。COBie标准中规定的这些内容可以相对轻松地被组织成运维手册，并直接导入支持COBie标准的运维管理系统中，将提高竣工交付的质量和效率。

COBie标准规定，建筑信息的交付可以以IFC文件的格式，或者以COBie标准自身规定的电子表格格式。通过IFC格式的信息交付是基于IFC标准的信息交付手册（Information Delivery Manual，IDM）实现的。IDM定义了建筑全寿命期内各阶段不同用户所需要的信息及其交换流程，规定了支持这些流程所需要的IFC数据内容，

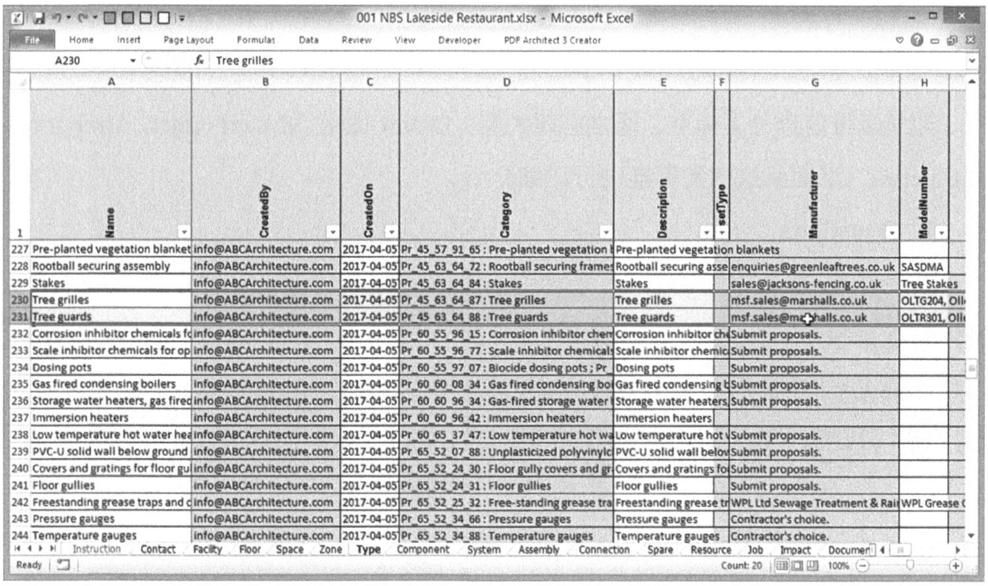

	Name	CreatedBy	CreatedOn	Category	Description	setType	Manufacturer	ModelNumber
227	Pre-planted vegetation blanket	info@ABCArchitecture.com	2017-04-05	Pr_45_57_91_65 : Pre-planted vegetation b	Pre-planted vegetation blankets			
228	Rootball securing assembly	info@ABCArchitecture.com	2017-04-05	Pr_45_63_64_72 : Rootball securing frames	Rootball securing asse		enquiries@greenleaftrees.co.uk	SASDMA
229	Stakes	info@ABCArchitecture.com	2017-04-05	Pr_45_63_64_84 : Stakes	Stakes		sales@jacksons-fencing.co.uk	Tree Stakes
230	Tree grilles	info@ABCArchitecture.com	2017-04-05	Pr_45_63_64_87 : Tree grilles	Tree grilles		msf.sales@marshalls.co.uk	OLTG204, Oll
231	Tree guards	info@ABCArchitecture.com	2017-04-05	Pr_45_63_64_88 : Tree guards	Tree guards		msf.sales@marshalls.co.uk	OLTR301, Oll
232	Corrosion inhibitor chemicals fo	info@ABCArchitecture.com	2017-04-05	Pr_60_55_96_15 : Corrosion inhibitor chem	Corrosion inhibitor che		Submit proposals.	
233	Scale inhibitor chemicals for op	info@ABCArchitecture.com	2017-04-05	Pr_60_55_96_77 : Scale inhibitor chemicals	Scale inhibitor chemic		Submit proposals.	
234	Dosing pots	info@ABCArchitecture.com	2017-04-05	Pr_60_55_97_07 : Biocide dosing pots ; Pr_	Dosing pots		Submit proposals.	
235	Gas fired condensing boilers	info@ABCArchitecture.com	2017-04-05	Pr_60_60_08_34 : Gas fired condensing boi	Gas fired condensing b		Submit proposals.	
236	Storage water heaters, gas fired	info@ABCArchitecture.com	2017-04-05	Pr_60_60_96_34 : Gas-fired storage water h	Storage water heaters,		Submit proposals.	
237	Immersion heaters	info@ABCArchitecture.com	2017-04-05	Pr_60_60_96_42 : Immersion heaters	Immersion heaters			
238	Low temperature hot water hea	info@ABCArchitecture.com	2017-04-05	Pr_60_65_37_47 : Low temperature hot wa	Low temperature hot w		Submit proposals.	
239	PVC-U solid wall below ground	info@ABCArchitecture.com	2017-04-05	Pr_65_52_07_88 : Unplasticized polyvinylc	PVC-U solid wall below		Submit proposals.	
240	Covers and gratings for floor gul	info@ABCArchitecture.com	2017-04-05	Pr_65_52_24_30 : Floor gully covers and gr	Covers and gratings fo		Submit proposals.	
241	Floor gullies	info@ABCArchitecture.com	2017-04-05	Pr_65_52_24_31 : Floor gullies	Floor gullies		Submit proposals.	
242	Freestanding grease traps and c	info@ABCArchitecture.com	2017-04-05	Pr_65_52_25_32 : Free-standing grease tra	Freestanding grease tr		WPL Ltd Sewage Treatment & Rai	WPL Grease (
243	Pressure gauges	info@ABCArchitecture.com	2017-04-05	Pr_65_52_34_66 : Pressure gauges	Pressure gauges		Contractor's choice.	
244	Temperature gauges	info@ABCArchitecture.com	2017-04-05	Pr_65_52_34_88 : Temperature gauges	Temperature gauges		Contractor's choice.	

图3-2　COBie交付信息电子表格[85]

要求保证它们的IFC定义、明细和描述在整个流程内是可用的。如果通过电子表格格式进行交付，则电子表格需要满足COBie规定的格式和颜色标记方法，用不同的填充颜色来表示不同的数据意义及其重要性。图3-2展示了一个满足COBie标准的交付信息的电子表格文件。

按照COBie标准，一个COBie电子表格文件包含多张工作表，每张工作表用来记录一个特定方面的交付信息[52]。例如Space工作表用来说明空间信息，Type和Component工作表分别记录了设备和产品的信息，而这些资产的属性信息则记录在Attribute工作表中。COBie标准也对不同的交付数据提出了具体的要求。有些属于通用要求，例如所有产品的名称和类型信息应当是唯一的，即Component工作表中每条记录的Name属性和Type属性的值都是唯一的[53]。有些则是专门针对特定的空间或者设施的，以管道系统中的阀门为例，在Type工作表中应当有一条记录对应阀门类型，同时在Component工作表中应当有一条记录对应每个阀门构件。其中，阀门构件的命名由三部分组成，第一部分是“Valve”，第二部分是该构件所属的空间名称，第三部分则是该构件在该空间中的编号。这三部分内容以字符相连组成一个阀门构件的名称。此外，每一个阀门构件在Attribute工作表中应该有两条记录，分别是OperatingPositionNormal属性和OperatingPositionEmergency属性的值，这两个属性的类型都是枚举的，值是“open”和“closed”之一，分别表示正常情况下和紧急情况下阀门的开闭。

3.1.3 建筑运维信息分类标准

建筑运维信息分类标准，通常有四大类：OmniClass，MasterFormat，UniFormat和Uniclass，下面就这四类标准进行详细介绍。

1. OmniClass

OmniClass建筑分类系统（OmniClass Construction Classification System）[54]，通常简称为OCCS或者直接称为OmniClass，是一个面向建筑工程行业的信息分类标准。OmniClass设计的初衷是为建筑工程行业全生命期的信息提供一个标准化的分类准则，并作为组织、分类和获取这些信息以及开发关系型计算机应用系统或工具的手段。OmniClass可以用于组织库材料、产品文献和项目信息，或者为数据库系统提供分类结构等。和IFC、COBie标准一样，OmniClass也是完全开放和可扩展的，目前由OCCS开发委员会负责维护。

OmniClass包括了15张各自按照层次关系组织的表格，每张表格表示建筑工程一个方面的信息，涵盖了各个尺度上的建筑信息。每一张表格都可以独立地用来分类特定种类的信息，不同表格之间的条目也可以组合起来用以分类更加复杂的信息。OmniClass直接利用了许多已有的分类标准，例如其作业成果的分类来自于MasterFormat标准，对元素的分类来自于UniFormat标准。和之前存在的分类标准相比，OmniClass的一大革新是加入了关于人、工具和行为等的信息。建筑工程行业传统的信息组织方法是分片化的，即每次只组织一部分或者一个专业的信息；而OmniClass考虑到了信息采集与记录以及投标与合同需求的所有方面，其在运维中的应用能持续性地提高设施管理工作的效率。

在OmniClass的15张表格中，表11～表22（前6张表）用来组织工程成果，表23、表33～表36和表41（共6张表）用以组织工程资源，表31和表32用来组织过程，即各种实体的生命周期的各个阶段，最后表49用来组织属性。表中包含的记录是按照面向对象的原则组织成继承层次结构的类型，每张表中的类型都是根据建筑工程的一个特定的方面组织的。近年来，随着OmniClass中表的数量的增多和其中的类型的细化，表与表之间的交互也开始逐渐受到关注，尤其是表中的记录如何能够被结合起来以对IFC标准中的分类进行细化。虽然表中的类型继承树的深度逐渐增加，但是OmniClass还是尽量保证每张表中继承树的顶层类型尽量少，以减轻用户在浏览和使用时的负担。

以OmniClass的表23为例。表23为与产品相关的类型的分类标准，而这里产品则是指作为建筑实体的永久组成部分的构件或者是构件的集合，例如混凝土、门、幕墙或者可拆卸隔断等，它们是建筑的基本组成部分。在OmniClass标准中，基本建筑材料也被视为产品。表中包含了许多组织成了继承层次结构的与这里定义的产品相关的类型，每个类型都会有一个编号。类型的编号格式是按顺序排列的多个两位数字，每一个两位数字都代表该类型在对应深度的祖先。例如编号23-17-13-11-17的类型，Window Frames代表窗框；其编号中的数字按顺序代表它在不同级别的祖先，23表示窗框类型属于表23，是一个产品类型；第二个数字表示窗框类型是表23中编号为17的一级子类的派生类型，该一级子类是表示洞口、过道或者保护性产品的类型。依次类推，第三个数字代表更低一级的子类型，即窗户类型；第四个数字代表再低一级的子类型，也是窗框类型的直接父类型，窗构件类型。同属窗构件类型的类型还有窗扇、窗沿、窗通风孔、窗梁、侧窗和可收起屏障等。图3-3展示了OmniClass标准的表23的一部分内容。正是按照这种方式，OmniClass收录了有序而详细的建筑信息类型，成为一个被广泛采用的建筑信息分类标准。

Table 23	Products									
OmniClass Number	Level 1 Title	Level 2 Title	Level 3 Title	Level 4 Title	Level 5 Title	Level 6 Title	Level 7 Title	Synonym	Definitions	Discussion/E
23-11 31 11			Sports Field Surfacing							
23-11 31 13			Playground Surfaces							
23-13 00 00	Structural and Exterior Enclosure Products								Products used to provide the facility's structure or to enclose the facility or provide protection from the elements	Includes exterr concrete produ structural fram and thermal ar
23-13 11 00		Loose Granular Fills, Aggregates, Chips, and Fibers							Products used to level or fill an area of the site	
23-13 11 11			Powder Fillers							
23-13 11 11 11				Mineral Powder Fillers						
23-13 11 11 13				Metal Powder Fillers						
23-13 11 11 15				Synthetic Powder Fillers						
23-13 11 11 17				Residue Powder Fillers						
23-13 11 13			Aggregates							
23-13 11 13 11				Dense Fills and Aggregates						
23-13 11 13 13				Lightweight Fills and Aggregates						
23-13 11 13 15				Heavyweight Fills and Aggregates						
23-13 11 15			Fibers and Shavings							
23-13 11 15 11				Mineral Fibers and Shavings						
23-13 11 15 13				Vegetable Fibers and Shavings						
23-13 11 15 15				Synthetic Fibers and Shavings						
23-13 11 15 17				Other Fibers and Shavings						
23-13 13 00		Binding Agents and Admixtures							Specially formulated products which modify the properties of either paint or concrete to give it certain characteristics not obtainable with plain mixes	
23-13 13 11			Binding Agents						Portion of paint that solidifies as it dries and is able to bind the pigment	
23-13 13 11 11				Cement						
23-13 13 11 11 11					Standard Cement					
23-13 13 11 11 13					Specialized Cement					
23-13 13 11 11 13 11						High Sulfate Resistant Cement				
23-13 13 11 11 13 13						Low Alkali Cement				
23-13 13 11 11 13 15						Low Heat Cement				
23-13 13 11 11 13 17						Alumina Cement				
23-13 13 11 13				Lime						
23-13 13 11 13 11					Hydraulic Lime					
23-13 13 11 13 13					Air Hardening Lime					
23-13 13 11 15				Bitumen Asphalt						
23-13 13 11 17				Resinous Binders						
23-13 13 11 19				Gypsum						
23-13 13 13			Cement Admixtures						Admixtures are specially formulated products that are added to concrete, mortar or grout during the mixing process in order to modify the concrete properties in the plastic and / or	

Introduction　Table 23　Table 23 FLAT　Transition Matrix

图3-3　OmniClass标准表23示例

2. MasterFormat

MasterFormat被称为建筑施工的“杜威+进制”，是建筑规范研究所（CSI）和加拿大建筑规范（CSC）的产品[55, 56]。MasterFormat是大多数商业建筑设计的规范编写标准北美的建筑项目。它列出了用于组织数据的标题和部分编号建筑要求、产品和活动。通过标准化这些信息，MasterFormat促进建筑师、规范制定者、承包商和供应商之间的沟通，帮助他们达到建筑业主的要求，包括时间进度表控制和预算控制。

MasterFormat被用于北美的大多数建筑设计和建筑项目，并且自20世纪60年代以来一直是组织建筑信息的标准。2004版本在考虑OmniClass的情况下进行了修改，因此可以作为OmniClass表之一使用，并与其他相关表格协调。MasterFormat是按工作结果分类的数字和标题的主要列表，用于组织有关建筑工作结果、要求、产品和活动的信息。其主要用途是帮助制定招标的合同要求、规范和产品信息。它最初的目的是组织项目手册。然后，它开始用于产品模型和其他技术信息的分类。

它提供了一个主要的部门清单，以及每个部门内具有相关标题的部门编号，以组织有关设施建设要求和相关活动的信息。MasterFormat在整个建筑行业中用于格式化施工合同文件的规范。此格式的目的是帮助用户在创建合同文档时将信息组织到不同的组中，并帮助用户在一致的位置搜索特定信息。MasterFormat中包含的信息以50个部门（2004年之前的16个部门）的标准化大纲格式进行组织。每个部门细分为若干部分。标准化此类信息的呈现可改善建筑项目所涉及的各方之间的沟通。这有助于项目团队根据他们自身的要求、计划时间表和预算向业主提供建议。MasterFormat广泛接受的一个迹象是，建筑产品可持续性评估的ASTM标准依赖于MasterFormat来组织数据。

02 00 00	**Existing Conditions**
02 01 00	**Maintenance of Existing Conditions**
02 01 50	Maintenance of Site Remediation
02 01 65	Maintenance of Underground Storage Tank Removal
02 01 80	Maintenance of Facility Remediation
02 01 86	Maintenance of Hazardous Waste Drum Handling
02 03 00	**Conservation Treatment for Existing Period Conditions**
02 03 01	Maintenance of Existing Period Conditions
02 03 01.19	Mothballing Period Structures
02 03 41	Selective Demolition for Period Structures
02 03 42	Removal and Salvage of Period Construction Materials
02 03 43	Period Structure Relocating
02 03 44	Shoring and Support of Period Structures
02 05 00	**Common Work Results for Existing Conditions**
02 05 19	Geosynthetics for Existing Conditions
02 05 19.13	Geotextiles for Existing Conditions
02 05 19.16	Geomembranes for Existing Conditions
02 05 19.19	Geogrids for Existing Conditions
02 06 00	**Schedules for Existing Conditions**
02 06 13	Geotechnical Baseline Report
02 06 14	Geotechnical Data Report
02 06 30	Schedules for Subsurface Investigations
02 06 30.13	Boring or Test Pit Log Schedule
02 06 50	Schedules for Site Remediation
02 06 65	Schedules for Underground Storage Tank Removal
02 06 80	Schedules for Facility Remediation
02 06 86	Schedules for Hazardous Waste Drum Handling
02 08 00	**Commissioning of Existing Conditions**

图3-4　MasterFormat标准表02示例

MasterFormat是基于对1972年开始的数据归档问题的识别而开发的，其框架是在ISO 12006之前建立的MasterFormat框架，依赖于出版指数、逐步发展和行业实践。MasterFormat是一种分层分类系统。组织和分类每个MasterFormat编号和标题，以定义“级别”和每个排列的“部分”。相关建筑产品和活动的主要集合是一级标题或“部门”。每个部门由二级、三级组成，通常四级数字和标题逐渐指定更详细的区域（图3-4）。这些数字和头衔是由CSI在五十（2004版）部门组织的预期增长和未来扩展而有意构建的。

3. UniFormat

1973年，成本顾问Hanscomb Associates为美国建筑师协会（AIA）开发了一个名为Mastercost的系统，而美国总务管理局（GSA）也在开发一个系统。AIA和GSA就该系统达成了一致，并将其命名为UniFormat。然后在1989年，ASTM International开始开发基于UniFormat的建筑构件分类标准。它被重命名为UniFormat II。1995年，CSI和CSC修订了UniFormat，最新版本于2010年出版。目的和属性UniFormat围绕称为系统和组件（即功能元件）的物理部分组织施工信息。这些系统和组件的特征在于其功能而不识别工作结果。由于UniFormat是按照组件元素组织项目，因此在OmniClass的表21中使用了它的修改版本[57]。其主要用途是作为估算器，在原理图设计阶段提供成本估算。骨架UniFormat II分类框架适用于包括成本控制和原理图阶段初步项目描述在内的应用。它根据建筑专业人士的判断来容纳物品。它指的是具有特定设计、结构或技术解决方案的建筑物的物理部分，符合ISO 12006-2。

UniFormat框架是一个分层系统，允许在不同级别进行聚合和汇总。UniFormat适用于由其特殊功能分隔的主要建筑信息类别。这些功能包括5个层级中的9个类别。它包含1级中的8个类别，A：子结构，B：外壳，C：内部，D：服务，E：设备和家具，F：特殊建筑和拆除，G：建筑工地工作，Z：一般（图3-5）。

4. Uniclass

Uniclass是英国建筑行业的统一分类系统，其出现旨在取代在欧洲被用作代表性工作分解结构（WBS）的CI/SfB标准。Uniclass于1997年首次在英国出版，得到了建设项目信息（CPI）的支持。2011年，CPI委员会（CPIc）批准NBS（国家建筑规范）提议统一Uniclass[58]。

整体来看，Uniclass涵盖行业几乎所有相关部门，有民用和基础设施项目的表格，涵盖公路和铁路、电力和水。对于建筑部门，有表格，包括大学校园、医院、

ASTM Uniformat II Classification for Building Elements (E1557-97)

Level 1 Major Group Elements	Level 2 Group Elements	Level 3 Individual Elements
A SUBSTRUCTURE	A10 Foundations	A1010 Standard Foundations
		A1020 Special Foundations
		A1030 Slab on Grade
	A20 Basement Construction	A2010 Basement Excavation
		A2020 Basement Walls
B SHELL	B10 Superstructure	B1010 Floor Construction
		B1020 Roof Construction
	B20 Exterior Enclosure	B2010 Exterior Walls
		B2020 Exterior Windows
		B2030 Exterior Doors
	B30 Roofing	B3010 Roof Coverings
		B3020 Roof Openings
C INTERIORS	C10 Interior Construction	C1010 Partitions
		C1020 Interior Doors
		C1030 Fittings
	C20 Stairs	C2010 Stair Construction
		C2020 Stair Finishes
	C30 Interior Finishes	C3010 Wall Finishes
		C3020 Floor Finishes
		C3030 Ceiling Finishes
D SERVICES	D10 Conveying	D1010 Elevators & Lifts
		D1020 Escalators & Moving Walks
		D1090 Other Conveying Systems
	D20 Plumbing	D2010 Plumbing Fixtures
		D2020 Domestic Water Distribution
		D2030 Sanitary Waste
		D2040 Rain Water Drainage
		D2090 Other Plumbing Systems
	D30 HVAC	D3010 Energy Supply
		D3020 Heat Generating Systems
		D3030 Cooling Generating Systems
		D3040 Distribution Systems
		D3050 Terminal & Package Units
		D3060 Controls & Instrumentation
		D3070 Systems Testing & Balancing
		D3090 Other HVAC Systems & Equipment
	D40 Fire Protection	D4010 Sprinklers
		D4020 Standpipes
		D4030 Fire Protection Specialties
		D4090 Other Fire Protection Systems
	D50 Electrical	D5010 Electrical Service & Distribution
		D5020 Lighting and Branch Wiring
		D5030 Communications & Security
		D5090 Other Electrical Systems
E EQUIPMENT & FURNISHINGS	E10 Equipment	E1010 Commercial Equipment
		E1020 Institutional Equipment
		E1030 Vehicular Equipment
		E1090 Other Equipment
	E20 Furnishings	E2010 Fixed Furnishings
		E2020 Movable Furnishings
F SPECIAL CONSTRUCTION & DEMOLITION	F10 Special Construction	F1010 Special Structures
		F1020 Integrated Construction
		F1030 Special Construction Systems
		F1040 Special Facilities
		F1050 Special Controls and Instrumentation
	F20 Selective Building Demolition	F2010 Building Elements Demolition
		F2020 Hazardous Components Abatement

图3-5 UniFormat分类标准表示例

学校、住宅和办公楼的标准，这些标准也包括景观、结构和建筑服务。

Uniclass根据ISO 12006-2，整合了一些现有的表格，包括SfB表1和CAWS（建筑工程的工作部分的共同安排）。在数量测量中，还包括用于建筑工程的CAWS，EPIC和土木工程标准测量方法（CESMM）方面的内容。Uniclass分类示例如表3-1所示。

Uniclass分类示例（项目管理分类）　表3-1

编码（Code）	组（Group）	分组（Sub-group）	部分（Section）	物体（Object）	标题（Title）	编码（NBS）
PM_10	10				项目信息（Project Information）	
PM_10_10	10	10			项目（Project）	
PM_10_10_60	10	10	60		项目描述（Project Description）	00–70–70/230B 附图和附表的备份（Additional Copies of Drawings and Schedules）
PM_10_20	10	20			客户要求（Client Requirements）	
PM_10_20_07	10	20	07		简介（Brief）	
PM_10_20_09	10	20	09		可建造性声明（Buildability Statement）	
PM_10_20_14	10	20	14		社区和租户联络计划（Community and Tenant Liaison Plan）	
PM_10_20_16	10	20	16		建筑业注册计划要求（Construction Industry Registration Scheme Requirement）	
PM_10_20_17	10	20	17		核心要求声明（Core Requirements Statement）	
PM_10_20_18	10	20	18		成本效益分析（Cost Benefit Analysis）	
PM_10_20_24	10	20	24		雇主的信息要求（Employer's Information Requirement）	00–70–70/750D 设计和生产信息（Design and Production Information）
PM_10_20_26	10	20	26		环境政策（Environmental Policy）	00–40–70/190A 环境政策（Environmental Policy）
PM_10_20_30	10	20	30		可行性研究（Feasibility Study）	
PM_10_20_75	10	20	75		利益相关者参与计划（Stakeholder Engagement Plan）	
PM_10_20_82	10	20	82		要求声明（Statement of Requirement）	
PM_10_20_84	10	20	84		安全要求声明（Statement of Security Requirement）	
PM_10_20_86	10	20	86		可持续发展参与计划（Sustainable Development Engagement Plan）	

续表

编码（Code）	组（Group）	分组（Sub-group）	部分（Section）	物体（Object）	标题（Title）	编码（NBS）
PM_10_20_90	10	20	90		技术要求声明（Technical Statement of Requirement，TSOR）	
PM_10_20_92	10	20	92		用户需求文档（User Requirement Document）	
PM_10_80	10	80			空间管理需求（Space Management Requirements）	
PM_10_80_10	10	80	10		住宿和布局计划（Accommodation and Layout Plan）	
PM_10_80_75	10	80	75		空间设计（Space Design）	
PM_10_80_80	10	80	80		空间计划（Space Plan）	
PM_10_80_85	10	80	85		空间标准（Space Standard）	
PM_30	30				场地，地面和环境信息（Site，Ground and Environmental Information）	
PM_30_10	30	10			现场调查信息（Site Survey Information）	00-05-10/105 场地信息（Site Information）
PM_30_10_15	30	10	15		状况调查信息（Condition Survey Information）	
PM_30_10_22	30	10	22		尺寸信息（Dimensional Information）	
PM_30_10_28	30	10	28		现有的结构信息（Existing Structure Information）	
PM_30_10_38	30	10	38		水力信息（Hydraulic Information）	
PM_30_10_39	30	10	39		水文信息（Hydrology Information）	
PM_30_10_47	30	10	47		土地登记信息（Land Registration Information）	
PM_30_10_58	30	10	58		映射信息（Mapping Information）	
PM_30_10_76	30	10	76		扫描调查信息（Scan Survey Information）	
PM_30_10_80	30	10	80		场地边界信息（Site Boundary Information）	
PM_30_10_93	30	10	93		公用事业和服务调查信息（Utilities and Services Survey Information）	00-05-10/115 公用事业和服务调查（Utilities and Services Survey）

3.2 运维信息模型的定义与描述

3.2.1 设施信息需求

在建筑建设过程中，人们通常主要关注于设计和施工阶段，对运维阶段的信息需求不太关注。然而，设施管理人员和业主得到的竣工图纸和文件包含的信息常常是不完整、不精确并且存在许多问题，仅靠这些文件不足以支撑建筑的正常运营管理。在传统的竣工移交过程中，业主和设施管理人员通常无法决定所需的竣工资料，而是依赖于设计和施工团队来提供数据。在设计和施工阶段的项目早期，BIM技术就能为设施管理人员参与和定义运维所需的精准信息提供解决方案。

运营阶段是指建筑建设竣工后投入使用的阶段，但运营管理信息的收集与储存在建设项目决策阶段就已经开始，其核心是对建设项目信息的继续储存与有效整理并重复利用。运营阶段信息管理的主要工作包括，通过物业管理招标与物业管理方案的有效编制，以及对客户资料、日常资料、物业合同进行管理，为建筑设施的使用性能提供有效保证，实现项目的持续运行。建设项目运营阶段的信息主要涉及国家有关的法律、法规、政策规程信息；项目竣工验收资料；运营单位日常管理规程信息；空间布置、设备布局等设施管理信息；设备使用和控制信息；消防信息；物业管理方案；往来人员合同、会议记录等文件信息；治安、灾害防护信息等。

本章节对于设施信息的需求，按照不同的运维管理活动，分析设施信息需求。

1. 设施维护的信息需求

为了保证设施的正常运行，设施管理人员需要各个设施的基本生产信息，比如制造商、供应商、出厂序号、产品型号等信息，同时设施操作人员还需要设施的操作说明和使用须知。设施反应性维护主要是在设施出现故障时进行的检查和修理，需要维修人员信息，包括维修人员类型、数量和技术水平等，设施维修人员同时也需要设施的维护规范和备品配件信息。预防性维护指的是为了延长系统寿命，保障其功能性和稳定性，所进行的计划性检查和保养，为了制定可行的维护计划，需要掌握设施的历史维护信息，比如维护频率、故障原因、维护人员信息，还需要设施使用者信息，包括使用频率和使用要求等。图3–6显示了设施维护管理的信息需求。

2. 空间管理的信息需求

对空间进行分配应首先全面掌握建筑的整体空间规划，包括建筑的室内、室外总平面图，室内总平面图应该包含详细的建筑结构和机械电气水暖竣工图，室外总平面图则需要包含建设项目周边的市政管网（给水排水、消防、采暖）、市政道路

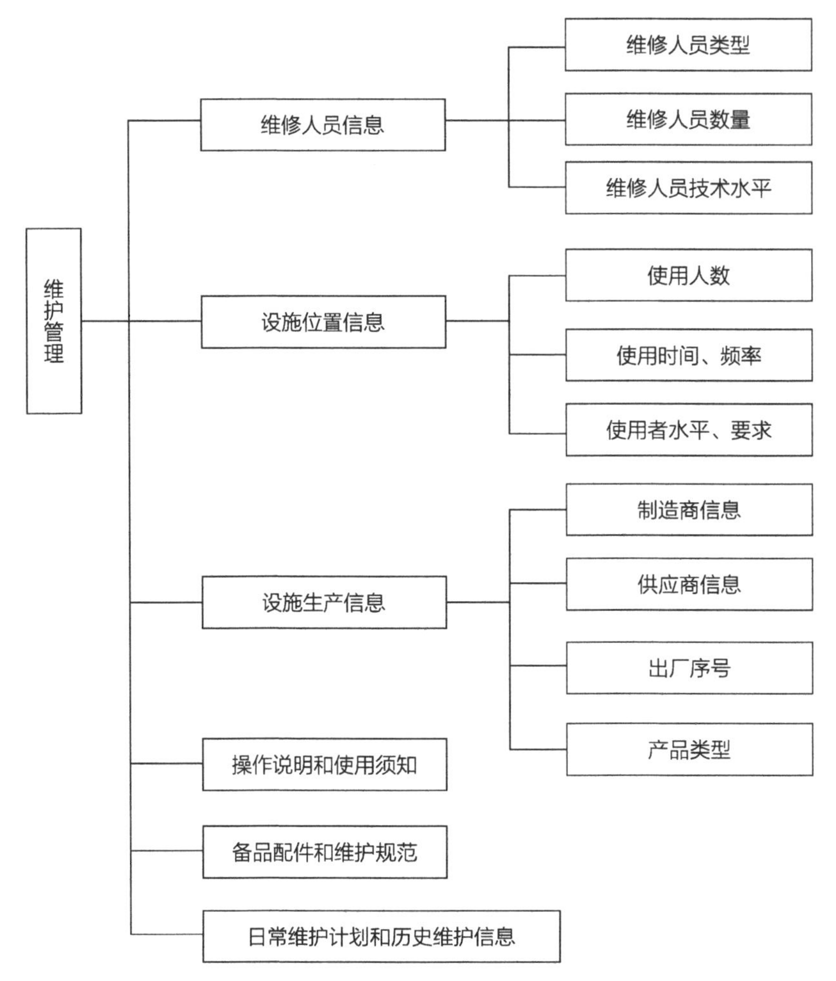

图3-6　设施维护管理信息需求

的准确信息；其次，还需要详细掌握设施的具体位置信息，包括设施所在区域、楼层、房间等，以便根据需求对不同空间区域中的设备、家具、机械装备进行组合分配。此外，对设施空间的有效配置需要了解不同空间的属性，包括各空间的容量、设计类型、所在区域的划分等。在进行空间布局的重置和调整时，则需要了解设施空间的计划用途和实际状况，计算建筑的可转让、可使用和可分配面积，以便更好地满足组织的生产和经营需求，空间管理信息需求如图3-7所示。

3. 能源管理的信息需求

为了进行能源管理，设施管理人员需要获取建筑各类用能信息，能源消耗与建筑内设施和建筑构件的种类、数量、性能和使用时间相关，能源管理需要采集建筑整体、某类系统或者是某个区域内一段时间内或是实时的能源消耗。图3-8显示了能源管理的信息需求。

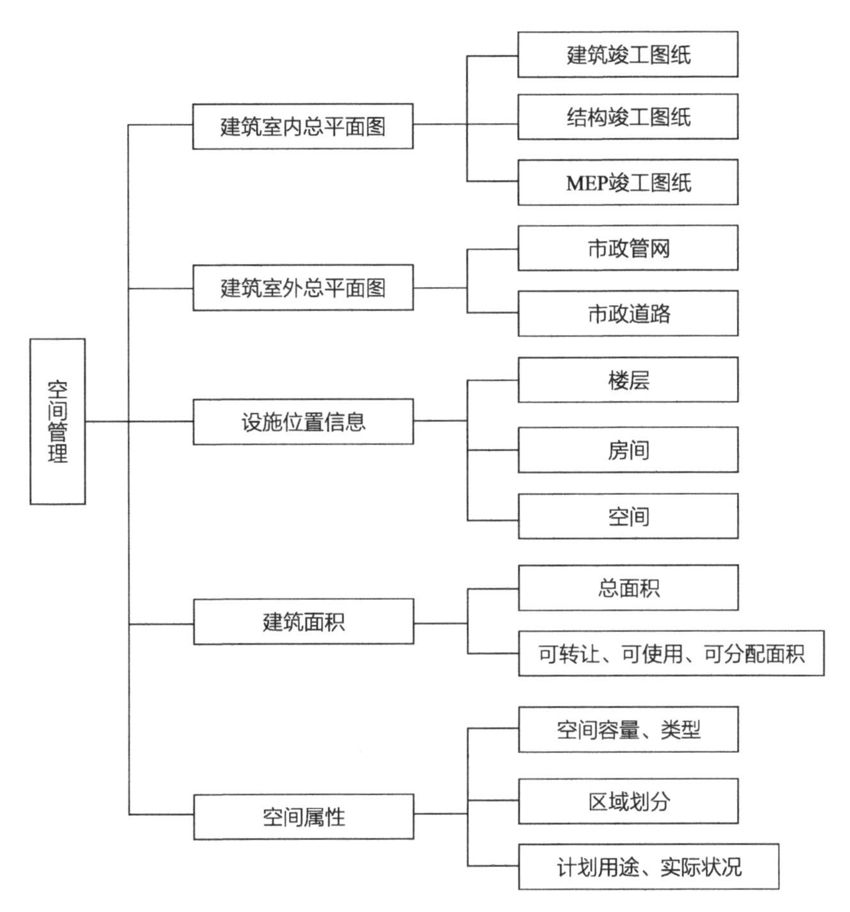

图3-7　空间管理信息需求

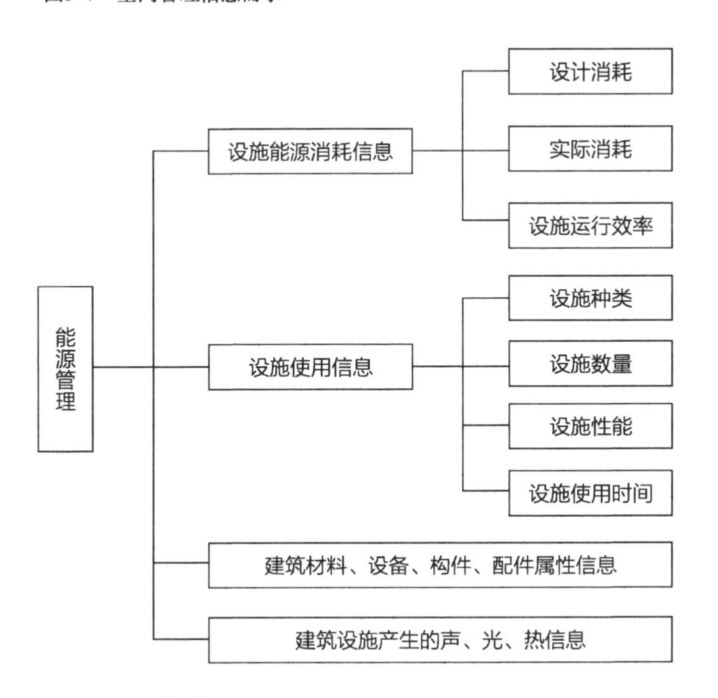

图3-8　能源管理的信息需求

4. 安全管理的信息需求

由于许多大型建筑内的环境较为复杂，设施和材料种类繁多，可能存在各种安全隐患。设施管理人员需要掌握危险设施和化学物品信息，安全出口和紧急疏散通道信息，材料、设备防火等级信息等，以便做好安全预防和应急计划。安全管理还应对建筑各个系统，如通信、电梯、水电及暖通空调、防盗报警、消防等系统进行实时监控，并对监控信息进行及时分析和处理，以确保组织正常运行。图3–9显示了运维中安全管理的信息需求。

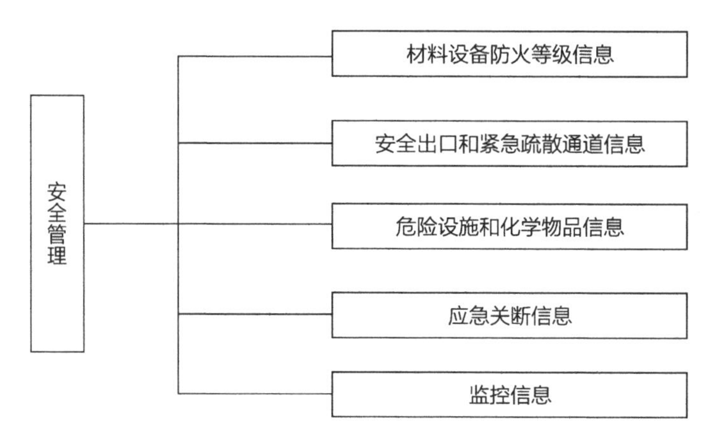

图3–9 安全管理信息需求

本小节首先总结基于数字化运维的信息需求的总体信息，再针对不同的运维管理活动，单独分析信息的需求（表3–2）。

设施信息需求　　表3–2

数据类型	例子
基本的设施信息	设施名称、施工者、设计者、电量消耗、区域、设施类型
设施的工程图纸	侧面图、剖面图、平面图、透视图、施工图、机电设备图纸
文件	协议、设计合同协议、施工监理协议、法律法规、通告、地质钻探记录、财务记录报表、建造和安装手册、价格报告表格
检验记录	设备记录、运行状态、每天工作强度 / 负荷、工作周期、工作时间
维护记录	维护和事故记录、失效模式、维护记录
设施实时监控信息	温度、湿度、压力、应力、移位、升降位置、火警
分析结果	设备可靠性、最优的维护安排、系统失效率的分布图

设施运维管理的信息需求确定后，在运维管理过程中，需要关注信息的来源。表3–3详细展示了设施信息的基本来源[33]。

总体设施信息的基本来源　　表3-3

	信息类型	系统分类	信息来源 BIM（IFC/COBie/FM 系统）
基本参数	基本信息	设备名称	BIM（IFC）/ COBie
		建立的设备 BIM 模型	BIM（IFC）
		外观描述（文字）	FM System
		外观例子（图片）	FM System
模型参数	几何信息	尺寸 / 长 / 宽 / 高	BIM（IFC）/COBie
		材料	BIM（IFC）/ COBie
		标高	BIM（IFC）/COBie
		模型的细节（文字 / 图片）	FM System
	设备详细信息	设备号	BIM（IFC）/ COBie
		OmniClass 号	BIM（IFC）/ COBie
		牌子 / 供应商	COBie
		位置（面积 / 楼层 / 房间）	BIM（IFC）/COBie
		价格 / 费用数据	COBie
		购买日期	COBie
		负责人	COBie
		设备规格	COBie
		设备类型	BIM（IFC）/ COBie
		设备功能	BIM（IFC）/COBie
		设备单位	BIM`（IFC）/COBie
		设备专业信息	COBie
		业主的其他需求	FM System
外部链接信息	设备详细信息	装配过程	FM System
		运营手册	FM System
		二维图纸	FM System
		设备性能表	FM System
		生产商信息	COBie
		升级信息	FM System
		损害 / 恶化	FM System
	维护记录	设备恢复记录	FM System
		历史维护记录	FM System
		清单	FM System
		记录维护人员的书	FM System
		维护计划	FM System
		替换	FM System

3.2.2 建筑运维信息模型

运维管理的信息主要包含空间管理、资产定义、监测和检测数据、设备状况、运维计划以及运维资源消耗和成本等。“资产”是指根据运维管理需求对机电构件进行组合，一个资产可以是一台空调机组及其附属的控制阀，也可以是某一片区的所有排风管道。确定资产后，需定义该资产的性能指标及其正常范围。监测和检测数据是对运维资产性能指标的动态监测（持续的）和检测（非持续的，定期或不定期的）结果，通过相关检测系统、传感器或检测仪器测量获得。运维计划是运维管理的工作安排，包括日常运维任务和紧急维修任务。资源需求和成本是指完成运维工作所需的人力、设备、材料以及综合成本。针对上述运维管理过程中要应用的信息，本节描述如何用IFC标准来定义并描述建筑运维信息模型。

1. 建筑静态运维信息模型

基于IFC标准的建筑静态运维信息模型，其整体结构是以运维信息为主体，整合全寿命期各阶段的静态信息，包括构件定义、设备信息、竣工模型、文件图纸、用户手册、维修保养说明书等。

构件是对建筑构件及其逻辑结构的定义和描述，包括构件定义、空间结构、几何信息和关联关系等信息。构件定义包括构件的类型以及名称等基本属性；空间结构是根据建筑楼层和分区等空间信息定义的模型结构；关联关系描述系统中各个构件之间的连接关系并定义各个构件所属的系统。IFC标准应用IfcDistributionFlowElement表示构件，IfcSystem表示系统，IfcRelAssignsToGroup表示构件与系统的关系，IfcRelConnnectsElement描述构件之间的关联关系，IfcSpatialStructureElement及其子类描述空间结构[59]。

设备信息通常是指在设计阶段（包括深化设计阶段）定义的构件信息，包括空间位置、几何形状、材料以及各种机械参数，也包括工作承压和温度范围等。鉴于系统中，同一规格构件的几何形状、材料以及机械参数是一致的，可通过定义构件类型及其共性属性来确定这些共性信息。IFC中IfcDistributionFlowElementType及其子类描述构件的类型，并定义同一规格构件的统一属性，其他参数由扩展属性IfcPropetySetDefinition描述。

将竣工模型交付给运维阶段，除了在施工过程中创建的施工信息、文件图纸等还应建立面向物业管理的数据信息[60]。例如，对于机电系统和管线工程，明确构件之间的关联关系和上下游逻辑关系，有利于运维人员进行维护维修和应急处理。

对于成千上万个构件所组成的建筑空间，如何根据这些构件的重要性和相关性进行分组，也直接关系到运维阶段信息使用的方便和准确。然而，逻辑关系通常在施工模型中没有定义，需要在竣工交付前处理生成，相关信息扩充技术参见3.3.2节。

2. 建筑动态运维信息模型

在建筑运维管理过程中，存在大量的动态信息需要通过传感器或建筑自动化系统采集，比如建筑使用过程中结构监测系统中的应力、应变、位移等监测数据，暖通空调系统中的房间温度、湿度、风机转速等监测数据。如何实现传感器数据与BIM模型的融合，从而创建建筑动态运维信息模型，首先需要从信息存储的角度对基于IFC传感器信息存储与应用流程进行分析。

如3.1.1节所述，IFC标准对建筑业信息的描述分为资源层、核心层、共享层和领域层四个层次，其中，领域层中的建筑控制领域包含了一系列与建筑自动化、控制、仪表和报警等有关的基本信息定义，如图3-10所示，大致可分为执行器、报警、控制器、传感器、流量仪表和统一控制元件几个方面[61]。

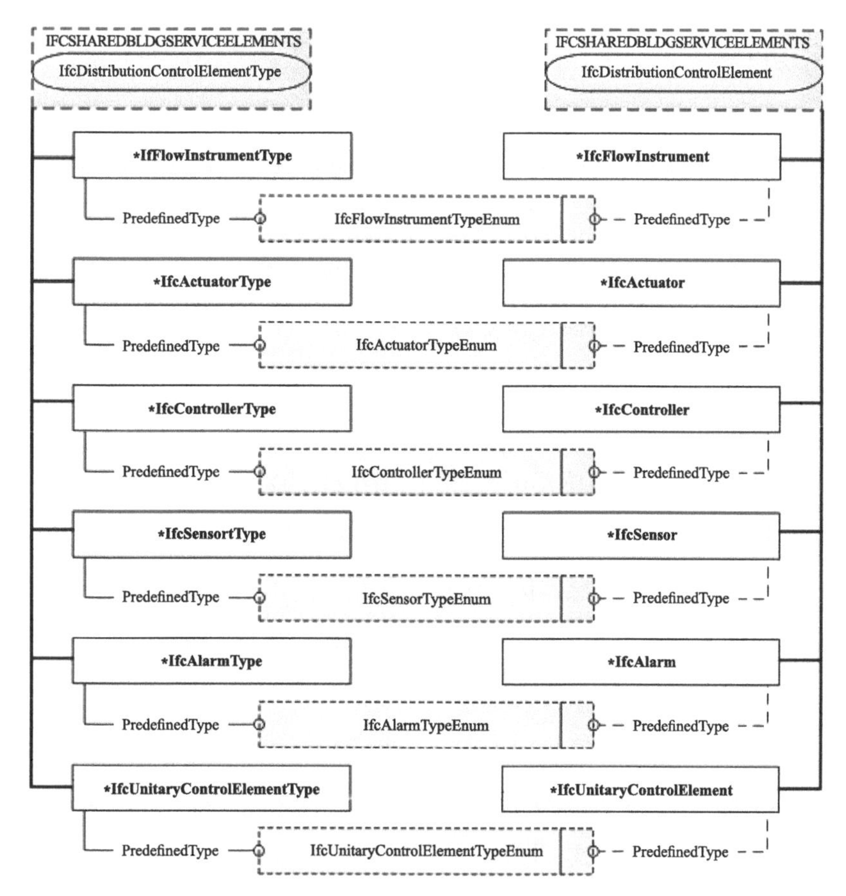

图3-10　建筑控制领域包含实体的EXPRESS-G表示

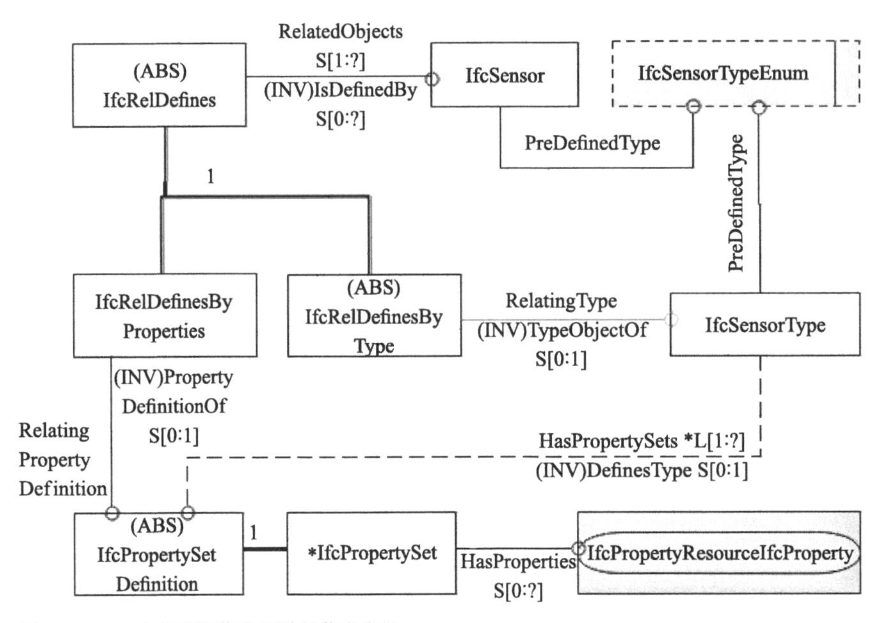

图3-11　IFC中与监测信息相关的信息定义

其中，IFC数据模型中与传感器信息的存储和表达有关的信息定义被包含在IfcSensor和IfcSensorType的信息定义中，其详细结构如图3-11所示。与之关联的其他工程属性是通过IFC内部的关联机制实现的，可以细分为基于属性集和基于类型实体两种类型。

（1）基于属性集的传感器信息描述与关联。属性集是指由多条属性组成的集合，在IFC中，用IfcSensor描述传感器实体，用IfcProperty描述传感器的属性信息，将多条属性信息组成属性集IfcPropertySet，通过IfcRelDefinesByProperties关系将属性集关联到传感器实体，IfcRelDefinesByProperties中可包含多个属性集。同时，具有相同属性值的传感器可通过同一个IfcRelDefinesByProperties关联到同一类属性集上。

（2）基于类型实体的传感器信息描述与关联。利用IfcSensorType定义具有相同特征的传感器类型实体，通过属性集描述该传感器类型实体的特征，将传感器实体通过IfcRelDefinesByType关系关联到某个传感器类型实体，从而描述传感器实体的属性。在最新的发布版IFC4 Add2中IfcSensorTypeEnum定义了24种传感器类型实体，其中，湿度传感器的预定义属性集如表3-4和表3-5所示。对于未定义的传感器类型，可通过用户自定义的方式扩展。

湿度传感器属性集定义　　表3-4

属性集名称	适用的实体	适用的类型值	定义
Pset_SensorType-HumiditySensor	IfcSensorType	HumiditySensor	湿度传感器类型预定义属性集

Pset_SensorTypeHumiditySensor属性定义　　表3-5

名称	属性类型	数据类型	定义
SetPoint-Humidity	IfcPropertyBounded-Value	IfcPositiveRatioMeasure	湿度测定值

监测点结构中的每一个设备，可对应多个设备模型实体或区域。比如：一个空调机组存在温度、湿度、风量等多个监测点[62]。对于每个监测点，监测数据对应于数据库中的多条记录。

3.2.3　多层次运维信息模型

1. 竣工模型精细度

不同层次的运维模型由相应的竣工模型整理形成，竣工模型需符合《建筑工程设计信息模型交付标准》中规定的与项目要求相适应的模型精细度，模型精细度涵盖了信息细度等级和建模精度等级两层含义。

其中信息细度等级按照标准定义为LOD（Level of Development），即模型发展程序，此外LOD有时被解释为Level of Details，即模型细节程度。本书采用模型发展程序的概念。两者的区别主要体现在模型细节程度实质上是模型元素包含细节的丰富程度，而模型发展程序是构件几何和附加信息的完善程度。模型发展程度一方面代表了不同参与方在不同阶段，对BIM模型的不同需求，同时也体现在BIM模型的创建过程，低级别LOD模型是高级别LOD模型创建的基础，不同LOD级别的模型需要随着项目的开展循序渐进地创建。通常在竣工交付阶段，为了满足建筑运维阶段的信息需求，竣工模型的模型细节程度应达到LOD 500层级。

以机电系统中的生活水系统为例，LOD 500的模型应包含给水排水管道、管件、安装附件、阀门、仪表、水泵、喷头、卫生器具、地漏、设备、电子水位警报装置等相关构件。对于其中的具体设备，如某个阀门，还需要给出相关的建筑属性信息，包括设施识别特征、位置特征、时间和资本特征、来源特征（制造商、保修等）、物理特征以及性能特征等。建模精细度按标准分为G1、G2、G3、G4四级，用于区分BIM模型外观细节的精细程度。运维管理阶段所涉及的空间管理、安装采购、维护维修、渲染展示，可根据实际需求使用不同精度等级的模型。

2. 多层次运维信息模型

大型公共建筑如机场航站楼、医疗大楼、体育场馆、火车站等机电工程与小项目相比有显著差异。首先，其模型体量巨大，一般的三维图形平台难以完全加载所有模型并流畅运转；其次，其机电设备系统复杂，包含了更多的机电子系统，空间布局和逻辑关系均比一般建筑项目复杂很多；第三，专业要求更高，对于设备维护维修及紧急状况下的对策处理均更显复杂，当一个维修人员被指派一个故障任务时，工作人员应该尽快作出反应，并根据设备的手册进行处理；最后，运维管理在其全寿命期中的影响也更为重大，因为即使阀门故障或水管泄漏也可能导致人的恐慌，故而大型公共建筑机电设备系统的运行应该以更加严格的要求进行动态监测。

针对这些问题，研究者提出了多层次运维信息模型的概念，即针对同一项目内不同的专业子系统，采用不同的精度和维度来构建建筑子信息模型，在前端依据功能需求采用不同层次的表现形式，在后端通过数据库和数据服务进行模型与数据的集成和统一管理[63]。

其中多层次运维信息模型包含信息需求、定义和组织。首先，它由不同尺度的信息模型组成，包括精细模型、宏观模型、系统模型等。虽然这些模型之间没有明确的区别，但通常可以通过LOD来划分，例如LOD 400或LOD 500的模型可以认为是精细模型；LOD 200或LOD 300的模型可以认为是宏观模型；LOD 100的模型可以认为是系统模型。不同模型所包含的内容（建模精度和信息细度）根据其所支撑的运维管理功能而独立定义。其次，所有建立的这些不同层次的信息模型是互相紧密关联的。例如，在大型公共建筑内部的大部分空间，一个宏观建筑模型基本能满足运维管理的需求，但是在机电设备特别集中的区域（如机房），则需要在宏观模型基础上建立更为详细的精细模型来辅助设备维护维修等管理。此时，宏观模型与精细化模型是关联的，描述着同一个空间对象，但用途不同。最后，精细模型和宏观模型均为整个运维信息模型的一个子集，根据不同的管理需求，已建立的不同层次的模型可以自由组合，以达到协同工作的目的，例如本书中昆明长水国际机场航站楼案例便建立了3个宏观模型和5个精细模型。

多尺度信息模型为不同的管理角色提供了合适的模型和视图。其中，宏观运维模型可表现为面向地理信息系统（GIS）的房间、走廊和通道之间的拓扑关系，以及电力或供水等系统之间的拓扑关系，以满足日常检查任务的要求和应急管理。集成BIM和GIS的优势已经被广为认可，并在实际项目应用中取得了良好的效益。微观运维模型的建立是考虑到在运行和维护过程中，诸如设备维护、定期维护和紧急处理等任务不仅需要高度详细的几何信息，还需要其他相关信息，如手册、历史记录，甚至是当前设备和其他元素之间的逻辑关系。通过提取合适的模型，采用不同视图的方式，宏观模型可帮助高级管理人员理解运维项目的整体情况，精细模型可辅助包括机电系统查询和可视化、巡检路径规划、机电系统智能控制、定期维护工作和应急管理等运维功能[65]。

为了利用上述多尺度模型，相关信息不能单独进行管理，而应该统一多层次模型之间的数据管理，其内涵包含如下几个核心内容：首先，这些模型是相互联系的，以便于回查和转换到其他模型，满足各种管理要求。每个元素所附的全局唯一标识（GUID）被用作模型之间的联系。另一方面，空间信息（例如边界框或由地板和轴形成的区域）被用于连接宏观和精细模型。宏观模型识别空间、道路、路线或电线连接，并且生成一个拓扑网络；精细模型为设备对象提供了精确的位置和几何形状。其次，不同的模型需要在整体BIM模型中获取特定的信息，可通过BIM标准框架中的子模型视图定义（Model View Definition，MVD）接口从统一数据服务器中获取。最后，由于不同层次的模型所关注的信息不同，因此，数据管理平台需囊括一些数据转换或融合算法来自动创建这些信息。

3.3 竣工模型的数字化集成交付技术

3.3.1 几何模型轻量化技术

在建筑运维信息模型中，几何模型通常占据了大部分的硬盘和内存空间。然而，越来越多的客户希望在网页端或者移动设备上直接浏览三维建筑模型。对于计算性能普遍有限、渲染能力偏低的浏览器和移动设备而言，几何模型的存储、传输和渲染就成为实时浏览和交互的一个巨大负担，因此需要设计一种轻量化模型表达的方法，对原始模型数据进行存储优化、传输优化和显示优化，使得产品的几何、结构关系和属性信息得以保留的同时，其规模能够得到缩小，绘制速度能够得到改善[64]。

1. 存储轻量化技术

三维几何模型的表示方法可以分为两类，即实体模型表示法与网格模型表示法。实体模型表示法通过不同的手段来实现对模型的拓扑和几何关系的精确表示，目前常用的实体模型表示法包括构造实体几何法（Construction Solid Geometry，CSG）和边界表示法（Boundary Representation，B-rep），其他实体模型表示法还包括参数化体素实例化法、占空单元枚举法、单元分解法、表面网格建模法和扫描法等。CSG法通过对简单的几何体作交、并、补等布尔运算来表示复杂的几何体，而B-rep法则通过精确表示模型的边界，即表面、边和顶点等，来表示模型的几何和拓扑特性。不管是CSG、B-rep还是其他方法来表示实体，在最终模型显示前，都将会转换成网格模型，再通过OpenGL或DirectX等操作硬件的底层应用程序接口（Application Programming Interface，API）实现模型绘制[66]。

网格模型，是指用大量多边形或者三角形面片来对物体的几何形状进行逼近的模型表达方法，通常是对模型的所有顶点坐标和组成面片的顶点进行记录，是一种不精确的模型表达方法。这种表达方法和显卡等图形硬件对模型的渲染方式是相合的，因此可以利用硬件加速渲染技术达到快速渲染三维模型的目的。相比之下，实体模型表示法并不包含任何三角面片信息，在渲染之前需要大量的计算将其转换成网格模型表示，因此加载速度很慢。同时，实体模型表示法的通用性也较差，不同的CAD系统采用的实体模型表记格式往往不能互相兼容。值得注意的是，无论是实体模型表示法还是网格模型表示法，没有经过优化的模型文件通常都非常大，几百上千兆（M），甚至几个吉（G）大小的模型文件都是常见的。如此大的模型文件，不利于文件存储、网络传输和模型渲染，需要进行模型简化。

几何模型往往包括大量重复的或者相似的构件或者元素，例如多层建筑中存在着标准层，标准层的构件往往完全相同，或者具有很高的相似性；建筑的机电系统内也很有可能存在着大量在几何上相似的管道和管道构件等。对于这种重复的或者相似的构件，它们的几何参数是完全相同的或者高度相似的，如果对其中的每一个几何特征都进行详细的记录，实际上就导致了模型文件包含了大量的冗余几何信息。基于这种假设，如果能够将重复或者高度相似的构件的几何特征只存储一次，同时记录这类构件所有出现的位置，就可以节约出大量存储冗余几何信息的空间，而模型的渲染速度也不会受到影响。这种存储优化的方法，就是基于映射的模型表达方法。

基于映射的模型表达方法目前已经被广泛采用在各个几何图形标准、图形系统软件和图形应用软件中。例如，OpenGL和DirectX所支持的实例化技术，可以在一次对显卡接口的调用中绘制多个重复的网格，这种实现由于减少了显卡接口的调用次数，大大提高了渲染速度。IFC标准和许多BIM系统也支持这种基于映射的模型表达方法。例如，Autodesk Revit在把建筑模型导出成IFC文件时会将同一个族的构件进行映射处理[67]。

除了重复的构件，几何模型还经常包含大量的细节信息。为了达到实时渲染和交互的需求，对过于复杂的几何模型，可以对网格进行修改。例如，删除对视觉效果影响较小的细节的面片可减小模型大小，提高渲染速度同时尽量保持模型的拓扑特征。这一类存储优化的方法称为网格简化算法。

在进行网格简化时，删掉几何元素势必会造成简化后的模型和原模型产生差别，这种差别称为几何误差。通常，简化算法的控制是通过对简化误差的控制达到的，即在保证简化误差不超过阈值的情况下尽可能减少网格中的面片数量，或者是将面片的数量减小到目标值的同时最小化几何误差。

几何元素删除法是网格简化最直观也最常用的算法，其最基本的操作有两种：边折叠和顶点删除。边折叠操作首先在网格中选取一条边，将其折叠成一个使得几何误差最小的顶点；而顶点删除操作则是在网格上选取两个顶点将其合成一个新顶点，使得几何误差最小。基于这两种基本操作，和不同的控制几何误差的方法，产生了许多种网格简化算法。这其中最有影响力的是基于二次误差度量（Quadric Error Metrics，QEM）的边折叠算法，即基于二次误差作为度量代价的边折叠算法。基于QEM的边折叠算法，将折叠后的顶点到与折叠前的顶点相邻的各面的距离的平方和作为每条边的折叠误差度量，对于每一对顶点或者每一条边，都可以解出一个最优的折叠后顶点位置和相应的误差，从而找出最优的折叠操作。这一算法也有许多改进版本，例如利用顶点到面片的体积和作为误差度量，或者考虑顶点的历史积累误差防止过度简化等，分别适用于不同的简化情形。图3-12展示了一些常见的建筑机电系统构件的几何模型进行网格简化的效果，包括摄像头、鼓风口、管道配件和管道等。此案例中，三角面片的数量减少至低达约四分之一还仍保持构件的基本轮廓。图3-13则展示了一个三维模型（以人体三维肖像为例）在不同简化程度下的状态。

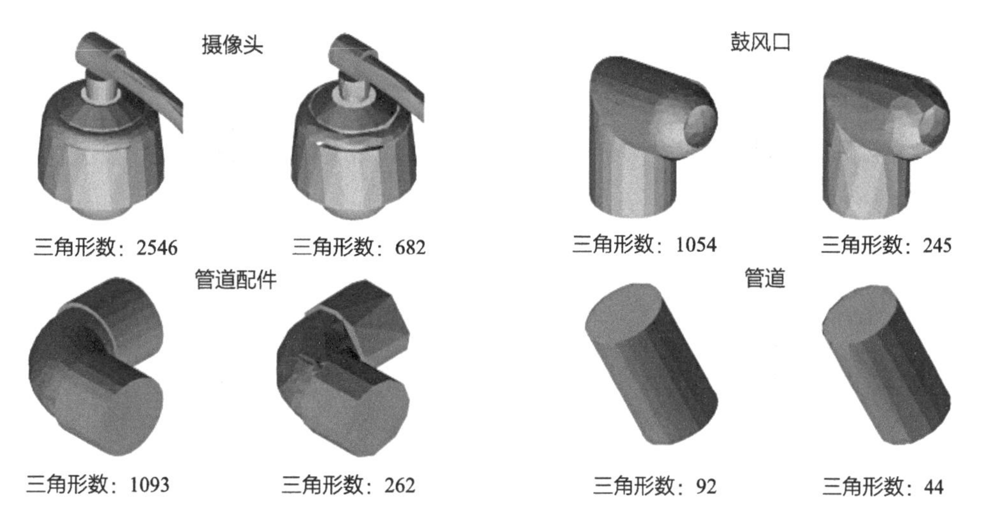

图3-12　采用基于QEM的几何元素删除法简化机电系统构件

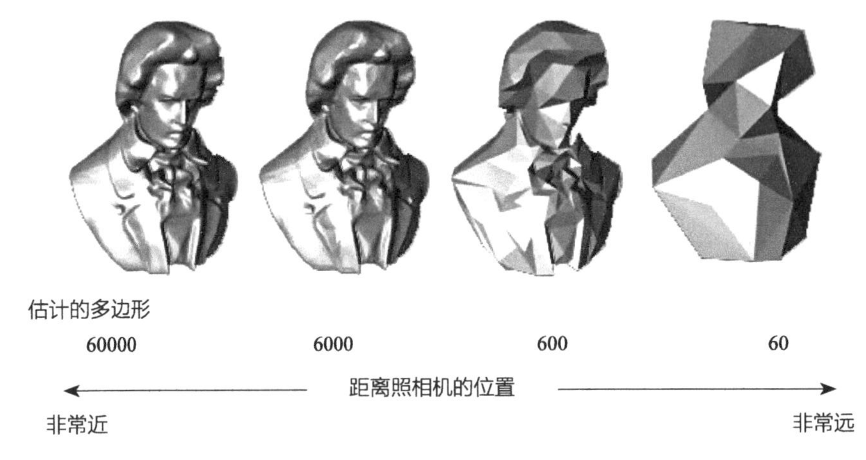

图3-13　不同简化程度的三维模型

除了几何元素删除法之外，常用的网格简化算法还包括顶点聚类法、区域合并法和小波分解法等。顶点聚类法的基本思想是将模型所在的空间划分成一个一个小单元，如果一个或者多个顶点落在同一个单元中，则全都代之以单元的中心点，并且相应更新边和面片的边界。这种算法能够保证最终细节的空间分布相对平均。区域合并法是从某一个三角形起始，在某个特定的条件下，不断将该三角形与周围的三角形合并，直到该特定的条件不满足为止。这种方法可能会造成某个局部的细节被过度简化的问题。小波分解法则是利用低通滤波器将网格过滤成其轮廓部分，再用一个高通滤波器将网格过滤成其细节部分，再选择丢弃细节部分。和区域合并法相反，小波分解法对于需要完全丢弃细节的简化是相对有效的，但是无法对集中于某个区域的细节进行简化。

映射的模型表达方法和网格简化算法都能够保留足够信息，并简化模型的细节，删除模型中的冗余信息和细节，从而达到降低模型尺寸、优化存储的目的。但是在网页端和移动端应用中，简化后的模型对于网络传输往往依旧是个较大的负担，因此需要针对传输再进行专门的优化[68]。

2. 传输轻量化技术

即使是简化后的几何模型，直接传输也会对网络造成较大的负担，因此在传输之前，通常先将几何模型进行压缩，在移动端或者网页端再对收到的文件进行解压，从而缓解网络传输的压力，即传输轻量化技术。

最简单和直接的压缩算法是固定字典压缩算法，其原理是把待压缩的文件中出现频率较高的词语替换成较短的词语来表示，在解压时再根据同样的字典反向还原出被压缩的内容，从而实现压缩。固定字典压缩算法的特点使得它很适合对文本内容进行压缩，因此在进行BIM模型传输时，可以利用固定字典压缩算法对属性信息进行压缩。由于模型的属性名称以及许多属性的值都是事先可以确定的，因此固定字典压缩算法在压缩模型属性时可以事先确定，并且可以非常有针对性。此外，还有很多更加复杂的压缩算法，在不同的情况下能够发挥出更好的效果，例如固定位长算法通过事先统计不同符号出现的次数，将每个符号用可能的最小位长来表示。行程长度压缩算法利用重复字节和重复的次数来代表重复的字节，在图像压缩时效果很好，被用在图像的JPEG格式当中。霍夫曼编码算法用较少的位来编码出现较多的符号，用较多的位来编码出现较少的符号，从而达到文件大小的整体压缩等。

针对存储几何信息的网格模型，还有一类专门的压缩算法，即网格压缩算法。如三角形带算法将三角形序列分为星星三角形带、锯齿形三角形带和混合三角形带，以三角形带代替三角形来存储网格结构，从而达到压缩大小的目的。线性预测和平行四边形预测等预测算法根据顶点坐标之间的差值进行编码，从而减去了一部分模型大小。几何图像编码算法将开网格参数化到一个单位矩形当中，用颜色采样网格数据包括顶点位置和法向量等，再对生成的图像采用图像压缩算法进行压缩。K-d树和八叉树压缩利用网格编码的子分过程的K-d树分解和八叉树分解，对拓扑结构的变化进行编码，非常适用于地形网格等密集采样数据。法向量压缩算法利用两个球面角参数来标记三个法向量坐标，经过离散化后能够将法向量体积从24字节压缩到2字节。

存储优化和传输优化能够显著降低模型的大小，缓解模型传输时的压力。但是，浏览器端和移动端在渲染之前就需要先行解压，同时存储优化删除了很多细节内容，从而显示效果和速度都在一定程度上受到了影响。因此，也有很多算法来对模型的渲染和显示进行优化。

3. 显示轻量化技术

为了提高渲染的速度和质量，一类很常用的技术是渐进网格技术。在进行几何元素删除的过程中，将每一步删除的几何元素和累积的几何误差记录下来，就可以形成一列有着不同渐进误差的渐进网格，这样在模型显示时就有了快速调节网格显示细度的功能。几何模型的渲染通常是图形硬件完成的，顶点缓存和索引缓存技术允许将顶点或者顶点索引在渲染开始前预先加载到显存当中，从而极大地提高了渲染速度，目前已经成为OpenGL和DirectX的标准应用和推荐操作。

在模型渲染过程中，显然并不是所有的三角面片都是可见的。有很多三角面片在模型的背面，受到其他面的遮挡。如果在渲染前预先判断某个面的可见性并剔除不可见的面，就能够节约大量的渲染时间。这种技术称为背面剔除技术，目前在图形系统软件中已经得到了广泛的支持。例如OpenGL会根据多边形的顶点绘制顺序是顺时针方向还是逆时针方向来判断一个面是正面还是背面，对于处在背面的面会在绘制时剔除。和背面剔除相似的是深度检测技术，其在像素颜色计算的阶段比较目标像素和现有像素的深度，并略去计算不可见像素点的步骤，以达到节约渲染时间的目的。

在一个场景当中，不同的网格构件或者网格不同部分的重要性也是不同的。距离用户的视点比较近的网格显然需要更多的细节，而比较远的网格因为占据的像素数很少，并不需要过多的细节渲染。如果能将更多的计算资源分配给离视点近的网格构件，就可以在降低渲染时间的基础上同时提高渲染质量，这种技术就是细节层次技术。例如，OpenGL的MIPMAP通过对所有的三角形进行多个层次的降点采样得到不同大小的三角形，并且根据三角形实际上距离视点的远近来选用相应层次的结果。

渲染的重要组成部分，也是最影响模型视觉效果的部分，就是光照计算。光照计算方法根据是否考虑不同物体之间的光的作用分为局部和全局光照算法两类。图3-14展示了一处室内场景分别用局部光照模型和全局光照模型计算的效果。常见的全局光照算法包括光线追踪算法、辐射度法、光子映射法等，但是由于它们考虑不同物体间的作用，因此计算速度很慢，不适用于实时渲染。最常用的局部光照算法是冯氏算法（Phong Shading），是逐像素的光照算法。冯氏光照模型将像素的颜色视作环境光、漫反射光和镜面反射光的叠加，不考虑不同物体之间的光的作用，因而适用于实时渲染。另一种局部光照算法是古洛算法（Gouraud Shading），即只计算每个顶点的颜色，对于非顶点的像素，采用对顶点颜色进行插值的方法来决定颜色，是逐顶点的光照算法。冯氏算法相比古洛算法能够得到更好的光照效果，但是也需要更长的计算时间，因此在渲染过程中，对于较远的网格部件采用古洛算法，对于较近的部分采用冯氏算法。这种根据距离的不同采用不同光照模型的算法，也称动态光照计算。

3.3.2 竣工模型自动扩充技术

除了准确的几何信息和必要的施工信息外，在竣工BIM模型交付前，建立并完

图3-14 局部与全局光照模型计算的室内场景效果对比图

善面向运维管理的信息架构是至关重要的。以管道为例，有数以千计的组件相互连接形成复杂的逻辑关系。当管道泄漏时，应尽快关闭上游阀门。因此，一个清晰逻辑关系应提前生成并嵌入竣工模型中，使竣工BIM模型成为一个增强信息的运维信息模型，辅助运维人员进行日常维护维修和快速响应紧急情况。然而，一般情况下施工模型并不包含这种逻辑关系。另外，在一些功能需求下，BIM模型应能转换为GIS地图模型等其他形式，以辅助运维管理。

为了在交付竣工BIM模型时能集成更多的上述扩展信息，本节简要介绍一种自动建立机电系统逻辑关系的方法，一个基于特定区域的构件成组方案，以及一种从BIM模型自动生成GIS地图的方法。

1. 机电系统逻辑关系自动生成

设备维护维修等常规管理工作中，运维人员经常需要获取设备、材料和备品等相关信息。传统的方法是运维工程师依靠图纸和经验，寻找并定位各类机电系统的相关设备和管线，其准确性和效率难以保证。特别是在紧急情况发生时，快速、精准的构件定位并判断影响区域对于应急管理尤为重要。基于竣工BIM模型的运维管理方法能为解决这些问题提供技术支持，但同时也要求该BIM模型能内置构件之间的逻辑关系。由于工作量巨大，手动建立这类逻辑关系十分困难且难以保证准确性，因此可采用一些自动的关系生成方法来自动构建此逻辑关系。

在机电系统中，通常上游构件对下游构件存在控制关系，或是下游构件的功能实现依赖于上游构件的正常运转。例如管道的上游构件可以设定为阀门，风管的上游构件可以设定为风机。这些关系可以通过已有知识或用户定义逻辑准则来自动补全，其主要思路是：同一个系统中相互连接的构件之间的逻辑关系通常为相同级别或互为紧邻的上下游关系[65]。

首先是分析三维模型中机电系统的空间信息，以确定构件间的空间连接关系。

如果存储的实体模型信息可以直接用于判断空间关系，则直接提取相关参数进行分析，否则将实体模型或表面模型转换为三角面片模型，进行剖面相交判断。这两种方法均生成构件的空间关联关系表，表示哪些构件之间存在空间相连。

第二步是明确机电系统间构件类型的逻辑关系及其表述方式，这涉及典型机电系统逻辑关系的梳理和自定义特殊逻辑关系两个方面。图3-15是经过梳理的用IFC标准来描述的构件类型的典型逻辑关系。此外，可根据实际工程中MEP系统的特点，将用户定义的逻辑关系集成为自动完成的扩展规则。在此基础上，可利用逻辑查询语言或基于本体的查询语句，在上述两条规则中形成构件间逻辑关系的信息需求，将结果提交给第三个步骤。

第三步是综合上述两个步骤的空间关系和类型逻辑关系，实现上下游逻辑关系信息的检索和自动添加。首先通过自动或自定义的方式，确定系统的上游终端构

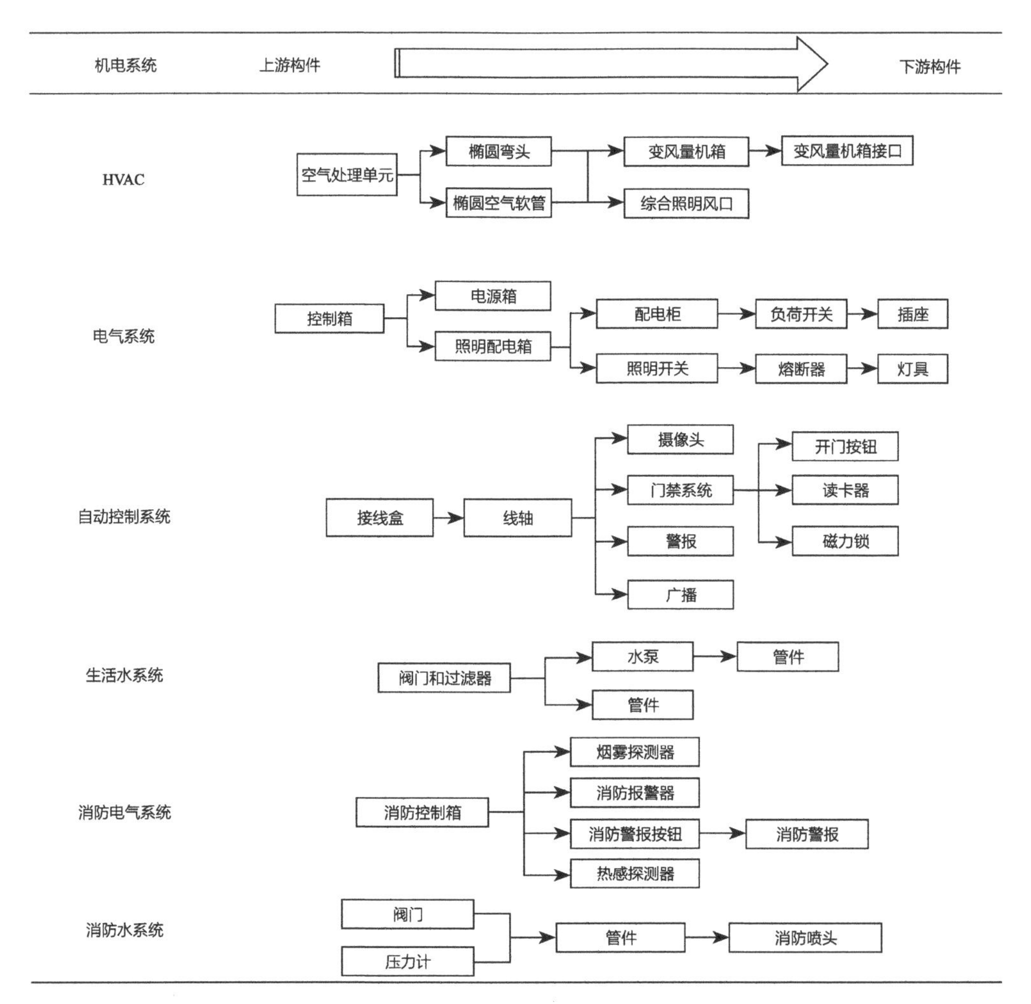

图3-15 基于IFC描述的典型机电系统逻辑关系

件，再利用关联关系表生成图结构对MEP构件进行存储。应用解析得到的检验规则自动完成机电构件逻辑关系的遍历搜索，对于符合规则的构件对，增添上下游构件扩展属性来补充描述他们的逻辑关系[63]。

在实际项目中的实验表明，上述方法在上下游逻辑关系的生成中准确率约为70%～80%，整体上减少了超过60%的工作量。

2. 设备标识与成组

在实际项目中，机电设备往往种类繁多，需要对机电设备信息进行有效的标识。在自动扩充机电系统逻辑关系后，逻辑信息以及设备的基本信息，可以标识在RFID标签或二维码，以便于在运维管理阶段快速查询重要的信息。

建筑楼层内的机电设备分布复杂，有些构件（如通风管道）会安装在吊顶以上等无法直接看到的位置，因此不可能为每个构件贴上标签，实际上也不需要这样做。为了更方便、快捷地实现设备识别，可设计一种构件成组的机制，例如按照房间、走廊、机房等区域进行构件成组，以特定的编码方式保存在标签中。当条码扫描枪等移动终端在扫描并读取其标签信息后，会在操作终端（PC或PDA）显示所有该标签中保存的构件列表及其最重要的信息（如每个构件的全局编码）。此时，用户可以选择查看某一具体构件的详细信息，及其上下游构件的相关信息，使得构件识别变得更加快捷、方便。

区域的成组方法如图3-16所示。首先，根据楼层平面图，确定局部区域的边界，比如房间、走廊、楼梯通道等。其中，机房是机电设备特别集中的区域，如果作为一个区域将其成组标识，通常会造成该标签中设备及构件数量太多。因此，机房中重要的设备（如冷却机组和配电箱等）应单独标记，其他部件（如管道和弯

碰撞检测算法

```
//Test every point within the B-rep model
for each points pt in (Triangles in model)
    If (pt.X > region.minX && Pt.X < region.maxX &&
        Pt.Y > region.minY && Pt.Y < region.maxY)
    then Overlaps
    else Do no overlap
```

楼层平面　选中区域

机电系统

图3-16　2D设备表示和成组检测算法概要

头等）则按组标记。其次，根据BIM模型中附带的楼层信息，提取该楼层所有的模型，并将模型投影到楼层平面中，与设定的区域边界进行二维碰撞检测（Overlaps Testing）。如果存在重叠区域，则将该构件加入区域内部的构件组；否则，该构件不属于该区域。最后，通过标签生成算法，生成二维码编码或RFID标签并输出。

3. BIM模型与GIS地图模型的自动转换

GIS技术主要用于获取、存储、处理、分析管理宏观拓扑信息，与BIM技术善于精细化描述和管控形成互补。例如，GIS技术可基于点线面拓扑信息，提供各种空间查询及空间分析等功能，为BIM提供决策支持；而BIM模型则是一个重要的数据来源，能细化GIS地图信息，实现对建筑多层次的管理。GIS主要用平面图形的方式来表现宏观层次的空间拓扑信息，有很强的二维展现能力，适合在移动端或网页端这种图形性能相对较弱的平台中展现房间、路径、机电系统逻辑关系等的需求，如图3-17所示。

BIM模型可自动转化为GIS地图模型，其算法核心包括两部分，即节点路径的生成和路径权值的取值。

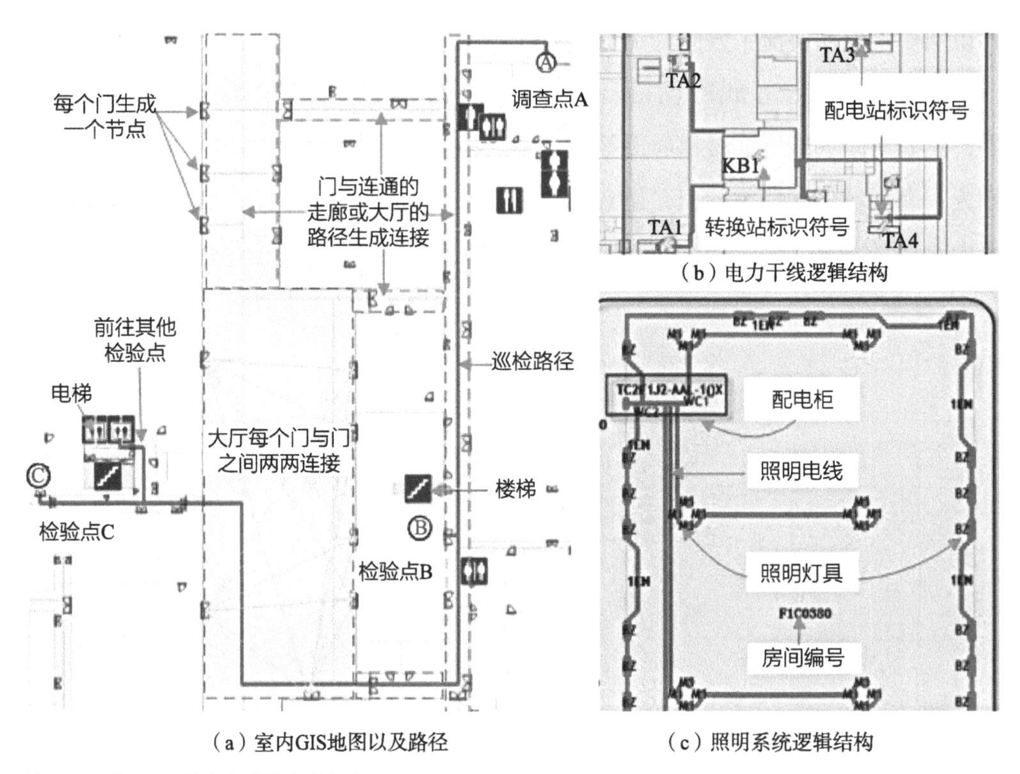

（a）室内GIS地图以及路径

（b）电力干线逻辑结构

（c）照明系统逻辑结构

图3-17　基于BIM的室内道路生成方法

节点路径的步骤为：①从BIM中提取房间、大厅、走廊等空间，门、楼梯等建筑构件的几何信息，以及门的通行权限等相关信息；②沿大厅边缘绘制一个多边形路径；大厅所包含的每个门生成一个节点，并两两连接生成路径；③走廊两头各生成一个点，并相连接形成走廊的路径，如果走廊与大厅相连，则将走廊路径的端点与大厅路径中最近的点相连；④主房间的每个门生成一个节点，并将门与连通的走廊或大厅的路径连接，子房间的每个门生成一个节点，并与主房间路径中最近的节点相连；⑤在每个楼梯/电梯进出口生成一个节点，相邻层进出口的节点连接，且各节点与相连的走廊/大厅路径中最近的点相连。至此，便完成了节点和路径的自动生成。

路径权值的取值需考虑实际人流的情况，包括路径长度和行走速度，具体可参考公式（3–1）。

$$\omega=\begin{cases}\dfrac{\text{水平距离}}{k_1}\text{，水平路径}\\[2ex]\dfrac{\text{垂直距离}}{k_2}\text{，垂直路径}\\[2ex]\dfrac{\text{垂直距离}}{k_3}+c\text{，垂直电梯路径}\end{cases}\tag{3–1}$$

其中，k_1、k_2、k_3分别代表在楼层内、通过步行楼梯以及电梯的步行速度；c代表电梯加速、减速和等待时间的常数。

此GIS地图模型可辅助运维人员规划巡检路径，以及日常设备维护维修。由于生成的路径与相应的门、走廊和房间相互关联，可以查询路径通过的房间和走廊等信息，再结合房间与机电设备的关联关系，可实现基于室内路径及其动态人流的智能设备控制，即根据动态人流控制路径附近房间、走廊的照明、空调等设备的开启状态。例如，当路径的人流长时间较少时，可关闭附近大部分的灯光和空调；当路径中人流较多时，再重新开启。

3.4 运维模型的维护与更新

建筑产品的工程信息随建设过程由多个参与方动态创建，存在多个数据源。因此，需要建立一个统一的BIM模型，对多数据源信息进行集成、存储、维护和更新。目前，BIM信息管理方式主要包括基于文件、基于中心数据库、基于单服务器和基于云计算平台四种方式，如图3–18所示[67]。

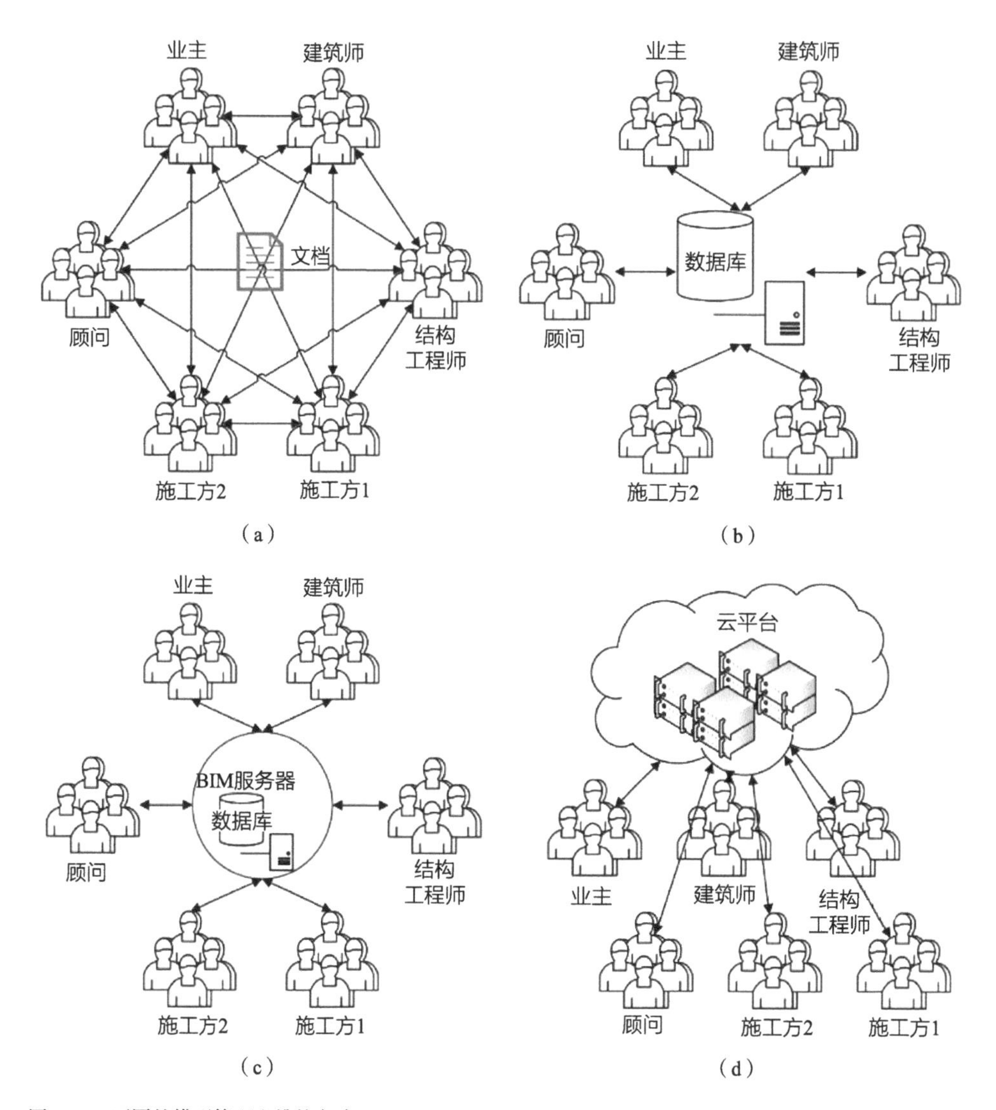

图3-18　不同的模型管理和维护方式

1. 基于文件的模型管理

传统建筑业采用手绘图纸和手写材料实现各阶段间信息的传递，随着信息技术的普及，相关信息存储和传递的方式实现数字化。基于电子文件的模型方式又分为基于软件开发商内部格式（如Autodesk的.rvt格式）和中性格式（如IFC格式）两种类型。由于其他厂商软件无法完整识别内部格式，因此内部格式存储方式通常只完全支持同一厂商软件内部的信息共享。而采用EXPRESS\EXPRESS-G作为建模语言来定义实体、属性和约束的IFC标准中性格式文件，能支持多个厂商软件间的信息共享。然而，即使应用IFC接口，数据传输的方式是在独立应用程序之间以数据文件的形式传递信息，如图3-18（a）所示。这种基于文件的信息共享方式在实际工程中最为常见，但多个文件之间，哪怕单个文件内部，往往都存在信息重复和冗余等问题，且信息变更时也容易造成其间信息不一致情况的发生。由于每个组织都有许多参与者，每个参与者都需要访问多种应用程序，这种做法导致在实际项目管理中往复传输大量文件，而BIM数据的对象级管理在这种方法中难以实现。因此，基于文件的模型管理普遍存在数据冗余和兼容性的问题。

2. 基于中心数据库的模型管理

避免数据冗余和不一致性问题的一种方法是使用中央数据库进行模型和信息的管理。如图3-18（b）所示，项目的参与者通过访问来自中心共享数据库来获取所需的数据并运行他们的应用程序。根据所采用数据库的类型，BIM数据库可分为关系型、面向对象型、关系-对象型和键值型BIM数据库。目前，较为普遍的应用情形是由业主、项目经理或BIM顾问建立一个集中式BIM数据库，再分配管理权限给其他项目参与者，来实现多参与方协作的目标。这种方法为用户提供了BIM数据的统一管理，但与此同时，模型验证、子模型提取和集成等方面却缺少一个通用层，为此，不同的参与者必须自己根据中心数据库实现类似的功能，导致应用程序开发的工作量和难度都大大提高，并可能导致数据损坏和未授权的访问等[68]。

3. 基于单一服务器的模型管理

源于软件行业中面向服务的概念，一种在项目参与者之间共享信息的改进方法是为不同的用户和他们的系统设置BIM服务器。与中央数据库方法不同，BIM服务器不仅为信息存储提供了一个集中式的BIM数据库，而且还提供了在安全可靠的环境中访问信息的相关服务（如基本功能和业务流程），如图3-18（c）所示。由于服务器负责实现部分业务功能，客户端（如BIM软件）可以最大程度简化处理，使得轻量级客户端（如网页浏览器或移动设备）也可流畅运行BIM应用程序。

除了数据之外，BIM服务器还提供了基于数据的附加功能，比如模型浏览、三维可视化、版本控制和碰撞检查。例如，Faraj[59]等提出了一个基于Web服务器的系统计算机环境WISPER，它使用面向对象的数据库存储底层数据，实现集成可视化、成本估算、项目管理。Chen[48]等提出了一个B/S架构的信息服务器，应用Java和Java3D实现人机交互和可视化。三种代表性的BIM服务器解决方案包括由VTT Building等开发的IFC模型服务器，Jotne EPM开发的EDM模型服务器，TNO Netherlands等开发的Bimserver.org。这些BIM服务器均内置导入和导出IFC模型的功能。

这种基于单一服务器的模型管理的优势在于能够在服务器端完成对子模型的处理，从而支持面向流程的相关业务功能快速实现。然而，由于在BIM服务器中，模型开发、评审、上传、下载和分析应用可能非常复杂，此外由于数据存储和处理能力受到限制，单一服务器很难处理大型项目的海量数据。

4. 基于云计算平台的模型管理

随着信息技术的迅猛发展，云计算概念的提出有可能实现对建筑行业的信息管理模式的突破性革新。在过去的几年中，基于BIM云计算平台的模型管理架构［图3-18（d）］已经逐渐发展为一种成熟的管理模式，并且云计算平台的引入有助于投入较低的成本实现更高的性能。

由于具备灵活的数据传输和处理特性以及更可靠的可访问性，云计算平台在建筑领域已广泛实现与其他新兴技术的集成应用。例如，在施工管理中已实现基于云计算平台、BIM和射频识别的室内定位应用，在运维管理中已实现基于云计算平台智能数据检索和展示等。然而，大多数相关应用只是利用云计算平台来解决个别问题，缺乏面对全寿命期数据共享和传输的应用。当前广泛使用的基于BIM的主流云计算平台包括国外的BIM360、Cadd Force、BIM9、BIMServer、BIMx、STRATUS，以及以广联达的协筑和清华大学4D-BIM为代表的国内平台[63~65]，可大体分为三类：

（1）桌面级BIM云平台：Cadd Force和BIM9；

（2）文件级BIM云平台：BIMx、协筑；

（3）对象级BIM云平台：BIM360、STRATUS、BIMServer、4D-BIM。

这些云计算平台有些支持公有云（如BIM360、协筑），有的支持私有云（如4D-BIM）。但其中大部分云服务器和云平台都是基于文件的或集中数据库BIM对象级管理，操作大型模型时将导致数据传输负载较大。

为减少应用过程中网络过载传输和避免数据所有权、物理存储位置不一致的问题，分布式BIM数据存储技术应将面向各参与方的BIM子模型存储在各自的企业服务器中，并通过互联网将各节点的有机集成形成BIM私有云平台，其逻辑架构如图3-19所示。部署在本地服务器的BIMISP节点包括构建在云计算平台上的本地BIM数据库、全局数据分配模式和数据存储与提取服务。本地BIM数据库既可存储公有数据，亦可存储私有数据；全局数据分配模式描述了所有节点存储的数据，支持提取和修改远程节点的公有数据。

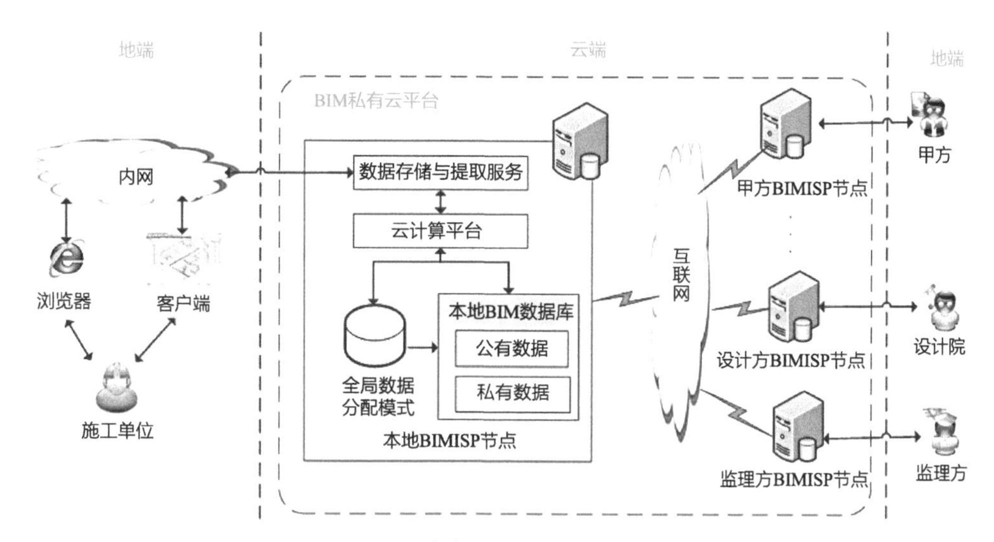

图3-19　分布式BIM数据存储技术的逻辑结构[86]

5. 跨平台跨用途的协作整合

在BIM协同设计环境下，不同领域的参与方在同一模型中工作，避免了因设计疏漏或未进行协同工作导致的设计变更和返工。但随着建筑工程项目规模的不断扩大，BIM涉及的参与方的增长以及相关领域软件的不断增加，BIM的粒度不断细化，数据量也在不断增长，BIM模型的版本管理和多参与方的协同工作变得越来越困难。

传统的BIM模型版本管理方式是依据更新后的模型保存或备份版本。该方式保存的数据量较大，在跨领域交互时需依赖相应的交互标准生成交付的模型文件（如IFC等），在协作过程中仍需反复进行解析、渲染等操作。这种模式应用性能及传输效率均表现较差，很难真正满足BIM多领域参与方协同工作的工作模式。另外，由于BIM模型的高专业性和多参与方的特性，BIM模型的更新往往体现在局部，仅对完整的模型实现版本管理并不能较好地支持BIM多参与方的这一特性。同时，在模型更新过程中，大多仅需要对BIM模型的某一特定模型进行数据更新，直接对完整BIM模型进行版本管理会产生大量的数据冗余和版本冗余，造成维护困难、模型应用性能低、可用性差等问题。在实际工程应用过程中，模型的构建无疑会大大提升整个项目的执行效率，构建用户关注度较高的领域相关模型可有效减少由于IFC复杂度、高专业性导致的设计或使用难度。因此，降低参与方使用BIM模型的门槛，实现基于BIM模型的协同框架是目前BIM模型研究的关键问题。BIM在建筑运维过程中主要应用在“监测与分析”“控制与模拟”和“运维信息化”三个方面：

（1）监测与分析——数据的采集与发现。BIM运维管理平台作为一个完善的建筑数据信息平台，能够满足不同客户对不同数据的查询需求，进而实现不同层面的建筑管理。其中包括建筑内空调系统、电梯系统、安防系统、智能照明、环境品质等智能建筑系统的运行数据和状态监测，并且能够涵盖建筑内部人员信息、工作流信息和一切管理动作信息。

（2）控制与模拟——数据的深层挖掘。BIM就像建筑的数据库，具备完整的惰性数据和各种运行系统的活性数据，发现数据之间直接或间接的关联，让数据发生充分的化学反应。其主要目的在于发现建筑更优的运行方式和策略，通过不同参数的调节或不同方式的系统协调为建筑带来截然不同的运行效果。

（3）运维信息化——数据运行状态的自我分析。具备完善运维信息化的BIM运维管理工具，仿佛建筑的大脑，能够及时发现建筑运行中暴露的问题并联动相关系统、设备、人员等关键因素对该问题进行处理并反馈。运维信息化不仅包含建筑的所有静态数据和动态数据，还有建筑工作流的信息以及所有的管理动作信息、人员信息，以及在建筑运维过程中各种更新的数据信息。

在基于BIM的运维中，协同平台可以将第2章所提到的各种技术和BIM技术整合，并且建立一个跨平台跨用途的协同整合，如图3-20所示。此协同平台基于智能建筑自控管理系统，包括了基本的建筑自控系统、安全防范系统、办公自动系统、消防系统和通信网络系统。结合BIM运维管理平台，其中包括运维管理的八大模块：设备管理、维护管理、空间管理、客户管理、能源管理、环境管理、安防管理和应急管理。这些模块的功能也基于底层的各种技术支持，比如物联网、GIS、激光扫描仪、增强现实和虚拟现实。人工智能和大数据技术对搜集的数据进行分析和预测，帮助运维管理者作出正确的决策。通过不同平台的协作整合，最终实现建筑环境的智能化，考虑到人的舒适度的感知，还可以实现人机交互、移动互联等功能。

建筑运维管理最顶层的应用平台，实现人、设备、建筑三维直接的互联互通，以BIM为载体，将更多的信息联系在一起，通过数据分析、性能分析与模型分析，实现智慧建筑“以人为中心”的目的。

图3-21表示了BIM模型的信息交换和信息协同机制。BIM模型从设计阶段开始，设计协调输入、能量模型的输入和属性信息等其他信息的输入，组成了BIM模型的设计输出。设计模型的输出加上建造阶段的记录模型的输入，形成了运维模型，被用于设施管理。

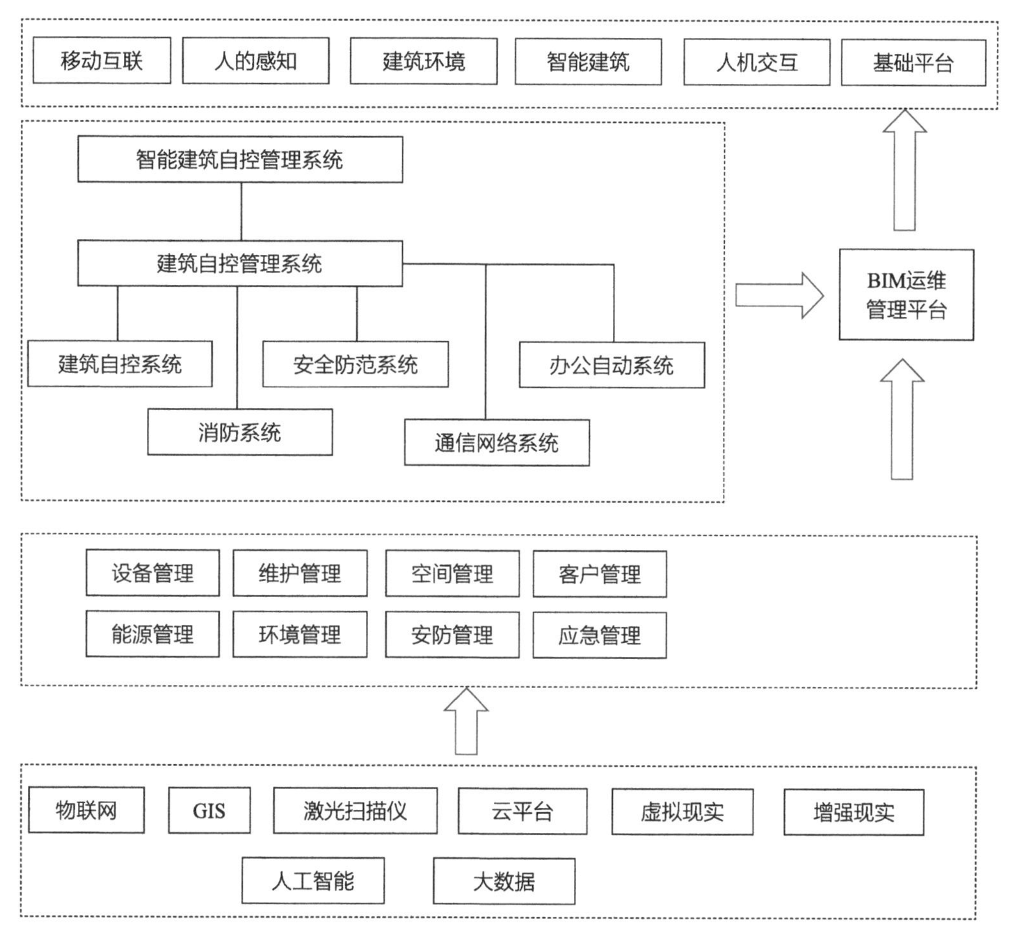

图3-20　基于BIM的运维跨平台协作整合

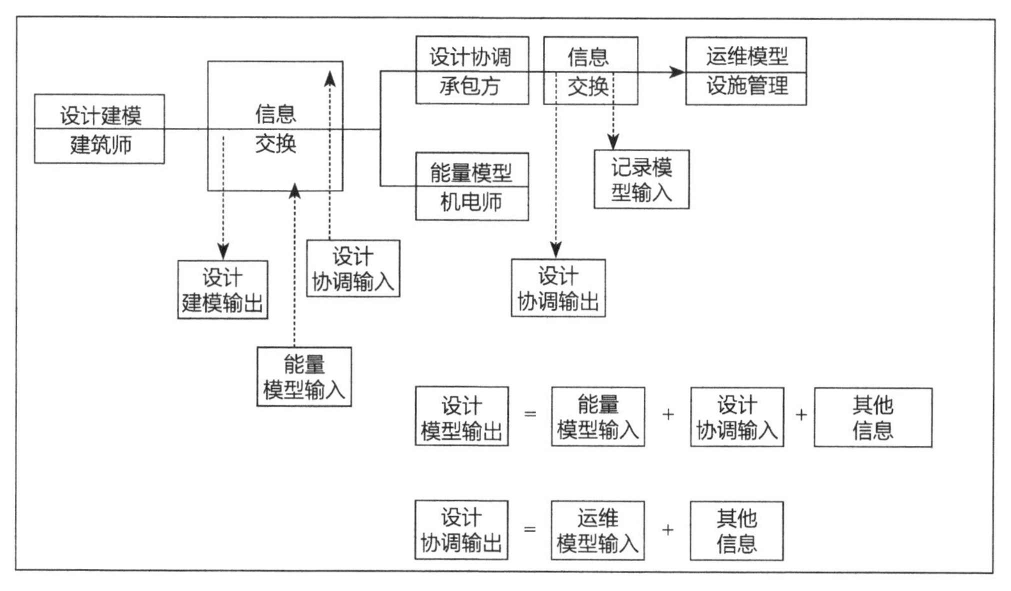

图3-21　BIM信息交换和信息协同机制

为了有效实现建设项目的信息协同管理，除了研究在建设项目全寿命期各阶段BIM技术对信息协同的促进作用，还应综合考虑在项目建设全过程中通过有效的合作机制的建立对项目参与企业间信息协同起到的推动作用。在建设项目全寿命期管理中信任合作是协同管理的核心保障，是建设项目各参与方之间相互合作的前提与基础，建设项目各相关方需要建立有效的信任机制，树立信息共享与合作共赢的理念，通过建立有效的风险防范机制，提高退出壁垒，增加合作收益，通过提高各参与方之间行为和决策的透明度等措施，保障信任机制的有效建立与实施。

随着建设项目各参与方之间的协同合作的深入，信息技术尤其是BIM技术为信息的协同管理提供了有力的技术支持。在项目建设过程中，不同的专业在技术层面的掌握程度和材料的认知程度存在不同层面的偏差，以及建设过程中部分参与方之间存在合作又竞争的关系，部分参与方对信息掌握的某些优势，造成信息不对等现象。BIM技术的应用能够有效实现信息交流的透明化、有效简化信息之间的沟通过程，从而减少误判，加强各参与方彼此信赖，实现项目信息有效协同。依靠先进的信息技术及BIM平台，建设项目的各相关方可以及时且有效地对信息开展互通和共享，但各企业之间技术设施和信息系统不能兼容问题仍是制约信息协同共享的一大难题，所以为了保障信息的有效共享和交流，有赖于政府部门进一步加强对BIM技术标准、数据格式、交互方式的规范，最大限度地解决信息互通的阻碍，实现信息的有效协同。表3-6展示了BIM协同运维所包含的内容以及相对应的作用。

BIM运维中协作整合所包含的内容　　表3-6

BIM 运维标准要求	主要内容	作用
BIM 项目执行计划	①项目信息； ②项目目标； ③协同工作模式； ④项目资源需求	帮助 BIM 项目的负责人快速确定项目信息、项目目标，选用协同工作标准，明确项目资源需求
BIM 项目协同工作标准	针对不同项目类型可选用不同的协同工作流程，设计运维各个阶段的工作内容和要求	规定协同工作流程，确立数据检验及专业间的协作机制，保障各个专业工作顺利进行
数据互用性标准	①设计过程中可以采用 BIM 核心建模软件平台、协同平台和专业软件； ②软件版本要求； ③不同软件间导入、导出文件格式	明确适用于不同项目类型的 BIM 相关软件，明确核心建模软件与专业分析设计软件的数据传输准则，保证 BIM 模型在运维中使用的畅通

续表

BIM运维标准要求	主要内容	作用
数据划分标准	①项目划分的准则和要求； ②各专业内和专业间的分工原则和方法	确保项目工作的合理分工
文件夹结构和命名规则	①文件夹命名规则； ②文件命名规则； ③文件存储和归档规则	建立运维项目数据的共享、查找、归档机制，方便跨平台的协同工作进行
显示样式标准	①一般显示规则； ②模型样式； ③贴图样式； ④注释样式； ⑤文字样式； ⑥线性线宽； ⑦填充样式	形成统一的BIM运维模型成果表达样式

CHAP
4

第4章

数字化运维的价值和挑战

4.1 管理模式的改革

随着数字化技术不断进步，建筑运维管理模式也随之发生着变化。所有利益相关者，包括业主（Owner）、设施管理者（Facility Managers）、建筑工程管理人员（Construction Managers）、设计人员（Designers）、建筑工程人员（Engineers）、建筑师（Architects）和BIM经理（BIM Managers）等，他们之间的合作模式和FM项目的管理模式会发生改变。

在传统FM管理模式下，FM的管理是被动式的，单纯的设备维护管理，基于FM运维系统的设备台账管理、运维维护等。传统的管理模式，是个人级别的。BIM下的数字化运维是团队级别的，指的是团队级上的操作，是被团队经理分解到每个人的任务后，再在总体上的整合，这本身就是一个管理过程，BIM渗透在其中，成为其管理过程强有力的工具。此时这个工具不应简单理解为软件工具，而是作为信息化的过程工具，就像某种管理模式（比如项目管理模式）也被理解为管理工具一样。

在数字运维下，全寿命期的FM管理模式将运维管理人员融入设计阶段，由设计人员提出运维过程中的需求，使得设计阶段提前考虑运维过程中的问题。尽管如此，我们还需要认识到，基于BIM的FM在建筑工程领域是新型领域，很大一部分仍然处于没有先行者研究过的空白领域。当没有充足的操作案例提供研究时，尚未能精准预定出操作的规范和相关标准，即使大力推动BIM的英国，也没有发展成熟的经验。相比之下，中国有大量的新建建筑项目，非常有利于发展BIM技术和推动数字化运维。

在未来的基于BIM的运维管理中，有可能还会再产生类似于IFC或者是COBie等具有交换信息功能的标准，以便于符合全寿命期的运用。未来虚拟现实的应用，可以运用虚拟现实的场景实现相关的管理内容影像化。比如，运用虚拟现实实现防灾演练，或者是建立预制件的维修和更换，同时显示出维护管理的流程等影像档案，提供给未来的运维管理人员更加直观的界面和更详细的信息。未来基于BIM的运维管理，将能够存储大量的信息，同时降低管理者的维护成本，应用范围也更加广泛。

4.2 信息交互和信息的安全管理

基于BIM、GIS、物联网等技术的集成式FM管理系统，存在关于信息授权、信息安全等问题，主要包括：

（1）数据的物理安全。比如，将数据存放在某个电脑里，如果这个电脑崩溃了或丢失了怎么办？如果遇到了地震、火灾等不可抗力，损坏数据怎么办？

（2）数据访问的安全。包括数据访问的权限问题，谁能读到这些数据、能读到什么样的数据等。

（3）数据本身的安全需求。比如，人们平时家庭里的数据安全需求和城市地铁的安全需求，可能是两个完全不同的安全级别；涉及国家军方、公共资产、基础设施工程的敏感数据，需要相当完善的存储和处理方案。

（4）在信息时代，人们无法要求数据高度集中。未来，还会有很多数据是分散的，这牵扯到政治利益、商业利益的分割。政治分割，比如行政区域分割，北京市的数据能放到河北省吗？商业分割，比如设计院的数据，如果交给施工单位，那么该如何保证设计院的商业利益？这些都是需要重新去思考的问题。

创建相对完善的数据安全系统需要一个过程。在执行层面，人们需要建立起一个更加成熟的分级管理机制，而随着建筑行业自身发展，人们也会拥有更加成熟稳定的安全操作条件。比如，现在人们想要公共数据集中到某个特定的服务器上，这该由谁来组织？相关方又该如何来配合？数据分散存放是IT发展的一大特点，怎样落实分散式的存储机制上的集中处理原则？这要求大家有一个公认的数据存储标准。随着行业自身发展和人们安全意识的提升，这些问题都在逐步细化。

数据安全问题具有复杂性和紧迫性的特征。目前，通过网络，人们就可以很方便地买到一些BIM数据，比如：城市地铁的模型、摩天大楼的数据模型等。这些对数据安全是一个极大的威胁。数字化的道路，实际上是一条智慧城市的道路。未来所有的BIM数据、GIS数据等数字化的数据，都将会作为一组城市级别的数据；而城市级别的数据，一定是对安全性有较高的要求。

数字化运维既要能够服务于公共大众，又要具备完善的安全机制，这不是简简单单的一两个部门就可以解决的问题，它与国家政策密切相关。目前，国家正在逐步建立数据中心，数据中心是云处理、集中化的关键，也是数据安全依赖的不可缺少的一部分。数字化运维会对数据安全提出明确的要求，成熟的机制也要逐渐建立起来。

4.3 运维管理人员的培养和教育

新的数字化运维技术不断发展，对运维管理人员的能力和所需要掌握技术的要求也逐渐提高。运维管理有别于项目管理，项目管理的对象是一次性的任务，而运维管理是持续、重复性的活动，侧重于服务科学的范畴，与企业管理紧密相接。对于新兴技术的团队人员要求如下：具有模型操控、漫游、检查存档模型的能力，具有评估现有空间和资产以及为了未来的需求并适当管理的能力，拥有管理软件应用的知识，具有有效地整合存档模型与运维管理软件应用以及与客户需求相关联的适当的软件的能力。

FM人员需要学习和了解BIM、GIS、人工智能等技术，存在对FM人员的再教育和培训需求，因此需要重新思考FM人员需要具备什么样的素质和技能。

专业的运维管理人才从何而来？传统的运维管理或物业管理行业中，一些管理人员经验和业务能力较为缺乏，理论知识也不够完善，很多人并不懂得怎么做运维管理运营。将运维管理定位为管理学科，它对人员所具备的知识要求很高，需要运维管理人员拓展理论知识，提升业务能力的深度与广度。这对运维管理的发展也会有一些影响。

目前，一些大学对培养FM人才的习惯做法是：将对运维管理的理解与国际上对运维管理的学科设计要求、课程设置，以及国际组织对运维管理人员的要求标准、市场需求等教学要求相结合。我们认为，运维管理专业人才应具备综合能力，其中理论基础要求较高。运维管理是个性化的要求，每一家企业都没有固定的标准。在国外，一些运维管理人才并不是出自运维管理专业，而是来自管理学、经济、财务、工商行政甚至酒店管理、IT等不同专业。因此运维管理并没有统一的培养模式和课程结构，是一门多样化的学科。

其次，在企业的运维管理中，实际操作时需要加强人员的技术培养和专业知识的培养。在运维维护人员的培训方面，可以采用AR技术对设备维护管理及辅助维修方面的应用场景进行扩展，用于设备专业的新员工培训；设备专业的应急演练和设备远程辅助维修等。基于AR的设备运维学习虚拟融合和交互展示基于AR的运维学习过程，需要将与学习内容有关的虚拟的检修、检测和运行场景叠加到真实场景之上，进行融合显示技术，产生真实感和沉浸感，并且通过对受训者语言和手势动作的捕捉，完成人与系统的交互，根据用户的命令改变展示内容。

4.4 智慧社区与智慧城市

智慧城区（社区）是社区管理的一种新理念，是新形势下社会管理创新的一种新模式，充分借助互联网、物联网，涉及智能建筑、智能家居、路网监控、个人健康与数字生活等诸多领域，充分发挥信息通信产业、电信业务及信息化基础设施优良等优势，为社区居民提供一个安全、舒适、便利的现代化、智慧化生活环境。在智慧社区中，通常通过使用传感器、先进的移动设备终端可以实时收集城市中的所有信息，利用各种传输网络进行传输，采用各类分析模型和工具对数据进行分析、汇总和计算，为各类应用提供支撑，并最终为城市提供各类智慧的应用。

城市基础设施的数字化运维管理，深深地关系到智慧城市和智慧社区的发展。本书前几章所提到的建筑自动化技术、GIS技术、BIM技术、激光扫描技术、人工智能技术、虚拟现实和增强现实技术，都可以应用到智慧城市的运维管理中。下面对于智慧社区中的难点进行分析。

1. 智慧城市空间信息获取的难度

智慧城市中的空间信息资源，特别是基础性空间信息资源绝大部分掌握在政府部门，例如各类置地、房屋、市政设施等，这些空间信息资源被国土局、房管局、城管或其他相关政府部门掌握。智慧城市空间信息资源隶属于公共信息资源，站在城市管理者的角度，智慧城市的公共信息资源是指城市中政府部门和企事业单位在生产化及管理过程中所涉及的一切文件、资料、图表和数据等信息的总称，而公共空间信息资源则是这些信息中与地理空间位置有关的公共信息资源。其目的在于为城市专网和公共网络上的各类智慧应用提供数据服务、空间信息承载服务、基于数据挖掘的决策支持知识服务等。

空间信息的来源具有多样性，城市中的空间数据来源非常复杂。基础地理信息数据，例如遥感影像图、基础地形图等一般来自于测绘部门或者国土部门，地名地址一般来自于民政部门或公安部门。所有这些数据的采集方式也是多种多样的，遥感影像一般采用卫星或者航空拍摄，这些信息有可能是基本的文本信息，有可能是图片，也有可能是视频、音频信息等。所以，基于数字化运维的智慧城市发展，空间信息的收集是第一个难点。

2. 智慧城市的管理需求分析

智慧城市、智慧社区的管理和维护，具有一定的需求性。基于社会的发展和人的需求，下面分析几个智慧城市发展的重点。

（1）城市的交通运行智慧化。交通运行智慧化是利用网络信息技术，对交通安全、运输、出行等方面进行全面的感知和调控，更加智能地改善交通拥堵问题，保证交通安全、提高出行效率。随着城镇化的推进，人们对交通的需求与日俱增，城市无论大小，都承受着交通问题的困扰。

（2）市政设施的智慧化。市政设施智慧化是通过应用现代信息化技术，对城市道路建设、给水排水管线、供热供燃气和夜景照明等方面进行实时监控，对设施维护和突发问题及时处理。

（3）环境保护的智慧化。这是在建立信息、网络平台的基础上，对于水质、噪声、垃圾、固废物等有效的管理和控制，但环境保护质量既与自然环境有关，也涉及城市建设、交通出行、产业结构和企业分布等多方面，这都对环境保护的智慧化提出更为综合的要求。

（4）应急防灾的智慧化。城市灾害不仅能够造成城市各方面的损失，严重时还会造成大量的人员伤亡。应急防灾智慧化就是利用现代信息技术，通过大数据分析，在灾难来临之前做到监测预警，在灾难来临之后通过及时对灾害进行评估判断，为灾后救援提供决策依据。

4.5 价值分析

“数字建筑”是指利用BIM和云计算、大数据、物联网、移动互联网、人工智能等信息技术引领产业转型升级的行业战略，它结合先进的精益建造理论方法，集成人员、流程、数据、技术和业务系统，实现建筑的全过程、全要素、全参与方的数字化、在线化、智能化，从而构建项目、企业和产业的平台生态新体系。

数字化运维通过以虚控实的虚体建筑和实体建筑，实时感知建筑运行状态，并借助大数据驱动下的人工智能，把建筑升级为可感知、可分析、自动控制乃至自适应的智慧化系统和生命体，实现运维过程的自我优化、自我管理、自我维修，并能提供满足个性化需求的舒适健康服务，为人们创造美好的工作和生活环境。“数字化运维”将使建筑成为自我管理的“生命体”，充满了科技感和想象力。当建筑及相关设施被嵌入传感器和各种智能感知设备，就如同拥有了人的感知，成为人工智能的生命体。

1. 建筑电子档案管理

基于大数据、云计算等数字技术，数字化运维能够无缝承接建筑在设计、施工阶段的多维度建筑静态数据，保证建筑设计和施工过程完整记录。在运维管理过程中，能够最大限度地获取建筑动态运行数据，包含但不限于智能化子系统运行数据、建筑改造数据、建筑人员等信息。形成全面的覆盖建筑全寿命期、全专业、全部门的完整的建筑电子档案，辅助运维管理人员进行信息更新及保存。

数字化运维管理作为建筑数据库，实现了建筑的电子档案管理，不同管理部门在运维管理过程中能够快速查找到所需的运维管理信息，实现数据的跨部门实时共享，避免了传统运维中档案管理的复杂和以往跨部门资料借阅中出现的资料不及时归还或遗失等问题。最终，数字建筑会将成千上万的建筑空间内各种闲置资源相互连接、互动与发展，形成一个巨大的共享经济社会体，驱动新的共享经济模式的产生。

2. 全面的安全防范体系

基于可视化的数字运维管理实现监控区域无死角，同时防盗报警系统与监控系统通过系统集成实现联动功能，发生非法入侵时，能及时了解防范区域的监控图像，在第一时间内处理入侵事件，在某些特定区域将联动门禁系统，自动锁死门锁，以确保重要物品不丢失。巡更系统可管理巡视人员是否按时按路线进行巡视，如有少巡视区域、延迟巡视等情况，系统平台可在模型中显示少巡视区域，对巡视工作可视化高效管理。

针对运行中出现的设备故障问题，可自动触发工单指派给相关维修人员，快速对设备进行维修。基于对设备运行时间、状态、维护维修记录的大数据分析与预测，还可发起预测性维护计划给相关人员，使设备保持良好的运行状态和安全运行，实现设备资产的保值与增值。最终，达到自我优化、自我管理和自我维修的状态。

3. 减少浪费的绿色运维

传统建筑运维存在着服务效率低、能耗高、环境品质差、建筑资产浪费大、运维数据价值挖掘利用率低等问题，难以满足新形势下人们对工作和生活环境的要求。通过数字建筑把建筑升级为可感知、可分析、可控制，乃至能自适应的智慧生命体，极大地方便建筑运维数据与经验的积累，将数据同BIM模型相结合，将数据与空间、设备信息相结合，有效地提高数据与经验管理的效率，使复杂的历史信息视觉化。通过能源可视化的方式进行分户分项能源管理，避免了不必要的能源浪费。同时，通过人员定位能够更好地派发工作人员，实现人员的最优化分配，达到工作效率的提升。

数字建筑通过实时获取建筑内人员分布及工作状态，以及各类设备的运行状态、外部环境的实时数据等，基于海量的能耗数据和环境数据的智能分析，可以生成各种控制系统和设备的运行策略，基于实时感知实现自我控制，优化和调节建筑内各类设备设施运行状态，并智能化地利用自然采光、自然通风等自然条件改善使用空间的舒适度，如自动调节新风系统入风口和排风口开度，根据太阳位置自动调节遮阳板、光伏板角度等，使建筑设备各系统与外部环境进行有机的协同联动，降低能源消耗，减少碳排放，减少对环境的不利影响，实现建筑的经济和绿色运行。

4. 以人为本的数字化运维

基于对建筑所有静态数据和动态数据的云端存储，通过大数据分析技术将所有系统变成一个整体，通过不断地深度挖掘，对环境、用户体验、运行成本等各方面出现的各类问题进行快速建模，向敏锐感知、深度洞察与实时决策的智慧体发展，作出各种智慧响应和决策。如员工进入办公区，自动识别其身份，允许其进入相应的办公区域。当员工在办公区域内办公时，依据员工的体感舒适度、衣着、个人习惯等，调节灯光、通风、温度等，满足员工个性化的环境需求。员工可通过虚拟现实等技术进行会议室预订、预约保洁等服务，大幅提升人们的交互感受，充分体现以人为本的服务理念。

CHAP

5

第5章

数字化运维整体设计及实施方案

5.1 设计原则

以数字化运维管理为核心的智慧建筑建设，将充分结合移动互联技术、物联网技术，打通建筑运维过程中涉及的租户管理、设备监控、安防管理、能源管理、环境管理等诸多业务领域。系统的实施可大幅提升物业服务品质、提升人员工作效率、提升业主满意度，做到减员增效、提升管理和服务品质、提升管理规模容量，为智慧建筑提升自身项目的品质、向运维的效益提供一大助力。

在数字化运维系统设计时，应遵循先顶层设计，自上而下，最后再通盘考虑实施方案。在设计之初，应清晰主要目标、需要达成的管理效果及管理动作，才能设计出一套实用性较强的系统。通常，数字化运维系统设计需要达成表5–1所示的目标。

数字化运维目标　　表5–1

序号	目标	内容
1	安全目标	可实现对建筑物机电设备、配电系统等易发生安全事故的系统进行预判，降低建筑物发生安全事故的概率
2	环境品质目标	可实现对建筑环境场的量化考核，解决建筑局部区域环境品质不达标的问题
3	能源管控目标	可实现对建筑物能源消耗的追踪及管控，降低能源成本
4	人员管理目标	可实现物业管理人员机电操作的标准化，降低由于物业人员专业能力不足或管理缺陷导致的安全、环境及能耗问题；同时，实现对人员绩效的考核

为达成上述目标，在进行系统设计时，应通盘考虑如下内容：

1. 建立规范化标准体系

建筑资产信息标准化，需要确保信息系统完整、组织明确、易更新扩展，主要包括原数据组织的扩展、零散信息的汇总、纸质数据的信息化、建筑CAD图形的整合等，系统基础数据要求符合相关的数据标准，为后期的数据积累、扩充和完善提供必要的信息化建设基础。

2. 建立数据质量保障体系

数据质量是数字化运维的基础，这是因为，数字化运维的一切逻辑都有赖于对各类数据的处理分析，良好的数据质量才能保证展示数据的准确性，才具有指导意义。区别于传统的互联网系统，数字化运维系统主要从底层硬件或人工录入的方式采集数据，当硬件采集数据错误或人工录入错误时，都会造成系统计算结果的不准确，如BIM模型与实际空间位置不符，会造成后期运营判断的错误，系统的实用性大大降低。因此，应建立一套数据质量保障体系。

3. 建立施工标准化管控体系

为保障数字化运维系统可以长期稳定可靠运行，在系统建设过程中，应对施工环节的各个流程及关键节点进行严格的把控，如前期调研、系统调试及试运行等过程应进行标准化管理；对施工的各个节点如传感器施工、线缆敷设、采集器及服务器安装等，应指派专业的施工队伍进行标准化施工，避免由于施工问题导致的系统不稳定。

4. 可视化技术辅助

采用GIS技术，集成机电设备运行信息与楼层空间布置信息，实现在地图中动态查询各建筑地理位置与机电设备信息，便于使用者快速定位查找相关的设备信息，同时，便于使用者直观真实了解建筑概况。GIS与BIM无缝连接实现二维与三维切换，将BIM模型中房间空间面积以及设备等信息传递到建筑资产运维管理平台，当设备出现报警情况时，可以通过定位系统快速锁定报警位置，便于物业人员尽快进行处理。

5. 各系统数据共享

数字化运维系统包括8个模块，只有各模块之间数据实现共享，才能最大程度地发挥数字化运维系统的价值。如消防报警与视频监控及设备设施数据进行联动，可以实现建筑的消防安全运行，当消防报警产生时，数字化运维系统自动调取报警位置附近的摄像头，查看原因，同时将报警信息作为工单发送至相关的物业人员手中，提示物业人员快速进行现场排查，当物业人员现场排查后，可再将排查信息通过工单的形式上传至设备设施系统，形成整个管理流程的闭合。

数字化运维系统依托物联网技术，整合建筑中的所有弱电系统，在系统设计过程中，应遵循以下原则：

（1）通用性原则。采用行业标准技术、可扩展的系统架构和开放式语言，保证系统可在异构的平台系统之间方便移植；通过编制各个子系统的接口软件解决不同系统和产品间接口协议的“标准化”，以使它们之间具备“互操作性”。

（2）可靠性原则。数字化运维系统应该是一个可靠性和容错性极高的成熟系统，系统能不间断正常运行和有足够的延时来处理系统的故障，确保在发生意外故障和突发事件时，系统都应该保持正常运行。

（3）业务适应性原则。能够适应各种业务流程的应用，通过配置支持由于政策法规、业务规则以及组织结构变化带来的流程和处理方式的变化。

（4）经济性原则。系统建设时，应充分考虑系统造价和运行维护成本，使系统有较高的性价比，以获得最大的投资回报率。

5.2 总体架构

在设计总体架构时，应充分考虑系统需要达成的管理目标，并依据管理目标设计相应的软件功能及算法，最后再设计相关的选点标准、数据接入标准等内容。数字运维系统总体架构如图5-1所示，可划分为5个层级，分别为采集存储层、核算算法层、业务引擎及中间件、功能模块层及用户层。

1. 采集存储层

采集存储层主要指系统底层数据采集及存储，数据采集的来源包括四个方面：其一为通过在设备或系统上加装传感器，采集设备运行的关键参数，如温度、流量、压力等，然后将采集的数据通过数据采集器存储至服务器中；其二为通过第三方系统对接来实现数据的共享，如将楼控系统的空调控制系统、照明控制系统、给水排水控制系统等对接至数字化运维平台，并根据统一的编码规则实现数据的标准采集上传；其三为考虑数字化运维系统建设的经济性，部分功能通过人工抄表的形式上传数据，如在建设设备设施管理系统时，需要人工录入设备台账及物业巡检的时间及工作流程等内容；其四为BIM模型信息的对接，BIM模型包含了大量的设备台账信息及空间信息，这部分信息对于BIM运维至关重要，但在对接过程中，对于BIM模型的空间信息应进行轻量化处理，防止由于BIM模型过大导致系统运行速度慢。

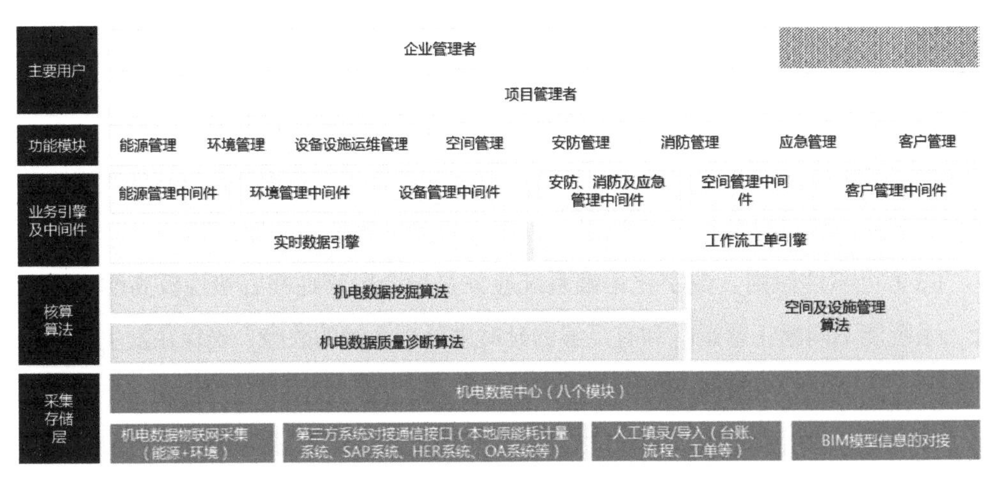

图5-1　数字化运维系统的技术架构

2. 核算算法层

核算算法层主要分为两层：一层为动态信息的处理算法，另外一层为静态信息的处理算法。动态信息主要为设备运行过程中产生的数据，其数据始终处于变化中。其算法包括两部分：数据质量算法及数据挖掘算法，数据质量算法为数据挖掘算法的基础，系统一切功能的应用都依托于良好的数据质量，因此对于动态数据的处理应先对数据质量进行筛查，然后再对筛查合格的数据进行数据挖掘。数据挖掘算法是从采集的大量数据中通过算法搜索隐藏于其中信息的算法，主要用于挖掘建筑的安全、环境、节能及人员管理方面的信息，并通过一定的算法，来指导建筑绿色健康高效运营。静态信息主要针对一些空间及设施管理产生的信息，由于该部分信息录入系统后一般并不会发生变化，因此其算法较为简单，也不需要通过数字化平台来设计专门的数据质量诊断算法。

3. 业务引擎及中间件

业务引擎包括实时数据引擎及工作流工单引擎两部分。实时数据引擎用于连接动态数据库，工作流工单引擎用于连接静态数据库。中间件主要通过处理引擎和事物处理组件来管理底层的数据和上层业务逻辑的信息交换接口，为处于自己上层的业务支撑层面提供运行与开发的环境，帮助系统灵活、高效地集成复杂的应用功能。数字化建筑应用的中间件包括能源管理中间件、环境管理中间件、设备设施管理中间件、安防管理中间件、空间管理中间件以及客户管理中间件等8个组成部分。

4. 功能模块层

数字化运维系统主要包括如下几个功能模块，其功能如表5-2所示。

各模块功能　　表5-2

序号	名称	功能
1	能源管理	用于对建筑能源流向进行监控，并通过数据挖掘提炼，用于指导建筑节约能源、提升管理水平
2	环境管理	量化室内环境，通过对建筑环境场的分析，解决局部区域环境不达标的问题，提升用户体验；可以辅助进行能源管理
3	设备设施管理	用于人联网，将物业人员的日常管理动作全部数字化，提升人员工作效率，降低人员考核难度。一般该系统包括台账、巡检、维保及工单四个功能模块，台账管理主要为建筑的资产管理；巡检管理主要为将日常的巡检内容及流程全部标准化，然后上传至数字化运维平台；维保管理主要将各类设备的维保内容、维保周期上传至平台，指导物业人员进行维保；工单系统一般为派单系统，将台账、巡检及维保产生的工单信息发送至物业人员，实现管理信息的可追溯及标准化

续表

序号	名称	功能
4	空间管理	用于描述设备的空间信息，并通过对空间信息的分析，定位来自各个系统的报警信息
5	安防、消防与应急管理	用于建筑的安全管理，通过设置安全报警的门限，提醒管理人员，提升建筑的安全性
6	客户管理	客户管理系统主要用于建筑的租赁管理、计费管理及营销管理。租赁管理包括租赁空间的位置、面积、水电情况等；计费管理主要包括水电燃气等的用量及费用信息

5. 用户层

在系统中，主要用户包括企业管理者、项目管理者和项目执行者共三类，通过权限控制来访问运维系统的不同功能：企业管理者可以通过数字化运维平台获取所有项目的数据，并可通过系统应用来对各项目之间的运行情况进行横向对比，提炼运行的关键指标；项目管理者只能访问单体项目的平台数据，只能对单体项目进行管理；项目执行者主要使用执行层面的功能，如物业人员的工单、巡检、维保功能等，项目执行者无法访问其他功能。

5.3 实施方案

项目实施方案分为以下4个步骤：项目计划、项目调研、系统调试和试运行，每个步骤都应有严格的管理流程和审批程序，以此来保证项目的进度和项目质量。

5.3.1 项目计划

在项目施工前期，应先对项目的实施进行计划安排，其计划安排包括三个阶段：

1. 第一阶段：设计调研

该阶段的工作内容分为两个小阶段：①工程实施方案调研，工作方法为现场勘察，主要了解各弱电系统、各机房环境、设备的安装方法和方式、所需设备、材料数量、强弱电线缆敷设方式等，并进行安全风险评估。在此基础上为工程实施方案提供重要依据，并要求留下现场影像资料、绘制相关图纸。确保工程实施的规范性、合理性、安全性。②建筑信息详细调研，主要是了解建筑的运行状况及设备信息参数，是建立数字化运维系统的重要环节，必须做到系统、科学的建筑详细信息调研，为后续系统调试、数据分析、横向比较提供重要的依据。

2. 第二阶段：工程实施

工程实施在整个系统工程中占据着至关重要的作用，是系统平台建设的根本。主要工作内容为传感器安装、采集设备安装、网络设备安装、线缆敷设等施工过程。因此该阶段工作对数据正确性、系统稳定性具有决定性作用。在工程实施中应制定严格的规章制度，引入先进的管理方式，组织经验丰富的团队，对项目的特点进行针对性的研究。

3. 第三阶段：系统试运行

在工程实施、软件功能实现之后，系统将进入全面试运行阶段，以检验系统软硬件长期运行的稳定性、可靠性和实际应用的效果。并在试运行中，建立健全运行操作和系统维护规范，为系统投入实际运行和完善提供实际运行数据和依据，全面考察项目建设成果。通过试运行发现项目存在的问题，从而进一步完善项目建设内容，确保项目顺利通过竣工验收并平稳地移交给项目管理部门。

5.3.2 项目调研

项目调研包括调研准备、前期沟通、资料收集、现场调研以及调研信息验证、审核与备案等环节。具体如下：

1. 调研准备

调研主要是了解建筑的运行状况及设备信息参数，是建立数字化运维系统重要环节之一，为下一阶段的工程设计以及运行调试提供重要依据。为保证调研的系统化、科学化，将组成业务熟练的队伍进行现场调研。并制定严谨的流程和计划，采用专门的调研工具，对大量调研信息进行统一管理，在今后的信息维护和系统可持续发展方面提供可靠的保证。

在开展调研前，需要组建团队，并对流程进行规划。

1）调研团队成立，为有效完成同时开展的大量调研工作提供保障，建立具有专业性强、能力优秀的团队与一套科学合理的管理机制，严格落实各个流程的具体工作，做到有依可凭，有据可查。以为系统提供详细、准确的调研信息为目标，确保系统数据监管与分析对比的统一和公平。

2）系统调研流程如图5-2所示。系统调研工作将严格按照以上流程进行，按职能分配工作，并按要求填写调研表格，严格遵守工期要求，责任到人，有序交接。

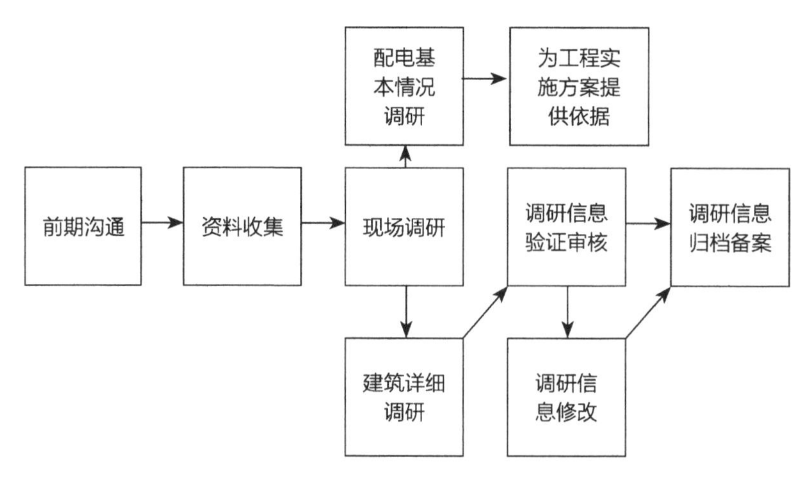

图5-2　系统调研流程（以配电系统为例）

这样做不仅可以使调研进度得到保证，还可以使调研质量得到进一步的提升。

2. 前期沟通

第一，准备项目调研表

前期沟通的主要目的是与项目所有方建立良好的合作关系，阐述调研的目的、重要性、流程以及相关的事项。同时需要对建筑进行基本信息调研（或称初步调研），并填写建筑基本信息调研表格，如表5-3所示。

建筑基本信息调研表格　　表5-3

<table>
<tr><td colspan="6">建筑名称：</td><td colspan="6">建筑详细地址：</td></tr>
<tr><td colspan="4">联系人名称：</td><td colspan="4">联系人名称：</td><td colspan="4">联系人名称：</td></tr>
<tr><td colspan="4">联系人职位：</td><td colspan="4">联系人职位：</td><td colspan="4">联系人职位：</td></tr>
<tr><td colspan="4">电话：</td><td colspan="4">电话：</td><td colspan="4">电话：</td></tr>
<tr><td colspan="4">手机：</td><td colspan="4">手机：</td><td colspan="4">手机：</td></tr>
<tr><td colspan="6">建筑所属类型：</td><td colspan="6">投入使用时间：</td></tr>
<tr><td colspan="6">建筑总面积：</td><td colspan="6">建筑总空调面积：</td></tr>
<tr><td colspan="6">地上面积：</td><td colspan="6">空调面积：</td></tr>
<tr><td colspan="6">地下面积：</td><td colspan="6">备注</td></tr>
<tr><td colspan="6">建筑基本情况描述：</td><td colspan="6">大楼照片：</td></tr>
<tr><td colspan="3">调研人：</td><td colspan="3">调研时间：</td><td colspan="3">大楼 ID：</td><td colspan="3">使用人数：</td></tr>
</table>

第二，召开项目启动会

（1）参会人员：项目启动会议的参与人员至少应该包括调试单位项目经理、施工单位项目经理及甲方物业工程部委派的相关负责人。由甲方组织召开项目启动会，建立有效的沟通机制，针对项目所涉及的各方面内容进行核对确认，保证项目实施的顺利进行。

（2）会议内容：

1）对工程建设的流程、工作内容及工作区域进行介绍，并说明需要甲方各专业配合的工作内容。

2）甲方各专业对接人确认（电、冷热量、温湿度等环境参数）。

3）采购计划汇报（我方采购设备计划，甲方采购设备计划）。

4）初版工期计划汇报，并结合甲方意见及甲方采购方案修改确定工期计划。

5）项目实施过程存在的风险描述（包括施工过程中造成的设备损坏、工程无法如期完成等）。

6）甲方需要对施工方的所有施工人员进行安全施工培训及核对施工方是否具备相关的操作工作证，如电工操作证。

7）办理入场手续，施工方负责人需要按照甲方要求办理相关的入场工作证。

（3）形成文件：项目启动例会的内容需要形成文件，各方负责人需要签字确认，确保例会内容的有效实施。例会内容文件至少需要存档保存到项目实施完成，以防项目实施过程中出现争执事件，做到有据可循。

3. 资料收集

项目的实施方案与后续的调研分析都需要大量的资料作为参考依据，因此在项目全面开展之前必须尽可能多地收集相关资料，主要资料包括（向建筑管理人员收集）：

（1）建筑相关图纸（配电系统图、干线图、平面图、弱电系统图等）；

（2）设备参数资料（电梯、水泵、空调主机等）；

（3）建筑用能历史记录（水、电、煤、气等，时间越长越好）；

（4）建筑租户的落位图，租户名称及租户面积等；

（5）工程部日常管理规则制度。

4. 现场调研

现场调研以建筑详细调研为主，主要目的是为系统平台建设、数据分析、节能诊断提供重要依据。建筑基本情况调研以实地勘察为主，系统图纸为辅。对所要进行系统建设的建筑弱电子系统、低压配电室、空调机房、水泵房、信息机房、门禁、消防泵房、风机房等进行实地勘察。要求对建筑用能情况有全面的认识，对各机房的平面结构、配电柜和设备的安装、线缆敷设方式、支路配置情况以及各机房内与机房间空间距离等逐一进行详细勘察，并拍摄现场照片。在获得以上信息的基础上，才能为工程实施提供一个完善合理的方案。主要内容包括：

（1）系统设计选点（计量表安装数量）；

（2）传感器安装类型（三相表、多功能表、冷表、水表、气表等）；

（3）传感器安装方式（挂装、开孔安装、集中安装）；

（4）采集设备的安装方式与位置；

（5）网络设备的安装方式与位置；

（6）本地服务器的安装方式与位置；

（7）视频监控系统的摄像头数量、管控区域及位置信息；

（8）门禁的数量及位置信息；

（9）电子巡更点位的数量及位置信息；

（10）消防喷淋头的数量及位置信息；

（11）弱电系统如BA系统、安防系统的现状及数据质量现状；

（12）存在不稳定因素风险的评估。

以上工作内容由专人负责完成，必须做到全面、详细，唯有在此基础上才能制定出合理、安全的工程实施方案。

5. 调研信息验证、审核、备案

在现场调研完成后，制作完整的调研信息表，以确保调研信息的正确性。首先，召开项目调研启动会，并由建筑管理人员对调研的信息进行审核，发现其中可能存在的错误；然后，根据业主的审核意见修正调研信息，直至所有的调研信息与业主的理解保持一致。在确认无误的情况下交由项目组审核人员审核，通过后将保存在调研档案中。

在验证审核流程中如发现遗漏、存在疑问、不准确的情况，应有针对性地再次进行详细调研，确保正确无误后上交项目组审核人员审核，通过后将保存在调研档案中。

5.3.3 技术交底

在项目实施前，需要进行技术交底，现场技术交底参与人员至少应包括调试单位项目经理、施工单位项目经理、甲方各专业的相关技术负责人。

1. 交底形式

调试单位提供初版建设的系统设计图纸和选点信息表格（包括系统图、平面图）及技术方案等相关资料，由甲方各专业的技术负责人审核，施工单位则根据系统设计图纸结合现场进行勘测核查，并绘制平面具体布线及设备安装图纸。现场勘测期间，如发现选点方案或调研支路信息出现与现场情况不一致，及时反馈给项目调试方负责人、甲方技术负责人。调试单位负责提供设备与线路敷设安装平面设计图模板。

2. 交底内容

交底内容包括：①根据方案设计及图纸标出的点位数量与位置，施工方现场人员需到现场核对点位数量及位置，确保设计点位与现场一致；②施工方现场人员根据方案进行现场线缆敷设路径及设备安装方式方位的确认，优化路径，并绘制符合现场安装条件的施工设计图纸；③网络设备的接入位置及设备IP地址分配确认，明确需要IP设备数量，完成IP地址申请流程；④其他工艺要求确认，明确甲方对工程实施除国家地区标准规范外有无其他特殊工艺要求，并进行记录。

3. 形成文件

项目现场交底完成后将形成的相关文件进行汇总，由施工单位项目经理组织工程人员严格按照交底内容执行，技术交底形成文件后需要各参与人员签字确认。

5.3.4 项目实施标准

项目实施前期，应对各类工程材料、表具等各类硬件的参数做出要求，以防止后期出现施工质量问题、硬件问题等，加大后续数字化运维的工作量，因此前期实施标准准备尤为重要。项目实施的要求如表5-4所示。

项目实施的要求　　表5-4

<table>
<tr><th colspan="2">分类</th><th>要求</th></tr>
<tr><td colspan="2" rowspan="4">工程材料</td><td>1. RS485：通信线总线线芯截面不得小于1.5mm²，各分支线线芯截面不得小于1.0mm²，规格型号为国标RVVP或者RVVSP</td></tr>
<tr><td>2. CT电流测量回路应采用截面不小于2.5mm²的国标BVR铜质线缆</td></tr>
<tr><td>3. 电压测量回路应采用耐压不低于500V的国标BVR铜芯绝缘导线，且芯线截面不应小于1.5mm²</td></tr>
<tr><td>4. 网线与光纤：必须使用国标超五类网线及光纤</td></tr>
<tr><td>接线质量和标签标注</td><td>表具接线</td><td>1. 线头制作必须上锡或卡紧使用标准的接线端子</td></tr>
</table>

续表

分类		要求
接线质量和标签标注	表具接线	2. 各接线头都要必须连接紧固
		3. 各连接线之间必须使用专用的接线槽或线管
		4. 水表、冷量表等一些线缆的连接要使用金属软管
		5. 各箱体内设备固定，不允许使用双面胶粘贴，必须考虑设备散热，避免胶化设备掉落，设备固定必须采取导轨卡装或者螺钉固定，不允许采用线材表面绑紧方式，不允许影响美观
		6. 箱体内设备对外接线必须经过接线端子排隔离，不允许外部线材进入箱体随意走线
		7. 多股线材并行的箱内空间连线必须使用专用扎线材料进行包扎和固定
		8. 单根布置的线路一定要对线路进行固定，不允许漂浮或者乱扎，扎线一定要整洁和规范
		9. 接线管或软管连接头或断头处断面必须要整齐，并将断头与线材之间使用绝缘胶布包扎结实
	标注	1. 每个表具必须安装或挂装一个塑料标签，标签不允许使用纸制易坏材料
		2. 每个表具的标签定义一定要与支路或设备清单列表里面一致
		3. 每根线材（通信线、电源线、其他信号线等）都需要严格标明线起、始两端的线号和位置标号，标号不允许直接贴纸或笔写，一定要使用专用的线号管或者专用线号标签材料
		4. 柜体上面成排贴装标签的，标签一定要水平一致，不允许出现高高低低
		5. 采集器、服务器、电表箱、网络箱等各箱体设备要贴用途标记牌，采集器必须固定标记网络 IP 和固定 ID
		6. 箱体内每个端口每根线材的标号一定要采用专用标号材料进行标注
施工质量	电表安装	1. 安装前应仔细阅读说明书，如带通断量功能电表必须清楚是干接点还是湿接点；每块电表必须通电检查和校验、保证电表 ID 及地址为本项目唯一
		2. 使用互感器的电力仪表，采集电压信号前端应加装 2 ~ 5A 保险丝
		3. 二次回路的连接件均应采用铜质制品
		4. 单独配置的计量表箱在室内挂墙安装时，安装高度宜为 1.2 ~ 1.5m（业主指定位置除外）
		5. 电表应垂直安装，表中心线倾斜不大于 1°，应安装牢固
		6. 在原配电柜（箱）中加装时，计量装置下端应设置标示回路名称的标签（标签字迹要求正楷清晰）。与原三相电表间距应大于 80mm，单相电表间距应大于 30mm，电表与屏边的距离应大于 40mm。安装前应通电检查和校验。电表精度等级应满足设计要求，安装方式依照工程实施方案执行
		7. 电流测量回路应采用截面不小于 $2.5mm^2$ 的铜质 BVR 线缆。电压测量回路应采用耐压不低于 500V 的铜芯绝缘 BVR 导线，且芯线截面不应小于 $1.5mm^2$
		8. 待安装电能表端钮盒盖上的接线图正确接线
		9. 电表的 A\B\C 三相相序接线必须正确，不允许出现电流、电压相序混乱接线
		10. 装表用导线颜色规定：A、B、C 各相线及 N 中性线分别采用黄、绿、红及黑色，接地线用黄、绿双色
		11. 电能表应牢固地安装在电能计量柜或计量箱体内

续表

分类		要求
施工质量	电流互感器安装	1．电流互感器安装必须牢固。互感器外壳的金属外露部分应可靠接地
		2．同一组电流互感器应按同一方向安装，以保证该组电流互感器一次及二次回路电流的正方向均为一致，并尽可能易于观察铭牌
		3．采用互感器接入方式时，各元件的电压和电流应为同相，互感器极性不能接错
		4．电流互感器二次侧不允许开路
		5．低压电流互感器的二次侧需接地
		6．互感器装入母排或母线上，要求平整，成一字形或品字形分部
		7．接出线要横平竖直，并用扎线带进行固定
	冷量表安装	1．安装前应进行检查和校验
		2．冷量表安装破坏管道外保温的一定要进行保温恢复
		3．安装过程中需要破管或者焊接的，必须保证焊接良好，必须保障密封良好
		4．冷量表安装应符合下列规定： ①冷量表安装应避免对管道产生附加压力，必要时设置支架或基座； ②冷量表安装位置及方式应符合设计规定与产品安装要求，且便于拆卸更换。冷量表安装后应不影响系统热（冷）系统正常运行和流量。计量装置下端应设置标示回路名称的标签
	传感器安装	1．传感器设置位置离地面 2.0m 以下，应能反映被测介质的平均温度
		2．传感器和传热（冷）介质间应具备充分良好的换热条件
		3．传感器安装必须采用螺钉固定，不允许粘贴
		4．传感器宜迎着介质流动方向安装，朝向与介质流向的夹角不应小于 90°
		5．应尽量减少传感器与周围物体和空间环境间的热交换
		6．传感器安装位置和方式应便于检查和维修
	采集器安装	1．采集器不宜安装在潮湿、强电磁干扰、振动、温度过高的环境区域
		2．采集器可安装在其他专业如弱电机房或机柜内，安装应牢固可靠，不易脱落
		3．采集器和温湿度传感器的通信电缆需选用 RVVP2×1.0 以上带屏蔽双绞线、线缆截面不小于 1.0mm^2，通信电缆需敷设在金属穿管内或者桥架内，若采用集中供电，电源由安装采集器的采集箱提供，推荐使用 DC24V，电源与 RS485 同时穿线，可使用 RVVP4×1.0 线材，避免传感器在各个安装点均要取电源的问题
		4．采集器的一个端口可以采用总线方式连接多个监测设备（每条总线最多不超过 15 个设备），但总线长度不要超过 200m（尽量不要让距离过远的温湿度传感器连接在一条总线上，以免信号衰减，温湿度数据不准确）
		5．采集器端口的 RS–458 通信端子，接线时应注意极性
		6．采集器可集中安装在非标箱体内，安装应牢固可靠，不易脱落
		7．箱体应具备良好的散热孔，保持良好的散热条件

续表

分类		要求
施工质量	采集器安装	8．箱体到各检测点的距离应适当，安装时应排列整齐、美观
		9．箱体的安装位置不应影响操作、通行和设备维修
		10．箱体应密封并标明箱体编号，箱内主要设备应有中文标识、箱内接线应标明线号
		11．箱体内部设备固定和接线用的紧固件、接线端子应完好无损，可靠固定
		12．不宜将箱体安装在高温、潮湿、多尘、有爆炸及火灾危险、有腐蚀作用、有振动及可能干扰其附近仪表等位置。当不可避免时，应采用适合环境的特定型号供电箱，或采取防护措施
		13．箱体内部应有明显的接地标志，接地线连接应牢固、可靠
	管线材安装	1．终端计量设备和设备之间采用RVVP2×1.0带屏蔽双绞线，采集器之间采用RVVP2×1.5带屏蔽双绞线
		2．采集器上端网络通信采用超五类标准通信线
		3．电表电源线采用BVR线和多芯护套线
		4．安装标准： ①线管宜采用钢管或阻燃聚氯乙烯硬质管，并应满足设计规定的管径利用率，按要求规范敷设； ②线槽宜采用金属密封线槽，按设计规定的路由敷设； ③线槽安装位置左右偏差应不大于50mm，水平偏差不大于2mm/m，垂直线槽垂直度偏差应不大于3mm； ④金属线槽、金属管各段之间应保持良好的电气连接； ⑤缆线穿设前，管口应做防护；穿设后，管口应使用防火胶泥封堵； ⑥室外管井应按设计要求制作，并应做好防压、防腐和防水淹措施。对甲方指定品牌的线材及辅材，需要施工单位购买相应品牌，对无特殊要求的项目，施工队可以采用市面上主流厂家的线材及材料，通信线线芯截面不得小于1mm²，通信线缆要求具备屏蔽网； ⑦金属线槽、软管必须有安全接地装置； ⑧布放自然平直，不扭绞、不打圈、不接头，不受外力挤压； ⑨敷设弯曲半径应符合规范； ⑩与电力线、配电箱、配电间应保持规定的足够距离； ⑪ 线缆终接端应留有冗余，冗余长度应符合规范要求； ⑫ 缆线两端应作标识，标识应清晰、准确，符合设计图纸的规定。与其他弱电系统共用线槽敷设的缆线，应具有明显特征区分，或间隔以标识标记，标识间隔宜不大于5m； ⑬ 线缆应按设计规定接续，应接续牢固，保持良好接触。对绞电缆与连接件连接应按规定的连接方式对准线号、线位色标。在同一工程中两种连接方式不得混合使用
		5．桥架安装： ①电缆桥架安装必须横平竖直。缆桥架安装必须根据桥架的大小，要求受力均匀、整齐美观及牢固可靠； ②桥架角弯必须有充分的弧度，防止将电缆拆散； ③电缆桥架必须至少将两端加接地保护，接缝处应有连接线或跨接线； ④强电、弱电桥架要分槽敷设； ⑤弱电系统中不同信号、不同电压等级的电缆分槽敷设；

续表

分类		要求
施工质量	管线材安装	⑥桥架安装位置应符合施工图规定，左右偏差不应超过 50mm，水平偏差不应超过 2mm，垂直偏差不应超过 3mm； ⑦桥架直角时，其最小弯曲半径不应小于槽内最粗电缆外径 10 倍； ⑧电缆或电线的总截面不应超过桥架截面积的 40%，载流导线不宜超过 30 根。控制、信号或非载流导体的电缆或电线的总截面不应超过桥架面积的 60%； ⑨桥架应接地，接缝处应有连接线或跨接线； ⑩地面暗敷桥架制造长度一般为 3m，超过 6m 宜加装分线盒。桥架出线口和分线盒必须与地面平齐
	供电与接地	1. 系统前端能耗计量装置、传输系统的中间设备应按设计要求采取不间断供电方式；采集箱、网络箱必须从双供电电源或 UPS、EPS 不间断供电回路引入电源，电源必须使用 BVR2.5mm^2 以上规格国标线材
		2. 前端能耗计量装置、传输系统设备外壳应通过保护机箱、机柜接地体就近接地
		3. 传输系统屏蔽电缆屏蔽层与连接件屏蔽罩应可靠接触
		4. 屏蔽层应保持端到端可靠连接，进入中心机房时应就近与机房等电位连接网可靠连接
		5. 机房设备均应按设计要求采取相应的接地和防雷、防浪涌措施

5.3.5 系统调试

系统调试是将整个系统集成后联网运行，在开展系统整体调试之前，必须保证项目施工、设备安装、建筑调研已经完成，并有完整的资料交接，在此前提下方可进行调试。

为确保系统调试按时保质完成，成立系统调试项目组，每个环节都安排专业队伍并制定详细的工作计划。调试过程中遇到的难点、常见故障，详细记录备案，提高调试效率。同时调试内容也详细记录，并由专人进行确认审核（基本由售后服务工程师来负责审核，并邀请客户方面指派一监督员）。数据调试可分为传感器调试、采集器调试和服务器调试三部分。

1. 传感器调试

调试条件需要包括以下几个方面：①建筑计量表具（电表、水表、燃气表、冷量表等）都已安装完毕并完成，并进入运行状态；②所有计量表具的说明书，尤其是关于采集协议等相关资料准备齐全；③采集器已安装并通电，采集器与计量表具连接稳定，无线路故障；④调试所需硬件软件齐全。

对于计量表具的调试，主要工作包括：①确认计量表具是否正常运行；②查看表具说明书，了解表具性能、特性、使用方法及各项参数；③记录计量表具地址、波特率、校验位等采集所需信息；④设置电表CT变比（如业主需求）；⑤通过工具软件查找并核实表具的地址，做好记录。

2. 采集器调试

采集器调适包括三部分工作：

一是采集器登入，即在对采集器进行功能配置之前，需要连接PC机和采集器的配置端口（Console端口）。

二是采集器相关信息与配置，具体工作如下：采集器配置界面分别对本机IP地址、服务器IP地址、服务器域名和网络连接方式的设备运行参数进行配置。本机IP地址：用户通过本地地址对采集器进行Web配置，另外在使用LAN作为网络连接方式时使用该地址进行数据远传。建筑ID：建筑物的识别编号，服务器端通过此编码识别不同建筑物。采集器ID：数据采集器的识别编号，用来识别同一个建筑的多个采集器。大楼描述信息：用来描述和建筑相关的信息，供工程技术人员参考，采集器不上传此信息。DNS服务器地址：当服务器地址使用域名表示时，用来设置域名解析服务器的地址。网络连接方式设置：采用本地局域网采集传输，选择LAN方式。

三是计量表具数据采集，在完成通信协议管理配置之后，进入端口配置页面，端口配置页的主要功能是配置各端口的运行参数。用户可以通过此页面配置每个端口所连接的设备类型，对端口进行监测，填写端口的安装位置、所连设备的信息以及备注信息。

3. 服务器调试

服务器调试需要考量调试条件。服务器是网络环境中的高性能计算机，它侦听网络上的采集器系统提交的服务请求，并提供相应的服务。为此，服务器必须具有承担服务并且保障服务的能力。相当于人类的大脑，各种实时数据通过物理层设备汇总到大脑中进行分析，并呈现出直观简洁的界面。因此，需要具备以下三个条件：①软件平台与数据库系统提前1个月安装并开始测试稳定性；②采集数据进行分析软件的数据处理情况；③各采集设备硬件已检测，并运行良好。

服务器调试包括四个步骤：①调研信息上传到服务器，数字化运维软件平台提供后台信息管理系统，可供操作管理人员操作管理各种信息，包括大楼信息的录入与修改功能，各设备信息的录入与修改，用户权限的登入与修改，重要参数的录入与修改等；②数据检测，把数字化运维软件平台上的数据、采集器端口检测的数据和计量表具上显示的数据进行对比，以计量表具上的数据为基准，并和采集的数据进行对比，当数据偏差较大时（如超过5%），需要对采集的数据重新进行调试；③系统运行策略调试，建筑物中的各用能子系统，特别是空调系统中的各子系统之间存在一定的关联关系。因其协调匹配不当（如冷机调节不当，冷冻站输配系统匹配不当、新风机系统调节不当、变风量箱调控不当等问题）而产生的用能浪费往往使物业管理人员不易发现，较难解决的；④远程功能测试，此功能更方便管理人员对能耗平台管理和使用，随时随地登录软件进行修改和查看。

5.3.6 试运行

数字化运维系统的施工和软件调试部分在全面完成，并通过初步验收后，按照程序，系统将进入全面试运行阶段，以检验系统软硬件长期运行的稳定性、可靠性和实际应用的效果。在试运行中，需要建立健全运行操作和系统维护规范，为系统投入实际运行和完善提供实际运行数据及依据。

试运行阶段的主要内容包括：数据采集部分，即电水冷气等表具的数据采集是否符合现场实际使用情况；软件数据存储和分析试运行，即数据库；所有硬件设备的试运行。

对于系统功能、性能与稳定性的监控，主要对象包括以下几个方面：系统应用软件、软件支撑平台的长期稳定性和可靠性；系统主要硬件设备、辅助设备的长期稳定性和可靠性；网络通信系统的长期稳定性和可靠性；监测数据的长期准确性和完整性；施工的可靠性，所安装设备的长期安全性；远程控制功能在实际操作中的安全性；局部故障或个别设备故障时，系统整体功能的正确性。

试运行期间应完成实际运行中系统功能与性能评估。系统功能与性能的考核应按照招标书、深化设计、竣工报告、初步验收测试报告、初步验收报告等相关文件为考核依据。凡相关文件中有定量性能指标的应按指标考核，无定量性能指标的按实际操作和使用中的实际需要进行评估（表5-5）。

此外，在试运行阶段需要注意特殊工况下的运行，特殊工况是指系统出现局部故障或个别设备故障的情况。在这种情况下，应根据不同情况有重点地考察系统的工作情况。需重点考核的有：

（1）采集设备局部故障时，其对整个采集设备的影响；

（2）通信网络系统不稳定时，系统的工作情况；

（3）采集表具精度不足时，监测数据的准确性；

（4）监测设备与传感器故障或不稳定时，对系统实时监测数据及记录的影响；

试运行期间的系统功能评估表格　　表5-5

序号	评估项	详细内容
1	服务器系统软件性能及运行状态分析	①系统运行期间中断次数，中断时间； ②所报告的主服务器10min内的CPU平均利用率超过设计标准； ③所报告的主服务器内存占用超过设计标准或正常范围的次数； ④出现文件日志超过设计标准的次数； ⑤出现因数据库表空间不足而引发故障的次数等具体内容的描述及分析
2	数据监测功能	①系统工作状态显示界面的正确性及系统状态变化时显示界面的速度； ②远程监测数据的准确性、监测周期及实时性； ③远程监测数据间隔周期的一致性； ④远程监测数据间隔周期的可调整性； ⑤远程图像质量（含实时性）、画面切换及控制响应速度
3	远程控制功能	①远程控制（含采集设备）的正确性和响应速度； ②远程登录安全保护和各级别用户权限的正确性； ③远程控制优先权级别的正确性
4	异常处理能力	①系统警报条件参数的可设定性及警报的正确性和反应速度； ②系统警报数据记录的正确性和完整性； ③系统事件警告的正确性与反应速度
5	数据记录功能	①远程监测数据记录的准确性、完整性； ②数据丢失的可查性和修补功能； ③系统各类报表的正确性； ④系统报表时间、间隔的可设定性； ⑤系统历史数据的可查询性能； ⑥系统数据库数据容量的递增情况
6	通信功能	①子系统本身通信链路的完好性； ②系统对外通信及功能
7	网络安全	①系统安全级别管理的正确性； ②系统操作员的密码管理与操作员的增加、删除； ③系统操作员安全级别的可修改性
8	备份功能	①系统后备服务器的启动、退出的正确性及反应速度； ②系统镜像数据备份的准确性和完整性； ③系统后备电源的投入和退出的正确性、反应速度及工作时间
9	时间统一性	①远程监测数据时间标准的一致性； ②系统时钟的一致性
10	系统的可维护性	①是否具有专用网络线路，公网接口提供远程操作； ②是否具有专门管理人员负责定期巡视、使用数据结果，并及时沟通项目经理
11	系统防雷设备工作情况	①是否具有空气开关保护服务器及采集器等硬件设备； ②是否具有UPS提供紧急供电支持

（5）采集系统电源突然中断时，对数据采集的影响，特别是运行中断电时的状态；

（6）当后备电源故障，造成突然断电系统停止运行，系统重新启动后的工作情况；

（7）系统死机重启后的工作情况；

（8）系统主服务器故障时，后备服务器的自动投入及工作情况。

CHAP

6

第6章

数字化设施管理及维护

6.1 范畴与主要内容

设施管理的业务是围绕着两个中心内容展开的：其一，通过对建筑设施的管理，延长设备设施的使用年限，确保其功能的正常发挥，节约能源，降低成本及运行费用；其二，应用各种高新技术，向客户提供各种高效增值服务，使客户工作更高效简洁，生活更方便舒适。针对不同类型的物业，设施管理内容的侧重点有所不同。

设施运营是指为保证设施运行，实现其指定功能所需的活动，包括水电等能源的供应，以及供热、通风等保障和维持工作生活环境的各种条件。运营活动包括工单的接收和协调，建筑系统以及与建筑有关设备的操作和维修等。BIM技术是支撑设施运营的重要工具，其能够提供关于建筑的协调一致的、可计算的信息，业主和运营商可降低由于缺乏互操作性而导致的成本损失。基于BIM的设施运营从系统的角度开展对设施的运营管理，主要分为物理设施的运作、建筑物保洁服务、安保服务、能源管理、安全管理、绿化和地面保养、废弃物的管理等。

（1）物理设施的运作。包括为居住者和工作人员提供安全和舒适的建筑系统环境和正常运行的设备，其中系统有空调系统、电力系统和给水排水系统等。

（2）保洁服务。包括清扫办公室、工作区、休息区、走廊、大厅以及其他支持性区域，包括内部办公室的保洁、建筑物外部清洗、特殊设备的清洁等。

（3）保安服务。包括建筑的安保人员和安保设施。安保人员一般采用定期巡逻和检查；安保设施包括监控系统、火灾报警等硬件系统，并对应交通方式、出入监控、来访登记等多种方式。

（4）能源管理。能源管理对象包括建筑物内所有电、水、燃气、集中供热等，能源管理是设施运营的重中之重，因为能耗费用是运营成本中最大的一块。

（5）安全管理。是指为了确保工作场所内的设施和人员的安全，所进行的安全操作管理，主要内容包括安全设备操作、火警探测及灭火系统的操作、紧急出入口的要求、紧急疏散演练等。

（6）绿化和地面保养。包括景观维护、地面保养、车行道和人行道的维护、车库的清洁和维护、除草、园艺等。

（7）废弃物的管理。主要包括办公用纸、打印机用纸、不用的瓶子等容器、废弃的食物、包装和邮寄的物资、行业（制造业和医疗）专用物资等，目前国内这部分内容基本由行政部门进行协调，或者说这一部分是国内设施管理的空白。

6.1.1 设备台账

在现代建筑中，设施管理者需要充分掌握设备的各种信息，在安装调试后，设备主管部门需要进行设备的编号登记，并填写设备登记卡片、登记表、设备台账等，记录设备的类型、重量、基本性能、设备部件、预计使用年限和设备变动情况等基本信息。在设备使用过程中，要进行设备维护保养计划，以上信息就是组织有效设备维护保养所需的依据。在设备检修时，根据设备设计安装细则和图纸资料、设备使用手册或操作规程手册，进行设备的测试、操作与维修。设备台账是建筑运维管理中常用的设备参数表格。设备台账是指为汇总反映各类设备的使用、保管及增减变动情况而设立的设备登记簿。设备台账是在设备分类编号的基础上，以设备主管部门为主，会同财务等部门共同建立，按设备的保管使用和类别设置账页。一般情况下，设备台账一式三份，由设备主管部门、使用部门和财务部门各执一份。

设备台账的主要内容有：设备的编号、名称、型号、规格、重量、修理复杂系数、制造厂、制造日期、进厂日期、使用部门、安装地点、原始价值、折旧率、动力配置、随机附件及转移情况等，是建筑拥有的设备资产情况的反映。

在数字化运维管理中，可以用BIM数字模型提高设备台账的效率，实现数字化的设备台账。因为这些设备台账的信息，都可以存储于基于物体的三维BIM模型中，因此在基于BIM模型的数字化运维管理系统中，可以从三维数字模型获取设备信息，建立设备台账，满足设备及零部件入库、折旧、维修、保养、更换、报废等工作的跟踪和记录的要求。再者，在BIM系统中，用户既可以通过设备信息的列表方式来查询信息，也可以通过三维可视化功能来浏览设备的BIM模型。另外，通过物联网技术的RFID标签标识资产状态。比如，在医院管理维护中，资产设施管理一直较为混乱，账卡与实物出入较大。而在数字化BIM模型和设施信息管理系统中，医院建筑内的诊疗设备、办公家具等固定资产都可以基于位置进行可视化管理，固定资产在楼层和房间的布局可以多角度显示，使用期限、生产厂家等信息也可即时查阅，通过RFID标签标识资产状态，还可实现自动化管理，不再依赖纸质台账。

6.1.2 设备巡检

设备巡检系统是一种通过确保巡检工作的质量以及提高巡检工作的效率，来提高设备维护水平的系统，其目的是掌握设备运行状况及周围环境的变化，发现设备设施缺陷和危及安全的隐患，及时采取有效措施，保证设备的安全和系统稳定。

巡检系统的发展，主要体现在系统的软件和硬件发展。巡检系统的硬件从接触式发展到非接触式，主要体现为信息钮方式和射频方式；软件也多借助于网络实现数据的信息化管理。以巡检结果管理方式为划分依据，设备巡检管理系统可以划分为人工巡检管理方式、半自动化设备巡检管理系统和智能化设备巡检管理系统。

1. 人工巡检管理方式

这种方式中，项目异常与否完全是由巡检人员根据个人经验来判断。巡检结果记录在纸质巡检表中。因此，这种方式存在以下不足：

（1）巡检结果不准确。由于结果的判断完全依赖于经验，对于经验不足的巡检人员，很有可能会出现误判而导致严重的设备故障。

（2）纸质报表记录的数据不便于保存和统计分析。由于数据保存不当，可能会出现数据的不完整，导致数据无法分析或分析错误。

（3）巡检制度不健全。巡检人员可能意识不到设备巡检的重要性，不按时执行巡检计划或者不按规定的巡检计划进行巡检，从而出现漏检或误检。

传统巡检往往以外观检视为主，人为观察常常无从考核其工作量及效率。有时维护人员看一眼设备就草草了事，究竟检查哪些地方，检查了什么关键点，都无从考核。

2. 半自动化设备巡检管理方式

信息钮设备巡检是这种方式的典型例子。这种巡检管理系统需要一定的计算机水平，其核心是信息钮和手持式巡检仪。这种方式具有数据的永久保存和督促巡检员准时到场巡检的作用。但存在如下缺点：

（1）巡检结果虽然可以实现永久保存，但依旧需要手工填写纸质巡检表。

（2）巡检仪需要与信息钮准确接触才能成功读取设备数据，操作不方便，由于工作环境比较恶劣，信息钮容易被损坏。

（3）这种巡检仪存储容量小，且没有人机交互界面。

当前建筑设备巡检面临以下三个主要难题：①巡检不到位、漏检或者不准时；②手工填报巡检结果效率低、容易漏项或出错；③管理人员难以及时、准确、全面地了解线路状况，难以制定最佳的保养和维修方案。

3. 智能化设备巡检管理方式

把需要巡检的设备组件在施工阶段就预埋上RFID芯片，并且映射至BIM模型，这样可以量化巡查任务；巡查工作任务还可以通过模型展示指引，提高工作效率；通过系统动态分配的巡查任务，针对各种设备特点、巡查人员工种订制工作事项。机电工程师巡检机电设备、机械工程师巡检机械设备，真正实现工种与工作对应，按劳按技分配，合理配置人力资源。其次，借助BIM的建设期归档信息，当巡查人员发现问题设备时，可以马上通过手持终端调取相关设备技术资料，方便巡查人员查找原因。对于一些比较初级、简单的问题可以现场自行处理，无法处理的问题再通过系统提交修理部门维修，大大节约了人力开支，也变相增加了设备的使用效率。通过模型展现和查询系统、设备之间的控制逻辑拓扑和供电回路、地理位置、安装盘柜等信息，实现三维智能故障检修辅助。

首先，基于三维模型，利用多维数据结构建立项目工程数据库，并与数字模型捆绑。利用BIM模型进行大型公共基础设施所有设备的三维展示，利用三维模型场景实现漫游的功能，可对查询结果进行三维显示和定位。

其次，三维模型支持设备属性、资料等的关联显示和调用功能。BIM模型中的设备、构件必须与其属性信息、相关技术资料信息进行关联，通过查询、点击方式获取模型中设备、设施、部件、构件等的相关所有信息（包括属性、相关技术资料等），并提供显示功能。

最后，BIM支持设备巡检管理功能。按照设备设施巡检要求，制定完整的巡检计划，并落实到人，按照空间管理的要求，制定合理的巡检路径，采集或录入巡检数据，进行巡检数据统计和分析。这些都是BIM技术可以支持和辅助实现的功能。

6.1.3 维修保养

在建筑维护管理过程中，对各个建筑物及相关设施进行日常运营维护，包括应需维护、定期维护、设备大中修，能快速、轻松地对应急维修设备数据进行访问，实现低成本、高效率地管理工作。

基于BIM技术，可以提高设备维修管理的流程和效率。按照设施维修计划，定期对设备的易受损部件进行维修和更换，对于故障报修的设备，快速定位，提供维修设备相关的技术资料和维修记录，提供到达维修位置的最佳路径。在维修后采集或录入维修信息，记录维修结果，对更换设备或部件、构件的情况，自动在模型中进行记录和更新，并进行设备设施维修统计和分析。

除了建筑内部的维护管理，BIM技术还可以支持管网的维修管理。在建模系统中完整地建立给水排水、通风、空调等专业的管道网络BIM模型，尤其是地下或隐蔽工程部分的管网，包括管网的布局、精确的走向和控制开关的准确位置，建立各种管网控制开关的相互顺序和控制逻辑关系。在管网维修和故障处置中，提供快速定位、维修最佳路径和各种开关控制逻辑判断功能，帮助维修人员进行管网维修和故障处置。

建筑设备的维修是通过修复或更换零件、排除故障、恢复设备原有功能所进行的技术活动。建筑设备维修根据设备破损程度可分为：

（1）设备更新和技术改造。设备更新和技术改造是指设备使用一定年限后，因其技术性能落后、效率低、耗能大或污染日益严重，需要加以更新，以改善技术性能。

（2）大修工程。大修工程是指对房屋设备定期进行全面检修，对设备全部进行解体，更换主要部件或修理不合格零部件，使设备基本恢复原有性能，更换率一般超过30%。

（3）中修工程。中修工程是对设备进行正常和定期的全面检修。对设备进行解体修理和更换少量磨损零部件，以恢复并达到应用的标准和技术要求，使设备正常运转，其更换率约为10% ~30%。

（4）零星维修工程。零星维修工程是指对设备日常的保养、检修以及为排除运行故障而进行的局部修理。

（5）故障维修。故障维修通常是房屋设备在使用过程中发生突发性故障，检修人员所采取的紧急修理措施，通过排除故障，使设备恢复功能。

（6）设备维修日常工作。设备维修日常工作，包括制定定期维修计划，接听、接待业主报修，准备经常性修缮材料等工作。

除此之外，需要考虑建筑设备设施维护管理的主要方法，通常分为三种[42]：

1. 反应性维护（Reactive Maintenance）

反应性维护是设备一直使用到故障之后才进行维修。设备可修则修，不行就置换。这种策略对于那些成本很低，故障之后也无大碍的设备是可取的甚至很适用的。例如，厨房的灯泡坏了，换个新灯泡价格很低，其损坏后的影响也很小：房间变暗。但是如果故障的成本很高和影响后果都很严重，这种方法就不可取了。因此，反应性维护具有一定的缺点，这些缺点包含：①容易违反安全或环境法规；②故障之间的危害会增加维修成本；③建筑的产品质量降低；④建筑设备的可用率降低；⑤增加了浪费和返工的成本。

2. 预防性维护（Preventative Maintenance）

预防性维护一般是用来针对那些高故障成本的设备设施。为了预防的目的，“故障”不仅仅指设备不能运转了，而且还包括了设备不能在所需的质量、成本和产量下执行其应有的功能。为了避免过高的故障成本，预防性维护常常包括了定期加润滑油，调节、置换部件和清洗。这样做是基于如下的假设，即磨损是一个缓慢持续而不断累积的过程。预防性维护就是要阻止这种磨损的累积，使它保持在低水平上。然而，大部分的磨损是突发的，一些外界的压力如润滑油污染物或是设备超越了设定极限，都会加速磨损，使本来很少或没有磨损的设备立刻老化。在压力之后没有及时维修设备会造成剧烈磨损而明显缩短设备的使用寿命。所以，许多预防性维护要么显得没必要，要么就是进行得太晚而没有效果。

基于上述原因，预防性维护具有一定的副作用：实施了过度的维护，以及没有必要的维护或者是没有效果的维护，导致不必要的维护成本增加，和出现由于不正确维护操作而引起故障的可能。

3. 预测性维护（Predictive Maintenance）

预测性维护通过分析实际设备的性能来决定维护的时间，以此来做到预测维护活动。在这一策略中，预测性维护中的监测可以针对旋转式设备、电子设备、过程设备、传送器、阀门和其他设备类型。

在设施管理过程中，通过定期的预测性设施维护，可以在潜在问题发展严重前就找到问题，从而进一步产生价值。通过获取和对设施、构建系统和资产缺陷进行分类，设施管理系统可以提高设施资产的价值和环境效能。设施管理系统可以评估需要的投资、节省的能源和运行成本，及每个机遇带来的投资回报，然后自动生成工作请求和资本项目，以管理缺陷的修复或环境机遇的落实。结果就是确保设施资产和基础设施处于最优运行状态，而且维护成本、服务提供和资本投资能达到最适合该机构的平衡状态。

6.1.4 工单管理

工单是工作的单据，由一个或多个作业组成的简单维修或者制造计划。工单管理（Work Order Management）是根据企业或者组织不同部门和客户需求针对工单进行的管理、维护和跟踪工作，工作内容包括维修任务时间、分配作业任务、预留和准备维修材料、分配服务商、工单完结确认、工时统计、成本核算和设备维修历史记录分析。

除此之外，工单进度安排（Work Order Scheduling）[32]分为以下五步：第一，报修，使用支持拍照和视频的移动设备报告工作维修请求；第二，维修调度处理，通知和分配工作单给运维管理负责人；第三，工班处理，设施管理人员分配工作给工人；第四，维修运维信息更新，工人维修工作后，用移动设备上传图片和视频记录维修后的状态，并上报维修后的信息；第五，反馈，用户和客户进行维修后的情况反馈，在这个过程中，可以使用手机、Pad等移动设备进行维修信息实时更新。

每一个工单都包含空间属性、系统属性、构件属性，通过BIM模型的建立，并结合 RFID，可自动生成工单，建立基于BIM模型的自动化工单管理系统。

（1）运维工单系统管理流程

设备全寿命期管理可以划分为前期管理、运维期管理和后期管理三个阶段，而工单主要是结合运维期管理工作派发的。

运维期管理主要完成设备的使用、维护、保养、检修、故障排除、事故调查和备件管理等工作，因此运维工单管理系统需要涵盖上述工作范围，主要包括运维规划管理、工单管理两个主要组成部分。运维规划管理包括运维规程管理、运维计划管理等，将运维策略转化为策略参数设置在系统中。工单管理则负责具体运维执行层面的工作。

设备运维工作建立在设备运维管理制度的基础之上，运维规程管理就是按照运维管理制度，将设备进行分类，按照不同设备类型提取同类设备在点检、保养、维修等工作方面的共性，设置各项工作的运维周期、目标要求、具体执行角色人员、检查验收角色人员等，为制定运维计划提供依据。

（2）跟踪工单

维护经理可以选择出现问题的设备，描述问题并指派专门技术人员完成工作。当机器被维修好后，负责的技术人员将工单标记为“完成”，然后经理得知工作已完成。

各类设备的运维计划引用对应的运维规程建立，针对具体设备和部位，制定计划周期、计划起止日期、计划执行要求、计划负责人和检查人、明确下期运维计划的起止日期。日常运维计划由系统根据运维规程自动产生。

在上述工作基础上，系统根据运维计划自动建立计划工单，按照计划规定的时间推送到对应责任人，实现计划执行智能化。计划工单是运维工单的主体部分，包括点检工单、保养工单、维修工单等。点检工单根据点检计划自动产生，对指定设备指定部位提出具体的点检要求，定时派发给点检责任人。点检完成之后填报点检内容、检查结果、发现问题及问题处理情况，记录遗留问题，提交给检查人员审核。检查人员复核问题处理情况，如处理有误则退回再次处理，直至无误方可结单。对于遗留问题，检查人员可触发维修工单。与此类似，保养工单和维修工单分别根据保养计划和维修计划自动产生，定时定点向责任人派发，并可触发相关工单。

在日常工作中，设备会有临时维修需求或突发故障，此时就需要运维管理人员手动发起日常工单或者事故工单。日常工单与计划工单的区别仅在于发起方式不同。事故工单要求进行故障类原因分析，提出整改措施和整改计划，明确整改检查人和检查日期。系统可以自动依据整改计划按时向检查人派发工单，检查整改结果。

日常工单的另一个来源是由建筑设备监控系统的监控数据触发。当设备运行数据超出限定阈值的时候，系统自动触发维修工单，提交运维管理人员确认，确认无误将派发到具体责任人。另外，根据系统自动抓取设备运行期数据和故障时间数据，达到规定阈值之后也可以生成预维护工单，经管理人员核准后进行预防性维护。

（3）运维工单系统执行分析功能

运维工单详细记录了各类运维工作的执行数据，将运维活动数字化，全面反映运维人员日常工作情况和设备运行信息。这些管理信息应当通过适当的工单执行跟踪功能，为运维管理人员提供决策依据。工单执行跟踪监控功能包括运维过程分析和设备状态统计分析两类。

一是，运维过程分析侧重于对人员的管理。根据工单数据可以自动生成运维记录，根据运维记录自动生成管理报表。例如，从工单派发角度出发，建立工单执行进度报表，管理人员可以随时调阅工单内容，查看执行情况，对执行周期异常的任务分析原因并进行指导，督促工作按时完成。从派工工时角度可以建立工时报表，分析人力使用效率，分析人工成本，精确分摊到设备。从工单执行情况和反馈角度可以建立工单绩效报表，生成工单完成率报表和按时完成率报表等。

二是，设备状态统计分析侧重于对设备的管理。通过工单记录，根据日常运行时间和故障时间自动生成设备运行状态追踪报表，可以根据故障处理状态产生故障追踪报表。各类追踪报表汇总工单执行结果，可视化地展示运维工作的执行情况，为管理人员的定位问题提供解决方案。可以多层次多角度地进行统计分析，例如设备故障统计、备件使用统计、维修分析、设备关键参数分析等。通过分类汇总和统计分析，以图表结合的方式为运维管理人员提供决策参考，以便适时适量地开展运维工作，保持设备良好运转，提高设备故障问题解决能力，提升运维管理水平。

基于工作流技术的运维工单管理系统规范了设备运维管理流程，将运维工作具体派发到人，任务执行情况规范、透明，便于动态监控，准确追溯，为流程的改善和优化提供了技术手段。运维管理人员可以通过工单状态信息和关联的工单信息，及时发现问题，做出决策，降低成本。同时，对运维工作的每个环节都从计划出发落实到具体责任人，并有专人检查工单执行结果，形成了PDCA闭环，实现运维工单业务全过程管理。运维工单管理系统基于工作流技术实现，通过运维活动及相关业务对象触发，依靠流程驱动业务过程，形成以业务流程为中心的运维管理平台，不仅可以加强企业运维业务的协同能力，系统积累的运维知识还能带动企业运维工作的全面创新，为改善和优化运维工作提供支持。

目前我国智能建筑呈现网络化、数字化、集成化和生态化的趋势，大量新技术、新产品、新设备进入建筑智能化领域，为运维工作带来巨大挑战。适应行业发展变化，通过现代化的信息技术手段保障设备管理的规范化和程序化，实现对设备全寿命期的有效管理，是当前设备运维工作的内在要求。建设运维工单管理系统，将运维工单与运维管理工作有机结合，可以让运维工作化繁为简，走上智能化的道路，使工作更敏捷、管理更方便。

6.2 BIM与GIS技术的数字化应用

6.2.1 社区维护管理

社区建筑运维阶段较长，一般会持续到预期的建筑寿命结束，因此对运营和维护工作的要求较高。由于社区建筑类别丰富，涉及住宅楼、公用运动场、办公楼和小区服务等，各类建筑对运维和物业管理的要求不同，增加了社区建筑运维难度。传统建筑运维过程大多通过纸质文件实现记录和核对功能，需要投入大量人力、物力和工作时间，检修过程也较为耗时。通过BIM技术，少量物业管理人员可长期有效管理大量校园建筑，建筑信息维护脱离纸质文件，实现动态可视化管理。物业管理人员可第一时间掌握建筑物运行情况，实时了解设备运行和故障情况，通过核对三维建筑模型，找到问题发生地点和故障设备型号，及时修复故障，提高建筑物使用和管理效率。目前，BIM技术在设计和施工阶段都得到了较为成功的实践，但在运维阶段的实践尚处于起步阶段。

数字化社区是运用各种信息技术和手段，整合社区资源，在社区范围内为政府、物业服务机构、居民和各种中介组织之间搭建互动交流及服务的网络平台。随着BIM技术在部分基础设施建设项目中的成功应用，通过继承建筑工程阶段形成的BIM竣工模型，为建筑运维管理信息化打造很好的平台。BIM模型可以集成建筑生命期内的结构、设施、设备甚至人员等与建筑相关的全部信息，同时在BIM模型上可以附加智能建筑管理、消防管理、安防管理、物业管理等功能模块，实现基于BIM的运维管理系统。

其次，BIM运维模型优秀的3D空间展现能力可为社区高层管理者提供社区空间的直观信息，为布局优化调整提供快速决策平台；也可提供设施、设备、管线的三维空间位置，快速定位故障，缩短维修周期；BIM模型与建筑监控系统功能模块相结合，为安防、消防、建筑智能监控提供了全数字化、智能化的建筑设施监管体系；BIM模型数据库所储存的建筑物信息，不仅包含建筑物的几何信息，还包含大量的建筑物性能信息、设施维修保养信息，各类信息在建筑运营阶段不断地补充、完善和使用，不再表现为零散、割裂和不断毁损的图纸，全面的信息记录用于建筑全过程管理信息化，也为附加分析、统计和数据挖掘等高端管理功能创造了条件。BIM运维管理模型优良的能耗控制、精细的维修保养管理、高效的运维响应可以使社区建筑达到更好的社会效益和更低的运营成本。

目前BIM在运维阶段的应用，在社区的层面，更多的是校园的数字化运维建设[43]。例如，美国奥本大学项目将BIM模型成功应用于施工安全管理，使之在改善沟通和后勤事务管理方面做出贡献；再如，香港理工大学创新楼项目将BIM技术应用于异型建筑的施工图设计与施工，通过三维虚拟模型将设计图纸与建设现场连接，有效解决异型建筑定位难题，并对幕墙尺寸、混凝土工程量进行实时校验，提高工作效率。一般而言，把BIM应用到项目的运维阶段，项目建设的主要目标则是将已有的建筑设计信息和施工信息应用于建筑运维阶段，从而形成建筑全寿命期BIM管理。在信息流交接方面的获益，体现在运用数字信息（数据和文件）进行建筑信息管理，消除冗余和繁杂的数据输入，拥有质量更优的数据，通过有效计划，实现空间信息管理与维护。项目的制定包括空间管理、面积测量、房间编号、空间分类、完成分类、部门数据、建筑数据和员工数据的建筑空间管理文件标准。图6-1展示的就是一种基于物联网的智能数字校园体系。体系基于应用服务数据库、数据备份服务器和用户信息数据库，作为体系的应用服务层。通过校园的无线网，将校内无线网、互联网和移动通信网络进行连接。最终将数据反馈到用户层，便于人们获得所需要的数据。反之，从用户层收集到的数据，也可以传递到数据库服务层，进行分析和决策。

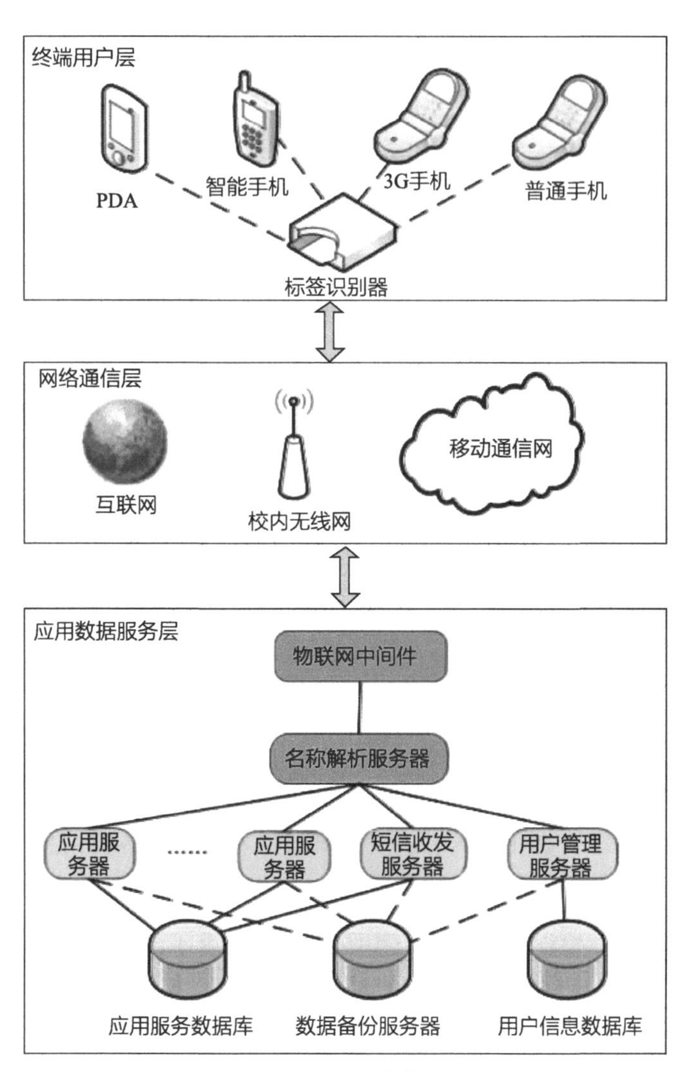

图6-1　基于物联网的智能数字校园体系[82]

在目前的校园维护案例中，萨维尔大学霍夫学院项目较为成功[44]，尤其在尝试将既有建筑设计和施工模型应用于运维阶段方面，实现了BIM技术在项目全寿命周期管理的初步尝试。但由于萨维尔大学尚未完成BIM技术标准，设计、施工与运维阶段的信息管理，无法做到完全的协调统一，存在一定技术瓶颈，且许多已有建筑的数据信息仍以二维图纸形式存在，难以将新建项目的模型信息与已有建筑信息相整合。即使对于新建建筑的三维建筑信息模型，由于运维阶段的信息要求与设计和施工阶段不同，工作顺序很难与已有数据直接关联，从而增加了后续工作难度。据此，该项目的后续工作应注重BIM标准制定，进一步推动BIM技术在社区和校园建筑数字化中的应用；应尽快将现有校园二维图纸转换为可用的BIM模型，服务于大规模信息管理；制定和设计“开始与维修”工作顺序结合系统（CAFM），使设计模型、施工模型与运维模型更好地结合；应开发移动中心接口，使维修工人能实时访问终端设施信息，提升项目管理效能。

因此，除了上述BIM的应用特点外，在实际的BIM运维应用过程中，BIM技术在校园和社区运维管理的应用中有以下难点：①设施信息搜集和管理时间、成本支出高；②校园和社区的快速发展使得信息量大幅增加；③设施管理软件实时运行时间多、成本支出高，包括聚集空间影响建筑信息管理、录入建筑产品数据和文档工作多而繁杂、建筑设备库存管理繁琐、AEC建筑团队共享数据重复劳动。

实践中对于运维阶段BIM技术应用仍存在一定问题，具体包括：①由于原有BIM信息模型服务于设计与施工阶段，对运维阶段的信息要求针对性相对较差；②运维阶段管理目标以MEPF系统的信息协调为主，而非信息分阶段传递；③由于分包商BIM模型形成于不同软件之中，难以协调统一地通过萨维尔系统运行和处理；④大量建筑信息应当在处理后有针对性地应用于运维阶段，这将有利于降低信息处理的时间成本；⑤在BIM模型与运维阶段的整合过程中，信息详细程度和模型质量需要被进一步设计和考虑，有助于高效整合。

上述的应用难点和BIM存在问题，是今后基于BIM的数字化运维所需要关注和解决的。

6.2.2 城市层面的设施运维管理

通常城市层面的多建筑设施运维管理，可以以建筑运维管理为核心，建立智慧城市的运维管理体系。通过可视化的GIS+BIM技术，结合FM运维管理系统，通过控制资产的位置来控制设施资产的使用本身。可以包括设施入库的初始状态、空间位置；还可以管理设施在生命周期内不断变化的空间位置；同时，FM管理系统还需要和人员、建筑组织机构、业务相互关联。

在智慧城市的多建筑运维体系中，主要包括以下几个部分：

1. 规范化标准体系

建筑、资产信息化标准，确保信息系统完整性，明确系统是否可以扩展。对多建筑的信息、土地信息收集，主要包括原数据组织的扩展、零星数据的汇总、纸质数据的信息化、建筑CAD图纸的整合并且转换为3D模型等，系统基础数据要符合BIM的数据标准，为后期的数据积累、扩充和完善提高必要的信息化建设基础。

2. 可视化技术应用

多建筑的运维平台，需要采用GIS技术，将多个建筑的信息呈现出来。集成组织机构管理与楼层空间布置信息，实现在地图中动态查询各个建筑的地理位置，进而可以查询建筑楼层的规划和区域分配，有利于设施管理者快速定位。同时，建筑与周边的基础管理设施，还有相应的图片和相关说明信息，都便于管理者了解建筑之间的真实信息。

BIM与GIS的数据互操作性的链接，可以实现两个系统之间三维数据转换。将BIM3D模型中的房间信息，包括空间面积、家具、设备等信息传递到房屋资产运维管理平台中。从而，可以在城市多个建筑查看从BIM模型中传递过来的各个楼层的空间布置图。可以查看建筑平面上各个房间功能和精确尺寸面积信息，并且用不同颜色进行标记，直观地显示当前资产的平面空间分配信息。不仅如此，可浏览漫游BIM三维设计模型，查询模型中设备对象的信息。

3. 资产的全寿命期管理

将各类设施、设备资产进行统一管理，建立基础台账信息，包括设备的名称、编码、型号\规格\材质、单价、供应商、制造厂、对应备件号、采购信息，如采购日期、采购单价、保修信息、专业、类型/类别等。

通过从采购、入库、维修、借调、领用、分配、定位、折旧、报废、盘点，实现设备资产全寿命期管理，简化、规范日常操作，对管理范围内的设备进行评级管理，可靠性管理和统计分析，提供管理的效率和质量。基于BIM三维模型，跟踪设备、设施资产位置及其相关属性数据，提供资产管理的透明度。

4. 物业后勤的运维管理

提供全面的维修计划管理，编制设施管理巡检、维修维护计划，设定任务执行人或者组织，以及设定任务执行所需工具及物料、任务执行参考步骤等，准确地预测未来维修工作需要的资源和费用，有效地跟踪巡检工作，降低维修费用，降低设备的停机次数。

不仅如此，GIS可以整合建筑BIM模型、桥梁模型、地下管廊模型，对于多个基础设施和建筑进行运维管理。GIS结合BIM技术对城市地下管道运维管理的应用，例如地下管道的检测和碰撞管理。综合管廊工程是在地下建造一个隧道空间，将电力、通信、供水、排水、燃气等各种管线集于一体，实现地下空间的综合利用和资源共享。

6.3 物联网技术的数字化应用

6.3.1 BIM与物联网结合的数字化设施管理

BIM和物联网结合，可以用于日常维护与资产管理。单纯BIM模型本身，在建筑、设备、设施的日常运维方面，可直观反映其结构、组成、位置及相应设计参数、施工工艺、维护维修内容（如养护、测试、维修流程及操作工艺、需要的工具及材料）等参数化信息。BIM与物联网技术相结合，可在设施与设备现场为每个设施设备分配一个指定的RFID标签或二维码[39]。阅读器读取RFID标签信息后传送到管理服务器，系统软件实现对标签信息的管理。在服务器设备上粘贴RFID标签，通过感应装置（阅读器）和网络传输（有线或无线）将设备信息传递到管理服务器，通过系统软件可以实现设备的定位，进而实现设备自动盘点、资产信息自动更新、机柜空间使用情况统计和新装设备位置规划等管理功能。

在设施管理中，物联网中应用不同的传感器，如温度传感器、湿度传感器、声音传感器、光照传感器和二氧化碳传感器等。这些传感器收集到的信息会存储到建筑管理系统中，或者专门的状态信息数据库中[45]，并且各个传感器的信息和数据库连接到一起（图6-2）。

在进行运维检修、定位查看时，使用智能终端设备获取现场设施设备对应的电子标签并与BIM模型数据进行数据交换，在可视化环境下显示对应的BIM模型，还可查询相应设备的属性、状态及运维信息，进而更加有效地制定维护计划，避免过度维修或维修不足，降低维修成本，提高维修质量。维护阶段设备扫描查看的应用界面见图6-3。

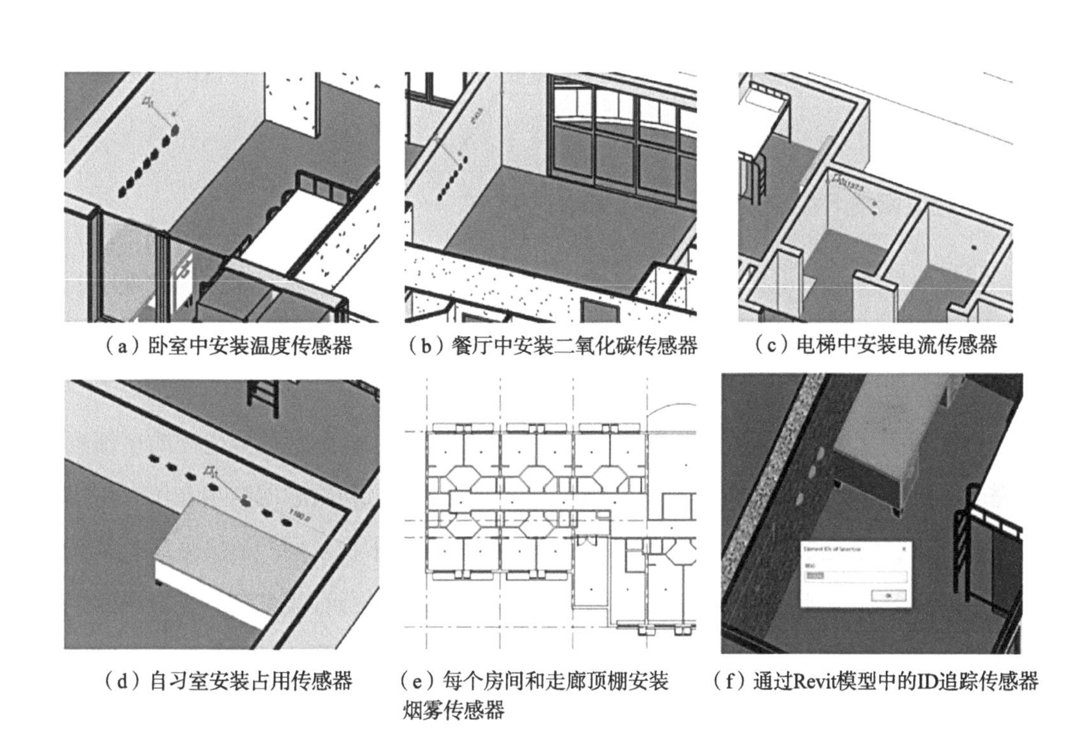

（a）卧室中安装温度传感器　（b）餐厅中安装二氧化碳传感器　（c）电梯中安装电流传感器

（d）自习室安装占用传感器　（e）每个房间和走廊顶棚安装烟雾传感器　（f）通过Revit模型中的ID追踪传感器

图6-2　BIM模型中显示传感器和传感器数据[45]

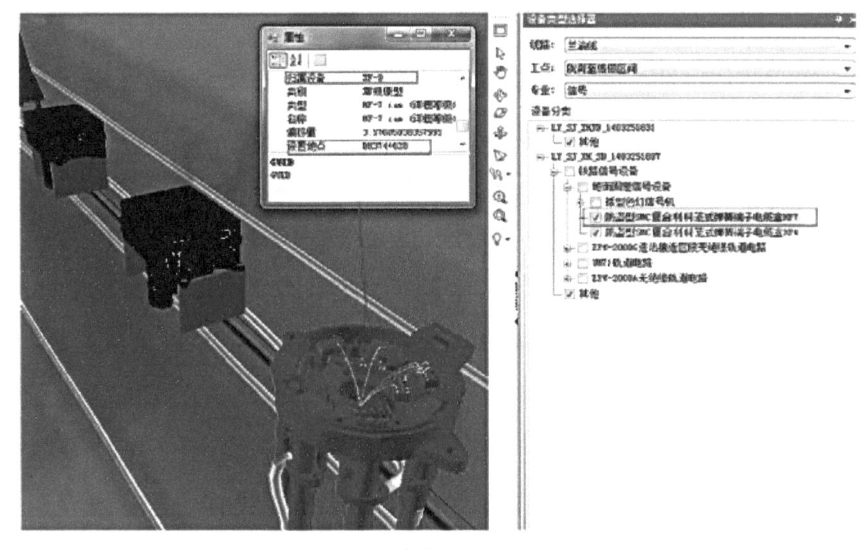

图6-3　维护阶段设备扫描查看的应用界面[83]

基于BIM的物联网基础设施管理体现出高度复杂性，因其涉及设备、连接方式、协议、数据吞吐量、数据采集周期、网络的时间敏感性以及应用要求等方方面面。在此三维模型和设施系统结合的情形下，水平解决方案更为实用，其有效的总体架构能够为开发者和管理者透明地处理这些变量。BIM平台可以为用户提供所需的功能，包括平台灵活性、可扩展性、工具、SDK和软件库等。尽管如此，整个物联网和BIM的连接，数据安全和数据流完整性仍然面临挑战，整合平台的实用化仍有待进一步研究。

6.3.2　物联网技术在设施管理中的智能化应用

基于上述物联网技术，以及物联网和BIM技术的结合，物联网在设施管理中的具体应用分析如下[33]。

1. 设备监控

物联网的传感器，RFID技术可以使监控或者调节建筑物恒温器这样的事情远程完成，甚至可以做到节约能源和简化设施维修程序。这种物联网应用在于，它很容易实施，容易梳理性能基准，并得到所需的改进。基于物联网的运维系统的管理人员可以实时查看设备的运行情况，一旦发现异常即可进行远程控制。系统中的中央空调模块，可通过监测空调出风量的大小和供水回水的温度，发现异常，及时进行调整；管理人员还可以根据室外天气光照亮度情况，分楼层、分区域开启或关闭全部或局部照明设备等。

2. 设施故障的高效反馈和维护

基于物联网的运维系统，承担运维部门的调度指挥功能，可对系统内各类设备进行24h不间断实时故障监测，一旦发生故障就会发出声光警报，设施管理人员可立即发出维修指令。通过这种方式，后勤管理人员可以在用户报修以前得到故障信息、确认故障原因并立即排除，从而达到防患于未然的效果。对于用户报修的故障，建立起高效维修管理机制，可以及时获取报修信息，确保临床与后勤服务双方的有效沟通，并实现维修过程全程监控，便于追踪查询维修完成情况。产生多维度统计报表，便于管理者从维修情况了解设备实际情况，客观反映维修人员工作业绩。

3. 基于物联网的智能化运营管理

后勤智能化管理系统具有自动化控制、能耗监测及统计分析的功能。通过物联网技术实现设备实时监控，包括对中央空调设备、锅炉设备、照明设备、电梯设备、生活冷热水设备、集水井设备、空压机设备、负压机设备、变配电设备和计量设备等运行状态监控，实现能源计量、数据分析、数据上报和系统管理等功能。后勤智能化管理系统包括监控中心、监视模块、信号收发器、无线功率传感器、无线设备和报警模块等。系统在设备上安装具有无线射频通信功能的无线功率传感器或无线设备标签，需要监控设备的地域安装位置监视器，利用通信功能的信号接收器，把无线功率传感器或者是无线设备标签发出来的设备运作状态及其位置信息转发到控制中心。

系统通过统一的数据交换网络使得信息从监测点无缝传输到平台，对后勤设备的运行状况进行实时动态监控，设备一旦出现故障，平台立即将报警信息通过监控图像、声光报警、短信推送等方式，通知到现场维护人员、系统监控人员及远程支持人员。系统通过设备运行的能效分析和智能管理，提高设备的工作效率，减少能源浪费。通过对平台静态数据的动态管理、动态数据的对标管理、对标数据的智能管理，最终实现建筑设备的安全、高效、舒适、节能和精细化运行的管理目标。

4. 基于物联网的智能化维护

（1）维修模块。整合监控中心与维修中心，设立统一的后勤服务调度中心，24h不间断运行。设置专职调度员实时接收来自各种渠道的报修和设备监控系统的报警，中心通过平台系统进行任务发布与进度追踪。所有报修可通过电话、PC客户端、微信等多种渠道一站式报往调度中心，后续由调度中心发往各班组，并进行完工反馈，实现全流程闭环管控。由后勤服务调度中心发往各班组的维修信息通过班组内接报分屏实时滚动提示，涵盖接报时间、故障区域、故障内容、派工时间与人员、其他班组协助需求等主要信息。有需求的部门通过内网随时可查询高度透明化的进程信息，可清晰地了解后勤部门对服务需求的响应情况、工作进展或导致无法及时完成的客观原因。

（2）巡检模块。后勤设备管理中电力系统、暖通系统、供水网络、消防系统、监控系统等涵盖的现场设备种类繁杂、数量庞大，安全巡检工作极为重要。巡检模块的建成，通过传统模式向移动端转型，提高了巡检效率与后续管控力度。在需要巡检的重要设施设备附近张贴二维码，做到重点部位全覆盖。巡检人员每次巡检时通过对现场设备二维码扫码定位，即可快速在移动端（手持式PDA设备）录入巡查信息，巡检完成后连接内网上传数据至信息管理平台。未按计划完成的巡检点位，系统将以红色条目警示管理者，确保巡检到位。

系统中录入设备品牌、供应商、维保单位和维修记录等设备基础信息，对需要定期保养的设备制定保养内容、保养标准和保养计划。定期生成保养任务，并在临近保养日期时自动提醒，避免因忽视周期性保养引起的设备故障。保养人员根据任务计划执行保养，现场检查设备并记录保养内容，通过对比保养标准及时发现异常情况并进行排查，不能排除异常时作为设备故障处理，填写维修单进行维修记录。巡检管理与保养管理模块的规范应用，将传统的被动维修转变为积极主动的预防性维修，通过对设备运行维护进行有效监管和控制，实现设备全寿命期管理。

5. 设施的信息追踪和库存管理

把传感器安装在各个设施上，运输的各个独立部件上，从一开始中央系统就追踪这些设备的安装直到结束。在设施管理中，在设备上按照传感器或者RFID Tag，设施管理者可以清楚地知道设备的状态和使用情况。在库存管理过程中，用RFID Tag帮助设施管理人员知道库存的多少，在维修和使用阶段，快速告知现场管理人员进行采购和补充货物，从而降低损失和节约成本。

6. 数据分析和决策

物联网提供的数据，可以帮助建筑设施的管理者很好地作出决策。物联网和设施管理系统结合，可以提供完整的工作场所管理解决方案，能将来自传感器和设备的数据与强大的分析技术结合起来，以优化从核心设施维护到租赁会计、资本项目管理、空间管理和能源管理等在内的一切工作。随着数字化和实物基础设施继续融合，设施的管理人员和经理们发现，通过物联网的运营方法，可以在维护、空间管理以及财务和环境方面快速作出决策，提高效能和贡献更多价值。

同时，物联网还可以追踪建筑物内人的行为，通过人们所使用的设备类型，以及其他关于人们使用设施的相关数据，可以聚合起来以更全面地了解。设施使用数据和物联网数据的结合，将会丰富设施管理者的分析及预测，并快速实施方案。

相较之下，物联网的发展和应用也在层次定义工作方面卓有成效，已经构筑了端到端物联网解决方案的分层框架。同时，各参考架构在层次划分上显示出一些共性，以支撑不同垂直行业的需求和用法。其基本层次划分如下：智能传感器/物层，网络连接层，互联所有层次的IoT云平台，数据存储与分析层，应用层，后台企业系统。

与此同时，基于BIM的物联网设施管理还可以和云计算结合。云计算在智能建筑里面应用比较多的是建筑群能耗计量与节能管理系统，不需要每个楼里面都采用建筑群能耗计量与节能管理系统，只要用一个云计算平台，把这些系统统一起来，形成一个总的能耗计量与节能管理系统。其次，智能建筑综合集成、维护、管理系统。如果智能建筑维护管理都走物联网道路的话，智能建筑也不需要每个楼里面都采用一套智能建筑维护管理班子，可以基于云平台进行统一管理。

6.4 数字化预测性维护

设施管理者需要意识到预测性维护和服务的价值。在预测性维护中，设施管理者可通过监控设施的状态，预测机器和设备的健康情况，提高零部件的使用计划，确定合适的技术人员。其次，基于BIM的设施管理系统可以提供可视化功能。当设施管理人员优化分析和相对应地调整运营时，设施管理者可以整合设施的质量管理流程和具体的生产操作，提高设施的质量管理水平。设施管理者可以减少召回和维修，以及建立可持续的产品和服务提供的程序。

对于设备的制造商，通过减少现场服务人员的配置和差旅费降低维护保养费用，转换商业模式为基于绩效和按使用付费账单类似的模式，提高产品质量。对于设施经营者，通过从反应性维护到预测性维护的转变，提高设备的可靠性；通过深入洞察能源消耗和识别失效模式和预警，降低运维费用和提高边际效益；通过提前预测潜在的问题，促进质量和安全的提升。

预测性维护的几大主要步骤如下：①传感器监测设施的日常使用状况，收集传感器数据，包括温度、压力、流速和振动频率等，用于预测未来的设施运行状态。②RFID技术用于设备的参数信息的收集，实时更新设备参数信息用于运行管理和维护管理。③提前预测设备未来的状态，做好提前的检修和维护工作，从而延长设备的使用寿命。④用大数据分析的方法，结合BIM的信息和可视化功能，用来管理、分析不同类别、不同格式的建筑信息，来提高建筑运维管理的决策支持，从而实现高性能建筑管理。

企业设法提高能效，减少运行成本，而同时又得不断改善服务以提供最优质的服务，这意味着通过有效提高能效的维护服务可以提高关键资产的效率，延长固定设备的使用寿命。将需求和预防性维护服务进行自动化，改善了服务提供商的管理，以减少维护操作的成本。设施评估功能可以追踪和评估建筑和资产的缺陷，帮助发现改善环境条件的机会，延长不动产和设施资产的使用周期。

6.4.1 预测性维护的框架体系

首先，在建筑设施预测性维护方面，预测性维护最主要的目的是收集有用的数据。基于BIM模型的预测性维护策略，可以提取BIM模型中的信息，提取设施管理软件中的信息，以及提取建筑楼宇控制系统的信息，从而可以获取多个来源、多方面的数据。其中包括BIM模型提供的建筑和设施的基本信息，设施管理软件提供的历史维护记录，建筑自动控制系统提供的运营信息，例如传感器数据、能耗数据等，预测性维护框架如图6-4所示。这些数据可以用来评估设施的当前状态，也可以用来预测未来的设施状态。预测性维护的数据来源如表6-1所示[33]。

预测性维护数据的来源　　表6-1

数据	来源	静态 / 动态
建筑基本信息	BIM 模型	静态
设施基本信息	BIM 模型	静态
传感器数据	传感器	动态
设施历史维护纪录	设施管理系统	静态
建筑运营数据	建筑控制系统	动态

然后，需要搭建完善的运维管理数据库。从BIM模型及相关的运维管理数据库中直观、快速、全面地获取设施相关信息、文档，不需要花费时间寻找纸质资料，提高工作效率。最后，确定所需要的评估的方法和手段。可以采用层次分析法、遗传算法、神经网络等算法，去评估所需要估计的状态。

基于物联网和设施管理系统的预测性维护，本书提出预测性维护的框架体系，如图6-4所示。此框架是为设施管理者设计的，框架包括信息层和应用层。首先，在信息层，需要实现As-builtBIM模型和FM系统之间信息双向传输，这个过程可以使用建造运营信息交换（Construction Operations Building Information Exchange,

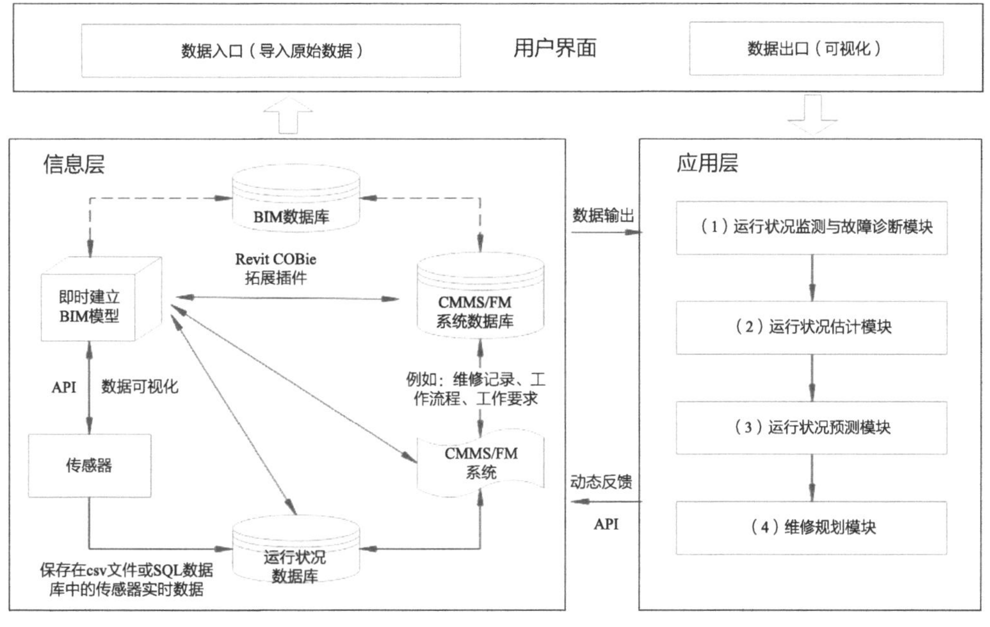

图6–4　基于BIM和物联网的预测性维护应用框架[33]

COBie）扩展插件。其次，在应用层，使用物联网技术的传感器，获取设施的实时监控信息，并且传感器的数据存储在状态数据库中。每个设施的传感器数据也可以在三维的模型中实时显示出来。在设施管理系统中，存储着设施的历史状态信息、维修记录、维护工作单等。信息层的所有数据都被传输到应用层，用来预测设施的未来状态和做预测性维护的计划。最后，在应用层，预测性的维护包括四个步骤：①状态监测和错误诊断；②状态评估；③状态预测；④制定维护计划。

基于大数据分析更高效的管理，最新的统计模型和机器学习算法，可以帮助人们在设施效率耗尽之前采用预防性维护。人们可以检测故障模式和模拟设备，并依据它们去预测未来性能的下降趋势。图6–4中展示的基于BIM和物联网的预测维护框架，也是整合的设施管理系统中的一部分。为了优化维护的服务流程，整合的平台可以提供更好的预测性维护。整合平台还可以帮助安全地连接远程设备，实时分析出结果，产生合理性的智能。

6.4.2　基于物联网的设施状态监测和错误诊断

建立物联网传感器网络以收集建筑物设施和环境中的传感器数据，并在运行期间收集这些传感器数据，如图6–5所示[33]。数据采集后，信号从直接数字控制

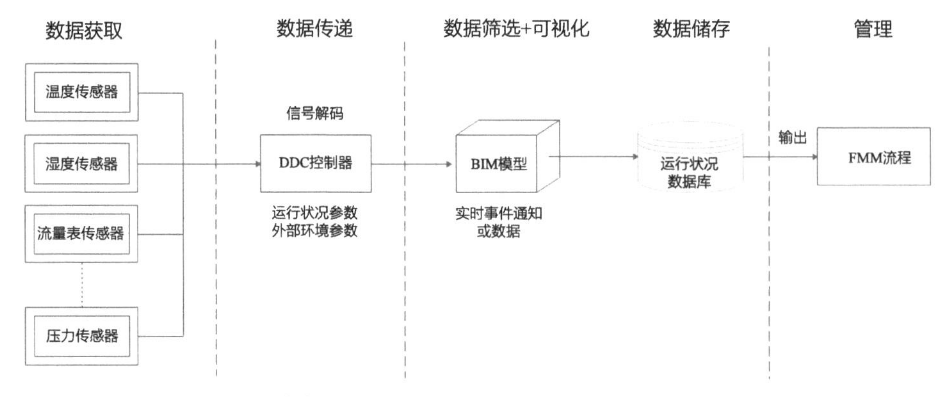

图6–5　传感器数据收集系统[33]

（DDC）控制器中输出，然后被解码为确切的条件数据和外部环境参数。之后，需要将传感器数据存储到状态数据库中。在如图6–5所示的最后一个过程中，传感器数据在设施管理维护过程中用于状态监测和预测。

为了实现状态监视和故障诊断，还可以直接在BIM模型中显示传感器数据和数据的趋势，如图6–6所示[33]。图6–6同时展示了两个功能：1）传感器数据的可视化和状态监视；2）故障诊断。首先，FM人员能够直接从插件中检索传感器数据，使用开发的插件用户界面监视每个设备的状况，并跟踪BIM模型中实时数据的任何趋势以进行自动控制；其次，对于故障诊断，主要基于关键设备的异常事件，如冷水机组温度异常或机器异常振动。预测性维护的基本原则是，如果设备的参数值达到一定的阈值，则应进行诊断以找出原因。在此插件中，如果传感器数据的值超过阈值，则会触发警报，从而激活预警机制。任何异常事件发生的时间和原因也需要记录在FM系统中，以用于进一步的评估和预测。

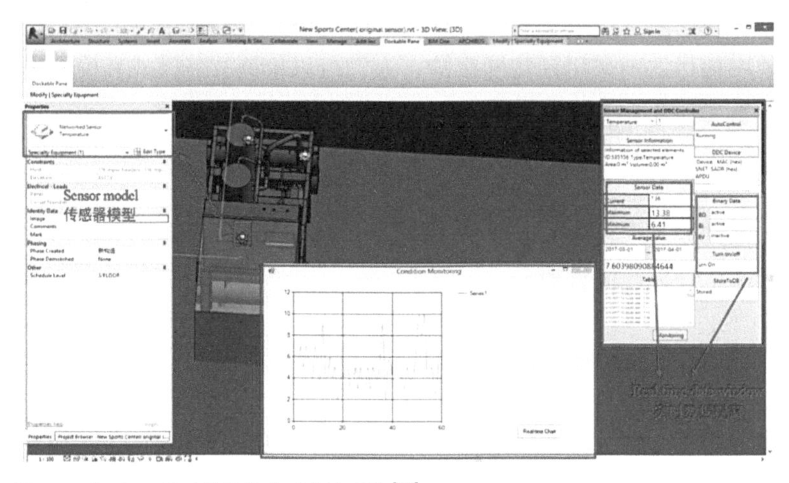

图6–6　基于BIM的建筑设施实时监控系统[33]

6.4.3 基于人工智能的设施状态评估

数字化技术提高了建筑信息化水平，可以基于人工智能的方法程序对收集到的大量数据进行分析，从而对设备的状态进行评估。评估的信息包括数据信息和图片信息。因此，人工智能算法可以分别用数据对设备的状态进行评估，以及用图片和视频对设备的状态进行评估。

（1）用静态的建筑设计信息，结合动态的传感器信息，然后用人工智能的方法来自动分析建筑设备的性能。大量的传感器数据帮助提高设备性能在过去和现在的数据可见性，及未来数据的可预测性，图6–7是建筑中制冷系统冷水器的传感器数据。人们可以据此增加设备的可靠性，缩短维护时间，提高正常运行工作的时间比例。

（2）收集大量设备损耗的图片，运用深度学习，用来训练算法模型，然后监测仪器所检测到的图片实时传递到已经训练好的模型中，实时计算出建筑设备和建筑结构的损耗状态。

对于城市建筑地下水管监测，包括点蚀深度测量、视觉检查、人员进入检查、闭路电视（CCTV）、激光分析、高级传感器技术、监测泄漏检测和条件评估、埋地管道及地下管道监测机器人、声波等技术。人们可以使用地下管道监测机器人，前置摄像头可以记录地下管道的摄影录像，从中截图获得每一段距离的管道的状态，或者腐蚀，或者断裂，或者正常等。如图6–8所示的城市地下管廊的水管管道的不同损耗形态和状态的图片。

在运维管理过程中，对设施状态的准确评估，可以让设施管理者提前做好维护计划。通过整合远程机器和设备的监控，并直接预测分析维护和服务的程序，人们可以根据主要的性能指标实时计算设备性能，基于遥测和工作数据进行趋势分析，应用一系列统计方法去关联生产工作的数，用统计学方法跟踪能耗曲线和支持健康预测。

建筑物的每个部件都有不同的退化曲线。图6–9示出了典型部件的状态衰败劣化曲线。随着时间的推移，建筑构件和设备会逐渐老化，设备的状态指数也逐渐减小。同时，设施管理人员可以根据不同的条件指标进行相应的修理或更换动作。例如，当设备的状态值在3～5之间时，该设备已经恶化得很厉害，其部件需要维修技术人员尽快进行大量的维修。

许多研究都在于建立评估建筑构件性能的标准。然而，无论标准和细节程度如何，任何评估的结果都将在很大程度上取决于主观现场检查的准确性。现有系统必

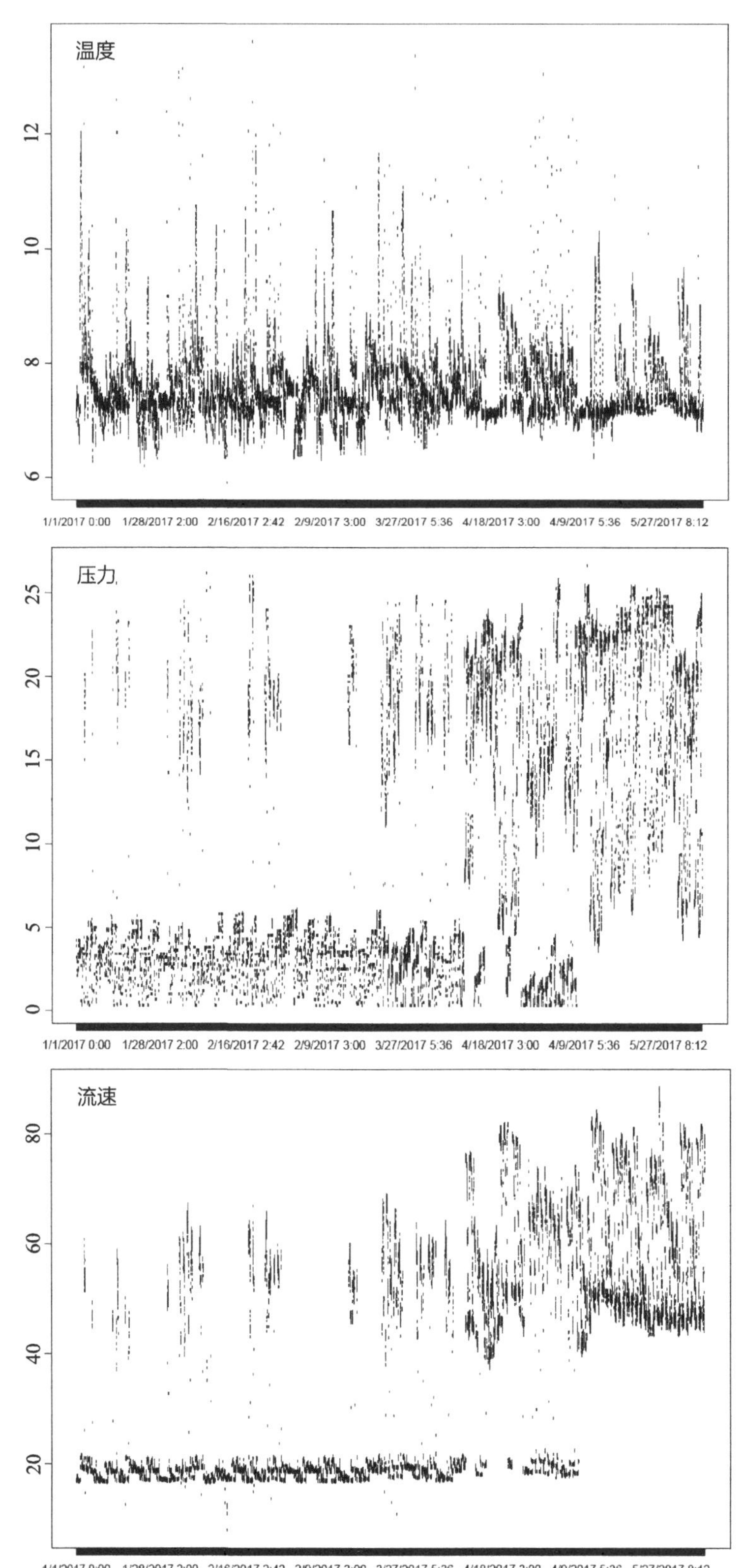

图6-7 来自于冷水器的传感器数据[33]

图6-8　建筑物地下水管的不同损耗形态和状态[47]

须由经验丰富的检查员根据特定标准对其资产进行检查。雇用这些检查员费用非常高，而且检查过程又非常耗时。为了量化建筑设施的状况，根据设施条件评估指南，本书作者提出了一系列条件，如表6-2所示，可方便地用于检查和维护。建筑HVAC系统的条件规模，其相应的描述以及所需的维护措施如表6-2所示。在评估每个系统的状况后，检查人员给出了一个值，指出需要采取哪些维护措施。此外，在所提出的框架中，这些检测数据中的一些已被输入基于BIM的设计工具中，以分析直接在3D模型中存储和呈现检测数据的可能性。“设施的状态数据”和“维护条件”等属性已作为附加对象属性添加到BIM模型中。

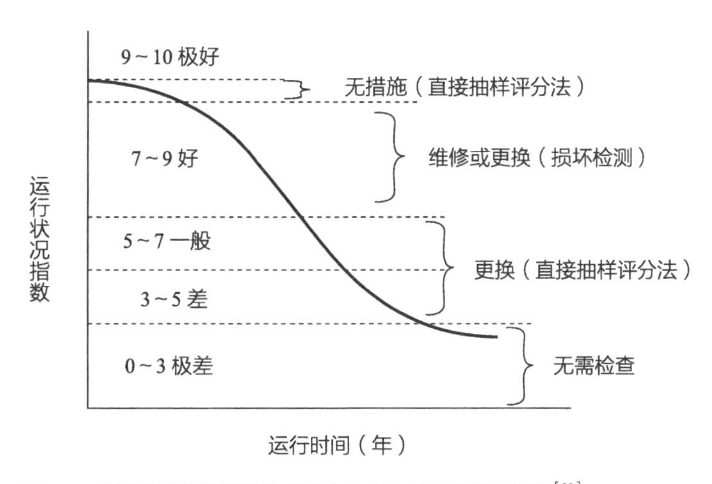

图6-9　典型的建筑设施的状态衰败曲线和对应的维护措施[33]

设施系统的状况评估打分　表6-2

整体的状态	等级	描述	维护行为需要
9~10	优秀	①没有缺陷 ②作为新的状态和外观	定期每月检查 新建筑，没有明显的缺陷或损坏。满足效率和能力目标，并保持整个设施的理想温度和空气质量
7~9	好	①小缺陷 ②表面磨损和撕裂 ③一些恶化完成 ④不需要重大维护	需要进行小幅度的改进，可能会稍微过时，效率较低且一致。通常通过日常维护来解决没有功能影响的轻微恶化或缺陷
5~7	中等	①平均条件 ②明显的缺陷是显而易见的 ③磨损完成需要维护 ④服务是功能性的，但需要注意 ⑤存在延期维护工作	需要维修；存在一些恶化，并且维护需求是显著的。有了这些，该系统就满足了需求，仍在其使用寿命内
3~5	不好	①严重恶化 ②潜在的结构性问题 ③劣质外观 ④主要缺陷 ⑤组件经常失效	系统已超出其使用寿命;不符合标准或需求。组件至少需要大量修复。目前似乎没有任何安全问题
0~3	严重的	①大楼失效 ②不可操作 ③不可行 ④不适合人住或正常使用 ⑤存在环境、污染问题	系统已经过了它的使用寿命，并且存在影响功能的严重缺陷;其问题无法修复，需要进行详细的审查

其次，智能巡检机器人可以采用目前已经非常成熟的移动机器人技术，结合成熟的图像识别技术、传感器技术和无线通信技术等，对建筑进行定时巡检，识别、存储各种生产设备的位置、运行状态并做出初步处理，定时收集温度、湿度、洁净度和气流速度等机房环境数据，用于分析建筑环境情况，以及统计机柜使用率等指标，形成设备、机房整体运行状态综合评价，为数据中心运维提供及时有效的数据，实现机房的无人化和智能化。

6.4.4　基于机器学习技术的预测性维护

预测性维护三步曲分别是确定维护需要的数据，确定维护需要的算法，设计出预测性维护的流程。图6-10展示的是设计预测性维护的程序[33]，包括：①获取所需要的数据；②确定预测性算法；③训练所需要的预测模型；④用训练后的模型进行预测。

（1）预测性维护所需的数据。收集大量的设备历史记录，包括设施的基本属性信息：尺寸、材料、位置、类型、容量等；传感器数据，包括温度、湿度和压力等，如图6-11所示[33]。同时，BIM模型还可以展示传感器的实时数据。这些传感

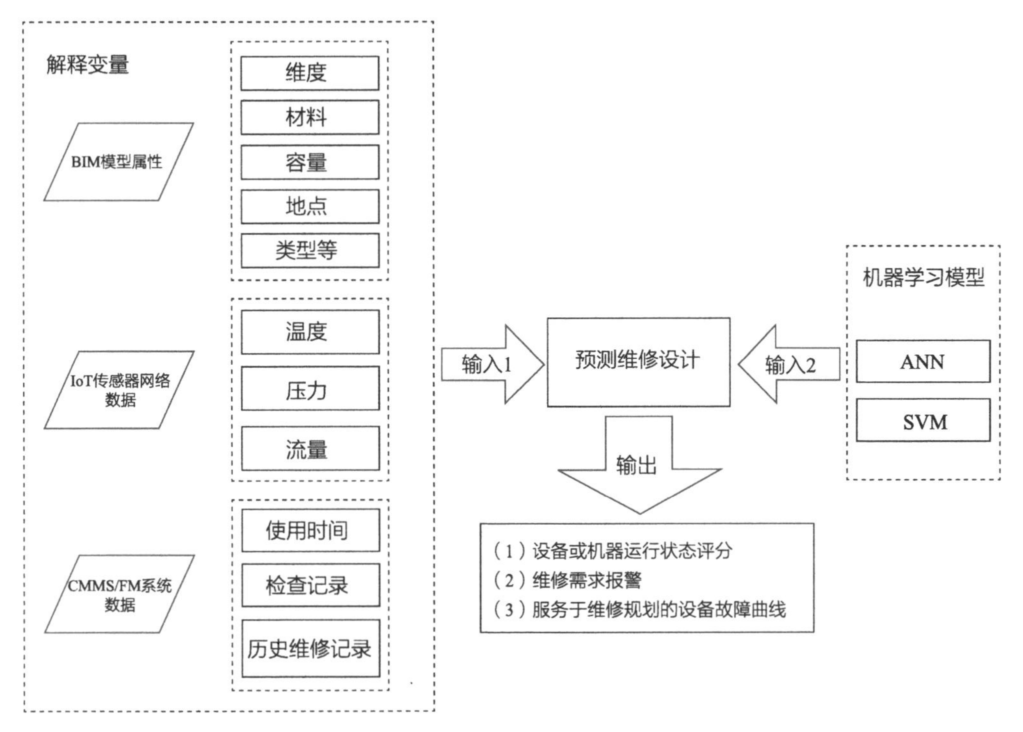

图6-10　预测性维护的算法设计流程[33]

图6-11　API实时地展示出传感器数据和来自BIM模型的数据[33]

Iot传感器网络实时数据

器数据被存储在状态数据库中，图6-11展示的是长时间的传感器数据，包括温度、压力和流速。

设备的历史性维护数据，包括使用年限、维护记录和维护次数等。这些信息可以作为预测模型的输入，且通常是存储在CMMS或者CAFM系统中的，可以随时调出记录用于预测性维护。

（2）确定预测性的算法。根据需要预测的设施和常用的基本预测算法，选择出适合的预测性算法，例如人工神经网络算法、支持向量机算法等。对于房屋的机电设施的预测性维护，通常可以采用人工神经网络、支持向量机、马尔科夫链等算法。对于房屋建筑地下管道的预测性维护，由于需要对图片进行识别和分析，目前常见的深度学习算法是卷积神经网络算法（Convolutional Neural Networks）。卷积神经网络是人工神经网络的一种，已成为当前语音分析和图像识别领域的研究热点。它的权值共享网络结构使之更类似于生物神经网络，降低了网络模型的复杂度，减少了权值的数量。该优点在网络的输入是多维图像时表现得更为明显，使图像可以直接作为网络的输入，避免了传统识别算法中复杂的特征提取和数据重建过程。

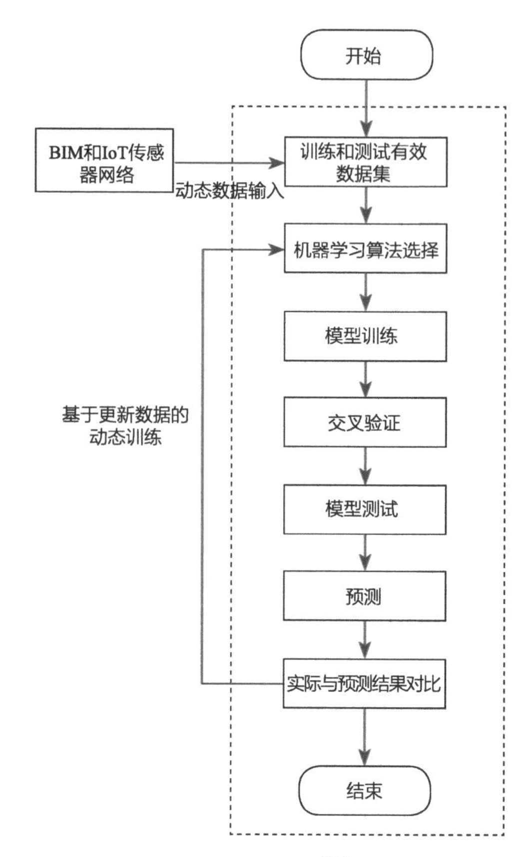

图6-12　预测性维护的算法流程[33]

（3）训练预测性的模型。预测性维护的算法流程如图6-12所示[33]。对于所选择的预测性算法，需要用收集到的传感器数据、设施基本数据和历史维护数据对模型进行训练，获得合适的预测模型。这个过程包含如下几个步骤：①机器学习算法的选择；②训练模型；③交叉验证模型；④模型测试；⑤模型预测；⑥比较预测的结果和真实的结果。

（4）预测得到结果。预测性维护算法得出的结果是：①建筑设备和机械的状态得分；②告知设施管理者需要采取的维护活动；③为维护计划提供设备状态递减曲线。

6.4.5　预测性维护的计划

基于上述预测性算法得到的设施状态，可以制定下一步的维护计划。图6-13显示了执行预测性维护操作时典型建筑组件的状况[46]。在监视系统中设置触发器以指示进行预测动作的时间（T_1）。换言之，当传感器数据超过根据历史状况数据和历史维护记录确定的阈值限制时，触发器将被激活，并且FM管理者将使用提议的预测性决策管理框架来基于故障预测未来状况曲线。预测模块的结果包括未来状况，即将到来的故障时间（T_2）和剩余服务时间（$T_2 - T_1$）。根据故障时间T_2，维护时间T_3（$T_3 < T_2$）是根据建筑设施的未来状况决定的。传统上，维护计划基于维护请求和维护工单。在此框架中，根据建筑设施的预测条件动态调整维护计划。例如，提示人们应关闭空调系统的压力警示灯，因为冷却器可能会停止并发生故障。基于预测条件的维护计划比预防性维护更可靠。

相对应的，当预测的状态落在不同的状态区间内，所采用的预测措施也是不一样的。当状态指数是9～10，基本上不需要采用维护措施；当状态指数在区间7～9的时候，设施管理者需要采取维修或者替换小的零部件；当设施的状态在5～7的区间内，表明设施处在一个不好的状态，需要仔细检查，并且采取替换的维修策略；当设施的状态指标值低于3的时候，表明设施已经不能继续工作，需要完全替换成新的设施来继续工作。

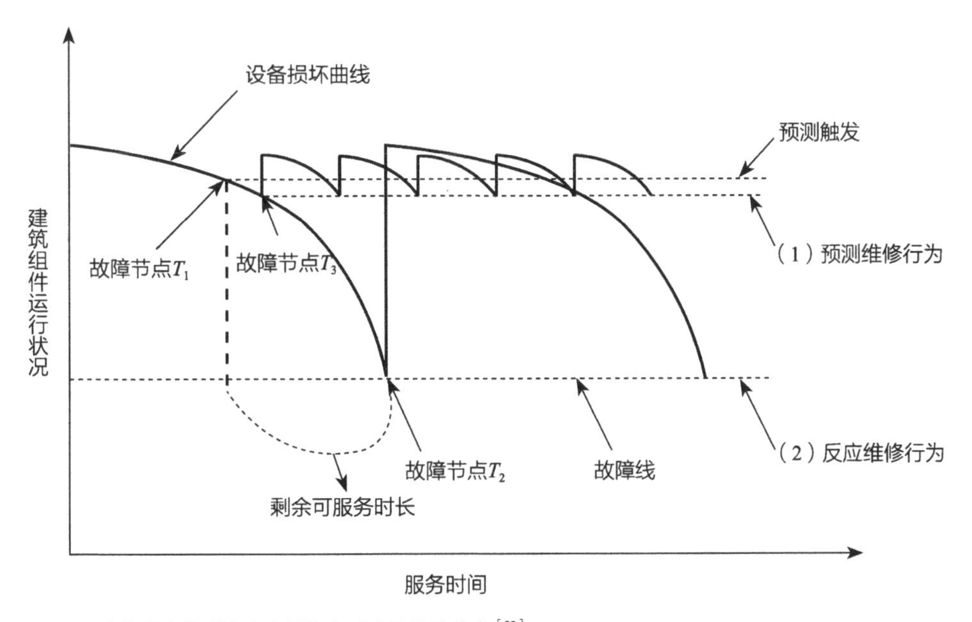

图6-13　建筑设施的剩余生命周期和对应的维护状态[33]

图6-14　预测后的建筑地下管道的状态[84]

上述预测性维护框架还可以用于城市层面的地下管道预测和维护计划安排。对于地下管道的状态预测和维护计划安排，可以结合BIM和GIS技术，可视化地预测管道状态[47]。如图6-14所示，基于GIS的预测性状态可视化。图中黑色的状态显示当前的管道已经失效，不能正常工作；红色表明管道已经很破旧，需要更换和维修；黄色表明管道的状态一般，需要定期检测。

6.5　虚拟现实和增强现实技术的应用

虚拟现实平台的搭建主要包括两部分：场景模型的建立与场景驱动。目前较为常用的模型建立工具有3dsMax、Maya及Creator等。与其他软件相比，3dsMax建模功能更强大，制作流程简捷高效，具有丰富的插件。场景驱动则需要虚拟现实引擎工具，目前比较常见的有：Vrml、Quest3D、Converse3D、Java 3D、Cult3D及Unity3D等。综合比较各种引擎工具，Unity3D引擎开发过程技术要求高，但是其高级渲染效果和用户定制支持远远高于其他引擎，适合工业产品三维虚拟展示交互访问和逼真表现的要求。虚拟现实平台是设施管理系统表达层的内核，它提供三维场景的渲染、光影效果、漫游、动画、信息展示等功能。因此，在设施管理中，需要管理者搭建自己所需要的平台。

在虚拟现实平台中的设施的空间位置和功能区域，运维人员对模型进行版本管理和分类管理，按照管理需求组织模型目录，进行文件命名和编号调整，建立满足建筑设施管理需要的模型体系。在虚拟空间中，浏览检索各子项模型，将建筑和各种设施都以三维图像的形式展现出来。用户根据其视角在虚拟模型环境中漫游并查看设施信息。通常，可以在虚拟场景中，对建筑进行空间分区，定义每一分区的名称、大小以及空间位置。根据设施实际安装位置，定义设施模型在虚拟空间环境中的位置，将设施模型与空间分区关联起来。根据实际设施管理中的信息流和物流，定义各系统的设施设备、管线及接插件的链路关系。设施位置的管理不仅包括建筑中的可见设施，还包括吊顶、地下部分等隐蔽工程。

通常，运维系统中存储了设施设备和管线的链路关系，由设施设备和管线构成的链路与专业子系统或子系统的一部分相对应，在系统中建立三维可视化的建筑各专业子系统的有向图数据模型。管理人员通过本功能在三维可视化环境中浏览各专业子系统，并进行关联性和影响性分析，结合建筑模型集成的资料和实时数据，能够实现对设施设备的精细化管理。

使用虚拟现实技术，对于隐蔽工程的状态进行查看，监测设备，并对设备进行快速的维护管理[41]。图6-15展示的是用户使用虚拟现实设备的情景和虚拟现实设备中展示的建筑的设施。

使用HTC Vivi设备，BIM模型可以实现可视化的沉浸式体验，如图6-16所示，可以快速查看设备的资产信息和状态。对于标记的模型，管理者需要在房间里面设一个标记，扫描标记后，虚拟的设备才会显示出来，如图6-16（a）。这个功能可以用于设备的装饰装修。无标记的虚拟现实模型，可以根据GPS等室内定位技术，当用户的位置很接近虚拟产品的真实位置，这个虚拟产品就可以显示出来。如图6-16（b）所示[41]。

增强现实AR，可以在现实环境中附加额外信息，因此AR可以查看建筑内部隐蔽工程的信息，例如建筑内部管道的监测状态，在用户面前的都市建筑群中为用户铺设导航信息或者建筑信息，已经可以应用在电梯的维护和检修工作上。图6-17展示了基于增强现实的管道的维护管理应用。用增强现实AR眼镜可以看到管道设备、尺寸、位置，还可以查看设施的基本信息、管道类型、系统类型、材质、检查时间、管道的好坏，以及维护的指导手册等，便于设施管理者快速进行维护和管理。

其次，增强现实技术通常需要结合室内定位技术，使得在现实环境的位置中，准确地显示出虚拟的三维模型和对应的信息。这些室内定位技术包括RFID、WiFi、UWB、红外和超声波、Zigbee等室内定位技术。

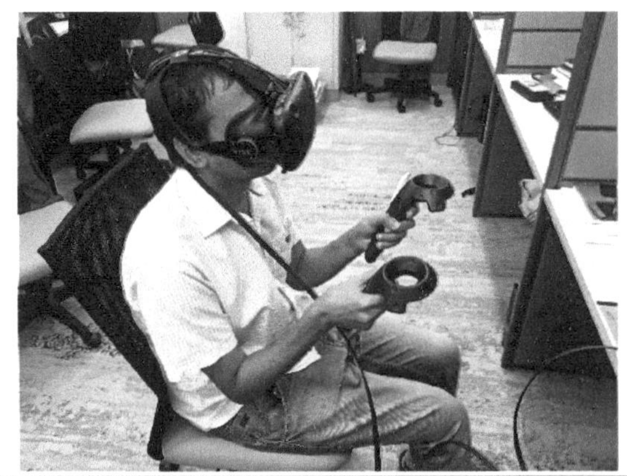

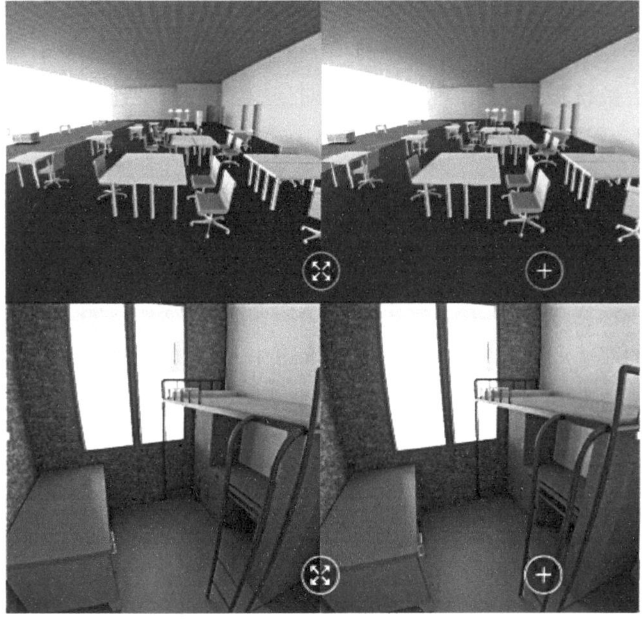

图6-15　虚拟现实中的建筑设施查看和管理[41]

（a）基于标记的虚拟现实模型　　（b）无标记的虚拟现实模型

图6-16　可视化的沉浸式体验[41]

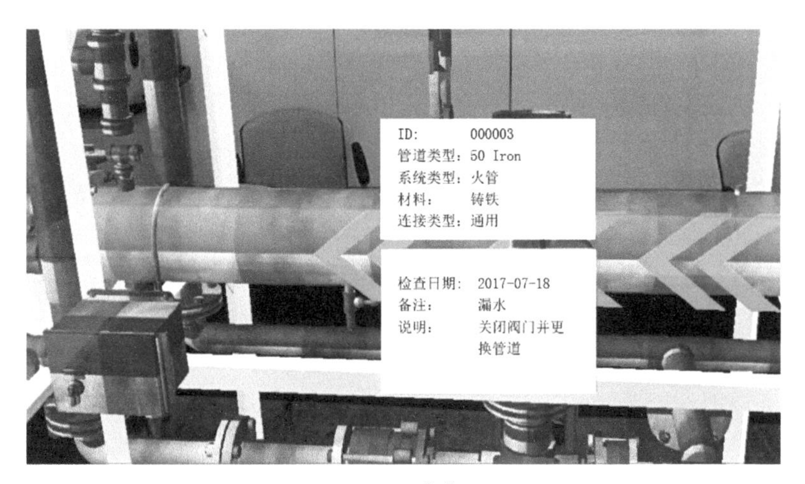

图6-17 基于增强现实的设施维护管理应用[41]

第三，AR在实景导览上的应用应该是直接体现在建筑设施维护中的应用。从看纸质地图到手机地图导航再到AR导览，出行导航的方式在不断地进步。AR导览让维护管理者摆脱低头看手机的导航方式，举起手机就可以浏览每个需要维护的点和活动的位置和具体信息。

将AR技术应用于复杂装备维修，可在一定程度上解决新型复杂装备维修人员少、技术资料海量等问题，提高维修效率。AR技术在设备维护管理及辅助维修方面的应用场景还包括：设备专业的新员工培训、设备专业的应急演练和设备远程辅助维修等。

CHAP
7

第7章

数字化空间管理

7.1 范畴与主要内容

7.1.1 概念

建筑设备设施管理中，数字化空间管理（Data Space Management）是新的科学产物。数字化空间管理是指，与主体相关的上端设备数据及其关系的末端设备数据采集的集合，数据空间采集到的所有数据对于主体来说都是可控制管理的。设备主体相关性和可控性，是数据空间中的基本属性。数字化空间管理实际上是指设备主体数据空间，与之相对应的是末端设备数据空间。设备主体数据空间是公共数据空间的一个子集，随着设备主体需求的不断变化，数据项不断从末端设备或末端公共设备数据空间纳入设备主体数据空间中。

设备主体、数据采集和传输服务是数字化空间管理的三个要素。设备主体是指数据空间的所有者，可以是一个设备或设备群组，也可以是不同区域的一组设备和设备群组；数据采集是指与设备主体相关的所有可控数据的集合，其中既包括对象设备，也包括对象设备之间的关系；主体通过传输服务对数据空间进行管理，例如数据控制、监视、分类、查询、更新、索引等，都需要通过数据空间管理提供的服务完成。由此可见，机电设备设施数据空间管理是一种不同于传统数据管理的新的数据管理理念，是一种面向建筑项目主体空间设备设施的数据管理技术。数据化空间管理要根据不同阶段、不同建筑项目、不同业主群体的需求去研发数据模型、数据集成、咨询与索引等各种技术。

7.1.2 功能

数字化空间管理能够使用现有的机电设备设施数据空间系统，从这些系统中获取最新信息，并提供了先进的数据和流程，用于自动、准确、及时地分发和分析整个机电设备设施中的数据，并对数据进行验证。数字化空间管理具有以下特性：

第一，在最上层面上整合了现有纵向结构中的用户信息、机电设备设施数据信息以及其他深层次信息共享所有系统中的数据，使之成为一系列机电设备设施数据空间，用以用户为中心的业务流程。

第二，实现对于用户、产品和供应商都通用的机电设备设施数据空间数据形式，加速数据输入、检索和分析支持数据的多用户管理，包括限制某些用户添加、更新或查看维护。

机电设备设施数据信息管理中，由于和数据管理关联的方法和流程的运行与客户的业务数据系统及其他系统彼此独立，这些方法和流程不仅能检索、更新和分发数据，还能满足数据空间的各种用途。数据空间管理通过将数据与操作应用程序实时集成来支持操作用途。数据空间管理通过网络管理工具事先将数据传送及分析应用程序来支持分析用途。总结来看，机电设备设施数据空间管理提供以下功能，如图7-1。这些功能将极大降低数据空间管理成本，强化仓库有关的总体开发和维护工作。

机电设备设施数据信息管理中，通过单一平台上成熟的多领域MDM集中数据的管理，从而消除点对点集成，简化结构，降低维护成本，改进数据治理。主数据管理（Informatica MDM）能够通过以下步骤帮助企业成功进行机电设备设施数据信息多领域数据管理：

1）建模：用灵活的数据模型定义任意类型的数据；

2）识别：快速匹配和准确识别重复项目；

3）解决：合并以创建可靠、唯一的真实来源；

4）联系：揭示各类数据之间的关系；

5）治理：创建、使用、管理和监控数据。

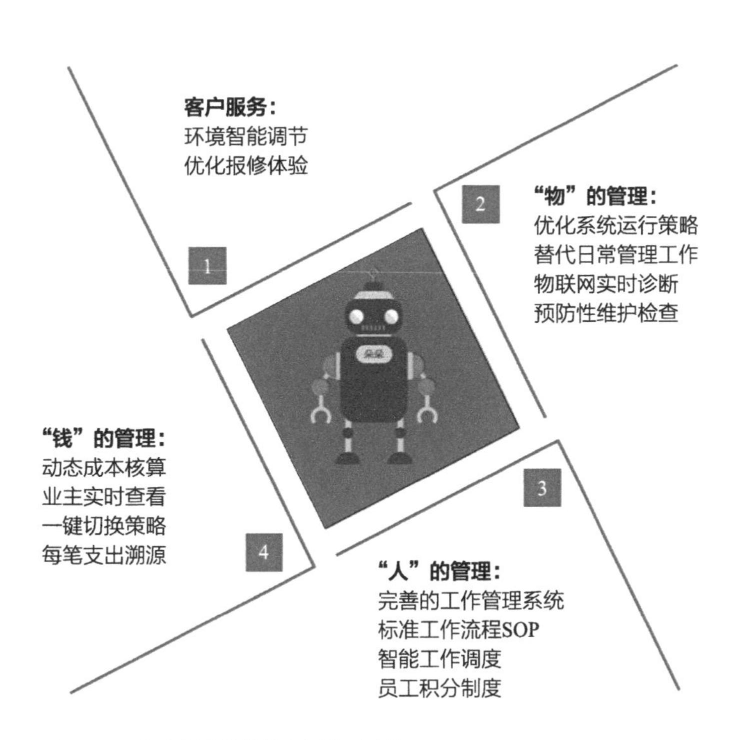

图7-1　机电设备设施数据空间管理功能

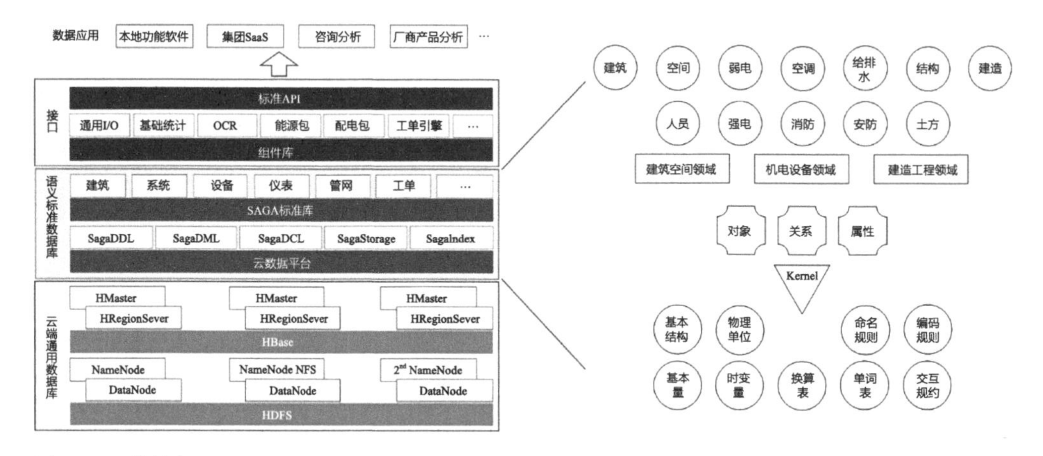

图7–2　云数据中心

Informatica MDM提供业务用户和数据管理员可访问的强大接口，从而实现完整的数据管理和数据异常处理，使用者可以轻松浏览不同机电设备设施数据实体中的多层次结构。随着IT技术的飞速发展，机电设备设施数据中心的功能在短短50年的发展过程中经历了数据存储中心、数据处理中心、数据应用中心和数据运营服务中心四大发展阶段，成为IT系统最重要的组成部分。其形态也从机房发展到数据中心，再发展到现在最热门的话题之一——云数据中心，如图7–2所示。

7.1.3　意义

网络信息化的社会发展是有一定规律的，网络信息社会的产品生产，也是催生机电设备设施网络数据化空间管理的必然条件。与传统的手工农业社会、工业社会一样，要经历小生产、小作坊制作、研究发展到大规模的网络专业化生产过程。数字化空间管理系统，必然要进入建筑项目主体机电设备设施专业化和规模化的生产。首先是要通过主体结构、设施设备的产品化、配置的模块化、数据空间管理规则的自定义、展现的数据智能信息化，将传统的刚性管理信息系统转变为柔性的数字化空间管理信息系统；其次是要将数据采集监控和数据处理分开，因为它们的环境需求不一样，前者强调的快速响应，后者强调高速计算和大容量存储。在过去，作为数据处理的代表性产品“数据仓库”，自其诞生开始就因为数据源难以整理、算法要持续发展、结果的应用面窄和使用率低等原因，成功案例很少。今日的网络信息时代，经过多次将数据仓库的概念加以拓展深化，通过拓展数据深化范围，网络空间管理已全面覆盖各类管理信息；特别是在工程建筑项目中，跟踪设备设施数据口径和规则，有利于对主体算法的管理和监控；延伸数据加工和处理，既延伸了

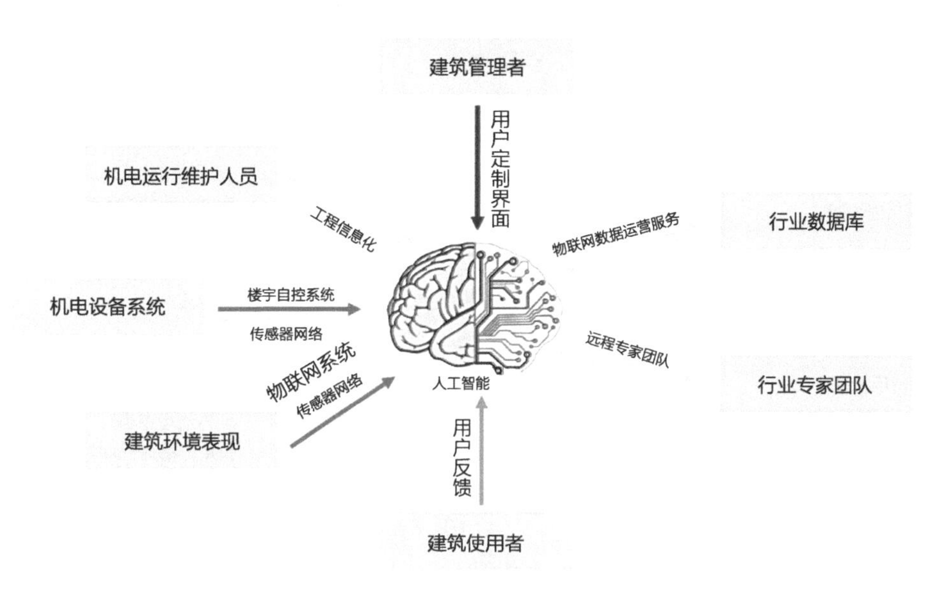

图7–3 数据化空间管理

功能覆盖面，又为设备设施数据跟踪和维护提供了有效的机制，形成一种设备设施专业化的专门进行数据获取、存储、加工、分析、展示的信息管理产品。这就是本章讨论的“数字化空间管理”。如图7–3所示。

7.2 基于BIM技术的空间管理

7.2.1 空间管理的价值和环节

城市和建筑的工作和生活空间管理，是一项持续性的管理过程，涉及个人、企业的发展、工作空间搬迁以及新工作类型等因素，影响人们的生产生活效率和文化建设。空间管理的意义在于更加凸显人的价值，提升人的生活体验和工作中的创造力，并通过人与环境的相互协作最终实现企业绩效。良好的空间管理有利于企业文化建设、品牌形象宣传、优秀人才吸引、财务成本控制等核心竞争力打造[73]，也有助于提高人们的幸福感和获得感。

空间需求分析主要包括采集空间需求数据、预测空间需求和确认空间需求三部分工作，如图7–4所示。空间需求分析是工作空间管理中的一项基础性工作。合理分析空间需求，是寻求空间使用成本和空间使用人员满意度两者平衡的重要举措。空间需求分析的第一步是采集空间需求数据，包括明确数据采集、选择数据采集方法、制定数据采集流程。开展空间需求预测，是由于随市场或经济环境变化及公司业务变化而持续变化，空间需求预测是基于科学合理的方法对企业工作空间的配置面积、

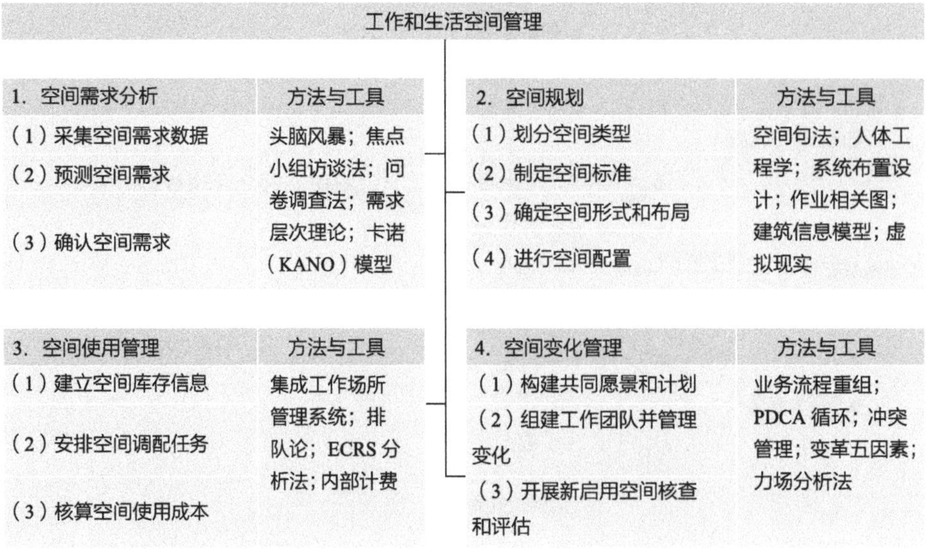

工作和生活空间管理

1. 空间需求分析	方法与工具
（1）采集空间需求数据 （2）预测空间需求 （3）确认空间需求	头脑风暴；焦点小组访谈法；问卷调查法；需求层次理论；卡诺（KANO）模型

2. 空间规划	方法与工具
（1）划分空间类型 （2）制定空间标准 （3）确定空间形式和布局 （4）进行空间配置	空间句法；人体工程学；系统布置设计；作业相关图；建筑信息模型；虚拟现实

3. 空间使用管理	方法与工具
（1）建立空间库存信息 （2）安排空间调配任务 （3）核算空间使用成本	集成工作场所管理系统；排队论；ECRS分析法；内部计费

4. 空间变化管理	方法与工具
（1）构建共同愿景和计划 （2）组建工作团队并管理变化 （3）开展新启用空间核查和评估	业务流程重组；PDCA循环；冲突管理；变革五因素；力场分析法

图7–4 工作和生活空间管理框架[73]

工位数量等指标进行预测，从而为相关资产配置、财务决策提供依据，主要工作包括：确定空间分类、空间面积标准，分析空间活动，确定活动和空间之间的关系，以及计算空间面积。确认空间需求包括需求评估、需求验证和需求跟踪等过程。

空间规划包括划分空间类型、制定空间标准、确定空间形式和布局，并进行空间配置。这部分视不同的建筑和不同尺度的空间管理而定，与空间所有者和运营者有着密切的关系。

空间使用管理包括建立空间库存信息、安排空间调配任务、核算空间使用成本。将空间视作资产就会产生空间库存的概念。空间库存总是在发生变化，需要对空间信息的动态变化进行控制，以随时掌握空间库存状况，建立详细的使用数据库有助于保障空间管理的全面性、可靠性和即时性。

空间变化管理包括构建共同愿景和计划、组建工作团队并管理变化和开展新启用空间核查和评估，建立可持续使用的数据库，并不断与真实空间运营对应，是实现空间管理的重要条件。

7.2.2 BIM技术在空间管理中的应用

1. 建筑空间资源的配置

优化空间资源配置是空间管理的一项重要目的，从城市空间到建筑空间，数字化技术提供了精准、即时和有效的空间资源配置工具。

通过城市地理空间信息、BIM技术，以及数字化在虚拟空间中再现传统城市的基础上，进一步利用传感技术和智能技术，实现对城市运行状况的自动、即时、全面的感知。重视从行业的细分、相对独立封闭的信息化架构向作为复杂巨系统的开放、整合、协同的城市智能化架构，通过移动网络通信技术实现可以自由灵活的，不受时间界限、地域限制、使用者身份限制，及智能融合的服务。注重建设开放创新的空间和使用空间的市民及他们的感受，满足人性化的使用需求，更好地推行可持续的发展。当数字城市与数字建筑致力于通过信息化手段实现城市运行与发展各方面功能，从而提高城市和建筑的运行效率，优化服务管理、促进城市发展[74]和建筑价值最大化利用。

城市和建筑空间资源优化配置，包括空间资源搜索、信息传递、空间分配和价值挖掘等内容，如图7–5所示。BIM和GIS技术能够很好地支持资源搜索、信息传递和信息反馈的功能需求，通过BIM、GIS和网络对需要的空间进行监控、管理和搜索，能够帮助需求者获取相关空间资源信息（地理位置、空间尺度、环境等），通过移动通信设备、定位技术、导航技术等，将所有可以使用的闲置空间资源进行整合重新调配，实现使用者远程咨询、预约、订购，帮助其可以即时、就近选择并找到所需资源来进行使用，最大程度地挖掘空间资源的价值。

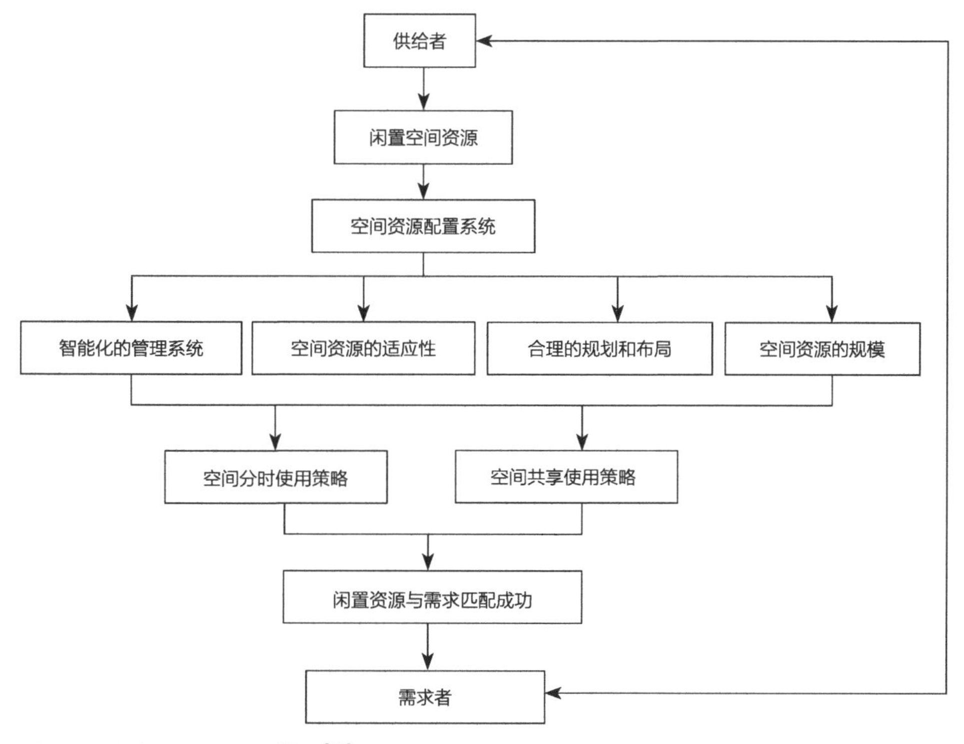

图7–5 空间资源网络化配置模式[74]

在不同使用者使用空间时，可能会因不同地点、不同时间、不同功能的需求，需要对空间的附属资源（如空调、照明、电梯和其他设备设施）进行配置来保证空间使用效率。可以通过相关数据分析和空间资源供给者适当地增强空间的适应性，来满足需求者对建筑空间的不同使用需求和个性化的使用方式，BIM技术+物联网和人工智能技术，能够很大程度地满足人们不断差异化的需求，帮助空间资源分配的同时，最大程度和最高效率地利用设备设施资源，也可以提高空间营业收入，满足使用者需求。

2. BIM技术在不同类型建筑的空间管理应用介绍

城市和建筑在运行过程中，需要整合和持续跟踪大量信息，传统的物业管理方式因为其管理手段、理念、工具比较单一，大量依靠各种数据表格或表单来进行管理缺乏直观高效的查询检索功能，数据、参数、图纸等各种信息相互割裂，此外还需要管理人员有较高的专业素养和操作经验，由此造成管理效率难以提高，管理难度增加，管理成本上升[21]。相对于传统的建筑运维系统，基于BIM的建筑运维管理系统其优势正在逐渐显现：利用BIM 技术可以实现建筑空间和设备设施信息高度集成和三维立体可视化，从而促进运营方、使用者和其他参与方频繁或大量的信息共享，提高物业空间管理的效率和质量。已有一批研究者通过对不同类型建筑中，BIM技术应用于空间管理进行案例分析。

武慧敏，高平[75]以某商业建筑项目为例，通过具体软件操作构建物业空间管理BIM 模型，筛选物业空间管理所需的信息，并借助云端实现移动化数据交换，设计物业空间管理的理论框架与组织流程，并提出实际运用中相应的问题与解决方案。研究认为，这种物业空间管理模式不仅实现了信息的无障碍交流，提高了空间管理效率，而且提升了管理者的管理水平，实现了及时、简便、高效的空间管理。基于BIM 技术在物业空间管理基础上的应用，进一步探索设备的维修管理及其他物业管理职能，有助于建筑项目在运营维护阶段实现价值最大化。

余芳强[76]从医院建筑运维需求出发，研究BIM在运维阶段应用技术、系统和价值，并在某新建医院综合楼进行应用验证。研究认为，基于BIM可以将建筑本体和医院运维信息有机结合，逐渐形成建筑全生命期大数据，可见BIM 对医院建筑运维具有较大价值；基于BIM 可以实现空间管理、机电设备运行机理和状态查看、视频安防管理，实现可视化、集成化运维管理，提升医院建筑运维管理水平；初步探索了基于人工智能的智慧运维管理模式，可减少设备故障数量，节约运维成本。

李明照，张瀛月[77]研究认为数字技术对大学的多个方面都能产生重要影响，但我们的最终目的是要利用数字化加强大学的核心任务——教学与科学研究。为了更好地运行数字化校园空间管理，大学首先需要创建一个与校园环境相适应的政策与组织方案。再将数字化合理地运用到空间管理中，使空间运用更精确高效，达到校园空间使用最大化，为教学和科研提供更舒适便捷的环境。

金伟强[78]认为，BIM技术的诞生为建筑行业带来了革命性的变化，将不仅仅作用于设计、施工阶段，更应该为建筑全生命期服务，与设施管理论结合，充分发挥其在建筑运维中的作用，为企业降低运营成本、减少项目风险、提高配置效率、提升管理水平。从管理的角度，进行建筑全生命周期的空间与设施管理，运营IPD模式充分利用建筑各个阶段的信息，保证BIM模型数据的完整性和准确性；在运营阶段考虑建筑空间与设施设备管理的组织管理模式，通过BIM模型，实现以建筑空间为载体的，以设施设备为经络的建筑运维管理，最大限度地满足工作和生活的需要。从系统论的角度考虑，建筑是一个完整的系统，由不同的子系统组成，系统之间相互影响和组合，分析各个系统共同作用下基于BIM的建筑空间与设施设备的应用管理流程，并进行流程的优化，为实现技术应用提供方法和理论支持。①建筑空间管理。基于BIM系统平台，建立空间族进行空间的整合管理。在BIM系统平台的基础上运用软件实现空间的再划分与再组合，并结合Archibus软件进行基于BIM模型的空间管理。②设施设备管理。通过梳理建筑空间系统和设施设备系统，以BIM模型为载体，将建筑全生命周期信息统筹管理，建立BIM模型数据库，为设施管理提供数据基础，并结合国内外设施管理软件搭建基础BIM模型的设施设备平台。③系统集成管理。以消防和节能系统为对象，从系统论的角度，分析建筑空间系统与设施设备系统之间的关系，为建立基于BIM模型的设施管理平台和实现流程的优化管理提供理论基础和技术支持。

总结来看，空间管理的核心难点在数据的管理，这是一项系统性工作，从BIM和GIS建模开始，数据的准确性、可靠性和即时性，是支撑数字化空间管理的核心。

7.3 数据与功能覆盖面

7.3.1 数据覆盖面

建筑机电设备设施空间数据处理产品的数据应该全过程覆盖，包括设备的原始凭证、运行数据采集、模型组织、加工分析处理、归档管理和结果展示等。

机电设备设施数据处理全过程的起点，是在日常空间数据管理活动完成后，经过机电设备设施数据抽取到数据空间的数据，这个数据起点称之为原始凭证区。其业务意义是针对原始机电设备设施数据，根据应用需求涉及的业务主题，进行基础信息分类汇集和汇总的加工和分类的处理环节；其技术意义是形成后续数据处理的最小粒度信息。

模型组织是将机电设备设施采集数据从按照每次交易组织的信息形式转化成按照分析主题组织的信息形式进行加工的过程。其业务意义是为核算、预测、数据挖掘等辅助机电设备设施空间管理活动，生成和保存经过分类、汇总的最小粒度信息；是根据机电设备设施业务需求涉及的算法、规则，进行进一步加工、组织的环节；其技术意义是为将机电设备设施采集数据信息转变为知识的数据加工和增值过程。这里对机电设备设施数据组织的关注，包括如何完成数据的增值利用，如何组织数据更有利于算法的实现、更有利于提升机电设备设施加工效率、更有利于算法的可持续发展和完善。

加工分析处理的业务意义是描述并记录机电设备设施数据空间中所有数据的属性（来源、口径、代码等）；描述并记录数据在整个机电设备设施数据空间的增值过程所涉及的路径、算法、形式等；描述并记录机电设备设施数据空间中所有数据，对外展现结果的样式、对象、变革、效果等；技术意义是全面管理数据的增值过程，实现机电设备设施每个增值环节描述的标准化、维护的简易化、规则的可视化、实现的工具化；化解每个增值环节的耦合度、实现数据空间的业务无关性，有利于实现配置独立、共享数据空间工具、互换数据空间工具。

归档管理从业务意义上说，它是按机电设备设施空间数据管理活动分类的，分类依据是不可抵赖性封装的，遵循档案管理标准，按时间积累的历史信息。从技术意义上说，它是为保存和查询机电设备设施历史信息提供的信息化手段；是为快速检索机电设备设施历史信息进行的科学分类；是为纸质信息和电子信息进行关联互补的技术方法。

结果展示的业务意义是为其他设施设备的各数据域积累和组织的信息进行人性化的展示，从以人为本的角度，向用户提供最佳的数据应用体验。其技术意义是要实现将来自多种数据源不同数据形态（结构化、非结构化）的数据，以多种展现形式（表、图、多媒体）加以反映；要能够通过加工规则域的关联，实现各种机电设备设施数据信息的关联展示。

7.3.2 功能覆盖面

作为机电设备设施数据空间管理信息系统的构件，数据空间必须提供相应的操作功能，配合一体化的机电设备数据空间管理信息系统，满足用户获取、应用和管理数据的需求。这些功能主要体现在以下方面。

1. 与一体化的机电设备设施数据空间管理信息系统共享的信息系统构件

该信息系统构件包括能够为用户提供个性化的操作提示和工作推送，还能够在另外的窗口传送与正在办理的业务相关的背景资料、管理信息和遵从差异等。通过对机构、人员和资源三个树状结构的配置及其相互关系的配置，能够实现整个机电设备设施数据空间组织中用户和权限的统一管理、共享使用和分别（依权）配置。同时，还能够采用CA和数字加密技术实现用户对数据访问的身份控制。通过对机电设备设施数据空间共享的工作流引擎，在配置各项管理活动的每个环节的同时，配置机电设备设施数据该环节涉及的相关参考依据和机电设备设施数据空间关联信息；在各项数据空间管理活动的相应环节，针对特定管理对象，传送相关操作的同时，将该管理对象与这个操作有关的背景资料、参考资料一并传送。

2. 机电设备设施数据分析应用专有的构件或工具

构件或工具包括为数据空间中的每个原始数据项（数据元）进行描述的数据采集：描述数据采集的来源、条件和目标等，描述数据加工的算法、口径和结果等，描述数据校验的对象、逻辑和阈值等。从多种角度的描述，建立相应的数据组织，继而从数据准备域进行加载，产生能够真正为用户所理解的，并真实反映机电设备设施数据空间整个组织特性的，能够提供用户快速、一致和交互存取的有价值信息。既需要实现最佳用户体验的效果，还需要能以标准化的封装，以便通过流程引擎的传送，在可以公共公开的门户构件中加以展现和钻取。

构件或工具要能通过机电设备设施数据空间管理流程引擎的传送和关联，让用户在相应的工作岗位和工作环节中，及时、快捷、智能地查看与该环节相关的，涉及相关管理对象的有关辅助资料、分析数据和差异信息。机电设备设施数据空间管理中，涉及管理遵从差异的信息，必须要能够分解到准确的时间、范围、对象、差值和依据等。所有进入数据空间管理的数据，在任何时间针对某一时点的数据查询，只要口径一致，必须结果一致。要保证用户能够根据需求的发展，通过对数据的来源、取数的规则、加工的算法、展示的效果进行增加、完善、注销等维护操作，确保数据应用的可持续发展。在实际工作中，利用帮助（鼠标右键或其他功能键）可以展示相关数据结果的加工逻辑、数据口径等；可以对用户常用的查询和习惯进行记忆，方便后续查询；可以由用户对定时加工的报表、信息等内容进行打印、查阅保存及按时传送。

7.4 优化空间使用效率的数字化管理

数据中心机电设备设施数据管理是网格系统中空间使用效率最优化的重要模块，它使用网格上存储资源和数据资源的手段，为用户提供透明地访问、存储、传输和管理数据的界面，使用户能够方便地实现机电设备设施数据共享。为实现优化空间使用效率的目的，在数字化空间管理系统中，需要关注数据案例、数据传输和数据存储等关键环节。

7.4.1 数据案例

数据中心网格中的数据可以用数据文件或数据库的形式存在，为了隐藏以不同形式存储的机电设备设施空间数据的具体细节，提供一个统一的接口，网格中引入了“数据案例”这个新的概念。数据案例是网格上数据管理的基本单位，它可以是一个数据文件或其中的一部分，也可以是一个数据库或其中的部分数据记录，还可以是数据实例的组合，通过数据实例的属性就可以访问相应的数据，实现空间使用效率最优化。

7.4.2 数据传输

数据中心数据传输将建筑物设备设施数据从始节点传输到目的节点，这是网格数据管理的基本功能之一。用户作业所需的输入数据、应用运行产生的结果数据、交换运算过程中的中间数据都需要数据传输的支持。将数据下载到本地然后开始应用，是普遍可见到情况，在某些情况下，如因本地存储空间的限制而不能将所有数据下载到本地后再使用时，数据传输将会更加频繁。数据传输需要满足传输速度、数据完整性、容错性的要求，才能实现空间使用效率最优化。

设备设施数据空间管理，数据中心数据传输可以在始节点和目的节点之间建立一条通路，完成所有数据的传输。为了提高数据传输的速度，可使用并行传输技术。这种技术是指在节点之间建立多个数据连接，在不同的数据通道上传输数据的不同部分。在始节点的发送能力和目的节点的接收能力足够的前提下，增加通路的数量从而提高数据传输的速度，实现空间使用效率最优化。

设备设施数据空间管理，数据传输过程中由于各种原因，如网络故障导致丢包，可能会导致始节点传出的数据和目的节点接收到的数据不一样。在云数据管理中，则不允许这种情况的发生。为此，一般使用出错重传或纠错的方式来解决。但某些应用场合，如实时控制，还对时间有严格的要求，没有多余的时间请求出错重传或纠错，这时可使用容错传输技术获得很好的服务质量。容错传输在始节点和目的节点之间建立多条数据并联通道，每条并联通道上传输相同的内容，从而避免重传或纠错操作。这种方式虽然不能完全消除传输错误，但可以降低出错的概率。实现空间使用效率最优化。

数据中心网格中除了目的节点主动向始节点请求、始节点向目的节点自动分发会触发数据传输外，还有一种特殊的情况，即由第三方驱动数据传输。这种方式为网格应用带来了便利，任何一个用户或应用可以从任何节点发出请求实现特定两个节点之间的数据传输，在此基础上不仅可以建立复杂的数据共享关系，还可以建立复杂的数据流程，实现复杂的数据驱动。降低投资成本，实现空间使用效率最优化。

设备设施数据空间管理，从传输的参与者来看，数据中心除了始节点和目的节点之间的点对点传输外，数据中心网格还需支持分布传输和汇集传输。分布传输是把一个完整的数据集当中的不同部分分散传输到不同目标节点上，汇集传输则与之相反，数据从多个不同的节点流向一个相同的节点。将一个大任务分解为多个小的子任务交由多个节点处理，最后将结果汇总，实现空间使用效率最优化。

7.4.3 数据存储

数据存储机制直接影响着数据的访问。通常而言网格数据分布存储在网格中不同资源的存储介质中，这是因为网格中数据量很大，单个个人或组织所拥有的存储资源容量有限，而且他们拥有的计算资源能力有限，不一定有能力不断处理快速增长的数据，另外分布存储可避免传输带宽的限制带来的问题。数据中心网格数据分布存储在不同位置的不同设备中，并具有不同的特点，数据管理模块为用户提供一个统一的数据视图、统一的访问接口，用户不需要了解数据对象的具体底层实现机制，从而实现数据存储空间使用效率最优化。

网格中还有些信息的数据量很小，只有几个或几十个字节，如状态数据、信息记录等信息，但这些数据的使用却是独立的。如果这些数据都作为文件单独存储，其数量将急剧增加，占用大量存储空间，并带来管理的难度，降低存储介质的有效利用率。为避免这种现象，数据中心采用聚集存储技术，把文件大小小于一定规模的多个文件聚集成一个复合文件存储在网格存储空间。与可以将多个文件压缩为一个文件的文件压缩相比，聚集存储的一个文件，不需要解压就可以直接访问，包括读取、修改和删除等操作，同时还可实现同一时间存在两地不同区域的服务器里，实现数据存储空间使用效率最优化。

数字化空间管理信息化对提高生产率的帮助已经成为建筑物业工程管理行业的共识，并从20多年前就开始实行，特别是在现时网络高速发展阶段，大多数企业已经有了自己的数据中心，大型集团企业甚至已经有了多个数据中心以满足不同地域业务的需求。这些传统的数据中心普遍面临着IT资源利用率低下、能耗过高、管理复杂等难题，向分布式云数据中心的整合和改造是必然的趋势。数据中心整合包括以下内容：1）IT架构治理介绍；2）架构治理的目标；3）架构治理框架；4）架构治理活动；5）架构绩效体系；6）运营模型；7）传统数据中心的改造和整合；8）企业设备设施数据中心现状分析；9）数据中心整合效率评估；10）面向云计算架构的数据中心整合；11）客户需求的其他。

7.5 某云数据中心的案例

截至2017年，某云数据中心已在中国北京范围内为各行业用户建设了280个数据中心库，覆盖政府、医疗、教育、金融、酒店、写字楼及物业综合体等行业（图7–6）。

1. 数据备份

云数据中心数据备份，指为防止系统出现操作失误或系统故障导致数据丢失，而将全部或部分数据集合从应用主机的硬盘或阵列复制到其他存储介质的过程。主要是采用内置或外置的磁带机进行冷备份。但是这种方式只能防止操作失误等人为

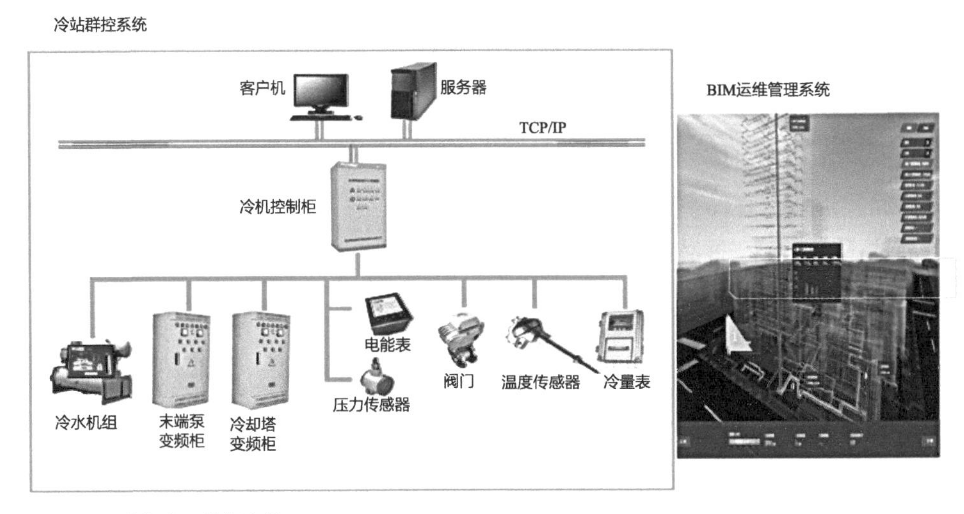

图7–6　云数据中心数据备份

故障，而且其恢复时间也很长。随着技术的不断发展，数据的海量增加，不少的企业开始采用网络备份。网络备份一般通过专业的数据存储管理软件结合相应的硬件和存储设备来实现。

2. 数据库

云数据中心数据库就是在与主数据库所在生产机相分离的备份机上建立主数据库的一个拷贝。

3. 网络数据

云数据中心网络数据是对生产系统的数据库数据和所需跟踪的重要目标文件的更新进行监控与跟踪，并将更新日志实时通过网络传送到备份系统，备份系统则根据日志对磁盘进行更新。

4. 远程镜像

云数据中心数据通过高速光纤通道线路和磁盘控制技术将镜像磁盘延伸到远离生产机的地方，镜像磁盘数据与主磁盘数据完全一致，更新方式为同步或异步。

云数据中心在数据备份时已考虑到数据恢复的问题，包括采用双机热备、磁盘镜像或容错、备份磁带异地存放、关键部件冗余等多种灾难预防措施，这些措施能够在系统发生故障后进行系统恢复。

5. 质量数据

云数据中心数据质量是指某质量指标的质量特性值。狭义的质量数据主要是产品质量相关的数据，如不良品数、合格率、直通率、返修率等。广义的质量数据指能反映各项工作质量的数据，如质量成本损失、生产批量、库存积压、无效作业时间等，这些均将成为精益质量管理的研究改进对象，并且质量指标在建筑行业中多种多样。

在质量数据统计分析中，特别关注三项指标，一是数据的集中位置，二是数据的分散程度，三是数据的分布规律。数据的集中位置分别有平均值、中位数、众数三种表示方法，其各具优缺点，其中平均值最为普遍常用。数据的分散程度由标准差表达，用符号σ表示，数据的分散程度在质量管理中就是质量特性值的波动性，反映过程能力。

数据的分布规律在质量管理中对统计总体而言为正态分布，该分布规律是理论和实践证明的统计规律。质量数据统计分析重点就是在总体正态分布这个已知背景下研究该正态分布的平均值和标准差。质量数据定量化分析对建筑行业数据空间质量管理以及商业运营管理具有重要意义，其是精益质量管理的基础。

7.5.1 计量值数据与计数值数据

质量数据是指由个体产品质量特性值组成的样本（总体）的质量数据集，在统计上称为变量；个体产品质量特性值称变量值。根据质量数据的特点，可以将其分为计量值数据和计数值数据。

1. 计量值数据

计量值数据是可以连续取值的数据，属于连续型变量。其特点是在任意两个数值之间都可以取精度较高一级的数值。它通常由测量得到，如重量、强度、几何尺寸、标高、位移等。此外，一些属于定性的质量特性，可由专家主观评分、划分等级而使之数量化，得到的数据也属于计量值数据，如图7-7所示。

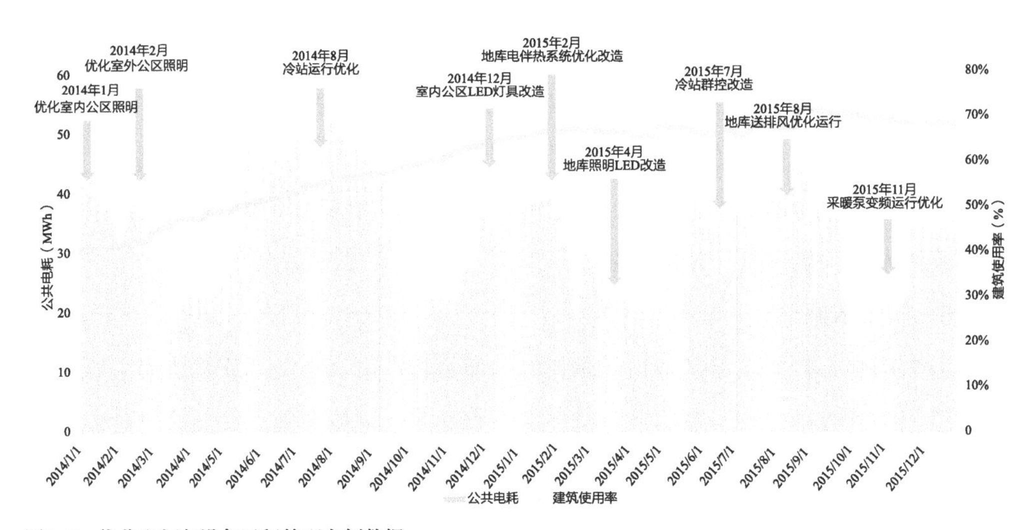

图7-7 优化空间与设备运行管理案例数据

2. 计数值数据

计数值数据是只能按0，1，2，……数列取值计数的数据，属于离散型变量。它一般由计数得到。计数值数据又可分为计件值数据和计点值数据。

（1）计件值数据，表示具有某一质量标准的产品个数。如总体中合格品数、一级品数。

（2）计点值数据，表示个体（单件产品、单位长度、单位面积、单位体积等）上的缺陷数、质量问题点数等。如检验钢结构构件涂料涂装质量时，构件表面的焊渣、焊疤、油污、毛刺数量等，如图7-8所示。

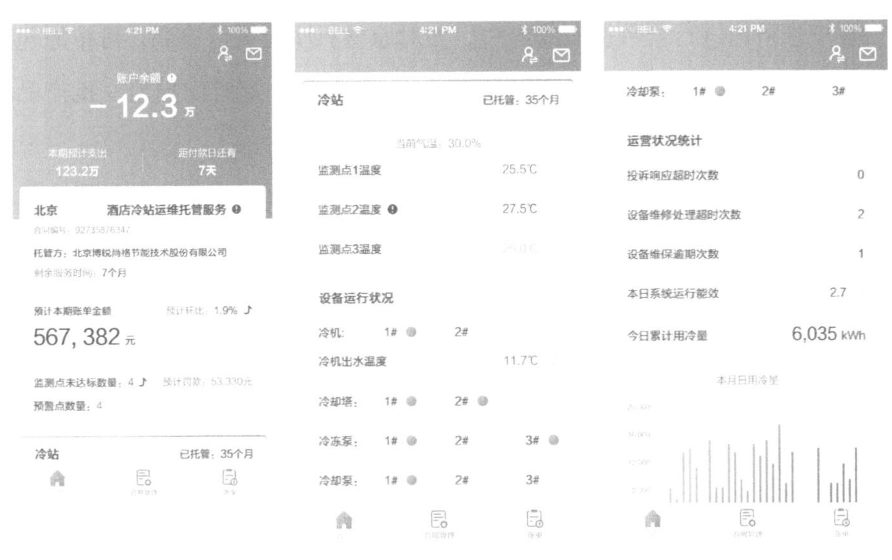

图7-8　基于数据的空间环境与能耗管理

7.5.2　收集方法

云数据中心数据质量是通过网络采集进行抽样检验的，不受检验人员主观意愿的支配，每一个体被抽中的概率都相同，从而保证了样本在总体中的分布比较均匀，有充分的代表性。同时它还具有节省人力、物力、财力、时间和准确性高的优点，它又可用于破坏性检验和生产过程的质量监控，完成全数检测无法进行的检测项目，具有广泛的应用空间。抽样的具体方法有：

1. 简单随机抽样

简单随机抽样又称纯随机抽样、完全随机抽样，是对总体不进行任何加工，直接进行随机抽样，获取样本的方法。

2. 分层抽样

分层抽样又称分类或分组抽样，是将总体按与研究目的有关的某一特性分为若干组，然后在每组内随机抽取样品组成样本的方法。

3. 等距抽样

等距抽样又称机械抽样、系统抽样，是将个体按某一特性排队编号后均分为n组，这时每组有 $K=N/n$个个体，然后在第一组内随机抽取第一件样品，以后每隔一定距离（K号）抽选出其余样品组成样本的方法。如在流水作业线上每生产100件产品抽出一件产品做样品，直到抽出n件产品组成样本。

4. 整群抽样

整群抽样一般是将总体按自然存在的状态分为若干群，并从中抽取样品群组成样本，然后在中选群内进行全数检验的方法。如对原材料质量进行检测，可按原包装的箱、盒为群随机抽取，对中选箱、盒做全数检验;每隔一定时间抽出一批产品进行全数检验等。

由于随机性表现在群间，样品集中，分布不均匀，代表性差，产生的抽样误差也大，同时在有周期性变动时，也应注意避免系统偏差。

5. 多阶段抽样

多阶段抽样又称多级抽样。上述抽样方法的共同特点是整个过程中只有一次随机抽样，因而统称为单阶段抽样。但是当总体很大时，很难一次抽样完成预定的目标。多阶段抽样是将各种单阶段抽样方法结合使用，通过多次随机抽样来实现的抽样方法。如检验钢材、水泥等质量时，可以对总体按不同批次分为R群，从中随机抽取r群，而后在中选的r群中的M个个体中随机抽取m个个体，这就是整群抽样与分层抽样相结合的二阶段抽样，它的随机性表现在群间和群内有两次。

6. 数据一致性

数据一致性指根据相同的业务理解（基于原始系统模型和基于数据仓库模型），在原始系统查询和统计的信息与在数据仓库中得到的结果在各个细节层次（包括明细层次）上都是相同的。质量是数据存在于项目和公司企业的系统中。同一个客户在不同的系统中（例如业务处理系统和财务系统）有不同的代码，甚至同一个客户在同一个系统中也有不同的代码，以物业公司的业务处理系统为例，同一个客户先后在同一个区间报修，不同的工程人员可能会输入不同的代码，都能发现存在的部分问题从而进行维修，简化了用户的报修流程，同时在分析和决策时应降低对这些数据的依赖程度，也可以提供辅助的方法跟踪、监测数据质量问题，如图7–9所示。

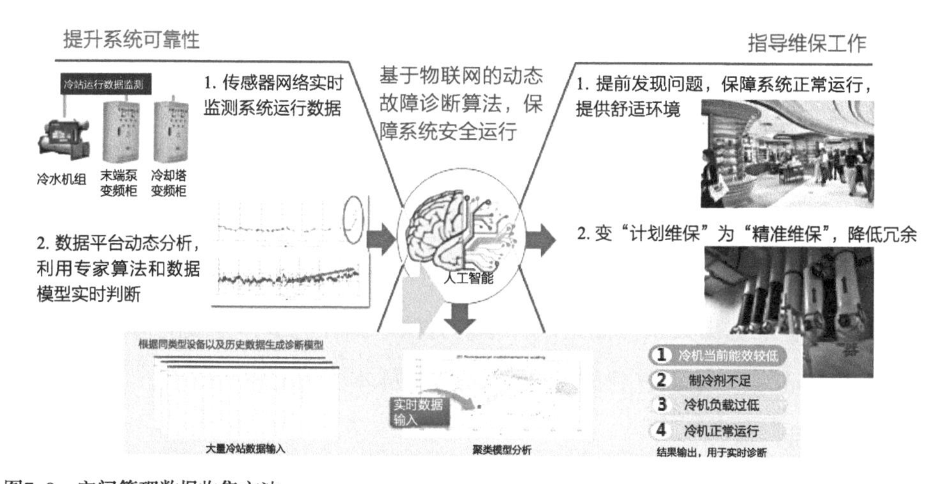

图7–9　空间管理数据收集方法

CHAP

8

第8章

数字化能源和环境管理

8.1 能源管理的范畴与主要内容

8.1.1 能源管理系统管理的范畴

能源紧缺、环境污染等问题日趋严重，节能减排是我国将长期执行的基本国策，建筑节能是国家节能减排的重要环节。通过对建筑执行能耗量化管理以及效果评估的手段，来降低建筑运营过程中所消耗的能量，最终降低建筑运营成本，从而提高能源使用效率，已经逐渐成为建筑业主最为关注的方法。这个方法是以建筑能源管理系统为核心，使所有与用能相关的系统进行集成，并且进行协调控制，科学地选用和制定能源管理的控制方案，并在保证建筑安全舒适的前提下实现智能化，最终实现建筑节能减排的效果，与此同时提升建筑环境品质和管理水平。

建筑能源管理系统是将建筑物或建筑群内的变配电、照明、电梯、空调、供热和给水排水等机电系统的能源使用状况及节能管理实行集中监视、管理和分散控制的建筑物管理与控制系统。系统的数据将被接受并转换为增强决策和操作能力的信息，从而提高建筑使用者和所有者的效率和舒适性。

为实现建筑管理辅助决策的功能，整个能源管理系统需要包括以下几项内容：①实现对建筑自控、门禁、UPS、智能空调、变配电、照明和消防等子系统的大融和，汇总后由控制中心统一调度；②动态监控能耗数据，采用实时能源监控、分户分项能源统计分析、优化系统运行的方式，通过对重点能耗设备的监控、能耗费率分析等手段，使管理者能够准确地掌握能源成本比重和发展趋势，制定有的放矢的节能策略。此外，还可以与蓄能装置、无功补偿装置联动，达到移峰填谷、提高功率因数的目的；③监控办公、居住环境舒适信息，主要包括环境的温度、湿度和空气质量指标等。

建筑能源管理系统设计采用的是分层分布式结构，系统自上而下共分四层（图8-1）：①现场设备层，即分布于高低压配电柜中的测控保护装置、仪表以及建筑自控、门禁、智能空调、电梯、变配电和消防等子系统；②网络通信层，使用通信网关从而将各个子系统所使用的非标准通信协议统一转换为标准的协议，进而将监测数据及设备运行状态传输至智能建筑能源管理平台，并下发上位机对现场设备的各种控制命令；③监控层，具有良好的人机交互界面和国内外各种建筑控制厂家的检测、控制设备构成任意复杂的监控系统，实现完美的过程可视化；此外可与“第三方”的软、硬件系统来进行集成，实时历史数据库提供丰富的企业级信息系统客户端应用和工具，大容量支持企业级的应用，内部能够实现高数据压缩率，最终实现

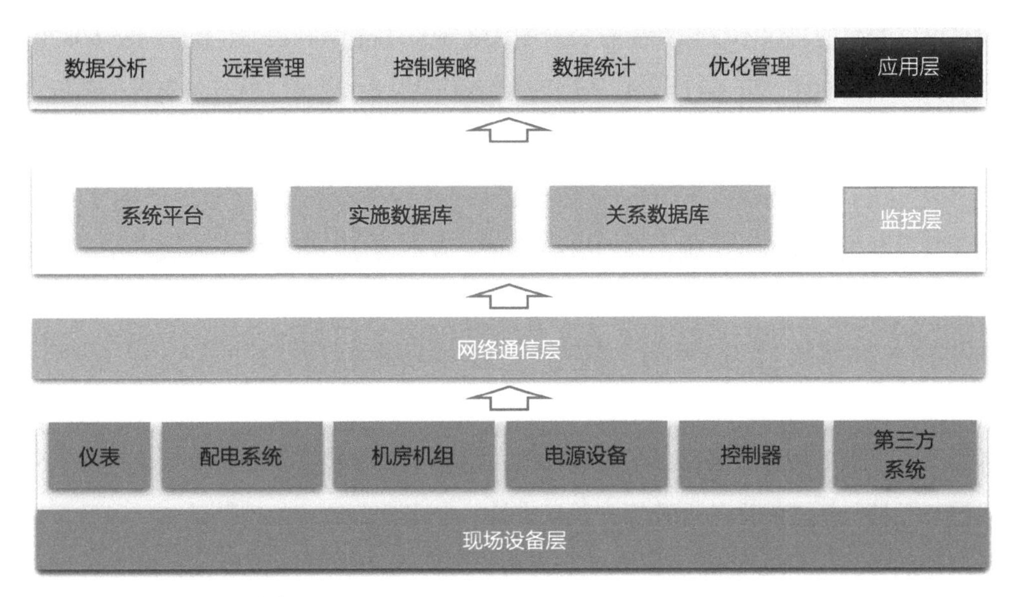

图8-1 建筑能源管理系统框架图

历史数据的海量存储；④能源管理层，能够为现场操作人员及管理人员提供充足的信息（如建筑供用能信息、电能质量信息、各子系统运行状态及用能信息等）制定能量优化策略，从而优化设备运行，通过联动控制从而实现能源管理，进一步提高经济效益及环境效益。

建筑能源管理系统主要由数据采集、控制调度中心、报警管理、设备管理、计划与实际管理、平衡优化管理、配电及能源优化策略、报表分析和经济性分析管理、能源对标管理、基础数据管理、权限维护管理这11个功能模块组成。

数据采集管理以建筑管理过程中所涉及的各种控制、监测、计量、检测等为基础，支持opc、dde、odbc等相关接口，全面采集各种数据采集器和人工录入设备。现场采集内容覆盖建筑自控、门禁、智能空调、电梯、变配电和消防等系统。其中主要关注核心系统运行状况、主要能耗管网状态、环境介质质量监测等数据，将全建筑的智能控制系统的实时状态采集进入系统，供数据监视、存储、报警、分析、计算、统计平衡等使用。建筑智能控制系统的主要功能包括：①现场各种控制系统的整合；②建筑物内各个能耗、产能、用能的信息孤岛及子系统的整合；③将孤立的散点进行数据采集，整合进大型建筑节能集控智能平台；④与有线网络、无线网络集成。

控制调度中心采用云计算技术，可提供利用同一平台管理全球建筑机电设备的无限容量的架构，能够在同一平台下使目前主流自控厂家的产品进行融合和兼容。

而且可以兼容的协议不仅包括所有公开的BACnet、LonWorks、M–Bus、iec 60870–5–101/102/103/104、dlt–645、cdt、ModBus等标准协议，还可以兼容建筑自控系统主流品牌控制系统的私有协议。技术人员可以远程了解现场参数，观察现场设备的运行状态，从而实现建筑全过程的“可视化”管理。控制调度中心基于云架构技术，还可以为专家和技术人员提供远程指导功能。需要整合、集控的子系统有建筑自控系统、变配电调度系统、智能照明系统、无功补偿装置、自发电装置、蓄能装置、馈电线路控制系统、门禁、消防监测系统和智能中央空调控制系统等。

报警管理即利用多个报警模型，负责对过程、设备、质量、安全指标和能源限额的超限进行多种方式报警。不仅包括模拟量报警、事件报警和重大变化连续重复报警，而且包括硬件设备报警等，并且支持一个完全分布式的报警系统，以及报警及事件的传送，和报警确认处理以及报警记录存档；而且用户可以自定义各种报警，报警信息也可以通过不同方式传送至用户。主要功能包括：①设备报警，重要能耗设备的运行状态异常报警；②环境质量报警，包括空气质量、温度、湿度等异常报警；③电源故障报警，即设备电源故障、ups断电报警；④网络通信报警，设备通信及网络故障等异常报警；⑤报警级别设定，基于事件的报警，报警分组管理，报警优先级管理；⑥报警和事件，输出方式为报警窗口、声、光、电、短信、文件和打印等方式。

设备管理即以能源管理系统的对象覆盖建筑的各种大型能源设施，通过对能源设备的运行、异常、故障和事故状态实时监视和记录。通过技改和加强维护，指导维护保养工作，提高能源设备效率，实现能源设备闭环管理，主要功能包括：①运行记录、启停记录的实时数据和历史数据查询；②缺陷、故障记录维护查询；③维修工单、试验工单、保养计划等设备维护管理；④设备基础信息管理（型号、厂家、电压等级等信息）；⑤维修成本、运行成本分析和报表管理。

计划与实际管理是根据能源分配计划、检修计划、历史能耗数据分析和统计、能源消耗预测、供能状况等可自动计算能源消耗计划和外购计划，制定详细的建筑能源管理指标体系，指导相关部门按照供需计划组织配电和配热。采集、提取和整理各种建筑子系统实际能源消耗量和能源介质放散量等数据，获取能源分析所需的实绩数据，为所有部门编制各类其他报表提供基准。通过计划与实绩数据的分析比较，对建筑所有能源数据进行有效跟踪，帮助管理者理清近期潜在影响因素，快速制定实行的决策，增进应变能力。能源实绩有日、月、季、年能源实绩表（包括电、热、水等不同分析切入点）；能源计划有日、月、季、年能源供需计划表（包括电、热和水等不同分析切入点）。计划与实绩比较有同比环比比较分析，其中包括柱状、曲线和饼图。

平衡优化管理是能源供应和能源消耗直接存在差距，调整复杂，系统在大量历史数据基础上，对能源的生产、存储、混合、输送和使用各环节集中管理与控制，为大型建筑群建立一套与能源管理系统集成的能源分布网络和平衡优化模型。通过综合平衡和燃料转换使用的系统方法，计算评价大型建筑能源利用水平的技术经济指标，实现能源供需动态与静态平衡，得出各种能源介质的优化分配方案，使大型建筑能源的合理利用达到一个新的高度。主要功能包括：能耗报告、能耗排名、能耗比较、日平均报告率、偏差分析、用电分析和系统运行优化。

配电及能源优化策略是指从专业的深度对电能消耗进行数字化和集成化的管理、控制以及优化，使系统能够达到与无功补偿装置联动来提高功率因数，通过与自发电装置（如太阳能发电装置或其他类型的发电装置）、蓄能装置联动与交互，从而完成电线路控制，最终实现移峰填谷。

报表分析和经济性分析管理是通过消费结构、楼层能耗对比、重点耗能设备分析等多种分析方式，报表分析可以帮助物业管理人员计算特定房间或人均能耗，实现自主能源审计管理。报表不仅可以自动生成，也可以按照实际需要实现手动或自动打印，供调度和运行管理人员使用。报表中有能源调度日报表、能源供需计划报表、能源实绩报表、能源平衡报表、能源质量管理报表、能源成本报表、能源单耗报表、能源综合报表、能源设备状态报表、能源故障信息统计报表、能源设备备件报表、能源配送消耗报表等。

能源对标管理是利用建筑物规范的能源管理系统，通过与竞争对手或是行业领导者比较，建立完善持续改进的流程，主要功能包括：①结合国家标准，对主要设备的单耗指标进行线上监测；②实时显示国家有关标准规定的经济运行指标；③对国家规定的节能目标设置警戒线，对未达成目标的进行自动警示。

基础数据管理是大型建筑群开展能源工作的重要基础，是大型建筑能源管理信息化建设的前提和基石，主要涉及内容有：能源介质编码、能源计量单位体系、计量仪表、计量点和计量区域。

权限维护管理是针对不同程序信息敏感度，系统提供一个优秀的权限维护管理模块，可以满足复杂的系统管理要求，主要涉及内容有：用户信息、角色管理、控制操作管理、系统日记维护和数据库维护。

8.1.2 自动控制系统的数字化能源管理

1. 暖通空调

建筑中的冷热源主要包括冷却水、冷冻水及热水制备系统，在满足使用要求的前提下尽可能减少各设备耗电，从而实现节能运行。暖通空调的能源管理分为空调末端监控以及冷热源监控，通过控制和监测功能从而达到减少暖通空调系统耗电的目的。

空调系统监控的对象包括新风机组、空调机组和变风量系统（图8-2），其监控特点包括：①新风机组的监控就是对新风机组中空气—水换热器的监控，夏季通入冷水对新风进行降温除湿，冬季通入热水对空气加热，干蒸汽加湿器主要用于冬季对新风加湿；②监控空调机组的调节对象为相应区域的温、湿度，因此送入装置的输入信号还需包括被调区域内的温湿度信号。当被调区域较大时，应多安装几组温、湿度测点，以各个点测量信号的平均值或重要位置的测量值作为反馈信号；若被调的区域与空调机组DDC 装置安装现场距离比较远时，可专门设一台智能化的数据采集装置，装在被调区域，最后将测量信息处理后通过现场总线将测量信号传送至空调DDC装置上；③变风量系统的监控是一处新型的空调方式，在智能化大楼的空调中被越来越多地采用。带有VAV装置的空调系统的各环节需要进行协调控制。

冷热源监控主要包括冷却水、冷冻水及热水制备三种系统的监控，其监控目的包括：①冷却水系统的作用是通过冷却塔和冷却水泵及管道系统向制冷机提供冷水，冷却水系统的监控目的主要是为了保证冷却塔的风机和冷却水泵能够安全运行；从而确保制冷机冷凝器能够有足够的冷却水通过；根据室外的气候情况及冷负荷调整冷却水运行工况，从而使冷却水温度在要求的设定范围内；②冷冻水系统是由冷冻水循环泵通过管道系统连接冷冻机蒸发器以及用户的各种冷水设备（比如：空调机和风机盘管）组成。对冷冻水系统进行监控的主要目的是保证冷冻机蒸发器能够通过足够的水量从而使蒸发器正常工作，向冷冻水用户提供足够的水量以满足使用者的要求，并且在满足使用要求的前提下尽可能减少水泵耗电，实现节能运行；③热水制备系统是以热交换器为主要设备，它的作用是产生生活、空调及供暖用的热水。对热水制备系统进行监控的主要目的是监测水力工况以保证热水系统的正常循环，控制热交换过程以保证供热水参数的要求。

装有专业冷站群控系统的各项目自身历史数据对比及同地区其他未装群控系统项目的横向对比，可以发现采用专业冷站群控系统带来的良好运行效果和节能作

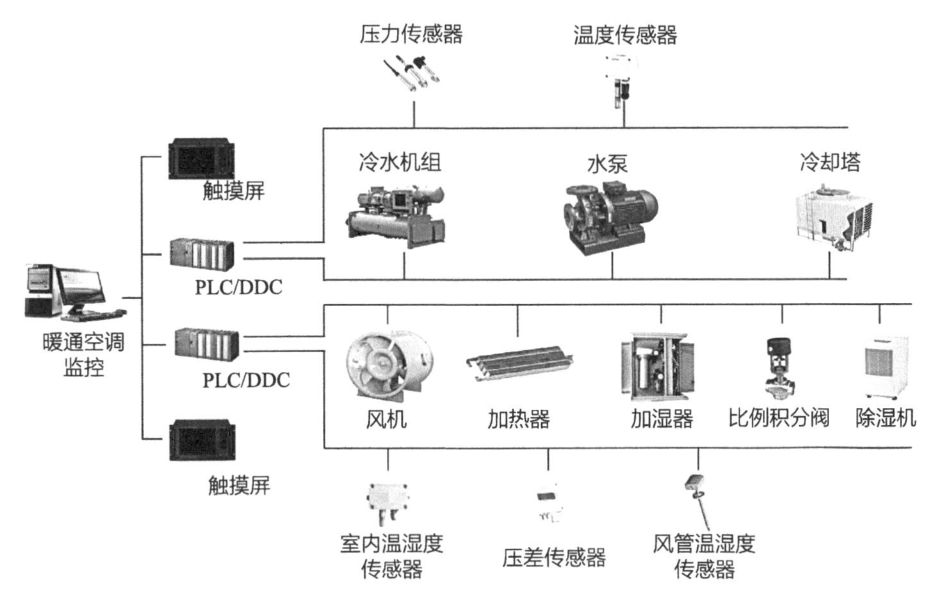

图8-2 暖通空调系统框架图

用。而为了达到最优的运行效果，除采用专业冷站群控供应商的产品只是保障条件，还需要结合高效的运行管理才能使得系统发挥应有的作用。

2. 照明

照明自控系统是利用先进电磁调压及电子感应技术，以公共照明统一各智能平台，对供电进行实时的监控和跟踪，从而能够自动平滑地调节电路的电压和电流幅度，进而改善照明电路中由于不平衡负荷所带来的额外功耗，从而提高功率因数，降低灯具及线路的工作温度，最终使照明控制系统达到优化供电目的。

照明自控系统是为了在确保灯具能够正常工作条件下，给灯具输出一个最佳的照明功率，可减少由于过压所造成的照明眩光，从而使灯光发出的光线更加柔和，照明分布能够更加均匀，并且又可大幅度节省电能，智能照明控制系统节电率可以达到20%～40%。智能照明控制系统（图8-3）也可在照明及混合电路中使用，不仅适应性强，在各种恶劣的电网环境及复杂的负载情况下也能够连续稳定地工作，而且还可有效地延长灯具寿命，减少灯具的维护成本。针对不同的工作场合，智能照明控制系统可分为两种类型，分别为单相和三相。能够实现美化环境、延长灯具寿命、节约能源、调节照度及照度的一致性和综合控制等效果。

举个简单例子，香港某办公建筑的照明自控系统采用吸顶式（配合反光板），灯管类型为TL5840，灯管功率为14W×2，办公区的功率密度为24W/m^2。各个办公建筑及调研办公室的公共区与办公区的照明控制策略如表8-1所示。

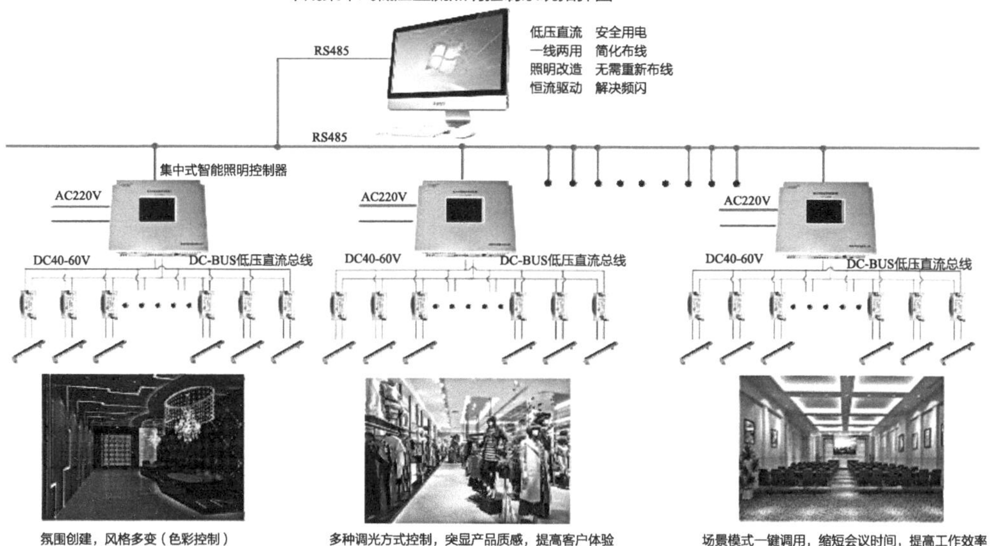

图8-3 照明自控系统框架图

公共区与办公区的照明控制策略 表8-1

区域	开关状态	中国香港地区
公共区	开	自控
	关	自控
办公区	开	自控
	关	自控 + 员工

该香港办公建筑公共区域的照明设备在7：30~18：00全部开启，18：00起大堂会关闭1/2的照明设备，21：00起会保留部分经常开的灯，其余的全部关闭。各租户办公区照明作息按照租户给物业管理处提交的要求，照明自控系统会依照业主要求执行。根据物业管理处提供的自控数据进行分析，该香港办公楼的办公区的自控作息有四种方式（图8-4），其中模式A、B、C是普通模式，7：30开启照明设备，晚上则依照各个办公室的习惯关闭照明设备（但关闭时间不同），而模式D则是节能模式，在正常的模式基础上在12：50~14：00关闭1/3照明设备，如果员工早到，或者晚间有加班，则也可以自己控制本地的照明设备。

总结来看，调研的该香港办公建筑的光源控制模式归纳为以下四类：优先选用自然采光模式，其次为节能模式、普通模式，最后为浪费模式。各个模式的定义与典型日的工作时间如表8-2所示。

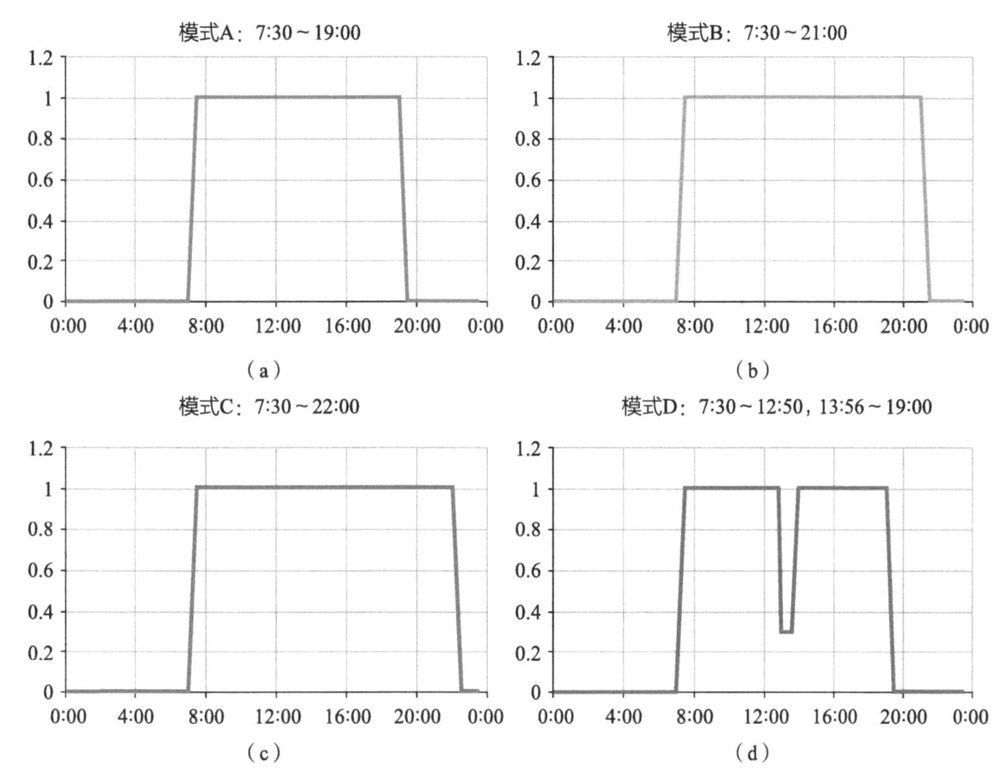

图8-4　香港办公楼四种典型办公区照明控制模式

模式的定义与典型日的工作时间　　　　表8-2

时间＼模式	模式 1	模式 2	模式 3	模式 4
	优先自然采光	节能	普通	浪费
工作时间（h/天）	<5	6~8	9~10	>10
工作时段	根据桌面照度判别	开启	开启	开启
午休		关闭	开启	开启
下班后		关闭	关闭	部分或全部关闭

因此对于吊顶光源的开启和关闭的控制权问题，便可以逐渐剖析出其原因，对于吊顶光源的开启行为，该香港办公建筑普遍选择“自控系统控制”。然而对于关闭行为，则有40%左右的员工表示不知道开关的位置，有的员工则认为有其他专门负责开关的人或控制系统。也就是说，办公楼中各个员工对于吊顶光源的控制权，并不是平等的或相同的，恰恰是由于一些因素导致了个别使用者的控制权增大，这些因素主要为以下两个方面：①自控系统，管理者或者是负责使用自控系统的员工，对于其办公室内控制权加大（等同于管理者）；②早到或晚走的员工，由于个人行为可能会控制办公室大区域的照明。

3. 电梯

电梯是机与电紧密结合的复杂产品之一，是垂直交通运输工具中使用最普遍的一种，其基本组成部分包括机械及电气，其结构包括机房部分、井道和底坑部分、围壁部分和层站部分共四大空间以及曳引系统、导向系统、门系统、轿厢、重量平衡系统、电力拖动系统、电气控制系统、安全保护系统这八大系统组成。

电梯已与人们的日常生活建立密不可分的关系是由于它是高层建筑中垂直运行的交通工具。而电梯的运行是根据外部呼叫信号以及自身控制规律来控制的，但是呼叫是随机的，电梯控制系统的方式实际上是一个人机交互式，但是单纯地使用顺序控制或者逻辑控制是不能满足控制要求的，因此，电梯控制系统的控制方式是随机逻辑方式。目前电梯的控制方式为以下两种控制方式：一种方式是采用微机作为信号的控制单元，从而完成电梯信号的采集、运行状态以及功能的设定，最终实现电梯的自动调度以及集选运行功能，拖动控制则是由变频器完成；另外一种控制方式则是用可编程的控制器（PLC）来取代微机实现信号集选控制。然而，从控制方式及性能上来说，这两种方式并没有特别大的区别。国内外厂家大多选择第二种控制方式，虽然这种控制方式的生产规模较小，但是PLC可靠性高，程序设计更加方便灵活，具有抗干扰能力强、运行稳定可靠等特点，而且自己设计和制造的微机控制装置成本较高所以现如今的电梯控制系统多采用可编程的控制器来实现（图8-5）。

（1）继电器控制系统

电梯控制最早的一种控制方式是电梯继电器控制系统。然而，进入20世纪90年代，随着科学技术的发展和计算机技术的广泛应用，电梯的安全性、可靠性得到了人们越来越多的关注，继电器控制的弱点也就越来越明显。

电梯继电器控制系统也存在很多的问题，不仅系统触点比多、接线线路复杂，而且触点容易烧坏磨损，从而造成接触不良，因此故障率较高；普通控制电器的硬件接线方法难以实现较为复杂的电梯控制功能，从而使系统的控制功能也不容易增加，技术水平也难以提高。电磁机构和触点动作速度比较慢，机械和电磁惯性也较大，导致系统控制精度难以提高。而且普通的电器控制系统的系统结构庞大，能耗较高，产生的机械噪

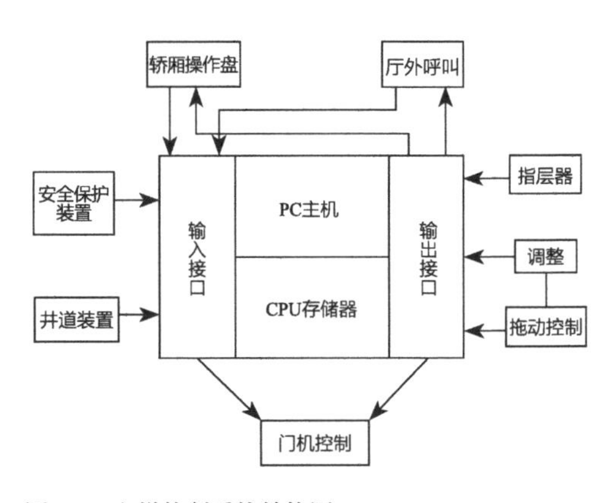

图8-5 电梯控制系统结构图

声大，又因为线路复杂，容易出现故障，因此保养维修的工作量大，费用也高，并且检查故障困难，费工费时。电梯继电器控制系统的故障率高，在很大程度上降低了电梯的可靠性及安全性，导致经常造成停梯，也给乘用人员带来了不便和惊扰。当电梯一旦发生冲顶或蹲底，不仅会造成电梯机械部件损坏，而且还很有可能出现人身事故。

（2）可进行编程控制器（PLC）的控制系统

根据顺序逻辑控制的需要而发展起来的可编程序控制器（PLC），是专门为了适应工业环境的应用而设计的数字运算操作的电子装置。鉴于其多种优点，现在电梯的继电器控制方式已经渐渐地被PLC控制所代替。与此同时，由于电机交流变频调速技术的快速发展，电梯的拖动方式已经由原来的直流调速逐渐过渡到了交流变频调速。因此，编程控制器控制技术加变频调速技术已成为现在电梯行业的一个热点。

电梯的安全保护装置主要用于电梯的启停控制；轿厢操作盘用于控制轿厢门的关闭、轿厢需要到达的楼层等；厅外呼叫是当有人员进行呼叫时，电梯能够准确达到呼叫位置；指层器是为了显示电梯达到的具体位置；拖动控制的功能是控制电梯的起停、加速、减速等；门机控制主要功能是当电梯达到一定位置之后，或者是当门外有乘电梯人员进行乘梯时，电梯门能够自动打开。

电梯信号控制是由PLC软件进行实现的。电梯信号控制系统如图8-6所示。然而输入PLC的控制信号也有运行方式的选择，比如自动、有司机、检修、消防运行方式、运行控制、轿内指令、层站召唤、安全保护信号、开关门及限位信号、门区和平层信号等。

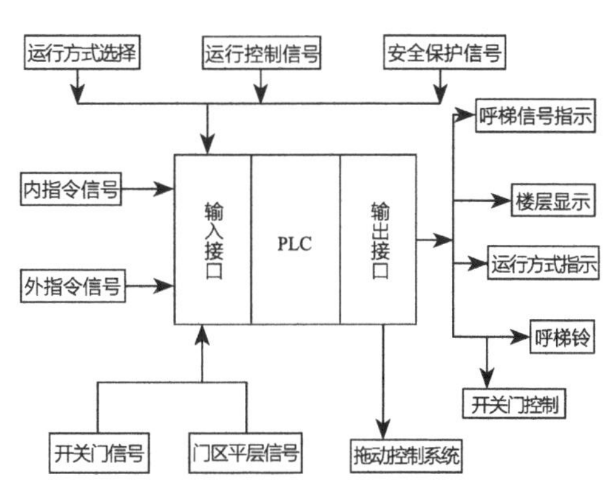

图8-6　电梯信号控制系统

8.2　环境管理的范畴与主要内容

建筑物在建造和运行的过程中，需要消耗大量的资源及能源，消耗资源及能源的过程必然会产生不同类型的污染物，或会造成不同类型的物理影响。

建筑运维的环境管理一般指建筑运行过程中消耗相关资源产生的主要影响，其对象是建筑内与人体产生联系的物理环境，主要包括四种范畴的环境对象：室内空气环境、室内热湿环境、室内光照环境和室内声环境。

基于数字化的环境管理系统，对上述主要环境中可被物理量化的参数进行计量与监测，我国目前数字化环境管理主要有两种应用场景：一是建筑自动控制系统利用相关环境参数进行设备的控制，二是建筑物业管理者通过监测的环境参数对室内环境进行维护。

8.2.1 空气环境

建筑室内空气环境指与人体生理机能相关的环境因素，主要指空气中的各种气体、颗粒物、微生物等。近几年来，人们愈发关注个人健康问题，但由于进入室内的电气设备、化工产品的种类及数量都急剧增加，且室内通风换气能力相对下降，各种污染物对人体产生事实性危害的可能性也越发增高，故对建筑室内空气环境品质的要求也越来越高，这就要求物业管理者对其室内环境有非常有效的管理措施，其管理又依赖于对相关环境参数的有效计量。

室内空气污染物源主要有三种：①气体污染源，包括挥发性有机物（VOCs），以及CO、CO_2、O_3等；②可吸入颗粒物，包括PM_{10}、$PM_{2.5}$等；③微生物污染源，包括室内易滋生的真菌与微生物等。

在国内建筑中，常见对气体污染源和可吸入颗粒物的相关内容进行计量，主要计量内容如下：

（1）二氧化碳（CO_2）：在建筑内二氧化碳（CO_2）主要由人体呼吸产生，其密度较空气大，少量时，对人体无害，但是当超过一定量时，也就是室内浓度偏高时会导致人体出现气闷、头晕、疲倦等症状，严重者将导致呼吸困难，一般建筑需要对其浓度进行监测，并与新风控制系统联动，保证室内二氧化碳浓度达标。二氧化碳测定方式，由《公共场所卫生检验方法　第2部分：化学污染物》GB/T 18204.2—2014规定，分别有：不分光红外线气体分析法；气相色谱法；容量滴定法。但是其上面的测试手段，均不能满足现阶段数字化运维的物联网实施传输的需求，现阶段一般使用电化学型气体的敏感元件作为传感器的核心，可实现实时的二氧化碳的计量。

（2）一氧化碳（CO）：一氧化碳（CO）是汽车尾气排放的污染物之一，浓度过高时将危害人体中枢神经系统，造成人体机能障碍，严重时将危害血液循环系统，导致生命危险。我国目前对有地下车库的建筑要求必须进行一氧化碳的计量或定期检测，长期计量的监测点数据须与地下车库排风机进行联动，以保障地下车库一氧化碳浓度达标。《绿色建筑评价标准》GB/T 50378—2019也有规定：地下车库设置与排风设备联动的一氧化碳浓度监测装置。

（3）可吸入颗粒物PM_{10}与$PM_{2.5}$：可吸入颗粒物PM_{10}与$PM_{2.5}$对人体健康有明显的直接毒害作用，严重时将引起人体各种机能系统的损伤，近几年国内对其的关注度也非常明显，部分公共建筑也已经对其浓度进行了长期计量，纳入建筑环境监测系统的计量范围内，且与二氧化碳一并纳入新风系统的控制条件内，均作为新风控制系统的直接环境控制对象。

室内的空气指标标准，我国早在2002年就已发布《室内空气质量标准》GB/T 18883—2002，与室内空气环境直接相关的化学性指标，其国家标准的要求如表8–3所示。

室内空气质量标准　　表8–3

序号	参数	单位	标准值	备注
1	一氧化碳 CO	mg/m³	10	1 小时均值
2	二氧化碳 CO_2	%	0.1	日平均值
3	甲醛 HCHO	mg/m³	0.1	1 小时均值
4	可吸入颗粒 PM_{10}	mg/m³	0.15	日平均值
5	总挥发性有机物 TVOC	mg/m³	0.6	8 小时均值

截至目前，未有新的标准颁布，但是随着社会的日益发展，人们对室内环境的要求日益增高，不同地区或者不同房地产集团均提出适应于自身发展的标准。

8.2.2 热环境

建筑室内热环境是指影响人体冷热感觉的环境因素，主要包括室内空气温度、湿度、气流速度以及人体与周围环境之间的辐射换热。

（1）室内空气温度：室内热环境质量的高低，对人们的身体健康、工作效率、学习效率以及舒适度有重大影响，其最直接的体现指标是室内空气温度。

在公共建筑中，会对室内空气温度进行综合的布点，以求能客观监测室内空气温度水平。对于写字楼来说，是租户是否满意的基础条件，是租户是否愿意长期租赁的客观因素，对于商场来说，是保障人流量的基础条件。

室内空气环境的计量，在目前国内所有类型建筑中均比较普遍，简单如商场监测的室内温度测点，复杂的建筑综合环境控制系统的覆盖性计量，业主均需要有数据反映室内温度状态。对于需要物业进行统一管理的建筑，室内环境监控的结果，一般用于以下几个方面：空调末端自动控制系统的直接控制指标；夏季冷站控制系统的辅助控制指标；冬季热站控制系统的辅助控制指标；特殊业态建筑中，室内环境控制设备的直接控制指标。

（2）室内空气湿度：室内空气湿度直接影响人体皮肤的蒸发散热，是影响人体舒适感的主要因素之一。湿度过低，人体皮肤会因缺少水分而不适，且免疫系统也会受到一定影响；湿度过高，不仅影响人体舒适，还为细菌等微生物创造繁殖条件，造成室内微生物污染。

多个研究表明，能让大部分人体感到舒适的相对湿度范围是50% ~ 60%，目前国内大部分公共建筑，会对室内空气湿度进行直接计量，用于物业对建筑进行统一管理，与室内空气温度参数一样，是空调末端的直接控制对象。

（3）室内气流速度：室内气流速度影响着人体表面的散热及散湿效率，也影响空气的更新效率，根据已有资料，无汗时舒适范围为0.1~0.6m/s，故一般房间室内气流速度不宜过高，一般建筑并不会对室内气流速度进行长期的直接计量，与其间接相关，且被纳入计量的参数是风机盘管或室内送风口、空调末端送风口的风速计量。

建筑设计中会对送风口直接送入室内的空气流速进行限制，以保障室内气流速度在相对舒适的范围，目前国内鲜有对风机盘管或管道送风口的风速进行反馈控制的系统，在实际管理中，如有相关气流体感过高等投诉，一般由建筑物业管理者进行现场检测，并根据检测结果进行后期的现场整改，或者对自动控制系统的参数进行调整。

（4）室内辐射换热。自然界中，不同物体之间都在不停地向空间散发辐射热，同时又会不停地吸收其他物业散发出的辐射热，这种在物体表面之间由辐射与吸收综合作用完成的热量传递就是辐射换热。而在建筑物内，需要考虑的是辐射换热对人体皮肤表面的体感，主要的辐射源为室内照明灯具、墙面、地面等，其影响人体舒适并非室内空气环境，但是也是影响人体舒适度的重要因素之一。

建筑内最常见的辐射换热，一般有地板供暖、壁面辐射供冷/暖，冷辐射吊顶等。在实际管理中，室内辐射换热相关的供冷/供暖系统，其辐射发射率等参数一般难以计量，一般对辐射供冷/热的介质的温度参数进行计量，物业管理者用于监测其是否正常供冷/热，或其相关的自控系统根据供/回温度控制系统相关设备运行方式。建筑室内热环境，目前国内的标准仍然沿用《室内空气质量标准》

GB/T 18883—2002，标准中室内温度、室内湿度、室内风速的规定范围非常广，并不足以明确约束建筑数字化运维的要求（表8–4）。

室内空气质量标准　　表8–4

序号	参数	单位	标准值	备注
1	温度	℃	22~28	夏季空调
			16~24	冬季采暖
2	相对湿度	%	40~80	夏季空调
			30~60	冬季采暖
3	空气流速	m/s	0.3	夏季空调
			0.2	冬季采暖

8.2.3 光照环境

建筑室内光照环境主要有自然光源和人工光源两个方面，人们目前对光照环境的要求越来越高，既要求明亮、轻松、舒适和方便，又要求绿色节能，这就对光源、灯具有非常高的要求，我国对于建筑物内不同区域的照度有明确的要求，建筑设计者需要在设计阶段考虑好以上所有约束条件，尽可能地完善设计。

在建筑设计过程中，光设计一般首要考虑利用自然光源，但是大量的建筑形式是商场、写字楼等不易考虑自然光源的建筑，同时由于其建筑形态和建筑物内各区域的朝向问题，建筑内各区域更多的时间接受不到自然光照，故现代建筑设计在合理设计人工光源时，对室内人工光源营造良好的室内环境是必不可少的。

在建筑实际运行过程中，人为光源是影响建筑室内光照环境比较主要的因素，自然光源更多的是充当辅助光源的角色；合理制定匹配建筑运行现状的照明灯具控制策略，是目前建筑实际运营中室内光照环境管理的核心，一般通过建筑自动系统实现。

现行标准中对建筑室内照度有明确的要求，但是其照度参数并不如温湿度、压力等便于长期计量，且由于其参数易受外界环境影响，如易受过路行人遮挡等影响，失去计量控制或监测的意义，国内建筑鲜有对照度进行长期计量的，一般均通过建筑自动控制系统，按照固定时间表控制照明灯具的开闭，部分无需长期开灯的区域，采用声控的手段，实现人走关灯，部分可利用自然光源的区域，采用光控的形式，仅在自然光源照度低于某一值时开启灯具。

不同类型、不同地区建筑在实际运行过程中对灯具的控制逻辑要求不一，总的来说是为了保障建筑物内光照环境达到人在建筑物内进行正常作息的需求。例如，东北地区与华南地区的建筑，中庭区域均为可利用自然光源的设计，但由于两地日照时间有明显的差异，中庭照明灯具的日常开启策略也会有明显的区别。

《建筑照明设计标准》GB 50034—2013中对所有建筑的通用房间或场所，以及住宅建筑、公共建筑、工业建筑特有房间和场所的照明标准值进行了规定。办公建筑中各个不同房间或场所的照明标准要求如表8-5所示。商业建筑中各个不同房间或场所的照明标准要求如表8-6所示。

办公建筑不同房间和场所的照明标准　　表8-5

房间或场所	参考平面及其高度	照度标准值（lx）	*UGR*	U_0	R_a
普通办公室	0.75m 水平面	300	19	0.6	80
高档办公室	0.75m 水平面	300	19	0.6	80
会议室	0.75m 水平面	500	19	0.7	80
视频会议室	0.75m 水平面	500	19	0.6	80
接待室、前台	0.75m 水平面	300	19	0.6	80
服务大厅、营业厅	0.75m 水平面	200	19	0.6	80
设计室	0.75m 水平面	50	—	0.4	80
文件整理、复印、发行室	0.75m 水平面	300	19	0.6	80
资料、档案存放室	0.75m 水平面	300	19	0.6	80

商业建筑不同房间和场所的照明标准　　表8-6

房间或场所	参考平面及其高度	照度标准值（lx）	*UGR*	U_0	R_a
一般商店营业厅	0.75m 水平面	300	22	0.6	80
一般室内商业街	地面	200	22	0.6	80
高档商业营业厅	0.75m 水平面	500	22	0.6	80
高档室内商业街	地面	300	22	0.6	80
一般超市营业厅	0.75m 水平面	300	22	0.6	80
高档超市营业厅	0.75m 水平面	500	22	0.6	80
仓储式超市	0.75m 水平面	300	22	0.6	80
专卖店营业厅	0.75m 水平面	300	22	0.6	80
农贸市场	0.75m 水平面	200	22	0.4	80
收款台	台面	500*	—	0.6	80

注：*UGR*（Unified Glare Rating）：指统一眩光值，国际照明委员会（CIE）用于度量处于室内视觉环境中的照明装置发出的光对人眼引起不舒适感主观反应的心理参量。

U_0：照度均匀度，规定表面上的最小照度与平均照度之比。

R_a：光源对国际照明委员会（CIE）规定的第 1 ~ 8 种标准颜色样品显色指数的平均值，也称显色指数。

8.2.4 声环境

一般研究建筑声学有建筑室内音质和建筑环境的噪声控制两个主要方向。建筑环境管理中的声环境管理，一般意义均指建筑环境的噪声控制，噪声控制有对声源的控制和对传播渠道的控制两个关键的因素。

声源是指受外力作用产生振动的发声体，振动通过媒介传播，本质上是形成一种物理波动，空气作为介质时，就是空气的压力波动，压力的波动作用于人耳，就会形成听觉中的声音，这就是生理学意义上的主观声音。在建筑内，噪声的声源主要有三种：一种是人行为发出的声音；另一种是机电设备运行振动的声音；最后一种是建筑物受外部干扰发生振动而产生的噪声。

声音的传播渠道指在室内声音传播的不同介质，其传播速度一般遵循固体＞液体＞气体的规律，且不同介质传播的衰减速度不一，建筑设计时需考虑使用不同类型的降噪材料，以减少不同类型的噪声。

建筑室内噪声用分贝（dB）来进行量化，是一个纯计数单位，是用来比较两个量的比值大小，是国家选定的非国际单位制单位，其定义为“两个同类功率量或可与功率类比的量比值的常用对数乘以10等于1时的级差”。故需要注意的是我们日常见到分贝的实际意义大小，并不是绝对值差的大小关系，每相差10dB，人耳感受的声音响度相差一倍。

建筑物内噪声的传播，按传播的途径可以分为两种：一种是主要由空气进行传播，可称为空气声；一种是主要通过建筑物结构进行传播，可称为固体声。空气声在空气传播过程中衰减较快，一般通过隔墙的方式，就可以使噪声迅速减弱。固体声由于建筑大部分材料对其声能的衰减作用较少，在建筑设计阶段，就需要对将会产生大量噪声的区域边界墙体进行考虑，通常是采用降噪材料，或采用分离式构件、弹性连接等技术措施来减弱其传播。

建筑物内对噪声的控制手段，根据相关标准要求，在设计阶段就已经基本考虑，在运行维护阶段，需要对实际运行中二次装修过程中造成的影响进行临时性处理，或对建筑部分区域功能业态变化产生的影响进行永久性处理，以及对其他设计阶段无法充分考虑的造成短期或者长期噪声影响的因素进行永久性处理。

现行标准中对建筑物内不同类型区域的噪声均有明确的要求，针对数据化运维主要接触的住宅建筑、办公建筑及商业建筑，《民用建筑隔声设计规范》GB 50118—2010中也分别有规定。办公建筑中，办公室、会议室内的噪声等级要求如表8–7所示。

办公建筑中办公室、会议室内的噪声等级要求　　表8-7

房间名称	允许噪声等级（A声级，dB）	
	高要求标准	低限标准
单人办公室	≤35	≤40
多人办公室	≤40	≤45
电视电话会议室	≤35	≤40
普通会议室	≤40	≤45

商业建筑各房间内空场时的噪声等级要求如表8-8所示。

商业建筑各房间内空场时的噪声等级要求　　表8-8

房间名称	允许噪声等级（A声级，dB）	
	高要求标准	低限标准
商场、商店、购物中心、会展中心	≤35	≤40
餐厅	≤40	≤45
员工休息室	≤35	≤40
走廊	≤40	≤45

以上标准，也可以作为建筑运行维护工作中的参考指标。

8.3 基于BIM和互联网技术的实践

8.3.1 互联网技术的三个层级

应用在智能建筑的能源和环境管理系统中的互联网技术通常分为感知层、网络层和应用层等三个层次。

感知层主要承担着采集数据的任务，信息采集、物体识别和数据上传的功能是通过各种传感器、控制器等智能装置实现的。智能建筑能源和环境管理系统运用系统集成的方法和手段，借助物联网技术，完成各个子系统的关键数据的采集和存储。这类信息的代表有：设备用电信息、环境信息、空间信息、时间信息等，通过这些信息建立智能建筑较完整的系统运行数据库，为下一步的设备运行管理分析和能源管理分析作数据储备。

网络层主要是实现数据信息的处理、传输和控制功能。网络层作为互联网体系架构的中间层，是互联网的中心环节，它不仅包括有线和无线的通信，比如Internet，3G/4G，WiFi等，同时还包括通信控制网络。

应用层主要承担着对于已经上传的数据进行分析的任务，对已经分析处理好了的数据进行利用，从而实现智能化监控和管理的功能。通过对建筑能源和环境管理系统采集到的数据进行设备查询和分析，即为应用层对于基础的数据分析。基于数据模型和数据统计结果，应用层软件可以分析建筑能耗数据和用能结构，而根据能耗状况，可以精确找到在建筑物中可能存在的能耗控制点。根据事先建立的全国的同类建筑运行状态和行业规定标准的能耗数据库，建立标准的数据节能特征数模曲线。

8.3.2 BIM三维可视化技术应用

基于建筑工程项目中各项相关的信息数据，BIM通过数字信息仿真模拟建筑物所具有的真实信息，通过三维建筑模型实现工程监理、工程化管理、数字化加工、物业管理和设备管理等功能。BIM具有信息完备性、信息一致性、信息关联性、可视化、协调性、模拟性、优化性和可出图性等特点。将建设单位、设计单位、施工单位、监理单位等项目参与方置于同一平台上，共享同一建筑信息模型。利于项目可视化、精细化建造。BIM不再像CAD一样只是一款软件，而是一种管理手段，是实现建筑业精细化，信息化管理的重要工具。BIM三维可视化技术在运维阶段的作用如下:

（1）可实现空间精确定位。可视化在建筑业中的作用非常大，例如在传统施工图纸中建筑各个构件的信息是通过绘制线条来实现的，但真正的构件形式就需要图纸使用相关人员去自行想象了。若是构造简单，这种想象的方法还能行得通，但随着近年来的建筑形式复杂化、个性化，建筑内的设备管道也错综复杂，传统的施工图纸已经给图纸使用相关人员造成了很大的阅读时间、精力成本，容易对施工进度、质量造成不良影响。BIM三维可视化技术可以很好地解决这个问题，建筑构件的表达形式由传统的线条式构件变成了三维的立体实物，这样大大降低了图纸使用人员的阅读成本。传统设计方法所做的效果图虽然也是三维形式的，但那是专业的效果图制作团队根据识读设计的线条式信息制作出来的，而不是通过构件的信息自动生成。BIM三维图与效果图相比，BIM的可视化具有同构件之间形成反馈性和互动性。并且由于在BIM建筑信息模型中整个过程都是可视化的，所以可视化的结果不仅可以用以效果图的展示及报表的生成，更重要的是，项目设计、建造、运营过程中的沟通、讨论、决策都在可视化的状态下进行。

商业地产运维管理过程中，管理者运用BIM技术可实现建筑设备、管线和人员的可视化精确定位，所见即所得。相比于二维图纸，BIM模型的数据更为精准和易用，工作人员获取信息更为便捷。典型应用如隐蔽工程管理，管理者可以运用BIM技术方便地查询和定位管道故障点，分析故障原因，制定修复计划等；在应急管理中，管理者运用BIM技术可以精确定位受困人员并掌握其周边状态，确定最佳的搜救方案。

在知识经济时代，信息数据成为推动经济发展和科技进步的重要力量，建筑信息化对商业地产运维管理效率和水平的提升具有极其重要的作用。在长期的运维管理中，及时准确地获得建筑设施、设备、管线及人员的详细信息，是提升商业地产管理水平、提高消费体验的重要根本保证。BIM模型涵盖了建筑设备、管线等的全部数据和信息，是一个三维可视化的室内地图，也是一个可实现信息共享的重要数据库。运维管理人员可以利用BIM运维管理平台提供的完备信息，及时准确地进行决策，提高服务质量；而消费者则可以通过APP或者广播等获得必要的室内环境质量和安全等与其切身利益相关联的信息，提高消费体验。

（2）可协调性，实现多方协作。BIM模型集成了从项目设计、施工，到竣工验收，再到运营管理阶段等所有参与方的全部信息数据，BIM具有强大的数据整合能力。特别是在项目运营管理阶段，将竣工验收后的BIM模型进行轻量化之后，仅保留建筑物性能、设备状态及属性、管线状态及属性、资产状态和数量等一系列运维管理所需的信息。参与商业地产运维管理的各部门之间，通过BIM运维管理平台实现工作的互动和协作，加强部门之间的沟通交流，避免部门之间的信息孤岛现象，提升团队向心力和凝聚力。运维管理团队与其他相关单位也可以通过BIM运维管理平台实现协作，尽早发现隐患，避免故障和危害事件发生。

（3）信息集成和共享。BIM是一个共享的知识库，数字化的建筑信息可以安全、便捷地实现整合、存储和共享。管理者和经营者根据自身的管理和决策需求，从BIM运维管理平台获取相应的数据，从而提高工作效率。数据交换标准是信息集成和共享的关键，国际上比较成熟的BIM标准主要有IFC、美国国家BIM

标准以及产品模型数据交互规范，我国主要为《建筑信息模型应用统一标准》GB/T 51212—2016。

（4）仿真模拟性。仿真模拟指的是让BIM工程师通过建筑模型模拟真实世界中的建筑物，并对建筑物进行一些必要的模拟操作。在运维管理阶段，运用BIM技术可以模拟日常紧急情况的处理方式，确立最佳的处理方案，例如:地震时人员逃生模拟，消防人员疏散模拟等。管理者借助BIM技术仿真模拟，把控项目状态，预判潜在的故障和隐患，分析原因并制定应急预案，提高商业地产运维管理的水平，为消费者和经营者提供安全、舒适的消费和经营环境。

（5）信息具有完备性、关联性和一致性。BIM模型包含了建筑设备、管线、资产等全部相关信息，构建与信息数据之间具有相对应的关联性和一致性。管理者能够直观地查看建筑设备、管线和人员状态，查询、修改和更新状态数据。BIM工程师在已有模型的基础上，添加运维管理过程新增数据，形成一个动态的、高效的知识资源库。另外，BIM模型与运维管理决策库相关联，将已发生的故障和应急事件进行优化和存储，以方便未来调用和参考。

8.4 基于物联网和大数据的实时全过程管理

8.4.1 物联网与云计算技术应用

通过智能感知、识别技术和普适计算等通信感知技术，物联网在网络中被广泛地应用融合，它也被认为是计算机、互联网之后世界信息产业发展的第三次浪潮。基于互联网和传统电信网等信息承载体，物联网是让所有能被独立寻址的普通物理对象实现联通的网络。在数字城市建设局面中的互联网应用全面展开后，物联网应用在智慧城市的建设浪潮中也如火如荼地展开了，特别是在建筑中的应用。

1. 物联网感知层

物联网技术在建筑数字化运维的应用具体表现在感知层上。物联网感知层上有大量的传感器，它们具有所有完整的功能。其中光纤光栅传感器网络和无线传感器网络是应用在智能建筑的监测与管理中的两项关键技术。光纤光栅传感器常见的应用场景有：1）在建筑材料中固化光纤光栅传感器可准确测量各种材料的性能参数；2）由于智能建筑的电力系统是在高温高压条件下工作的，将光纤光栅传感器安装在电力系统的终端、连接头部分等关键位置，从而实现对电力系统的实时监控，进而可以防止过大的电流、电压和温度对电力系统造成影响，从而预防故障；3）在高层和超高层智能建筑中，将光纤光栅传感器用于建筑结构的健康监测中，通过互联网再把监测结果发送到系统终端。不需要线缆、智能化程度高、无线传感器节点少、网络规模小是智能建筑中无线传感器网络最大的四个特点。基于以上特点，无线传感器的应用场景非常多，特别是对建筑物火灾火情中的监控作用，例如利用无线传感器网络的定位技术，在发生火灾时对受灾人员进行定位施救，还可以定位建筑物内的火源具体位置，物联网的通信网络技术为建筑管理人员或业主提供报警信息等。

依托于先进的信息处理技术比如云计算和模式识别等，物联网才具有智能化的处理能力。云计算是实现物联网的核心，并且对物联网和互联网的智能集成起到了促进作用。云计算是一种按使用量付费的模式，这种模式提供可用的、便捷的、按需的网络访问，进入可配置的计算资源共享池（资源包括网络、服务器、存储、应用软件和服务），这些资源能够被快速提供，只需投入很少的管理工作，或与服务供应商进行很少的交互。

随着建筑物联网的发展，建筑物联网设备迅猛增长，信息量与日俱增，传统的依靠提高数据库和服务器性能来解决服务质量的方法已面临较严重的瓶颈，难以有效解决海量信息的处理，而且服务器设施的投入和维护成本将不断上升，用户体验急剧下降，这是相当不利于建筑物联网发展的。另外，如果需要发展运维BIM就必须先将建筑物联网与BIM模型相结合，这将大大增加服务器的负荷。而作为网络计算、分布式计算、并行计算、效用计算、负载均衡和虚拟化等技术的发展与融合，云计算为处理海量数据、动态分配资源和优化服务等提供了新的解决方法。

2. 云计算与数字化运维

建筑运维私有云业务应用体系分为基础设施层、虚拟化运维云平台服务层、建筑运维业务系统服务层、建筑运维业务云应用层和终端接入层五层。将基础设施层虚拟为虚拟化运维云平台服务层后提供IaaS服务，建筑运维业务系统服务层通过整合所用建筑机电设备系统并建立BIM数据系统提供PaaS服务，而用户可以通过各种终端设备接入建筑运维业务云应用层获取SaaS服务。

（1）基础设施层。基础设施服务层是整个架构的基础，其性能决定了建筑物联网和BIM运维系统的服务能力和范围，为整个云平台提供IT资源。

（2）虚拟化运维云平台服务层。基于虚拟化技术的运维云平台服务层将基础设施层虚拟化为计算、存储、网络、桌面和安全五大虚拟资源池，建立资源按需分配、统一部署的云计算平台。

（3）建筑运维业务系统服务层。建筑运维业务系统服务层是从各建筑机电设备系统、物联网系统和BIM数据管理等系统的业务需求出发，为合理地从虚拟化层动态分配计算、存储及网络等资源而创建的虚拟服务器层，提供信息化应用系统服务（智能卡系统、物业管理系统、建筑资产管理系统、专业业务系统等）、信息设施系统服务（公共广播系统、公共信息系统、时钟系统等）、建筑设备管理系统服务（照明系统、空调通风系统、供配电系统、能源管理系统、建筑物联网系统等）、公共安全系统服务（火灾自动报警系统、视频安防监控系统、出入口控制系统、入侵报警系统等）以及数据管理服务等后台服务器。

（4）建筑运维业务云应用层。建筑运维业务云应用层是直接与用户接触，它是面向智慧建筑和运维云的核心部分，实现运维云的核心业务逻辑，能够最真实地反映用户体验。除了提供各种应用服务之外，建筑运维业务云应用层还提供整个平台的交互接口。

（5）终端接入层。终端接入层是指用户获取建筑运维业务云应用服务所使用的PC、Pad和智能手机等设备。

8.4.2 传感器网络技术应用

传感器网络是由部署在作用区域内的、具有无线通信与计算能力的大量微小传感器节点通过自组织方式构成的能根据环境自主完成指定任务的分布式智能化网络系统。传感网络的节点间距离很短，一般采用多跳的无线通信方式进行通信，可以在独立的环境下运行，也可以通过网关连接到Internet，使用户可以远程访问。

传感器网络系统一般包含了三个节点：传感器节点、汇聚节点和管理节点。在监测区域内部或其附近部署安装大量的传感器节点后，再通过自组织的方式使得这些传感器节点形成网络。监测到的数据沿着其他传感器节点逐跳传输，在这个过程中，监测的数据可能被多个节点处理，经过多跳后到了汇聚节点，最后才通过互联网或者其他通信手段最终达到管理节点。通过管理节点，用户可以对传感器网络进线配置管理、发布监测任务以及收集监测数据。

1. 传感器网络与物联网的关系

依据建筑用电设备物联网功能分为应用层、网络层和感知层三部分。应用层是用户与感知层的接口，用户可以通过操作界面来完成业务功能，同时，用户还可使用移动终端（智能手机、平板电脑等）对用电设备的各项状态参数进行查看，对用电设备进行控制；网络层实现了以太网通信与无线网系统的结合与转换，信息的汇集交互、传输和数据的预处理；感知层主要由各种携带不同传感器的模块组成，其任务是采集数据实现对建筑物内用电设备的全面感知。传感器网络组网作为感知层重要组成部分对整个网络起到了至关重要的作用。

融合物理世界和信息世界的重要的一个环节是感知识别技术，这也是物联网相比于其他网络最独特的部分。存在于感知识别层中的大量信息生成设备是物联网的“触手”，包括传感器网络、RFID、定位系统等各种感知和识别设备系统。其中传感器网络是物联网大量信息的重要来源之一，也是物联网中的重要组成部分。

如果扩展智能传感器的范围，将例如RFID等其他数据采集技术也列入智能传感器的范畴，那么站在技术内容和应用领域的角度，广义上的传感器网络与我们定义的物联网是等同的。

实际上，传感技术和RFID技术都只是信息获取的技术之一。而各种可以实现自动识别和目标通信的技术都可以当作物联网的信息采集技术，他们包括GPS、视频识别、红外、激光、扫描等技术。因此，物联网应用中包含了传感器网络和RFID网络，传感器网络和RFID只是物联网的一部分而不是全部。

2. 传感器网络在建筑数字化运维中的作用

（1）供暖、通风、空调系统的管理。传感器网络在建筑内的使用除了可以对智能建筑的环境温度、湿度等的监测，还可以使用传感器网络对数据进行处理，这些处理后的数据能发送给建筑自动化控制系统。传感器还应用在了通风空调系统中，从而对冷水机组、空调机组、冷冻水泵和冷却水泵等通风空调设备状态起到监控作用，并且可以通过自动调节冷（热）源的温度、流量等起到降低能耗的作用。这些控制内容包括: 控制设备起停，节能优化控制空调及制冷机，分季节（天）控制设备运行时间，控制电力负荷和优化控制蓄冷系统等。

（2）照明系统的管理。空调系统和照明系统是建筑能耗的“能耗大户”，照明系统约占建筑总能耗30%，仅次于空调系统，而且照明系统还会影响建筑的冷负荷。智能建筑中照明系统的控制应非常重视节能，通过照度传感器采集到窗边的照度情况，再反馈到控制器进线控制，从而实现节能效果。除了根据室内的照度检测值进行定时控制，还能根据建筑内人员上班时间和工作/节假日进行精确控制，根据有无人对区域进行控制等，从而实现节能运行的效果。

（3）给水排水系统与环境监测。通过对给水排水泵安装各种参数设计传感器，测量水泵的运行、压力、液位等，起到监控报警的作用；在建筑室内安装环境检测传感器，从而检测空气环境品质，再根据环境品质参数控制排风与消毒等。

CHAP

9

第9章

数字化安防、消防与应急管理

9.1 范畴与主要内容

9.1.1 消防管理

从国内外公共管理机构的设置和社会分工情况看，“消防”一词有广义和狭义之分。广义来看，消防泛指消灭灾害、防止灾害和减少灾害损失，包括水灾、火灾、震灾等各种灾害的防范和抗灾抢险活动，诸如防火安全、生产安全、防震安全、防洪安全、环境安全、化学品事故救援、工程抢险等各种灾害事故的预防和抢险救援活动都应当属于消防安全的范畴。我国在引进“消防”一词时，词义范围有所缩小，狭义讲，目前人们常说的“消防”是指防火和灭火的相关范畴。

消防安全管理简称消防管理，包括涉及火灾预防和扑救的各有关事项，即指遵循火灾发生、发展规律及社会经济发展的规律，运用管理科学的原理和方法，为实现消防安全目标所进行的各种活动的总和。消防管理的目标是在一定时期内，根据单位管理的总目标，从上到下地确定消防安全目标，并为达到这一目标制定一系列对策、措施，开展一系列的计划、组织、协调、指导、激励和控制活动。

随着建筑水平的提高，装修装饰逐步高档化，电器设备也逐渐增多，高层及超高层建筑逐步增加以及商场超市等群众聚集场所规模的迅速扩大，消防安全的重要性越来越突出。智能消防系统是智能建筑的必要条件，由两部分构成：一部分是火灾自动报警系统，即感知和中枢系统，犹如人的五官和大脑；另一部分是联动灭火系统，即执行系统，犹如人的四肢。智能消防系统能及时发现建筑的火灾隐患，并采取相应措施及时扑救，将可能酿成大祸的火灾消灭在阻燃期或初期，防止灾害扩大。

智能消防系统通过设计、消防建审、施工和验收环节后，在建筑中投入运行。所有的环节都是为了一个目的——实用，实用就是反应迅速有效，运行正常可靠。当前，人们对智能消防系统的设计、施工关注较多，而在投入运行以后，往往缺乏足够的重视，系统的正常运行是智能消防系统存在的意义。

在智能消防系统运行中，消防报警系统是消防管理的重要组成部分，它是人们为了早期发现通报火情，并及时采取有效措施控制和扑灭火灾，而设置在建筑物中或其他场所的一种自动消防设施，是人们同火灾作斗争的有力工具，由火灾报警主机、火灾特征或火灾早期特征传感器、人工火灾报警设备、输出控制设备组成。传感器完成对火灾特征或火灾早期特征的探测，并将相关信号传送到火灾报警主机。报警主机完成对信号的显示、记录，并完成相应的输出控制。

火灾自动报警系统是由触发器件、火灾警报装置以及具有其他辅助功能的装置组成的火灾报警系统。它能够在火灾初期将燃烧产生的烟雾、热量和光辐射等物理量，通过感温、感烟和感光等火灾探测器变成电信号，传输到火灾报警控制器，并同时显示出火灾发生的部位，记录火灾发生的时间。一般火灾自动报警系统和自动喷水灭火系统、室内消火栓系统、防排烟系统、通风系统、空调系统、防火门、防火卷帘等相关设备联动，自动或手动发出指令、启动相应的装置。

1. 触发器件

火灾自动报警系统中，自动或手动产生火灾报警信号的器件称为触发件，主要包括火灾探测器和手动火灾报警按钮。火灾探测器是能对火灾参数（如烟、温度、火焰辐射、气体浓度等）响应，并自动产生火灾报警信号的器件。

按响应火灾参数的不同，火灾探测器分成感温火灾探测器、感烟火灾探测器、感光火灾探测器、可燃气体探测器和复合火灾探测器五种基本类型。不同类型的火灾探测器适用于不同类型的火灾和不同的场所。手动火灾报警按钮是手动方式产生火灾报警信号、启动火灾自动报警系统的器件，也是火灾自动报警系统中不可缺少的组成部分之一。

2. 报警装置

火灾自动报警系统中，用以接收、显示和传递火灾报警信号，并能发出控制信号和具有其他辅助功能的控制指示设备称为火灾报警装置。

火灾报警控制器就是其中最基本的一种，担负着为火灾探测器提供稳定的工作电源；监视探测器及系统自身的工作状态；接收、转换、处理火灾探测器输出的报警信号；进行声光报警；指示报警的具体部位及时间；同时执行相应辅助控制等诸多任务，是火灾报警系统的核心组成部分。

3. 警报装置

火灾自动报警系统中，用以发出区别于环境声、光的火灾警报信号的装置称为火灾警报装置。它以声、光音响方式向报警区域发出火灾警报信号，以警示人们采取安全疏散、灭火救灾措施。

4. 控制设备

火灾自动报警系统中，当接收到火灾报警后，能自动或手动启动相关消防设备并显示其状态的设备，称为消防控制设备。主要包括火灾报警控制器，自动灭火系统的控制装置，室内消火栓系统的控制装置，防烟排烟系统及空调通风系统的控制装置，常开防火门、防火卷帘的控制装置，电梯回降控制装置，以及火灾应急广播、火灾警报装置、消防通信设备、火灾应急照明与疏散指示标志的控制装置等控制装置中的部分或全部。消防控制设备一般设置在消防控制中心，以便于实行集中统一控制，也有的消防控制设备设置在被控消防设备所在现场，但其动作信号则必须返回消防控制室，实行集中与分散相结合的控制方式。

5. 消防电源

火灾自动报警系统属于消防用电设备，其主电源应当采用消防电源，备用电源采用蓄电池。系统电源除为火灾报警控制器供电外，还为与系统相关的消防控制设备等供电。

消防系统智能化除了具备火灾初期自动报警功能外，还在消防中心的报警器上附设有直接通往消防部门的电话、自动灭火控制柜和火警广播系统等。一旦发生火灾，智能消防系统的本区域火灾报警器上能立即发出报警信号，同时在消防中心的报警设备上发出报警信号，并显示发生火灾的位置或区域代号，管理人员接到警情立即启动火警广播，组织人员安全疏散，启动消防电梯；报警联动信号驱动自动灭火控制柜工作，关闭防火门以封闭火灾区域，并在火灾区域自动喷洒水或灭火剂灭火；开动消防泵和自动排烟装置。在计算机程序的控制下，消防系统根据火警探测器提供的现场火势信息，自动采取各种有效的灭火措施。消防人员接到报警后可迅速赶至现场，并根据火灾情况，进行人工直接灭火或操作灭火设备灭火。

9.1.2 门禁管理

门禁系统顾名思义就是对出入口通道进行管制的系统，它是在传统的门锁基础上发展而来的。传统的机械门锁仅仅是单纯的机械装置，无论结构设计多么合理，材料多么坚固，人们总能通过各种手段把它打开。在出入人员很多的通道（像办公大楼、酒店客房），钥匙的管理很麻烦，钥匙丢失或人员更换都要把锁和钥匙一起更换。为了解决这些问题，就出现了电子磁卡锁和电子密码锁，这两种锁的出现从一定程度上提高了人们对出入口通道的管理程度，使通道管理进入了电子时代，但随着这两种电子锁的不断应用，它们本身的缺陷就逐渐暴露，磁卡锁的问题是信息容易复制，卡片与读卡机具之间磨损大，故障率高，安全系数低。密码锁的问题是密码容易泄露，又无从查起，安全系数很低。同时这个时期的产品大多采用读卡部分（密码输入）与控制部分合在一起安装在门外，很容易被人在室外打开锁。这个时期的门禁系统还停留在早期不成熟阶段，因此当时的门禁系统通常被人称为电子锁，应用也不广泛。

最近几年随着感应卡技术，生物识别技术的发展，门禁系统得到了飞跃式的发展，进入了成熟期，出现了感应卡式门禁系统、指纹门禁系统、虹膜门禁系统、面部识别门禁系统、乱序键盘门禁系统等各种技术的系统，它们在安全性、方便性和易管理性等方面都各有特长，门禁系统的应用领域也越来越广。

门禁系统的组成通常包括：身份识别、传感与报警、处理与控制、电锁与执行、线路与通信、管理与设置等。

身份识别部分是门禁系统的重要组成部分，起到对通行人员的身份进行识别和确认的作用，实现身份识别的方式和种类很多，主要有生物识别类身份识别方式、人员编码类身份识别方式、物品特征类身份识别方式、物品编码识别类身份识别方式以及复合类身份识别方式。生物特征识别如：指纹、掌型、眼底纹、虹膜、静脉、面部、语音、签字和步态等；人员编码识别如：普通键盘、乱序键盘、条码卡、磁卡、IC卡和感应卡；物品特征识别如：金属物、磁性物、爆炸物、放射物和特殊化学物等；物品编码识别如：条码、ESA标签、二维码等。

传感与报警单元部分包括各种传感器、探测器和按钮等设备，应具有一定的防机械性创伤措施。门禁系统中最常用的就是门磁和出门按钮，这些设备全部都是采用开关量的方式输出信号，设计良好的门禁系统可以将门磁报警信号与出门按钮信号进行加密或转换，如转换成TTL电平信号或数字量信号。同时，门禁系统还可以监测出以下报警状态：报警、短路、安全、开路、请求退出、噪声、干扰、屏蔽、设备断路和防拆等，可防止人为对开关量报警信号的屏蔽和破坏，以提高门禁系统的安全性。另外，门禁系统还应该对报警线路具有实时的检测能力（无论系统在撤、布防的状态下）。

处理与控制设备部分通常是指门禁系统的控制器，门禁控制器是门禁系统的中枢，就像人体的大脑一样，里面存储了大量相关人员的卡号、密码等信息，这些资料的重要程度是显而易见的。另外，门禁控制器还负担着运行和处理的任务，对各种各样的出入请求做出判断和响应，其中由运算单元、存储单元、输入单元、输出单元和通信单元等组成。它是门禁系统的核心部分，也是门禁系统最重要的部分。

电锁与执行单元部分包括各种电子锁具、挡车器等控制设备，这些设备应具有动作灵敏，执行可靠，良好的防潮、防腐性能，并具有足够的机械强度和防破坏的能力。电子锁具的型号和种类非常之多，按工作原理的差异，具体可以分为电插锁、磁力锁、阴极锁、阳极锁和剪力锁等，可以满足各种木门、玻璃门和金属门的安装需要。每种电子锁都具有自己的特点，在安全性、方便性和可靠性上也各有差异，需要根据具体的实际情况来选择合适的电子锁具。

出入口控制执行机构执行从出入口管理子系统发来的控制命令，在出入口作出相应的动作，实现出入口控制系统的拒绝与放行操作。常见的如：电控锁、挡车器、报警指示装置等被控设备，以及电动门等控制对象。

门禁控制器应该可以支持多种联网的通信方式，如RS232、485或TCP/IP等，在不同的情况下使用各种联网的方式，以实现全国甚至全球范围内的系统联网。为了门禁系统整体安全性的考虑，通信必须能够以加密的方式传输，加密位数一般不少于64位。

管理与设置单元部分主要指门禁系统的管理软件，管理软件可以运行在多种操作系统中，支持服务器/客户端的工作模式，并且可以对不同的用户进行可操作功能的授权和管理。管理软件应该使用稳定可靠的大型数据库，具有良好的可开发性和集成能力。管理软件应该具有设备管理、人事信息管理、证章打印、用户授权、操作员权限管理、报警信息管理、事件浏览和电子地图等功能。

在日常门禁管理运行中，门禁系统通过上述组成部分可对所有门禁进行实时监控及查看异常报警功能。系统管理人员可以通过微机实时查看每个门区人员的进出情况（同时有照片显示）、每个门区的状态（包括门的开关，各种非正常状态报警等），也可以在紧急状态打开或关闭所有的门区。在异常情况下可以通过门禁软件实现微机报警或外加语音声光报警，如：非法侵入、门超时未关等。

根据系统的不同门禁系统还可以实现以下一些特殊功能：

（1）反潜回功能：根据门禁点的位置不同，设置不同的区域标记，然后让持卡人必须依照预先设定好的路线进出，否则下一通道刷卡无效。本功能是让持卡人按照指定的区域路线进入。通常用于监狱中。

（2）防尾随功能：是指在使用双向读卡的情况下，防止一卡多次重复使用，即一张有效卡刷卡进门后，该卡必须在同一门刷卡出门一次，才可以重新刷卡进门，否则将被视为非法卡拒绝进门。

（3）双门互锁：通常用在银行金库，也叫AB门，它需要和门磁配合使用。当门磁检测到一扇门没有锁上时，另一扇门就无法正常的打开。只有当一扇门正常锁住时，另一扇门才能正常打开，这样就隔离一个安全的通道出来，使犯罪分子无法进入，达到阻碍延缓犯罪行为的目的。

（4）胁迫码开门：是指当持卡者被人劫持时，为保证持卡者的生命安全，持卡者输入胁迫码后门能打开，但同时向控制中心报警，控制中心接到报警信号后就能采取相应的应急措施，胁迫码通常设为4位数。

（5）消防报警监控联动功能：在出现火警时门禁系统可以自动打开所有电子锁让里面的人随时逃生。与监控联动通常是指监控系统自动将有人刷卡时（有效/无效）录下当时的情况，同时也将门禁系统出现警报时的情况录下来。也可以通过网络进行异地设置管理监控查询。

（6）逻辑开门功能：简单地说就是同一个门需要几个人同时刷卡才能打开电控门锁。

9.1.3 电子巡更

1. 电子巡更背景

（1）系统简介及在安防中的作用

当前许多安防技术应用到社区、酒店、商场、医院、写字楼、政府事业单位等人流聚集地，其中巡更是保证场所安全最基本的工作内容。传统的巡更方式是人工巡查、纸质记录，这种方式容易受到人为因素的影响，易出现代签或补签的问题，后期的巡更数据也难以统计储存。而且巡更工作管理困难，无法准确核实巡更路线和时间，一旦出现问题管理人员又很难明确责任人。许多部门引进了具备安全治理及管理的双重功能的电子巡更系统。系统通常包括巡检点、巡查器、通信界面、计算机和应用软件，通过下面的简单说明可以完成关于“电子巡更系统”的描述：

1）巡检点。巡检点又叫信息钮，在预定巡检位置设置地点代码，有多种体现形式，是应用系统中使用数量最多的一部分。

2）巡查器。巡查器又叫巡检手机或采集器，是完成巡逻任务的必需工具，掌握在巡检人员手中完成指定的各种采集任务，及时储存数据。

3）通信界面。通信界面又称传输界面。它的作用是将采集到的数据传输到管理计算机中，完成巡查器到计算机的数据中转任务，形象说就是巡检员向管理员汇报工作环节。

4）计算机。收集数据，起着通过软件管理系统处理相关数据的作用。在网络系统中还承担将数据远程传输到上一级计算机服务器的作用。具体是由管理人员操作计算机，读取或下载巡查器中的信息，通过信息来了解巡检人员的工作情况及被巡视场所情况，利用软件管理系统功能，查询分析统计数据解决问题，监督检查巡检人员的工作。

5）应用软件。主要功能包括：系统管理、信息录入、数据通信、巡检员信息、事件信息、数据查询、帮助文件等。

巡更工作数字化早先利用的是考勤机联网系统，只用于记录巡检人员打点计时。由于每个巡更点必须安装巡更机、供电、联网要布线，整体费用昂贵工作流冗长，用户防护维修量大，因此不能得到推广和普及。随着数字智能化技术的发展，人们逐渐突破了对于巡更系统设计思想的局限，开发出各种带有不同特点的新式电子巡更系统，从而适用于不同要求的各种场合。

（2）电子巡更系统分类

电子巡更系统从数据传输方式可分为在线式和离线式。离线式电子巡更系统分为接触和非接触式：接触式的优点是无须布线，成本低廉安装简单，缺点是信息钮和巡查器接触容易被损坏，造成读取不准；非接触式感应式巡更系统，利用无线射频使巡检器和信息钮之间不用接触就可读取信息。在线式电子巡更系统的优点是：巡检器携带轻便，巡更数据可以通过WiFi或者蜂窝数据即时上传，在管理界面上实时显示巡更情况，对未正常巡更也可进行提示和警告；缺点是：需要网络基础好，每个巡更点必须供电、联网，整体维护费用高。

如今在互联网基础条件成熟的情况下，在视觉能给管理者提供更明确的管理方案时，是不是有一个结合各种优点规避缺点的新电子巡更系统呢？

（3）基于BIM的电子巡更系统

近年BIM技术在国内掀起了巨大浪潮，与建筑行业的各个领域均有交叉。在建筑业中BIM同时扮演着新角色，以可视化为首等功能，带领使用者进入更明确、更清晰的管理层面。基于目前网络基础条件健全，巡检人员打点将以更灵活轻便的方式将数据上传，告别GPRS及RFID等传统方式，更加简便，无须布线及沉重的手持设备，只需通过手机移动端扫描二维码即可实现巡检打点。通过蜂窝通信等技术使手持终端保持与服务器实时在线传输，中控室管理员只需在PC端软件调取数据，配以BIM更加高效的可视化技术，使巡更任务可控性更高，让统计数据更立体，便于作出准确判断。

2. BIM平台电子巡更系统方案

（1）系统组成

基于BIM平台的电子巡更系统主要以二维码识别技术与移动互联网技术相结合作为数据采集手段，并通过配套开发移动端和PC端软件，共享建筑内安防管理系统技术数据库，搭建在C/S架构信息平台上，用全新的3D可视化效果呈现，建立全新的电子巡更系统，以达到对建筑内运维巡检工作监督管理目的。

（2）工作原理

基于BIM的电子巡更系统利用信息钮技术，自动控制技术及计算机通信技术，为用户提供SaaS服务。巡检点是一个标签，巡检时巡检人员将手中的巡查器与信息钮进行数据交互，通过互联网上传到数据库，实现了巡检系统中最关键的数据采集技术，再将数据流转化为信号，在管理软件中实现对数据的集中、查询、工单派发等工作。

首先，在基层数据采集上，将所有巡检点位抽象化，每个点位对应唯一的二维码。以二维码形式替代了原有单片机的硬件形式，数据采集更加简洁，前期采购成本降低。同时在三维建筑模型里对每个巡检点位做出点模型，使其一一对应，这样就完成了从数字—抽象—具体之间的映射，把模型与现实紧密连接。

其次，在PC端软件设计中，将每个点位的信息状态分类为：已巡检、未巡检和延迟完成巡检，分别用绿色、红色及黄色显示。当巡检任务进行时，每个点位会根据巡检人的打点情况显示实时状态，再根据时间顺序进行巡检路线明示，此时管理员可迅速发现巡检员是否按照计划先后顺序执行巡检任务，同时还可查看两个巡检点之间所用的时间，从而保证了巡检效率。而在移动端与PC端交互中增加了现场照片拍摄功能，保存于该信息钮巡检历史中，用于将来可能发生情况做出预案，从纵向对巡检任务进行更新迭代，优化巡检内容。上述功能将使管理人对巡检任务细节信息更巨细，大大减少管理成本。

除工单系统外还会对巡检员进行巡更考核管理，主要为巡检审查、考核功能，通过对已制定的巡更计划和实际巡更导入情况进行自动对比分析，自动跟踪巡检工的执行情况，并将巡检考核结果直接反映到巡检任务的业务管理工作考核计量数据中，达到考核目的。

最后，在智能工单系统中，通过对项目安全部组织架构的分析，从中控室PC端开始，将移动端按照职位功能分别显示该级别及级别以下工作内容，确保每天的巡检任务一环环派发下去，可追责至每个级别到某人。同时从巡检员发出的报告也将逐级向上审批，不会出现逾级汇报等不规范情况，若有特殊情况可走紧急批复流程。

（3）系统特点

上述系统相比传统电子巡更，具有以下几点优势：

更轻便。以二维码形式将信息钮轻量化，配合蜂窝互联网移动端，规避了信息钮及巡检器损耗情况，使得在数据收集阶段的成本大大降低，提高可操作性，同时巡检点位更换修改等工作将更加便捷。

更具体。通过3D视觉技术，管理员可实现实时查看巡检员正在执行巡检任务中的进度，通过信息钮状态可判断是否完成对该点的巡检以及是否按时完成，在已完成巡检的信息钮按时间顺序连接成线，实现巡查数据图形化及巡查轨迹地图演示功能。同时配以交互系统，对现场设施损坏及其他情况，巡检员可在移动端拍照上传中控PC端，并发出警报。将巡检工作可视化是提高物业人员效率的有效手段。

更规范。为了使巡检任务更规范化，该系统配以智能工单系统。管理员通过在PC端设置巡检计划任务，每天巡检员手机将收到当天的巡检任务，明确巡更位置和巡更路线。将巡检任务落实到一线执行者，保证从上至下执行力，同时也解决了出现问题无法追责的问题。

电子巡更系统方便管理和使用，正应用于需要巡检工作的各种行业及各种不同类型建筑物中，杜绝了日常巡检工作伪造巡查记录、检查频率不足、不按要求到达等问题的发生，并对系统记录巡查数据的统计、分析，进行历史纵向对比总结，复杂、事故多发地段，及时调整巡检方案，在不断迭代中完善。通过BIM技术、移动互联网技术对电子巡更系统进行更全面、更具体、更轻便的改造，实现了对巡检人员的有效管理，保证了设备设施的安全运行，及时发现和规避事故隐患。具有前述特点的基于BIM的电子巡更系统，对提高管理效率、制定科学巡检计划等都将产生积极作用。BIM安防系统将有广阔的应用前景，同时在运维其他方面BIM将继续与其紧密结合。

9.1.4 视频监控

视频安防监控系统（Video Surveillance & Control System，VSCS）是利用视频技术探测、监视设防区域并实时显示、记录现场图像的电子系统或网络，是建筑运维管理工作中重要的组成部分。建筑运维管理部门可通过视频监控系统获得建筑内部实时的有效数据、图像、声音等内容，对异常事件进行及时的监控、报警和记忆，并在事件发生后能够提供高效、及时的指挥和部署，以及辅助管理人员完成事件内容的回溯等工作。

视频监控系统发展了短短二十几年时间，从20世纪80年代模拟监控到火热数字监控再到方兴未艾网络视频监控，发生了翻天覆地变化。在IP技术逐步发展的今天，我们有必要重新认识视频监控系统发展历史。从技术角度出发，视频监控系统发展划分为第一代模拟视频监控系统（CCTV），到第二代基于“PC+多媒体卡”数字视频监控系统（DVR），到第三代完全基于IP网络视频监控系统（IPVS）。

1. 第一代视频监控是传统模拟闭路视频监控系统（CCTV）

依赖摄像机、线缆、录像机和监视器等专用设备。例如，摄像机通过专用同轴线缆输出视频信号。线缆连接到专用模拟视频设备，如视频画面分割器、矩阵、切换器、卡带式录像机（VCR）及视频监视器等。模拟CCTV存在大量局限性：①有限监控能力只支持本地监控，受到模拟视频缆传输长度和缆放大器限制；②有限可扩展性系统通常受到视频画面分割器、矩阵和切换器输入容量限制；③录像负载重用户必须从录像机中取出或更换新录像带保存，且录像带易于丢失、被盗或无意中被擦除；④录像质量不高是主要限制因素，录像质量随拷贝数量增加而降低。

2. 第二代视频监控是当前“模拟-数字”监控系统（DVR）

“模拟-数字”监控系统是以数字硬盘录像机DVR为核心半模拟-半数字方案，从摄像机到DVR仍采用同轴缆输出视频信号，通过DVR同时支持录像和回放，并可支持有限IP网络访问。由于DVR产品五花八门，没有标准，所以这一代系统是非标准封闭系统。DVR系统仍存在大量局限：①复杂布线“模拟-数字”方案仍需要在每个摄像机上安装单独视频缆，导致布线复杂性；②有限可扩展性，DVR典型限制是一次最多只能扩展16个摄像机；③有限可管理性，需要外部服务器和管理软件来控制多个DVR或监控点；④有限远程监视/控制能力，不能从任意客户机访问任意摄像机，而只能通过DVR间接访问摄像机；⑤磁盘发生故障风险与RAID冗余和磁带相比，“模拟-数字”方案录像没有保护，易于丢失。

3. 第三代视频监控是未来完全IP视频监控系统（IPVS）

全IP视频监控系统与前面两种方案相比存在显著区别。该系统优势是摄像机内置Web服务器，并直接提供以太网端口。这些摄像机生成JPEG或MPEG4、H.264数据文件，可供任何经授权客户机从网络中任何位置访问、监视、记录并打印，而不是生成连续模拟视频信号形式图像。全IP视频监控系统的巨大优势是：①简便性：所有摄像机都通过经济高效有线或者无线以太网简单连接到网络，使用者能够利用现有局域网基础设施，可使用5类网络缆或无线网络方式传输摄像机输出图像以及水平、垂直、变倍（PTZ）控制命令（甚至可以直接通过以太网）；②强大中心控制：一台工业标准服务器和一套控制管理应用软件就可运行整个监控系统；③易于升级与全面可扩展性：轻松添加更多摄像机，中心服务器将来能够方便升级到更快速处理器、更大容量磁盘驱动器以及更大带宽等；④全面远程监视：任何经授权客户机都可直接访问任意摄像机，也可通过中央服务器访问监视图像；⑤坚固冗余存储器：可同时利用SCSI、RAID以及磁带备份存储技术永久保护监视图像不受硬盘驱动器故障影响。

整体而言，视频监控系统一般由前端、传输、控制及显示记录四个主要部分组成。前端部分包括一台或多台摄像机以及与之配套的镜头、云台、防护罩、解码驱动器等；传输部分包括电缆、光缆，以及有线、无线信号调制解调设备等；控制部分主要包括视频切换器、云台镜头控制器、操作键盘、种类控制通信接口、电源和与之配套的控制台、监视器柜等；显示记录设备主要包括监视器、录像机、多画面分割器等，主体框架如图9-1所示。

在建筑运维管理的实际工作中，如何充分利用视频安防监控系统帮助管理人员完成相应的工作是数字化运维中的重要内容。将视频监控系统本身的高级运动检测、运动跟踪、人物面部识别、车辆识别、物体滞留监测、人数统计、人群追踪、交通流量监测等功能，同工单系统、消防报警系统、门禁报警系统、燃气报警系统等其他智能化子系统相结合，以业务流程为基础，以BIM为载体，形成建筑智慧视频管理系统。如图9-2所示，根据门禁报警系统中监测到的门禁报警信息，可在BIM模型中直接定位至报警发生的区域，通过BIM技术进行相应的逻辑计算可直接调取报警区域的实时视频画面，帮助建筑运维管理人员对报警进行整体性观察和管理。

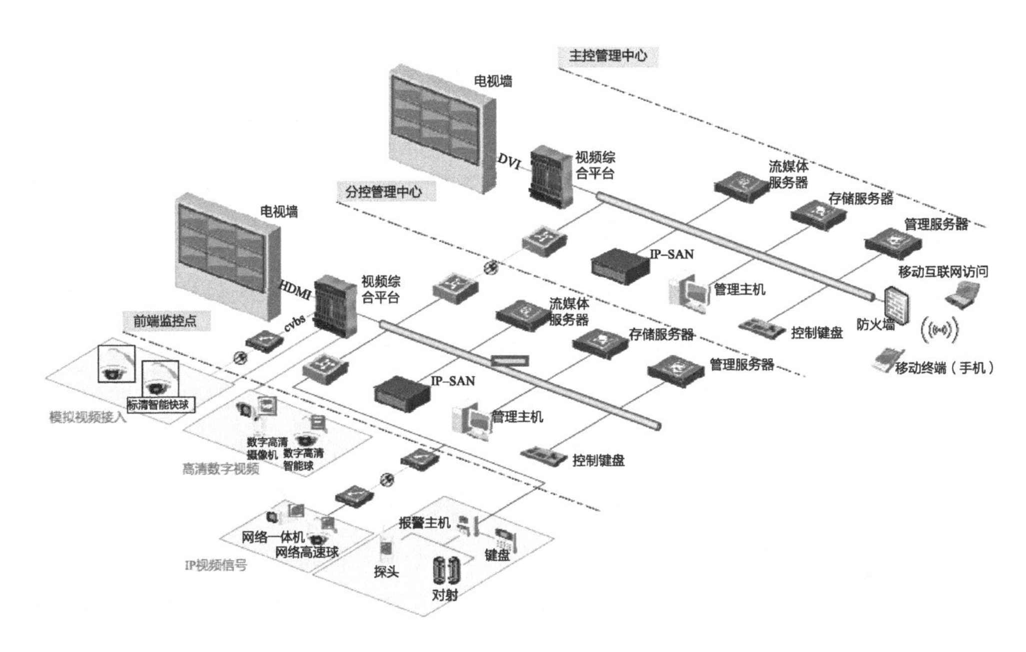

图9-1　视频安防监控系统框架

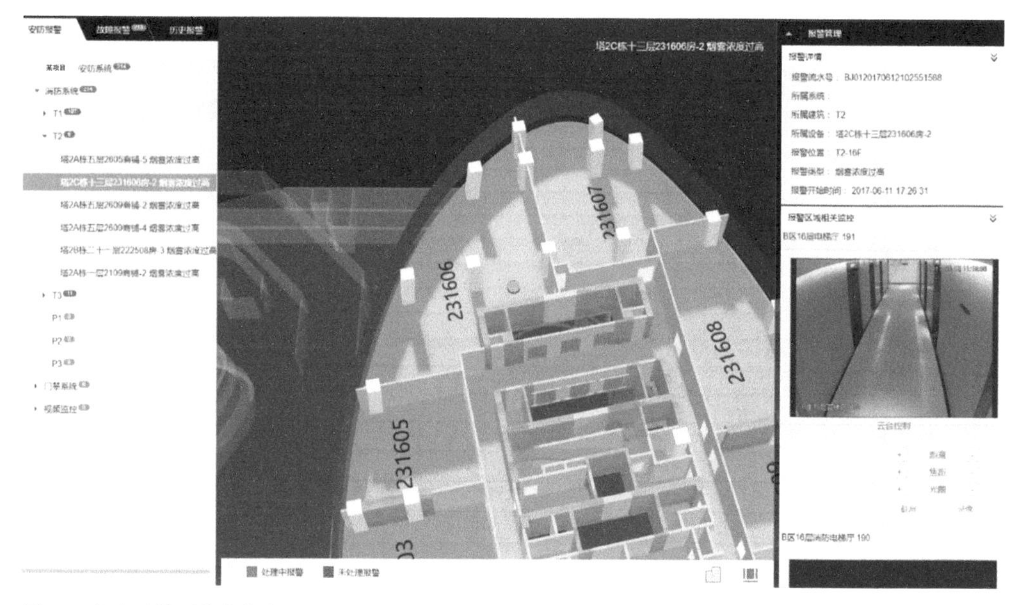

图9-2 视频监控系统综合应用

9.1.5 安防报警

安防报警系统是利用各类功能的探测器对住户房屋的周边、空间、环境及人进行非法入侵的整体防护系统。

当窃贼从大门进入时，门磁探测到异常立即发送信号到主机；从窗户进入时，幕帘式红外探测器探测到异常信号立即发送信号到主机；如果窃贼打破玻璃入室盗窃，玻璃破碎探测器将发送信号到主机；进入监控范围内的广角红外探测器探测到异常立即发送信号到主机。

当主机接到信号后，启动警铃（安装警号并设置为启动状态），震慑罪犯，同时报警系统还可以立即拨打用户事先设置的110接警中心号码和几组用户报警电话或发送短信给用户。

1. 安防报警系统组成

防盗报警系统的设备一般分为前端探测器和报警控制器。报警控制器是一台主机（如电脑的主机一样），用来控制包括有线/无线信号的处理、系统本身故障的检测、电源部分、信号输入、信号输出和内置拨号器等这几个方面，一个防盗报警系统中报警控制器是必不可少的。前端探测器包括有门磁开关、玻璃破碎探测器、红外探测器和红外/微波双鉴器和紧急呼救按钮，如图9-3、图9-4所示。

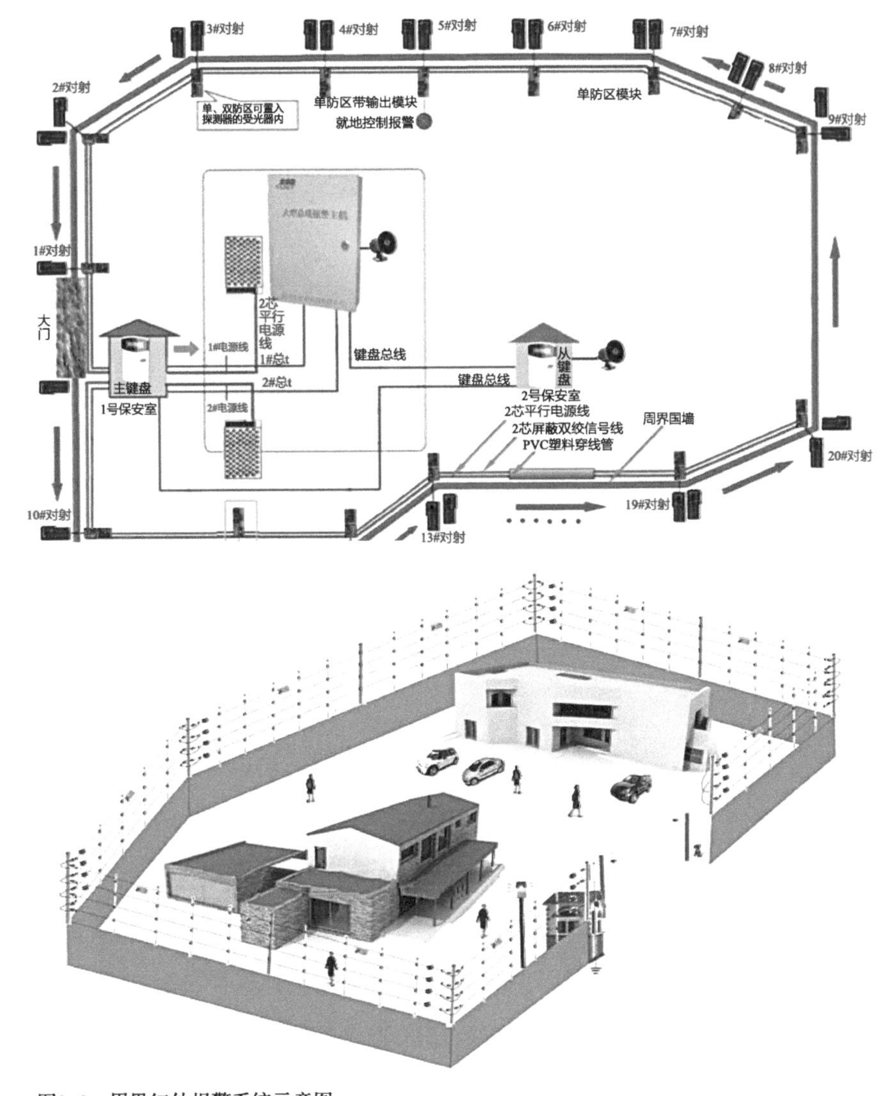

图9-3　周界红外报警系统示意图

（图片来源：http: //www.szqb.net.cn/weibao/346.html，http: //dg.house.qq.com/a/20161027/011546.html）

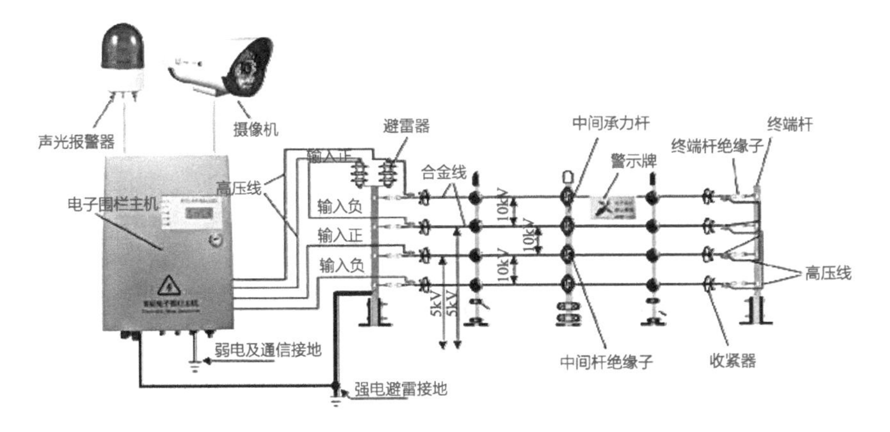

图9-4　电子围栏系统图

（图片来源：http: //www.szqb.net.cn/weibao/346.html）

（1）防盗主机

在布防状态时，接收各个探头发来的报警信号，指挥警号鸣响，同时会借助通信网络向外拨打多组由主人设置的电话报警，并可通过语音提示获知警情类别及位置；通过它来进行电话远程监听和操作，主机是整个防盗报警系统的核心。

（2）探测器

探测器是利用传感器感应各种物理变化、化学变化而产生的电流、电压变化，经过微处理器处理后向控制主机发送报警信号。前端探测器的选型是设计防盗报警系统的重要内容，需要根据防护要求和设防特点选择不同探测原理、不同技术性能的探测器。

2. 安防报警探测器分类

（1）按应用场景分类

1）室内型，常见的探测器大部分都为室内用。《安全防范工程技术标准》GB 50348—2018中规定："3.8.1 安全防范系统设计应符合其使用环境（如室内外温度、湿度、大气压等）的要求。系统所使用设备、部件、材料的环境适应性应符合现行国家标准《安全防范报警设备　环境适应性要求和试验方法》GB/T 15211—2013中相应严酷等级的要求。"

2）室外型，例如：主动红外对射探测器（图9-5）、激光对射探测器、振动光纤、全天候探测器等。

图9-5　主动红外对射探测器

（2）按探测的物理量、原理或用途分类

1）红外探测器，例如：被动红外探测器、主动红外对射探测器等，常用作人体探测。

2）微波探测器，例如：微波多普勒探测器、遮挡式微波探测器（俗称微波墙）等，常用作人体探测。

3）激光探测器，例如：激光对射探测器，常用作周界探测器（图9-6）。

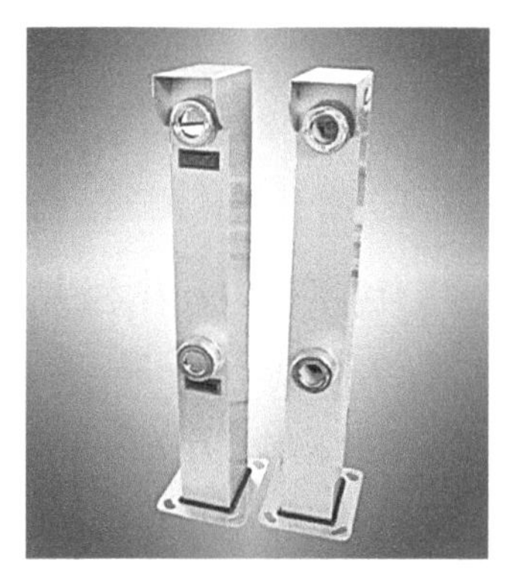

图9-6　激光对射探测器

4）超声波探测器，例如：超声波多普勒探测器。可用于人体探测，也可用于车位探测。

5）开关探测器，例如：磁开关（常见的为门磁/窗磁）、微动开关、紧急按钮、脚挑开关、压力垫、短导电体的断裂原理探测器等。

6）环境探测器，例如：一氧化碳探测器、二氧化碳探测器、可燃气体探测器、温感探测器、烟感探测器、水浸探测器、温度探测器、湿度探测器等。

7）复合探测器，例如：微波/被动红外双鉴探测器、三鉴探测器（常见的为微波、被动红外和智能鉴别三种技术复合）等。

8）其他探测器，例如：振动探测器、玻璃破碎探测器、感应电缆等。

（3）按警戒范围分类

1）点控制型，探测器的警戒范围是一个点。例如：门磁/窗磁探测器、微动开关、紧急按钮、压力垫、短导电体的断裂原理探测器等。

2）线控制型，探测器的警戒范围是一条线。例如：主动红外对射探测器、激光对射探测器、高压电子脉冲式探测器（俗称电子围栏）、张力围栏、振动光纤、感应电缆、泄漏电缆、振动电缆、遮挡式微波探测器、长导电体断裂原理探测器等。部分探测器实际形成的是防护面，但是这类探测器一般用作周界防护，所以我们通常看作是线控制型探测器。对射类探测器也可以用作道闸的防砸功能。

3）面控制型，探测器的警戒范围是一个面。例如：玻璃破碎探测器、振（震）动探测器等。

4）空间控制型，探测器的警戒范围顾名思义就是空间防护。例如：微波多普勒探测器、被动红外探测器、超声波探测器、双鉴探测器、三鉴探测器等。

（4）按工作方式分类

1）主动式探测器，此类探测器要向所防范的现场不断发出某种形式的能量，例如红外线、微波、超声波、激光等能量。主动式红外探测器、激光探测器和遮挡式微波探测器通常都是成对设备，包括一个发射器和一个接收器。

2）被动式探测器，此类探测器本身不需要向所防范的现场发出任何形式的能量，而是直接探测来自被探测目标自身发出的某种形式的能量。故此被动式探测器隐蔽性能更好。例如：被动红外探测器、玻璃破碎探测器等。

（5）按输出的开关信号分类

1）常开型探测器，在防盗报警系统布防后，探测器的输出开关是断开的。当探测器被触发时，开关闭合，回路电阻为零，该防区报警。

2）常闭型探测器，在防盗报警系统布防后，探测器的输出开关是闭合的。当探测器被触发时，开关断开，回路电阻为无穷大，该防区报警。例如：门磁、窗磁等。

3）常开/常闭型探测器，多数探测器都具有常开和常闭两种输出方式可选。常开和常闭开关信号通常需要配合终端电阻接入防盗报警主机，他们的接线方式不同。

9.1.6 应急管理

数字化技术在建筑运维管理阶段正在落实应用，其中应急管理是数字化技术的最好体现之一。主要本节重点讨论应急管理中突发事件的基本概念与发生机理，以及应急管理系统构建与处置的相关问题。主要从突发事件应急、应急管理系统以及当前存在的问题、应急响应与处置，结合BIM技术对建筑应急管理进行了一定的探索，现分述如下：

1. 突发事件应急管理

（1）突发事件的概念

突发事件是指突然发生的，带有异常性质的，造成或可能造成一定的危害、影响公民的正常生活，干扰正常的社会秩序，危及社会公共安全的事件。从突发事件的定义中我们可以看出，突发事件不是预期的，这种突然发生的特性决定了我们无法充分地掌握其相关信息，而事态的发展具有高度不确定性，需要决策者采取应急处置措施予以应对，主要特点分为突发性和不确定性、危害性和连带性、紧迫性。

（2）突发事件应急管理

智能建筑是“小空间”，其中内部集成大量的先进建筑信息化技术，应对常规条件如烟感火灾报警、非法侵入、设备故障与报警等突发事件，目前已经有较为成熟的消防监控系统、防盗报警系统、门禁管理系统等。但这些系统大多是孤立的系统，不具备针对突发事件的综合监控和管理能力，而应急管理系统，通过智能建筑内部网络将消防、安防、垂直交通等系统进行接口通信对接、集成和联动，形成应急管理平台，为决策者提供及时了解和参与事故处理决策、查询、统计问题的应急信息管理平台。

2. 影响建筑突发事件应急管理的主要问题

（1）人员密集、建筑复杂。

建筑材料使用复杂，且由于人流量大以及人员的不确定性从而导致人员疏散的不确定性，火灾危险性和火灾危害性更高。

（2）建筑智能化系统之间无联动或者联动效果程度低。

目前的智能建筑数据可视化程度低，各个独立的智能化系统设备信息管理更新滞后、信息关联的设备及设备参数配置跟不上，难以保障运维数据完整性和高效率工作，当出现突发事件，应急响应时间延时，到决策者判断和采取措施时，已经错过了最佳时间。

（3）消防防范意识薄弱，自防自救能力有待提高

从应急管理的实践来看，从政府到社会、到群众，普遍缺乏应对突发事件的思想准备和物质准备。导致社会民众的危机意识薄弱的原因主要有对突发事件的基本特征和危害程度认识不足、突发事件的应急演练和安全防范教育重视不够。

（4）应急响应时间慢且多方联动合作缺乏

突发事件的应对需要多个部门和机构的配合与协调。应急管理部门的垂直应急管理体系较为完备，但各部门横向职责分工并不十分明确，在响应期的突出问题表现为应急协同机制不健全。

3. 应急管理系统

（1）应急管理系统架构

系统架构如图9-7所示。当突发事件发生，应急管理平台通过分析突发事件的类型和严重程度调用相应的应急预案进行处置，确保建筑的安全，并尽可能减少人员和财产损失。

（2）应急管理系统响应与处理流程

应急管理系统响应与处理流程主要包括应急准备、监测与预警、应急处置和总结改造。

应急准备的工作首先要定义应急事件级别，参照安全生产事故灾难的可控性、严重程度和影响范围，应急响应级别原则上分为一、二、三、四级响应，平台参照

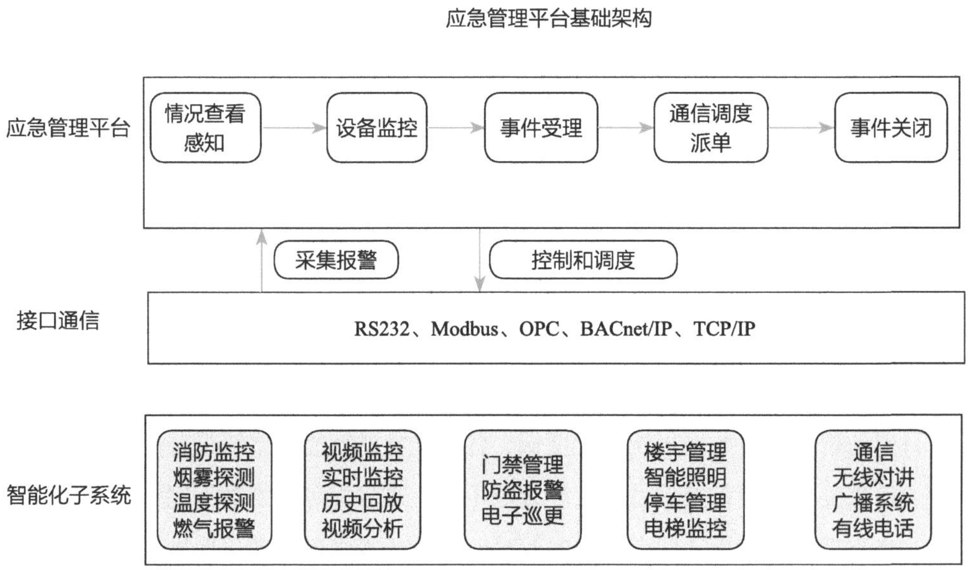

应急管理平台基础架构

应急管理平台
情况查看感知
设备监控
事件受理
通信调度派单
事件关闭
采集报警
控制和调度
接口通信
RS232、Modbus、OPC、BACnet/IP、TCP/IP
智能化子系统
消防监控 烟雾探测 温度探测 燃气报警
视频监控 实时监控 历史回放 视频分析
门禁管理 防盗报警 电子巡更
楼宇管理 智能照明 停车管理 电梯监控
通信 无线对讲 广播系统 有线电话

图9-7 应急管理系统

定义级别进行模拟应急准备。制定应急预案，包括应急预案目的、依据、范围、具体的组织体系以及人员职责，应急预案启动，应急事件级别以及对应的处理流程和处理方法。

监测与预警，组织日常巡检活动，实施有效预警、排查隐患，记录与报告，内容包括事件发生时间和具体位置、现象描述、响应范围、初步原因分析、报告人和对事件结果进行持续跟踪记录，及时发现应急事件并有效预警，然后进行核实和评估，以规定的策略和程序启动预案并保持对应急事件的跟踪；核实和评估，应急事件报告作为事件级别评估的输入，初步确定对应的事件级别，此事件的状态处于动态控制中。信息通报，向相关利益方通报预案启动信息。

应急处置阶段，获取现场信息，组织人员进行必要的勘察、分析下达命令并保持实时跟踪，采取必要的应急调度手段，基于预案开展问题排除与诊断，随时向现场负责人汇报排查情况，诊断信息，定位结果。处置过程中，需要及时与相关利益方进行沟通，沟通内容主要包括造成原因、排查诊断状况等。组织各方对问题进行确认，问题确认不应延误处理与恢复工作的开展。对突发问题进行有效、快速的处理与恢复，采用的方法和手段不应造成衍生事件的发生。及时通报应急事件，进行结果评价，关闭事件。

总结改进阶段的工作包括对应急事件发生原因、处理过程和结果进行总结分析，持续改进应急工作，完善应急管理工作。定期对应急响应工作进行分析和回顾，对信息系统中潜在的类似隐患总结经验教训，对应急响应工作的分析回顾形成总结报告，作为改进依据，并采取适当的后续措施。

（3）基于BIM的应急管理

BIM技术可以在建筑全寿命期的过程中进行信息共享和传递，具有模拟性、可视化、协调性和空间感等特点，基于BIM技术的应急管理：

1）BIM模型环境是对建筑实际环境的真实动态模拟。

2）BIM技术可提高工作效率并优化工作流程。

3）BIM技术可优化运营管理中的组织架构，便于处理不同等级人员的沟通协作。

融合BIM模型的应急管理平台，把建筑真实还原，对应急管理的准确性、高效性和数据可视化程度得到进一步的提高和完善，真实建筑数据信息和三维模型相结合是解决建筑数字化运维高效管理的解决方案。

综上，由于建筑运营阶段的应急管理工作牵涉面广，但随着智能建筑的发展，

BIM、VR技术等在建筑运维中的不断运用和实践，将会为应急管理提供更加可视化的功能，如用视频监控进行管理，以及实现视频会议提高管理效率，完善企事业单位部门应急管理体系。

9.2 基于物联网技术的智慧安防

9.2.1 计算机视觉在智慧安防中的应用

计算机视觉是一门研究如何使机器“看”的科学，就是指用摄影机和计算机代替人眼对目标进行识别、跟踪和测量等机器视觉，并进一步作图像处理，用计算机处理成为更适合人眼观察或传送给仪器检测的图像。计算机视觉的应用包括图像处理、模式识别或图像识别、景物分析、图像理解等。计算机视觉包括图像处理和模式识别，除此之外，它还包括空间形状的描述，几何建模以及认识过程，实现图像理解是计算机视觉的终极目标。

1. 图像处理

图像处理技术把输入图像转换成具有所希望特性的另一幅图像。例如，可通过处理使输出图像有较高的信-噪比，或通过增强处理突出图像的细节，以便于操作员的检验。在计算机视觉研究中经常利用图像处理技术进行预处理和特征抽取。

2. 模式识别

模式识别技术根据从图像抽取的统计特性或结构信息，把图像分成预定的类别。例如，文字识别或指纹识别。在计算机视觉中模式识别技术经常用于对图像中的某些部分，例如分割区域的识别和分类。

3. 图像理解

给定一幅图像，图像理解程序不仅描述图像本身，而且描述和解释图像所代表的景物，以便对图像代表的内容作出决定。在人工智能视觉研究的初期经常使用景物分析该术语，以强调二维图像与三维景物之间的区别。图像理解除了需要复杂的图像处理以外还需要具有关于景物成像的物理规律的知识以及与景物内容有关的知识。

计算机视觉和视频结合在一起，可以对建筑的智慧安防提供很大的应用。首先，以视频技术为核心的安防行业拥有海量的数据来源，可以充分满足人工智能对于算法模型训练的要求；其次，安防行业中事前预防、事中响应、事后追查的诉求与人工智能的技术逻辑完全吻合。

目前，计算机视觉和视频在安防领域的应用，主要还是涉及对人脸、车辆的识别，包括生物特征识别技术、大数据及视频结构化技术等。其中，生物特征识别包含了指纹识别、虹膜识别、人脸识别、步态识别等，前两个主要应用于特定场景的身份认证居多；关于视频结构化技术，目前则主要融合了机器视觉、图像处理、模式识别和深度学习等人工智能技术，这也是视频内容理解的基础。并且在公安、交通、建筑、金融、工业和民用等多个领域都有应用场景。

在建筑大楼的安防过程中，例如，公安行业用户的需求是在海量的视频信息中，发现犯罪嫌疑人的线索。要实现这个需求，仅仅用摄像头捕捉到嫌疑人是远远不够的。它需要智能的前端摄像机实时分析视频内容，检测运动对象，识别人、车等属性信息；然后需要汇总海量的城市级信息到后端人工智能的中心数据库进行存储，再利用计算能力及智能分析能力，对嫌疑人的信息进行实时分析，最终给出最可能的线索建议。

9.2.2 室内定位在智慧消防与应急管理中的应用

室内定位技术包括很多，WiFi、蓝牙、UWB。传统的无线定位系统使用WiFi、蓝牙及Zigbee等技术，基于接收信号强度法（RSSI）来对标签位置进行粗略估计，定位精度低，且容易受到干扰，定位稳定性难以适应室内应用的要求。UWB基于超窄脉冲技术的无线定位技术，从根本上解决了这一问题。无线超窄脉冲电磁波，使用脉冲宽度为ns级的无线脉冲信号作为定位载波，是无线定位领域定位精度最高，性能最为稳定的技术。在频域上，由于其占用的频带较宽（也被称为超宽带技术，UWB技术），且无线功率密度较低，对于其他的无线设备来说相当于噪声信号，不会对其造成干扰，也加强了自身的抗干扰性。

室内定位系统可以很好地支持建筑的运维管理，包括人群分布可视化展现与分析，重点区域人流协同监控与空间分析，紧急情况下辅助人员疏导、分流决策和日常业务信息实现空间可视化维护管理等。

室内定位系统的具体应用有以下几方面：①建筑的场地综合管理，包括建筑停车车位信息查询、预约与停车导航；②公众服务，公共服务机构三维地图、实景地图浏览、业务信息查询和智能寻路；③机构服务人群办事、就医、排队、交费等流程可视化空间引导与导航；④服务机构运维管理，人员、可移动设备定位、跟踪与行为调度管理；⑤办事流程各节点空间位置可视化配置管理，专业数据与空间数据对接配置管理；⑥建筑物联网集成管理，包括人员、视频、传感器等设备资产空间可视化运维管理；⑦物业、门禁、会议室预订等系统空间可视化、移动化升级改造；⑧预警定位、消息推送、区域电子围栏监控等安全管理。

室内定位技术的对比　　表9–1

室内定位方法	WiFi室内定位	iBeacon室内定位	LiFi室内定位	地磁室内定位	UWB超宽带室内定位	RFID定位
定位精度	5～10m左右	3～5m左右	0.5～1m左右，误差10cm以内	1～3m左右	0.1～0.5m左右，定位精度较高	
特点	可以借助场所内的WiFi热点信号进行定位	室内部署低功耗蓝牙设备或蓝牙基站，设备体积小、距离短、功耗低，容易部署	可见光定位精准，无须维护，安全保密性高，但光源遮挡时无法定位，需要在室内安装支持LiFi定位的LED光源或对现有光源进行改造	不依赖硬件设备，需要投入人力进行实地环境地磁信号采集，定位精度与现场环境有关联，当定位场所环境变化后需要进行重新采集	需要在现场布设专业UWB基站并配合终端设备进行定位，通常为手环、磁卡等便携设备	作用距离很近，但它可以在几毫秒内得到厘米级定位精度的信息，并且RFID标识的体积比较小。不具有通信能力，抗干扰能力较差
成本	硬件成本较低	硬件成本中等	无需维护	不依赖硬件设备	成本较高	成本比较低
适用场景	商场与超市、会议与展览、景区与园区、公共服务与办公	商场与超市、交通枢纽、会议与展览、公共服务与办公	商场与超市、交通枢纽、停车场、会议与展览、公共服务与办公	交通枢纽、公共服务与办公	会议与展览、公共服务与办公	RFID定位通常可以解决室内场所关键位置精准定位的需求。会议与展览、公共服务与办公

室内的定位系统，可以基于三维地图的消防物联网，展示目前的安全状态和标记地图，通过实时的状态信息，给出安全防范的应急预案并且指挥调度，给出整体的解决方案（表9–1）。此外，基于室内定位系统的日常消防管理，可以根据建筑单位、重点场所消防设备资源的三维控制图，加上物联网的自动感知预警技术，结合互联网和日常定期的消防监督检查，起到综合管控的作用。

在救灾应急与指挥调度方面，室内定位技术也起了很大的作用。室内定位技术，结合物联网技术，可以提供救灾应急预案编制；使用人工智能的算法和收集到的海量数据，可以做到灾情大数据预案辅助决策；灾情现场应急资源数据综合空间检索、实时数据展现与灾情趋势分析；进行灾害救援态势标绘与战时指挥调度。

三维可视化是BIM技术的一大优势，基于BIM的应急管理将减少盲区，提高突发事件的响应及救援能力，为应急处理提供更为明确、清晰的信息。在基于BIM模型与物联网技术建立的应急管理平台上，将省去大量重复的找图纸、对图纸工作，可利用RFID标签或二维码进行快速定位查询。基于此平台，运维人员可快速查阅设备的详细状态，定位故障设备的前后关联信息，进而为应急指挥提供决策支持。

9.2.3 智慧安防中物联网之安全性

智慧安防是以人工智能技术为保障，以人脸抓拍摄像机、车牌抓拍摄像机、结构化摄像机等为核心的系统与传统监控系统一起组建的新型安防监控系统网络，利用人脸识别、车牌识别、云存储、大数据分析等技术，快速定位识别人员和车辆（图9-8）。该技术能够起到事前预防，针对重点人员、车辆实时布控预警；事中干预，迅速锁定目标，实时记录运动轨迹；事后回查，指定时间地点范围的锁定目标，提供证据，把人防、物防、技防紧密相结合，最终形成一套完整的安防系统。

数字化运维的系统构建是为应用服务的，物联网在安防行业的未来功能应用和结构与人脑类似，也将具备物联网虚拟感知、虚拟运动、虚拟中枢和虚拟记忆神经网络，并绘制一幅物联网虚拟大脑结构图。物联网对应前端感知、运动系统，互联网、移动互联网、现代物联网传输对应系统传输神经系统，云存储、云计算对应信息汇聚及处理系统，大数据应用则对应虚拟神经元及大脑终端决策系统。

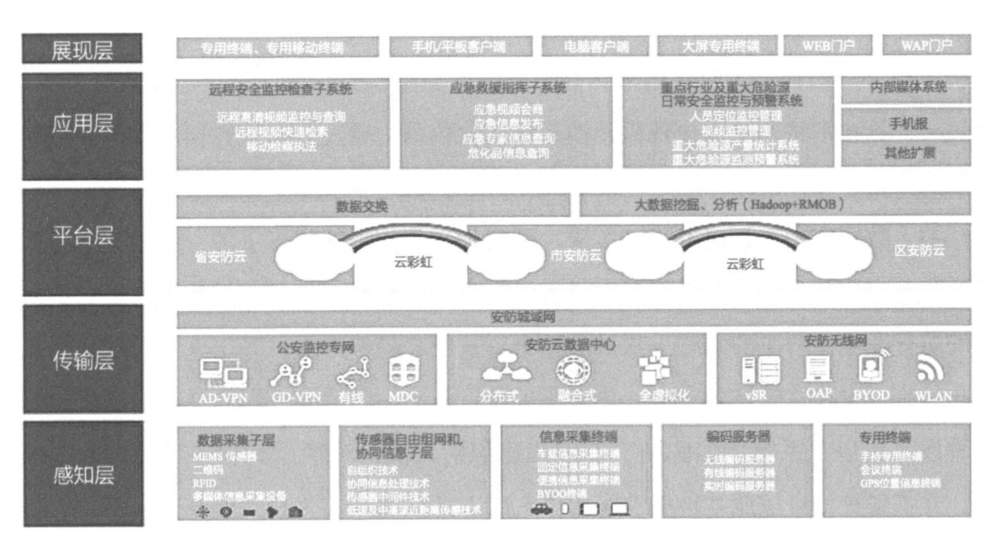

图9-8　智慧安防的框架体系

物联网在智慧安防的应用包括以下几点：

（1）数据采集："物联安防"下的信息采集不仅有虚拟视觉系统、虚拟听觉系统，而且加入更多的虚拟感觉系统和虚拟运动系统，将更多的物理传感融合在一起，只有汇聚更多的特征信息，才能够为后端提供更加精确和丰富的应用服务。

（2）数据传输：传统安防行业的数据传输，还是以运营商有线的互联网为主，GPRS、3G/4G、2.4G/5.8G等无线传输为辅，这些传输更多的是解决中远距离数据传输问题。在物联网时代下，更多的终端需要接入网络，终端与终端间也需要互相通信，搭建完善的数据传输系统，将决定"物联安防"乃至整个物联网产业的发展状态。无线传输技术是物联网产业发展需要首先解决的问题，但WiFi、Zigbee都面临传输与功耗的问题。目前在物联网传输技术上，主要聚焦三大技术阵营LoRa、NB-IoT与Sigfox，这些技术的相关产品与产业应用也逐步趋向成熟，如无线烟感、地磁、智能抄表、智能停车、车联网等应用。

（3）数据汇集：对安防行业而言，数据的汇聚包含两个层面，一是数据的存储，二是数据结构化分类。在数据存储方面，随着摄像机部署数量的不断增加，音视频数据存储时间越来越长，安防数据存储容量也越来越大，如何挖掘这些数据的价值，首先要解决的是数据共享问题，避免各种信息孤岛。传统的集中存储方式很难做到数据的高效汇聚和融合，而通过云存储技术能够更好地解决上述问题，同时更加安全、高效，可扩展性更强。

在数据结构化分类方面，安防行业采集的数据不同于互联网行业，数据类型更加丰富、更加复杂，有结构化的数据，也有非结构化和半结构化数据，这就给数据分析应用带来困难。为应对越来越复杂的数据类型，必须对数据进行结构化分类，通过云计算技术将非结构化视频转换成结构化数据，通过分布式数据库管理和加速数据的分类管理，通过标准的接口方式提供给上层业务系统。

（4）数据应用：数据采集、传输、汇聚是几种连续的技术手段，都是为最终的行业业务应用服务的。在汇聚到海量的各种数据信息后，如何挖掘数据背后的价值是安防行业亟待解决的问题。从目前整个行业发展趋势来看，基于人工智能的大数据分析是未来技术的发展方向，也是服务各行业应用的重要手段。通过深度机器学习手段，可以让系统更加聪明，能够快速识别人像、车辆、其他各种信息库等信息，并将各种信息按照某种属性（如个人ID）关联起来，为相关业务部门提供更加便捷化、智慧化的业务应用。

9.3 基于人工智能的应急管理

9.3.1 人脸识别技术在安防管理中的应用

1. 人脸识别算法技术

当前人脸识别算法技术系统是由人脸检测、图像预处理、特征提取和匹配识别这几个过程构成。

（1）人脸检测

人脸检测在实际应用中主要用于人脸识别的预处理，即从输入图像中检测并提取人脸图像，标定出人脸位置及大小。目前常用的人脸图像模式特征有：直方图特征、颜色特征、结构特征及Haar特征等。

（2）图像预处理

人脸检测的原始图像由于受各种条件的限制，往往需要通过图像预处理对图像进行光线补偿、灰度变换、直方图均衡化、归一化、滤波及锐化等处理后才能进行使用。

（3）特征提取

特征提取是人脸识别中最关键的一步，通过一些特定数字来表征脸部信息，通过提取数字来提取所需要的特征。主流的特征提取算法主要分为线性特征提取算法和非线性特征提取算法。对于人脸识别而言，由于表情、光照、姿态等变化引起的人脸图像差异在高维空间的分布是非线性的，而线性特征提取方法是对这些非线性特征进行了线性简化，所以无法获得更好的识别效果。于是，非线性特征提取方法获得了广泛的关注。非特性特征提取方法大致可分为两个分支，即基于核的特征提取方法和以流行学习为主导的特征提取方法。

（4）匹配识别

将提取到的待识别人脸特征与数据库中的人脸特征进行对比，根据相似度对人脸的身份信息进行判断（图9-9）。而这一过程又可分为一对一验证和一对多辨认两个大类。一对一验证是指将待识别人的特征信息与历史采集特征信息进行两两比对，若两者的相似度不低于设定的阈值，则验证通过；一对多的辨认是利用未知身份生物特征在大量的已有身份的生物特征数据库中查询，设置相似度阈值，并返回列表长度，识别未知生物特征拥有者的身份。

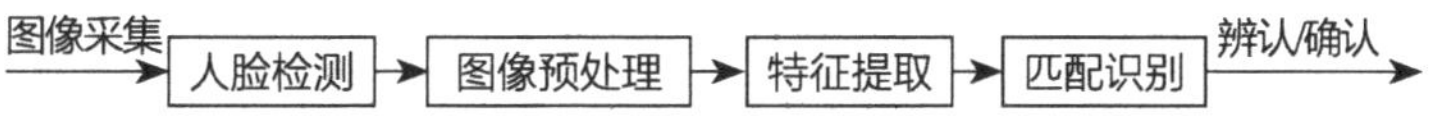

图像采集 → 人脸检测 → 图像预处理 → 特征提取 → 匹配识别 → 辨认/确认

图9-9　人脸识别过程

2. 人脸识别技术的产业态势

近年来，人脸识别硬件的进化速度很快，处理器和图像采集设备性能提升和成本日渐降低，镜头模组的更高分辨率、更小体积、更低功耗等，都意味着几乎所有的智能设备原则上都已具备安装和部署人脸识别的技术基础和可能性，数码相机、摄像机、拍照手机的不断普及极大地拓展了人脸识别技术的使用空间。

“互联网+”和大数据时代，能够满足完全采集原则的生物特征识别技术，正是在大数据环境下对人的行为轨迹进行跟踪、数据采集、统计分析的基础性技术。成本因素以及产品制造和系统部署的便利性都是人脸识别技术在整个生物识别技术集群中即将脱颖而出并领先的独特优势和基本条件，在摄像头成为绝大多数智能设备标配部件的现实下，人脸识别就是一种可随时安装使用的软件功能。这也是众多行业巨头精心准备和布局人脸识别技术和应用的原因。

人脸识别技术作为人工智能最重要的基础技术之一，目前人工智能的飞速发展以及世界各国从政府到企业在人工智能上的大手笔投入也必将极大推动人脸识别技术进一步成熟和在其他领域的更广泛应用，人脸识别技术在安全保卫领域的应用将非常具有竞争力。

3. 人脸识别技术在安防领域的应用

目前，安防系统中人脸识别系统主要是基于对监控视频内的动态的人脸进行检测、识别、报警、查询的系统，在安防领域的应用无外乎如下几种：

（1）1vs1身份确认

如火车站、宾馆等场合需要核实身份证与持证人员是否为同一个人，此类应用与金融行业的身份认证基本无异。

（2）1vs*N*实时比对报警

如在火车站、地铁站、机场等重要节点设置人员通道，对在逃人员等进行实时布控，一旦出现立即予以抓捕。又如商业应用，通过实时对比进店人员，发现VIP并提高服务质量，但难度大。

（3）静态库或身份库的检索

如对常住人口、暂住人口的人脸图片进行预先建库，通过输入各种渠道采集的人脸图片，能够进行比对和按照相似度排序，进而获悉输入人员的身份或者其他关联信息，此类应用存在两种扩展形式，单一身份库自动批量比对并发现疑似的一个人员具有两个或以上身份信息的静态库查重，两个身份库之间自动交叉比对发现交集数据的静态库碰撞。

（4）动态库或抓拍库的检索

对持续采集的各摄像头点位的抓拍图片建库，通过输入一张指定人员的人脸图片，获得其在指定时间范围和指定摄像头点位出现的所有抓拍记录，方便快速浏览，当摄像头点位关联GIS系统，则可以进一步按照时间顺序排列检索得到抓拍记录，并绘制到GIS，得到人员运动的轨迹。

当前比较常引用的1vs1身份确认技术，应用深度学习后，正确率不断提升，甚至已经超过人类的识别正确率（97.5%）。

4. 人脸云识别——人脸识别的新应用

在平安城市、智慧城市建设的浪潮中，即便是一个小型城市的监控系统，每天会产生大量的人脸数据，传统存储模式难以对其二次利用，需要对人脸大数据进行结构化云识别储存，解决数据规模扩大性能降低的严重问题，使得庞大离散的人脸数据变为有机的整体。

人脸识别云服务，是面向企业用户与高端用户的云识别服务器租用服务，云识别服务被部署在互联网的骨干数据中心，可独立提供人脸识别计算、存储和数据备份等服务。用户在采用传统的人脸识别服务器时，由于成本、运营商、日常维护和升级等诸多因素，面对各种棘手的问题，弹性的人脸识别云计算服务器的推出，有效解决了这一问题。该人脸云识别服务以主机服务租用与虚拟专用服务器模式为主，用户无须采购主机设备，带来的是用户网络节点中任何一台PC、移动终端，均能够获取人脸识别所提供的特色服务。用户可以根据业务的需要，终止服务的使用，不再产生使用费用。

5. 当前安防应用中人脸识别技术存在的问题

目前生物特征的身份识别技术受到各国的极大重视，国内外很多科研院所和公司对动态人脸身份识别技术正在进行深入研究，但由于人脸识别技术对图像质量的要求较高，人脸识别视频监控产品在准确性和实时性方面尚存有难度，无法达到100%的准确。由于视频监控摄像头远离目标，人们发现监控识别系统通常不积极合作，并不总是积极地面对图片收集，环境和光通常是不符合要求的控制，使得采集质量好的人脸图像非常困难，容易产生运动模糊，远低于图像采集的质量。因此要密切协调条件面对形象，因为不配合用户运动的同时，一边脸、回相机的概率大大增加，这对人脸检测、跟踪、人脸匹配识别带来相当大的困难。此外，监控场景，通常有很多人处于同一时间，多个身体容易让彼此的身份很难相关联。这一系列的因素为远程视频监控的面部识别带来巨大难度。

动态的人脸识别监控系统在人脸识别核心引擎、识别精度、响应速度、兼容性和可扩展性方面还有进一步发展的空间，以适应多种监控网络结构，最大限度满足行业要求。

6. G20峰会启用人脸识别

G20（20国集团）峰会于2016年9月4～5日在杭州举行。动态人脸识别布控是本次会议安防重要手段之一，通过在关键通道和公共场所等区域安装布控，实施获取监控范围内的人员面部信息，与后台数据设置好的黑名单进行比对，可疑人员一经出现，系统将自动提示报警，安防人员可做好工作准备。

7. 未来发展趋势

人脸识别在安防行业是一项比较传统的应用，可以说每过几年，随着技术进步，安防行业都会尝试将人脸识别推向实用，解决缺陷只不过是时间问题。所以，人脸识别技术将在未来智慧城市建设、金融教育等各方面的应用中涉及更多，这就需要我们更好地去研究、解决出现的问题，让人脸识别技术在安防领域逐步完善。

9.3.2 语音识别技术在安防管理中的应用

1. 语音识别技术的基本概况

语音识别技术（也称为自动语音识别，Automatic Speech Recognition，ASR），就是让机器通过接收、识别和处理，把语音信号转变为相应的文本或命令，让它听懂你在说什么。一个完整的基于统计的语音识别系统可大致分为三部分：语音信号预处理与特征提取，声学模型与模式匹配，语言模型与语言处理。主流的语音识别框架图，如图9-10所示。

语音识别技术的主要发展历史情况如下：

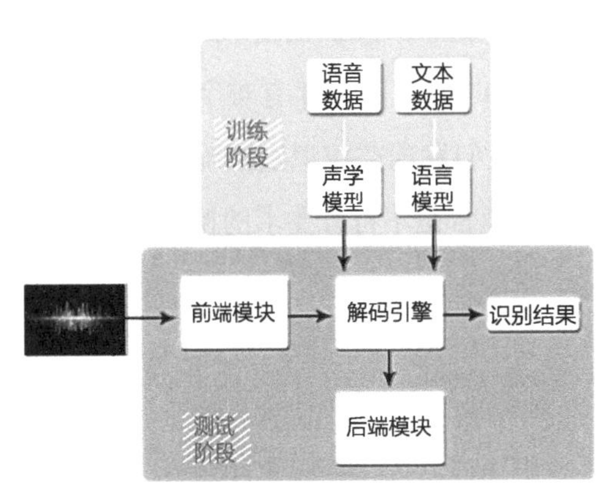

图9-10　主流的语音识别框架图

（1）20世纪50年代，贝尔实验室的Davis 等人研发了第一个可识别10个英文数字的语音识别系统——Audry系统；

（2）20世纪60年代，计算机的应用推动了语音识别的发展，这一时期的重要成果是提出了动态规划（DP）和线性预测分析技术（LP），对语音识别的发展产生了深远影响；

（3）20世纪70年代，语音识别领域

取得了突破，提出了矢量量化（VQ）和隐马尔可夫链模型（HMM）理论。卡耐基梅隆大学研发的Harpy Speech Recognition System，能够识别1011个单词，相当于 3 岁儿童的词汇量；

（4）20世纪80年代，语音识别研究进一步走向深入，其显著特征是HMM模型和人工神经元网络（ANN）在语音识别中的成功应用；

（5）20世纪90年代，随着多媒体时代的来临，出现首个消费级产品Dragon Dictate，由国际语音识别公司Nuance发布；

（6）2007年，Dag Kittlaus和Adam Cheyer创立Siri.Inc，后被苹果收购并于2011年首次出现在iPhone 4s上；

（7）2011年微软率先取得突破，使用深度神经网络模型之后，语音识别错误率降低 30%；

（8）2015年，IBM Watson公布了语音识别领域的一个重大里程碑：会话系统在评测基准 Switchboard 数据库中词错率仅8%；

（9）截止到2016年，百度Deep Speech 2的短语识别的词错率降到了3.7%，IBM Watson会话词错率低至6.9%，微软新系统英语语音识别词错率低至5.9%。国内如科大讯飞、百度等企业，其研发的语音识别技术已经达到了97%的准确率。

如今，随着互联网技术的飞速发展以及移动终端的广泛使用，语音识别无论从算法还是模型都有了质的变化。许多互联网公司纷纷投入大量人力、物力等用以提高语音识别的精准性、探索语音识别技术的应用场景，以期快速占领语音市场，像我们熟悉的谷歌、微软、苹果以及国内的科大讯飞、百度等均利用各自的优势进行市场探索，语音市场格局的分布情况如图9-11（a）和图9-11（b）所示，语音识别已经广泛应用于医疗、教育、金融、汽车和智能家居等领域。

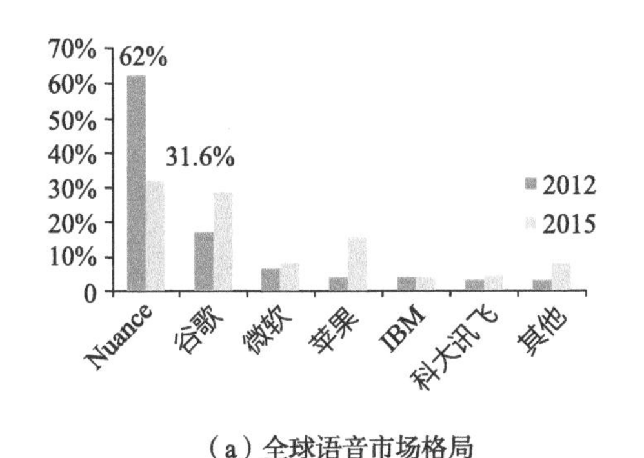

（a）全球语音市场格局

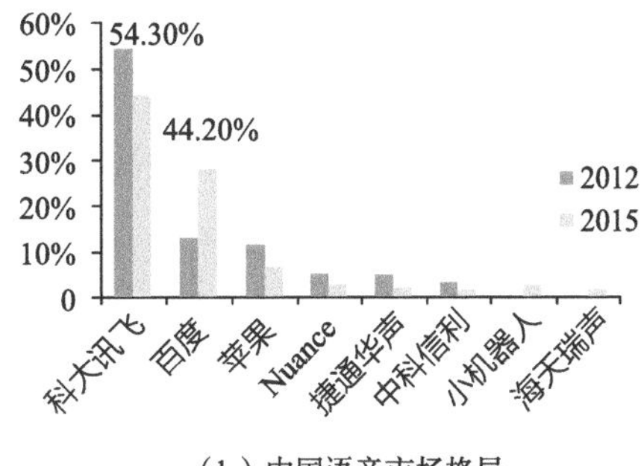

（b）中国语音市场格局

图9-11　语音市场格局

2. 语音识别技术在安防管理中的应用

安防是“安全防范”的缩略词，是公安保卫系统的专门术语，指以维护社会公共安全为目的，防火灾、防入侵、防被盗、防暴和安全检查等措施。安全防范系统包括消防系统、视频监控系统、电子巡更系统和门禁系统等。另外，近年来随着BIM在建筑行业的不断推广应用，BIM与安防系统不断深度融合，打造的三维可视化安防管理平台正逐渐进入人们的视线中。其中，视频监控与BIM模型的结合，能够帮助管理人员精准地定位到相关区域，但这个过程中只有图像，没有声音，无法完全准确地了解突发事件的情况。

语音识别技术的出现将为安防管理在音频监控产品和技术上带来新的突破，尤其是近几年平安城市建设的推进和反恐进程的加快，音频技术在安防系统中应用越来越多，以弥补视频监控的不足。安防管理系统除了对于高清画面的要求外，对于同步清晰语音的要求也越来越急切。那么，语音识别技术能给安防管理带来哪些改变呢?

（1）人员身份认证

语音识别是一种结合生理和行为两种成分的生物认证技术。气管、鼻腔、咽喉、舌头等组织的相互配合，影响了声音的音调、音强和音色，形成了每个人声音的独特性，从而构成了语音的生理基础；每个人不同的说话内容，则构成了语音的行为基础。在安防管理中，通过提取相关工作人员语音生理和行为特征并结合人脸、指纹识别等技术，将工作人员的相关信息记录到安防管理平台或者上传到云端。在需要进行人员身份认证的场景中，调取储存的信息进行身份校验和鉴别，大大提高对人员的管控。

（2）语音报警提醒

通过语音识别技术中的情感识别和关键词识别技术来处理，如争吵、打架、呼救等与语音有关的信息，以此弥补视频监控有画面、无声音的情况。在安防管理中，出于成本、环境等各方面的考虑，摄像头布置范围有限，存在着很多的监控盲区，因此更需要通过语音识别技术来管理摄像头无法监控的区域。另外，将语音技术、视频技术与BIM模型相结合，实时采集语音报警的相关位置，通过相关算法调取附近的监控画面，快速准确定位到具体位置，为安防管理提供快速决策依据。

（3）降低成本

语音识别是成本最低的生物识别技术，既不像视频监控一样需要依赖昂贵的成像芯片和光学镜头，也没有电脑和移动终端的限制，只需要一枚麦克风即可进行语音采集、身份认证以及语音报警信息收集等功能。

目前，语音识别技术在安防管理中的应用案例还并不多见，主要原因是语音识别技术的准确率跟周边环境有很大的关系，在嘈杂环境中，如何获取高清降噪的真实数据、增加语音识别的准确性，是影响语音识别技术在安防管理以及其他领域应用的技术难点。

相信随着语音识别技术的不断发展，进一步提高识别精准性、增加语音系统词汇量以及商业化成本的降低，在未来的 5 ~10年，语音识别技术的应用将会更加广泛。

9.3.3 声纹识别技术在安防管理中的应用

随着科学技术的迅速发展进步，人们越来越关注个人信息安全和在公共领域中身份验证的可靠性、便捷性和智能化。对比常规ID卡片的不易携带和人脸识别对光线的要求，声纹识别具有操作方便、支持远程验证、设备性价比高、系统准确性高等特点，被人们认为是最自然、最经济的生物识别技术，具有广泛的前景和应用价值。

所谓声纹（Voiceprint），是用电声学仪器显示的携带言语信息的声波频谱。人类语言的产生是人体语言中枢与发音器官之间一个复杂的生理物理过程，如图9–12所示声纹生理图。人在讲话时使用的发声器官——舌、牙齿、喉头、肺、鼻腔在尺寸和形态方面每个人的差异很大，所以任何两个人的声纹图谱都有差异。每个人的语音声学特征既有相对稳定性，又有变异性，不是绝对的、一成不变的。这种变异可来自生理、病理、心理、模拟和伪装，也与环境干扰有关。尽管声纹存在一定的

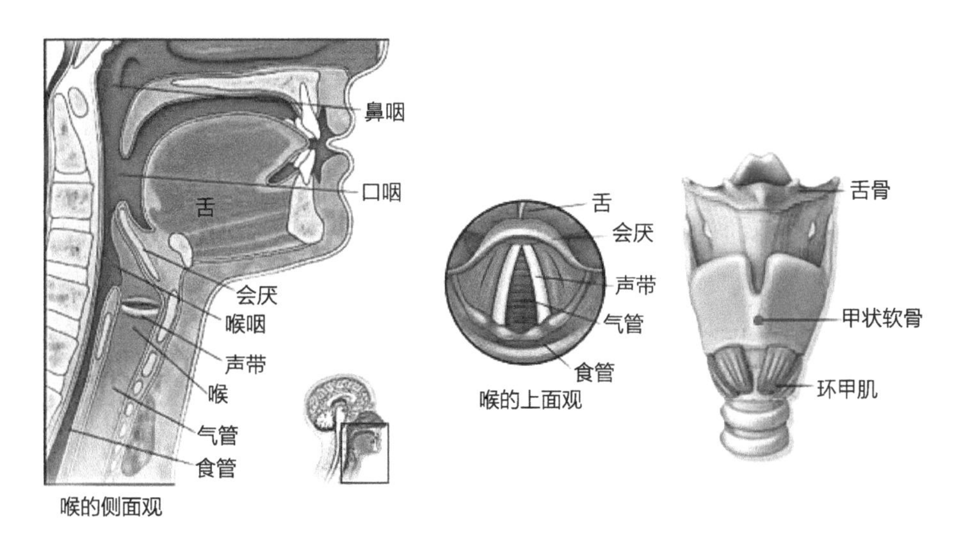

图9–12　声纹生理图

变异性，我们可以通过技术手段降低这种变异性对识别结果的影响，因此在一般情况下，由于每个人的发音器官都不尽相同，人们仍能区别不同的人的声音或判断是否是同一人的声音。

在建筑安防管理中，声纹识别技术可在以下场景中有进一步的拓展和应用。

1. 智能、便捷的识别工作参与者的身份

在建筑运维管理的工作中，基层运维人员具有高流动的特性。在传统运维管理过程中，管理者多用不同账号区分不同工作人员，也因此带来账号管理混乱、违纪倒班等一系列问题。因此在实际的工作分配及交流过程中如何快捷地识别参与者成为一个难题。

通过声纹识别技术，无需特殊的设备，在运维工作中工作人员在手机、麦克风等终端通过语音交流时即可实时识别参与者的身份，管理者在分配工作时能够方便快捷地进行确认，而不必二次确认工作人员的身份。例如，中控室内工作人员在视频监控系统中发现一处异常区域，通过对讲系统发布任务后，相关的工作人员可以在同一任务工单中通过语音沟通现场情况，并根据语音分析出工作人员身份，极大地提高了总控室与现场人员的沟通效率。

2. 门禁身份验证

声纹门禁就是利用声音来控制门的出入权限，每个人利用自己的声音做钥匙，利用声纹识别技术，特定人员对着语音采集仪说出预先录制的语句，就可以实现身份识别，从而通过门。声纹具有不易遗忘、防伪性能好、不易被盗、随身“携带”和随时随地可用等优点，与门禁系统相结合可以有效地提高门禁系统的安全性和便利性。例如，某一公司在声纹识别内核基础上开发出来的一款声纹识别门禁产品，具有易操作、安全性强、识别速度快、抗噪能力强等优点，主要功能包括以下两方面：

（1）声纹预留，使用声纹门禁的第一个步骤是要进行声纹预留，这里要求用户首先念一段至少15s的语音，用于训练一个唯一表示用户身份的声纹模型，以便后面进行声纹验证使用。

（2）声纹验证，在这个步骤用户要说一段至少3s的语音，这段语音要在先前预留的声纹模型上进行声纹验证用于判定这个人是不是其声明的身份，如果验证通过，则允许用户进入。

3. 与室内定位系统相结合的智能巡更、巡检管理

理想的巡检系统，可以有效提升特定区域、厂区、建筑、设备和货物的安全系

数，不过目前仍有许多企业采用比较传统的巡检方式：巡查人员在巡查点的记录本上签到，以此进行巡检管理。不过这种方式很容易受气候条件、环境因素、人员素质和责任心等多方面因素的制约。将声纹识别技术和GPS定位、室内定位系统相结合，有效提高巡检质量，提升巡检对象的安全系数。

例如，在建筑内部巡检过程中，传统的方式需要楼巡人员提前熟记巡更的路线和巡检的事项，并在有经验的师傅带领下熟悉一些时间。采用新技术后，通过室内定位系统可明确楼巡人员所属的位置，智能终端通过语音提示楼巡人员下一步巡视路线和巡视检查项，楼巡人员通过语音对讲明确检查结果。该系统不但降低了对人员培训的投入，也利用声纹识别技术从技术上杜绝了补签、冒签等弊端，切实提高了巡检的质量。

4. 异常事件参与者身份确认旁证

在日常运维管理工作中，如果现场发生人员纠纷时，需要保安、运维人员及时到达现场进行调解和疏导，如何保证保安人员和运维人员的调解和疏导规范有效，如果引发争议如何明确责任也是运维工作中的一个难题。

通过保安人员和运维人员智能终端设备传回至中控室的声音数据，结合现场视频监控画面可完整地还原现场发生的状况，并通过声纹识别技术明确参与者身份，若后期产生更大的纠纷，可作为旁证提供给司法机关。

5. 远程授权

在运维管理工作中，重要机房的门禁、重要指令的发布、关键的操作命令等敏感操作若使用密码确认、ID卡确认则存在泄漏风险，而无论人脸识别或指纹识别，则均需要相关人员在现场进行确认，在很多时候造成了极大的不便。而利用声纹识别技术则可以在保证安全的同时支持远程授权的操作。如图 9 -13所示，通过对动态密码语音中的密码内容及请求人身份的双重识别，实现对操作人身份合法性的双重验证。

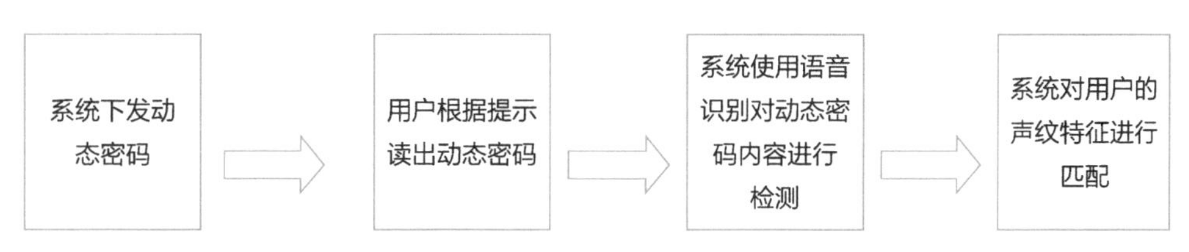

图9-13 动态声纹识别流程

9.3.4 智能机器人在安防管理中的应用

1. 安防机器人技术的基本概况

服务机器人是一种半自主或者全自主工作的机器人，是一种能完成有益于人类的服务工作，但不包括从事生产的设备。传统安防行业有很多行业痛点，如需求多、“用工荒”和“老龄化”趋势严重，从业人员文化、素质水平有待提高。当下社会经济发展，近两年来，《中国制造2025》战略正在稳步推行，全国传统制造业乃至国内地产、物业、商场、政府、公共事业、金融等多个行业领域都掀起“机器人换人”的智能制造热潮，都开始尝试采用智能机器人来代替原来落后的工作方式。

安防机器人是服务机器人的一种，其特征在于：提供包括且不限于指定场景巡视、图像/视频监控、异常情况探测、自动报警、远程操控等功能，能够部分或者全部代替人工执行安保任务。

安防机器人的种类很多，按照服务场所与服务对象区分，可分为家庭监控机器人、社区监控机器人、厂区巡检机器人和企业安防机器人等。针对服务对象场景的不同，安防服务的侧重是不同的。例如，家庭监控机器人，侧重于人的陪护看护；企业安防机器人则通常融合巡逻、考勤等功能。

另外，值得注意的是，服务机器人的功能通常是多样化的。安防仅仅是机器人可实现的一种功能，机器人也可以依照场景应用不同，集成其他的功能。比如，在展馆商场的机器人，除了安防之外，也可集成娱乐、导购、宣传等功能；工厂内的安防机器人，也可代替工程师进行定点巡检、抄表等常规作业。

在《中国制造2025》战略规划中，“中国制造”要向“中国智造”转型。在国家政策大力扶持的背景与市场亿万“蛋糕”的催化下，传统制造企业纷纷掀起了“换机潮”，用机器人取代人力降低运营成本，提高效率。而对于严重依赖人力和监控设备的传统安保行业来说，这一需求显得尤为迫切。

安防机器人又称为安保机器人，是半自主、自主或者在人类完全控制下协助人类完成安全防护工作的机器人。安防机器人作为机器人行业的一个细分领域，立足于实际生产生活需要，用来解决安全隐患、巡逻监控及灾情预警等。从而减少安全事故的发生，减少生命财产损失。此外，按照服务场所划分，可分为安保服务机器人和安保巡逻机器人。

据前瞻产业研究院发布的《2016—2021年中国安防巡逻机器人行业市场需求预

测与投资战略规划分析报告》显示，中国的安防机器人研究起步比国外晚10年，但是进入成长期只晚5年，并且发展迅猛。从专利申请来看，国外企业很少在中国申请专利，可以看出近期没有大规模进入中国安防机器人市场的计划，中国企业还有一段时间可以发展技术、占有市场。

总体而言，虽然我国安防机器人研发正处于起步阶段，其未来发展空间将十分广阔。有别于工业机器人替代人工的模式，安防机器人顺应当今时代发展的需要，可广泛应用于任何公共场所，并进行安全监控及信息传递，防范安全事故的发生。这也是当前全球智慧城市建设下智慧安防中的重要一环。

2. 机器人技术在安防管理中的应用

安防机器人的应用优势：

优势一：节约成本。虽然一台机器人的售价和维护费用高昂，但一台安保机器人可以代替多个人类，并且可以24h不停作业。此外，有研究报告显示，2016年中国员工的工资平均增长8%，增幅位列全球第一，人工费用将会越来越高，而随着机器人技术的不断发展，机器人成本反而会越来越低。由此可见，机器人在成本上将会优胜人类。

优势二：功能强大。智能安保机器人利用物联网、云计算、互联网及智能感知等前沿技术，实现音视频对讲、室内无线导航、人机交互、人脸识别、针对陌生场景和业务进行深度学习及交流等各项功能。还拥有监控巡逻、陌生人员报警、异常声音报警、夜间值守等安保功能。

未来，还可通过自主巡检或协同巡检模式，进行常规巡查、违章纠正、警示提醒等工作，可广泛应用于银行、商业中心、社区、展馆、政务场所和园区等建筑场所。

安防机器人的应用方向：

（1）巡检安保方面：由于智能巡检机器人在环境应对、性能强大等方面具有人力所不具备的特殊优势，越来越多的智能巡检机器人被应用到安防巡检、电力巡检、轨道巡检等特殊场所，并且轻松完成任务。安保机器人作为新兴的产品，既可以代替人们完成重要场合的监控保安工作，还可以实现数据收集，构成完整的监控系统，在安全性上具备绝对优势。因此安保机器人具备存在市场的必要性。

（2）视频监控方面：机器人在建筑室内能够移动、更加灵活、更加智能化、更加友好，还可以集成更多功能。机器人还可以进入室内建筑，提供更加全面的视频监控服务；它们不仅是物业好帮手，同时监控机器人在公司、网吧、超市巡逻、看死角、动力、通信、电力环境监控、化工远程操控等场所都有广泛的应用。

（3）智能监测方面：安防机器人可以通过高清摄像头观察这个世界，当前已经具备人脸检测和识别能力，也可以通过声音提供语音报警、听音辨向、远程对讲与喊话等听说能力。对于周围的环境监测，可以按需选配各种传感器，常用的室内环境温湿度、$PM_{2.5}$气体监测、烟雾监测、危险气体监测等都可内嵌。

（4）突发应对方面：频繁爆发的突发安全案件对事前安防、事后防暴处置都提出了很高的要求，如异常声音报警、夜间值守等安保功能。安防机器人将会在其中充当重要角色，去为人们破解危险，保障人身财产安全。它不仅可以和人员进行智能语音交互，同时选配带电防暴叉、电击枪或致盲强光等设备，能有效威慑危险分子，针对突发安全问题，可以抵3个民警的警力。白天可作为客服导览为顾客办理业务，夜间又可化身安保人员，启动安保模式，自主安防巡检，当发生危险时，管理人员可远程控制机器人主动出击，有效威慑和制服危险分子，防患于未然。

9.3.5 无人机技术在安防管理中的应用

无人机最早用于军事领域，随着科技的不断进步和民用市场的逐步扩大，无人机被广泛运用到各个领域当中。毋庸置疑，安防作为人们越来越重视和关心的领域，自然成为无人机发展的市场蓝海。

1. 无人机的定义及发展历程

（1）无人机定义

无人机即无人驾驶飞机（Unmanned Aerial Vehicle）的简称，是利用无线电遥控设备和自备的程序控制装置操纵的不载人飞机。

（2）无人机的分类

1）按平台构型分类，无人机可分为固定翼无人机、旋翼无人机、无人飞艇、伞翼无人机、扑翼无人机等，如图9-14所示。

2）按用途分类，军用无人机可分为侦察无人机、诱饵无人机、电子对抗无人机、通信中继无人机、无人战斗机以及靶机等；民用无人机可分为巡查/监视无人机、农用无人机、气象无人机、勘察无人机以及测绘无人机等。

（a）固定翼无人机

（b）旋翼无人机

（d）扑翼无人机

（c）无人飞艇

图9-14　无人机的类型

（3）发展历程

我国无人机市场大致经历了三个阶段。第一阶段的市场需求由军用垄断，惯性组建，技术不成熟，成本高；第二阶段是20世纪90年代至21世纪初，部分企业对无人机进行探索，市场开始向民用“渗透”，出现了低端民用小型无人机。1998年，南航在珠海航展中展出的“翔鸟”无人直升机，其用途就包含有森林火警探测和渔场巡逻；第三阶段就是目前所处的时代，军用需求饱和的同时，民用领域遍地开花。预计未来部分军工企业将涉足民用领域，凭借技术优势占据部分市场，民营企业也将通过技术、市场、资质竞争优胜劣汰，脱颖而出几家骨干企业。

2. 无人机在安防领域的应用情况

（1）无人机在安防行业运用的优势

无人机之所以能和安防“联姻”，除了安防这一广阔的市场蓝海之外，更重要的一个原因是对于安防行业来说，无人机有着居高临下、大范围、长留空、高效率、低风险、机动灵活等独特的优势，能够有效地解决目前在处理安防事件时遇到的问题。譬如，面对灾难时指挥救援人员不能全面、宏观地了解灾情，救援人员不能进入灾区等；城管不能快速找到违章、违建并有效执法等。无人机与安防行业融合之后，这些问题都迎刃而解。

（2）无人机在安防领域的应用

1）街景拍摄、监控巡察，利用携带摄像机装置的无人机，开展大规模航拍，实现空中俯瞰的效果。无人机拍摄的街景图片不仅有一种鸟瞰世界的视角，还带有些许艺术气息。在常年云遮雾罩的地区，遥感卫星不够灵光的时候，无人机就可发挥优势，冲锋陷阵。如图9-15所示。

图9-15　街景拍摄

2）电力、管道巡检，采用传统的人工电力巡线方式，条件艰苦，效率低下，一线的电力巡查工偶尔会遭遇“被狗撵”“被蛇咬”的危险。装配有高清数码摄像机和照相机以及GPS定位系统的无人机，可沿电网进行定位自主巡航，实时传送拍摄影像，监控人员可在电脑上同步收看与操控。无人机实现了数字化、信息化、智能化巡检，提高了电力线路巡检的工作效率、应急抢险水平和供电可靠率。而在山洪暴发、地震灾害等紧急情况下，无人机可对线路的潜在危险，诸如塔基陷落等问题进行勘测与紧急排查，丝毫不受路面状况影响，既免去攀爬杆塔之苦，又能勘测到人眼的视觉死角，对于迅速恢复供电很有帮助。如图9-16所示。

图9-16　电力巡检

3）监管与执法，无人机在环保领域的应用，大致可分为三种类型：一是环境监测，观测空气、土壤、植被和水质状况，也可以实时快速跟踪和监测突发环境污染事件的发展；二是环境执法，环监部门利用搭载了采集与分析设备的无人机在特定区域巡航，监测企业工厂的废气与废水排放，寻找污染源；三是环境治理，与无人机播洒农药的工作方式一样，利用携带了催化剂和气象探测设备的无人机在空中进行喷撒。无人机在行政执法领域的应用，大致分为三种：一是交警对违章车辆的巡查和追踪；二是公安民警对犯罪嫌疑人行踪的排查和追捕；三是城管对违建、无证设摊等违章行为进行巡查，配合执法人员高效执法。如图9-17所示。

4）灾后救援，无人机动作迅速，对于争分夺秒的灾后救援工作而言，意义非凡。此外，无人机保障了救援工作的安全，通过航拍的形式，避免了那些可能存在塌方的危险地带，为合理分配救援力量、确定救灾重点区域、选择安全救援路线以及灾后重建选址等提供了很有价值的参考。此外，无人机可实时全方位地监测受灾地区的情况，以防引发

图9-17　监管执法

次生灾害。

其实无人机的应用远远不止这些，如数字城市、城市规划、国土资源调查、土地调查执法、矿产资源开发、森林防火监测、防汛抗旱、环境监测、边防监控、军事侦察和警情消防监控等领域，都有无人机的身影。如图9-18所示。

图9-18 灾后救援

9.3.6 人工智能技术在应急预案中的应用

1. 火灾应急预案

火灾是所有建筑最可能遇到的威胁之一。为了确保安全，加强对火灾事故处理的综合指挥能力，提高快速反应和协调能力，有效保障人员生命财产安全，最大限度减轻火灾造成的损失，需要在建筑运维管理中预制火灾应急方案。

（1）传统火灾应急方案

传统的火灾应急方案主要有人员疏散系统、自动灭火系统、自动报警及控制火势和烟气蔓延系统这四部分。

1）人员疏散系统

当火灾发生时，建筑内将会进行火灾通知，并通知人员避开电梯等危险场所。缺点是人员处于惊慌状态中难以得到有效信息，并容易造成人员慌张和踩踏事件的发生。

2）自动灭火系统

建筑内置自动灭火系统，火灾发生时，自动灭火系统启动，由喷淋口喷出水雾迅速灭火。

3）自动报警系统

大部分建筑内都设有某种火警报告、检测与报警系统。一旦手动或自动出现火警警报，自动报警系统就会启动，联合人员疏散系统进行广播，并联动控制火势和烟气蔓延系统，对火势和烟气进行有效控制。

4）控制火势和烟气蔓延系统

当火灾报警系统启动后，自动灭火系统帮助控制火势蔓延，同时供应新鲜空气的风机系统会通过风压控制烟气的蔓延。

（2）基于数字化运维的智慧消防

智慧消防就是在数字地理信息的基础上，借助现代通信技术，如数字通信技术、智能识别、虚拟仿真、移动定位及计算机软件等，实现智能搜集、整理、公布、分析，帮助决断消防水源、消防装备、建筑固定消防设施及应急预案等信息的智能化消防数字系统的构建。目前基于数字化运维的智慧消防由多设备联动的火灾报警系统、智能消防栓监控系统以及智慧火灾探测系统等多个系统组成。

第一，多设备联动火灾报警系统。目前消防行业监控普遍采用传统的传感器类，如感烟、感温等探测器主要从烟雾、光谱、温度等特性进行火灾信息的检测，但是传统单一设备监测火灾信息误报率普遍较高，因此，多设备联动火灾报警系统的研究应运而生。它综合了新型图像型火灾探测系统与传统的感温、感光、感烟等探测器，使得火灾报警更加精确化、智能化，是“智慧消防”中灾情预警的大趋势。实现智慧消防应用中多设备联动火灾报警，即当发生火灾时候，传统传感器联动摄像头，通过视频分析和传统报警联合判断，系统自动决策判断是否发生火警，从而作出进一步的动作。

首先，在Web端根据“联动配置要求”将现场火警传感器和某一个或者多个摄像头关联起来，达到联动要求。其次，当现场发生火灾时，传统传感器检测到火警报警，将报警信息传送到火灾报警控制器，报警控制器将火警信息发送到“接警平台服务器”，“接警平台服务器”将报警信息发送到联动报警服务器端，这时候联动报警端启动关联摄像头，进行现场视频监控，同时工控机应用视频火焰检测算法对该段视频监控进行分析处理，自动判断视频中是否存在火焰信息。最后，如果视频监控分析得出，视频中不存在火警信息，则整个系统不进行上报；如果分析得出视频中存在火警信息，将视频结果返回到联动报警端，同时在视频窗口中将火警区域标识出来，并上报上一级进一步处理。多设备联动火灾报警系统可以利用多设备联动技术，准确判断火灾情况，提前报警，消防监管人员可以第一时间看到火灾现场，快速作出决策，提高调度人员处理火灾事故的能力和速度，很大程度上减少了火灾损失。

第二，智能消防栓监控系统。城市的智能消防栓系统对于城市的基础设施升级，提高消防栓管理及维护有着重要的现实意义，现有的消防栓主要供消防车从市政给水管网或室外消防给水管网取水实施灭火，也可以直接连接水带、水枪出水灭火。在消防队装备的消防车中，因自身运载水量有限，在灭火时往往需要寻找水源。这时，消防栓就发挥出巨大的供水功能。然而现实生活中，由于一些单位和个人消防安全意识淡薄，消防栓被损坏的情况非常普遍。

基于物联网的消防栓管理技术，该系统将消防栓采集系统与互联网的信息传输系统融合起来，形成一个实用化的专门的消防栓物联网，从而实现了消防栓状态的实时全面的监控管理。采用该系统后，在相当大的区域范围内可实现对全区域消防栓的在线监控，简化了监控流程，提高了检查效率，提高了检查的准确性。对于消除火灾隐患，保护人民群众的切身利益都具有巨大的社会价值。

第三，智慧火灾探测系统。现有的智能型自动跟踪定位消防系统对火源的探测定位是使用紫外探测器、热释电红外探测器或模拟视频图像识别，但不能及时发现尚未形成燃烧状态、已积聚了一定温度且构成潜在火灾危险的异常热源。

全视场火灾探测人工智能灭火系统，不仅可以对火源实时准确监测，还能够对阴燃状态、特定环境下异常超温状态实时监测定位报警，适用于室内外环境，特别适用于政府部门重点防护区、港口重点防护区、自然保护区、大型仓储与物流、能源设施、发电与输配电设施等。

全视场红外成像火灾探测装置具有红外和Full HD图像识别功能，实现室内外低照度环境下的热点数据获取，包括热点范围的面积、热点温度和位置定位；人工智能联动策略单元对采集到的热点数据分析处理，形成量化的热点分布及其动态变化的联动策略图；人工智能计算机系统根据联动策略和智能灭火装置的地理位置图，给出灭火方案，输出动作指令，联动相关智能灭火装置实现灭火，必要时给出人员疏散指引；人工智能计算机具有人机界面功能。

2. 电梯故障应急预案

（1）电梯事故分析与影响

电梯主要分为直梯和扶梯两大类，其常见故障原因主要包括两大类：电梯机械系统故障、电梯电气系统故障，机械系统故障在电梯全部故障中占比较少，但是一旦发生故障，可能造成长时间的停机待修或严重设备和人身事故；电气控制系统故障发生的原因是多方面，其主要原因是电器元件质量和维修保养不到位。

直梯常见事故包括：

1）坠落事故。坠落事故是指失足坠入井道，如电梯门没有防护（未交付使用）、电梯门敞开但轿厢仍然运行、持三角钥匙开门坠入井道、被困轿厢逃生不当坠落、救援不当引发坠落。

2）剪切、挤压事故。剪切事故是指当乘客踏入或踏出轿门的瞬间，轿厢突然启动，使乘客在轿门和层门之间的上下门槛处被剪切。常见的挤压事故，一是受害人被挤压在轿厢围板与井道壁之间，二是受害人被挤压在底坑的缓冲器上，或是人的肢体部分被挤压在转动的轮槽中。剪切挤压事故的原因主要包括：短接门锁、进轿顶或底坑未达检修标识、逃生不当、电梯失控等。

3）冲顶、蹲底事故。电梯冲顶是指电梯失去控制飞快上升而碰撞电梯井；电梯蹲底是指轿厢蹲到缓冲器上。造成这两类事故的原因主要包括：电梯失控如控制系统故障、超载、制动力矩不足、曳引轮绳槽磨损严重、曳引轮或曳引钢丝绳上有油污、曳引钢丝绳松紧不一致、平衡系数不符合要求、防越程保护失去作用、限速器安全钳失去作用。

4）触电事故，电梯维修维保不当，造成漏电，发生触电事故。

5）火灾事故，突发状况或者设备短路造成的火灾事故。

扶梯常见事故包括：

1）坠落事故；

2）逆转伤人事故；

3）碰撞剪切事故；

4）梳齿板、扶手带夹人事故；

5）使用不当事故；

6）扶梯检修事故；

7）检修盖板和楼层板伤人事故。

截至2017年底，全国特种设备总量达1296.52万台，比2016年底上升8.31%。其中电梯562.7万台，占特种设备总量的43.4%。据统计2014年4月到2016年5月电梯事故共157起，其中50岁以上老人在事故中伤亡人数占40%，10岁以下儿童占35%，其他年龄段人群占25%（图9-19）。

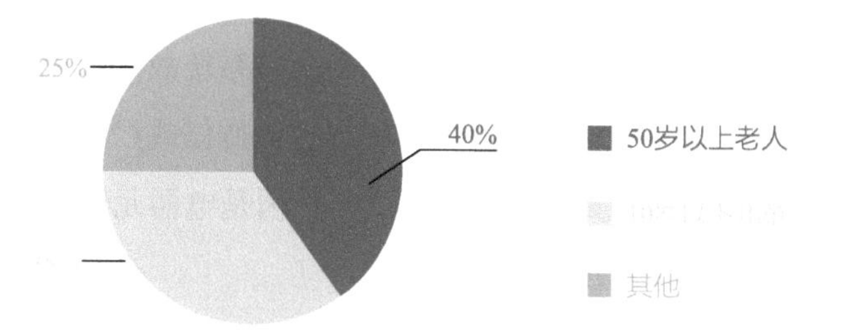

图9-19　电梯事故伤亡分布图

其中直梯事故115起，扶梯事故42起；从伤亡人数来看，扶梯导致的伤亡人数93人，直梯81人，虽然扶梯事故数量低于直梯事故数量，但是一旦发生，其伤亡更加严重（图9-20）。

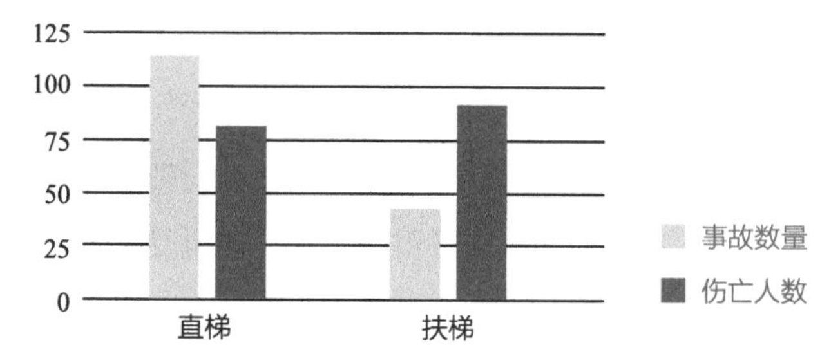

图9-20　电梯类型及伤亡人数分布图

从事故类型来看，滞留事故17起，故障事故9起，维保事故16起，夹伤事故26起，砸伤事故13起，摔伤35起，

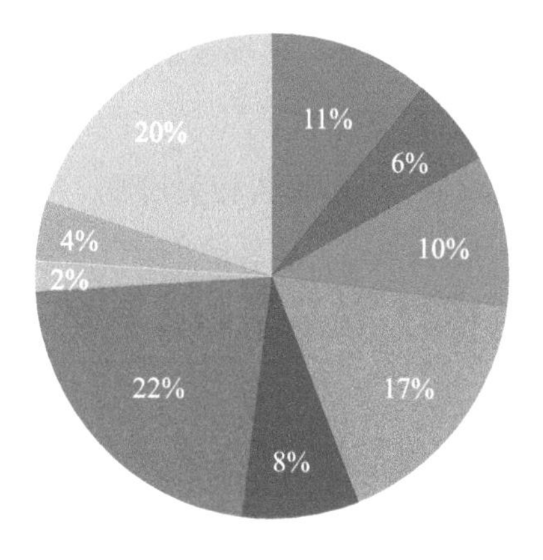

图9-21　电梯故障类型分布图

火灾事故3起，掉电梯井事故6起，其他原因事故32起（图9-21）。

电梯事故频发的原因是多方面的，常见原因包括：

1）物业单位的管理不到位，发生故障或事故时没有对应处理措施进行应对；

2）电梯老旧严重、维修保养不到位；

3）乘客安全意识薄弱，不正确使用、长时间遮挡电梯门保持电梯开启等；

4）电梯本身质量问题。

据中国电梯行业协会统计数据显示，导致电梯安全隐患的因素中，制造质量占16%，安装占24%，而保养和使用问题高达60%；勤检修、勤保养是一部电梯能长时间使用的基本条件，而少维修、疏保养、不正确使用则是发生事故的罪魁祸首。

（2）传统应急预案与数字化应急预案

为保证电梯的正常、安全运行，减少电梯故障和事故的发生，在电梯运行和管理过程中，应保证如下几点：

1）电梯设备都有相关质量证书；

2）设立专门的部门管理电梯的日常运行和维修维保；

3）维修维保工程师都应持证上岗；

4）维修维保有相关的规章制度和工作计划，保证所有工作都能有序进行；

5）对于相关的工作人员要定期进行培训和教育；

6）对于电梯的使用人员要定期进行安全宣传；

7）针对不同的电梯事故类型都要有对应的应急预案。

传统的电梯应急预案分为：电梯困人应急预案、突发停电应急预案、发生火灾时应急预案、发生地震时应急预案、电梯浸水应急预案。

电梯应急预案的一般处理流程如下：

1）确定发生电梯事故后，立即报告相关领导，根据发生事故类型，启动相关的应急救援预案，成立应急预案小组，成员按照各自的职责和工作程序执行预案措施；

2）指挥部根据事故情况，立即组织或调集应急抢救人员、车辆、设备，迅速赶赴现场；

3）根据现场情况，制定抢救方案，迅速开展抢救行动；

4）事故中若有人员被困或受伤，立即与急救中心联系，请求出动急救车辆并做好急救准备，确保伤员得到及时医治；

5）注意保护事故现场，做好事故调查取证工作，防止证据遗失；

6）在救助过程中，救援人员要严格执行安全操作规程，配齐安全设施和防护工具，加强自我保护，确保抢救行动过程中的人身安全和财产安全；

7）事故现场完成应急救援后，保证现场所有危险源得到控制和消除，人员均安全撤离，应急预案实时终止；

8）针对应急预案进行工作总结，吸取事故教训及时整改，并按照相关规定对相关人员进行惩罚或者奖励。

随着数字化技术不断发展，可通过建立相关的应急管理平台，打通物业管理、维保单位、乘梯业主、监管部门四方主体，采用电梯物联网、云计算、大数据、人工智能结合BIM技术，对电梯应急预案以及电梯维修维保进行优化改进，具体措施如下：

1）简化处理流程，提升响应速率，通过应急管理平台将已优化的应急预案处理流程提前预置到平台中，一旦发生事故，相关工作人员通过平台针对不同事故类型启动相应的应急预案，对于可同步派发的提醒，平台支持同时派发事故信息到相关责任方，通过处理机制大大缩短通知时间，简化处理流程，提升响应速率。

2）事故现场实时掌控，通过安装在电梯内的传感器、报警设备、智能摄像头，进行物理数据、运行数据、视频数据的采集，并结合BIM模型快速定位电梯所在位置。一旦电梯发生事故，将触发报警系统进行报警提示，并在BIM模型中快速定位并调取视频画面，对事故现场进行实时掌控。

3）科学合理安排维修维保计划，提前将所有的维修维保计划预置到应急管理平台中，并配合手机端APP实现维修维保的科学合理安排，首先可通过平台定期派发固定或不固定的维修维保工单到相关工程师手机端APP中，相关工程师接到工单后，根据工单的提示信息进行相应设备的维修维保并通过APP反馈处理结果，相关负责人对提交的处理结果进行审核并结束该次维修维保，通过这一过程完整保留所有工作痕迹，告别传统的对讲机喊话、填写纸质单据，提高工作效率，并可随时查看所有历史记录。

4）电梯事故数据的统计与分析，可通过应急管理平台对电梯运行状态、故障报警、维修维保等数据进行统计，并采用大数据及人工智能技术对数据进行分析，给出相关运行建议、维修维保优化建议，并根据电梯各类参数的变化情况，提前对电梯可能产生的故障进行预测，实现安全预警。

3. 自然灾害应急预案

自然灾害威胁着人类的生命和财产安全，是全人类要面对的共同难题，面对发生的各类突发自然灾害事件，决策者应能够根据预先制定的应急预案，针对当前灾难做出快速反应，有序制定抢险救灾方案，高效控制事态的发展，将灾害损失控制到最小。

随着大数据和人工智能研究水平的不断进步，相关研究正在面向自然气象领域探索更多的可能性。在自然灾害应急预案中，人工智能发挥作用的阶段主要在前期灾害预测和灾后救援支持。

目前来说，人工智能技术可以预测的气象灾害主要有：

（1）预测风暴。我国东南沿海地区几乎每年都会发生台风登陆的情况，每年台风季都会给沿海地区人民带来巨大损失，经常导致停课、停电。为了应对类似风暴，IBM为加拿大安大略省电力公司Hydro One开发了一款AI工具。通过与气象公司观察的实时数据相结合，预测风暴的严重程度和严重的区域，从而帮助Hydro One提前布置电工，以帮助城市快速地恢复供电。

（2）预测泥石流。泥石流是山区暴雨之后，砂土被雨水浸透，向山下流动。大规模的泥石流可以轻而易举摧毁一座村庄。大阪大学的研究人员开发出了一个能够预测泥石流发生的AI系统。该系统主要结合降水量预告、分析降水临界点时间，再结合可以测量斜面上的水分含量和倾斜度的传感器，从而预测出降雨之后斜面的水分含量，来判断是否发出泥石流预警。比起传统的提前几分钟预报泥石流，AI预报把这一时间增加到了几个小时。

（3）预测洪水。通常，预测洪水需从天气分析出发，研究降水量和降水时间。英国科学家们提出用AI+社交平台数据的方式进行洪水预测。英国邓迪大学的研究人员利用AI从Twitter中提取数据，可以获知洪水的严重程度、地理位置等信息，并且通过视觉识别技术来识别用户发布的洪水场景。通过对收集到的数据进行整合，可以改进预报和预警系统。通过搜集人们发布的社交内容，判断洪水可能侵袭的重点区域、程度等。

人工智能在救灾中的应用包括如下:

（1）数字救灾地图。传统的灾后救援行动中，救灾人员往往因为地震、水灾导致的灾区交通中断、网络信号中断、没有足够的人手帮助传递实时救灾信息，无法及时回传信息，信息不对称，跨地域协同救灾就无法快速展开。科技公司One Concern研发的技术能够在震后的几分钟内快速预测城镇中受地震破坏最强的区域位置，自动生成与地震灾害相关的详情地图。可以帮助救灾组织快速做出重要决策，如物资分配、首要救灾地区定位、疏散路径等。One Concern获得某地区中与建筑有关的楼龄、类型、建筑材料等有关的数据后，研究人员训练人工智能学习并理解地震中建筑物的损坏方式，通过将这些知识和地震发生后的数据结合，系统就可以高效地预测出建筑物对冲击波的反馈，并生成一张灾害地图。救援人员按照地图对这些地区进行分析。在地图中，建筑物受损最严重的街道和受灾人数最多的区域都会被重点标注，根据这些信息展开救援，获得抢救最佳时机。

（2）灾情播报机器人。中国地震台网消息，九寨沟地震后第一时间发布灾情新闻来自于他们从2015年开始自主研发的“地震信息播报机器人”，25s内写了500余字，搭配5张地震信息图，第一时间在多个平台播报地震信息，1min内可覆盖上亿人群。写稿机器人是一种数字技术和智能写稿编程系统，它用机器代替人完成实时监控信息源，利用文本解析和信息抽取技术实现自动信息抽取，采用机器学习算法并融合编辑记者的经验，以模板和规则知识库的方式，根据实时抽取的信息作出判断，输出相应的模板及规则知识库内容，从而产生新闻。

（3）灾区人群跟踪与疏导。地震后的次生灾害频繁，且容易造成大面积的社会问题。比如灾民盲目搭建防震棚，有可能诱发瘟疫、社会安全和交通安全问题，公共场所的盲目避震，可能造成踩踏事故等。利用目前在一线城市车站等人流集散地已经投入使用的人群监控与疏导技术，通过摄像头等数据采集工具监控人群，合理配置疏导人员、军警力量与食品、药品等配给，避免出现人群骤然聚集和恐震心理催生的次发灾害。

（4）智能化调配救灾物资与人员。将智能物流等技术与人工调配相结合，可以缓解一部分灾区运输负担，优化救灾工作效率。更高等级的智能调配方案，是综合铁路、公路、桥梁、工厂、矿山、水库、城镇等设施与资源的综合调配，实现综合因素同步下的一体化救灾体系。

（5）智能机器人完成搜救作业。在生还者的搜寻中，人为搜寻极易对伤者造成二次伤害，体积小动作灵巧的救援机器人可以有效避免二次伤害的风险，它们的计算机视觉系统可以承担生还者的搜寻行动。另外，已有研究人员研制了透视眼机器人，利用无线信号透视厚墙壁观察完全未知区域，发现墙壁内部的物体，既降低了生还者的搜寻难度，又从另一方面保护了生还者。

4. 恐怖袭击应急预案

恐怖主义是实施者对非武装人员有组织地使用暴力或以暴力相威胁，通过将一定的对象置于恐怖之中，来达到某种政治目的的策略和思想。恐怖主义一般的表现形式为有意制造恐慌的暴力行为，意在达成宗教、政治或意识形态上的目的而故意攻击非战斗人员（平民）或将他们的安危置之不理，这类行动一般由非政府机构策动。

打击暴恐犯罪最好是进行源头管理，防患于未然。但在暴恐事件无法完全避免的情况下，应尽量提高其跨区域实施犯罪的难度；加强事前和事中管理，实现快速反应和精确打击，降低犯罪所造成的损害和影响。提高打击暴恐犯罪的整体措施的经济性和可持续性，从而实现其常态化。反恐措施通常意味着安全级别的提高、警力的增加、高度戒备状态，这同时也会造成社会运行成本的提高。而人工智能在对恐怖分子形成高压态势的同时，又能够在反恐措施的经济性和常态化方面或许可以提供一些帮助。它可以用于阻断恐怖信息的传播途径，可以替代部分人工实现监控和早期预警的功能，提高警力使用效率和打击效果。人工智能在实现这个目标的过程中可以发挥巨大作用，典型应用场景如下：

（1）开发用于举报和报警的手机应用，随着恐怖袭击变得更加多样化，多地警方发布了鼓励群众举报涉恐线索的措施，如果举报方式更加多样化、更加便捷——比如开发一款手机应用程序——可能会收到更好的效果。目前基于移动互联网的应用分发已经建立起比较完善的生态系统，以手机应用的方式能够实现快速的传播。手机应用可以隐蔽操作，而且能够提供位置、照片、视频等多种现场信息，比其他方式有明显的优越性。可以采用一些奖励措施鼓励尽可能多的人下载，使更多人参与涉恐线索的早期发现中。应用程序的设计应该尽量操作简单，能够经受各种恶劣场景的考验。由于人们趋利避害的心理，可以设想即使下载了应用，其操作和使用的频率也是很低的，但在真正使用时他很可能就是恐怖袭击的当事人或者目击者，极端情况下他可能是应用下载后首次使用同时也是最后一次使用，所以应用的设计应该保证一般的手机用户能够基于日常使用习惯和直觉在很短的时间内完成报警操作，提供必要的信息，便于警方实施行动或者为后续追踪破获留下线索。

（2）将人脸识别用于降低恐怖分子的机动能力。恐怖分子实施跨区域的犯罪必须乘坐交通工具，要么是乘坐火车、汽车、飞机等公共交通工具，要么是通过驾驶机动车。如果乘坐公共交通工具，车站的通道、检票口所安装的摄像头非常适合进行人脸识别，从正面对通过的乘客人脸进行依次对中，能采集到比较清晰的人脸图像，然后与数据库中的嫌疑人图像进行比对，如果识别命中或者嫌疑人刻意回避造成识别失败就发出预警，对其进行详细的人工检查。目前人脸识别技术已经比较成熟，如果能够大规模地部署，将大大降低恐怖分子的机动性，提高其实施跨区域犯罪的难度。人工智能的图像识别技术可以采用人脸识别、行为识别、运动识别，根据其不同特点和目前的技术能力判断，其应用的场合和目标会有所不同。现在的技术水平无法代替人工监控，但实际上也不需要达到100%的识别，只要能达到一定的识别率，并发出预警，然后由人工进行核实确认。同时，应该对分散在道路、车站、机场、地铁等分属不同部门、不同用途的摄像头进行整合，从而为数据的统一获取、识别、存储、分析提供基础。数据应该进行集中存储，在用于识别比对的同时为机器识别算法的训练提供大规模数据源，随着数据的积累，机器的识别能力会不断提高。以有经验的刑侦人员为师，可不断提高识别算法的可用性。

（3）将行为识别用于阻断恐怖视频传播。目前国内的恐怖活动主要来源于境外恐怖势力通过互联网进行广泛传播的极端思想和行动方法，只有阻断其传播的路径才能从源头上遏制暴恐事件的发生。但互联网数据的海量增长使通过人工方法对相关文字和视频内容进行检查变得越来越不可行。目前的深度学习算法已经能够做到通过让机器大量观看视频学会识别什么是猫，而恐怖分子传播的视频也有明显的可识别外部特征，而且有大量视频数据可用于机器的训练，相信这种算法在实际应用后能够在筛选网络数据方面发挥很大作用。

（4）将运动识别用于区域监控。恐怖分子经常选择人群密集场所实施恐怖袭击以扩大事件的影响力。但与网络上宣扬恐怖主义的视频不同，根据静态特征把即将实施暴恐袭击的嫌疑人从人群中识别出来以现在的技术水平较难实现。但如果把问题从“是什么”变成“发生什么”，把对静态特征的识别变成动态特征的识别，把目标从事前发现变成事发后快速反应和精确打击，那么可实现性将会大大提高。恐怖袭击发生时人群必然发生异常的快速运动，如果监控图像中发生与该区域正常情形不同的快速运动、人员聚集或者与时间场景不符的活动，就应该发出预警，同时摄像头自动对移动目标进行拉近对焦、采集快照、人脸识别。按照事先制定的对快速到达现场的时间要求，将机动警力在城市区域中进行蜂窝状部署，预警信息被同时发送到中控台和负责该区域的警员的手机应用中；警员马上进行形势判断并快速到达现场进行处置；同时中控台根据现场情况提供支援警力。由于警员在到达现场前已经掌握了一定的信息，对现场形势（恐怖分子的数量、分布、武器和袭击方式、现场地形、群众的数量和分布等）有所了解，能够有针对性地形成处置预案，在到达后进行精确打击，降低恐怖袭击造成的损害。

CHA

10

第10章 案例分析

10.1 中国香港机电署机电系统运维管理案例

10.1.1 项目概况

本案例主要是针对中国香港特别行政区政府机电工程署（简称“香港机电署”，EMSD）对机电系统和设备的运维管理，包括电梯系统、HVAC 系统、锅炉、过滤装置、防窃报警器、雷达导航系统、音频电子安装设备、闭路电视系统、照明系统和配电系统等[69]。虽然BIM技术在提供操作以及维修保养效率方面有众多潜在优点，但在建筑物维修保养上的应用，尤其是和资产管理的融合，在香港地区仍未普及。

香港机电署于2014年在总部大楼开展一个试点项目，测试BIM-AM资产管理信息平台，该平台可以改善建筑物的操作以及维修保养效率。这个测试项目也是香港发展局的一项重大任务，是关于研究BIM-AM技术在建筑物操作及保养上的应用。首先建立一个BIM模型以存储总部大楼选定区域的保养和设施详细资料。为了测试BIM-AM咨询管理平台如何简化操作和维护保养的工作流程，以至库存管理和事故处理，香港机电署进行模拟、观察BIM-AM如何配合建筑管理系统，帮助香港机电署快速确定现有机电系统内的故障位置并且予以修复。BIM-AM平台可以日后安装到电子系统中，例如：射频识别、实时定位和闭路电视等配合，同时方便透过流动装置操作，让所有相关人士，例如物业管理员、操作及维修保养人员和承办商，能更有效地工作。机电署总部大楼的维修保养项目，将成为中国香港地区在操作及维修保养与资产管理方面BIM技术的应用典范。

香港机电署是环境保护部最大的政府维修机构，负责管理和维修超过2000个政府大楼。诸如机械、电气和管道（MEP）系统等建筑设施的故障定位一直是纠正性维护管理中耗费劳力最多，耗时最长的过程。它涉及迭代检查、测试和诊断的活动，从而确定故障设备的根本原因和确切位置。多年来，故障定位很大程度上依赖于集中控制制造商提供的BAS以及竣工的2D计算机辅助设计图纸，例如平面布置图、服务图纸和系统原理图。为了有效地管理和优化建筑设施，一些组织甚至可以开发自己的设施管理系统，或资产管理系统，或采用商业可用的软件解决方案，例如CMMS和CAFM。这些系统通常提供桌面平台，用于管理具有完整维护工作流程的预防性和纠正性维护任务，例如资源和任务分配、资产注册、库存系统和维护记录。有些还可能配备空间管理和能源管理模块。然而，仅仅使用FM/AM系统来促进故障定位过程的有效性受到限制，这是由于不同分散的数据源，例如，BAS、CCTV系统、

FM/AM系统和2D CAD图形之间的建筑设施信息的联系和分散。由于故障定位总是需要在这些独立信息系统之间交叉引用建筑设施信息，因此通过增强信息互操作性和可重用性来简化故障定位过程，认为接口/集成是必要的。建筑设施相关信息对维护工程师、设施经理和设施所有者每天都面临大量的纠正性维护工作非常有益。

故障定位中的检查、测试和诊断实践中的过程，不仅涉及交叉引用多个数据源，也可用于建设设施信息，系统路由追踪和身份识别设备位置使用2D CAD图纸。追踪和使用2D CAD图纸进行识别，可能在非常复杂的地方有重叠，需要图层的分层功能。而且，它对没有经验的维护工程师来说尤其困难。不同的2D CAD图纸也阻碍相关维修工作的清晰可视化，如加热管道和管道工程、通风和空调系统。因此，从O&M的角度来看，一个更好的图纸的可视化是更加可取的。

基于此，香港机电署自主开发一个基于BIM的设施管理系统，结合无线传感器、自动建筑控制系统、CCTV、室内定位系统（RTLS）和移动设备等。它是一种集成维护的新颖架构管理系统，被称为BIM-AM系统[71]，如图10-1所示，提供实时的运维信息分享、检索和数据交换的功能，从而减少数据传输的错误率，使得本地更加高效和有效地传输数据。在图10-1中，虚线显示部分整合，可以在其他FM / AM软件应用程序中实现，而实线表示完全整合。

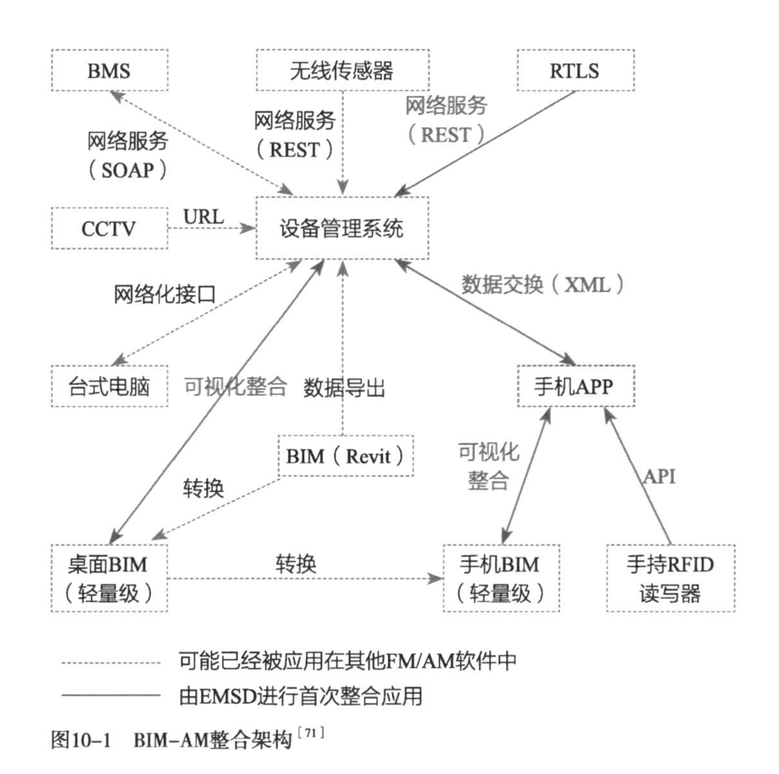

图10-1　BIM-AM整合架构[71]

在这种架构下，AM软件被认为是一种O&M软件应用于资产管理，预防性维护和预测性维护管理包括故障报告，处理和维护的工作流程监控。值得注意的是，BIM-AM系统在整合方面，BIM整合的多样性和前沿程度与其他研究相比较，此BIM-AM具有切实的实际应用。其中区别在于AM软件中提出的架构可以作为中间件与其他系统集成，而其他研究将BIM作为信息的中间件与其他系统交换，从而增加整合复杂性。这是因为直接整合BIM和其他系统/工具之间的差距，难度会比较大，应用程序编程接口（API）中的复杂性，随着BIM软件和系统的发展，将会提供解决方案。而且，BIM不能代替AM软件的角色去存储和维护AM相关信息以及执行其他全面的AM功能。另一方面，香港机电署的BIM-AM的自主开发系统与其他系统之间的区别在于，香港机电署研究的是BIM与AM之间的可视化整合系统，以无缝和直观的方式解决这个问题，BIM-AM系统允许定位和可视化任何特定资产及实时资产信息，在整个BIM模型中自由操纵集成系统，所以它不仅是数据交换的BIM和AM系统。

10.1.2 技术方案

1. 系统拓扑和其他静态资产信息

跨平台的移动和桌面解决方案在此试验中为BIM-AM系统开发。静态资产诸如资产属性、维护记录、手册、竣工系统图纸、资产关系和系统拓扑可随时随地访问。它应该注意的是显示系统拓扑的特点是开发的可视化的资产关系，任何选定的资产在一个特定的系统内，有效地将故障可视化。系统拓扑清楚地表明了资产之间的依赖关系，从而便于维护工程师进行故障诊断以及故障定位。甚至如果一个没有经验的维修工程师不知道一个故障的根本原因，并没有确定的定位设备故障，维修工程师可以尝试检查和定位设备，并关注周边的相关设备。该资产关系的移动屏幕截图如图10-2所示，而系统拓扑如图10-3所示。

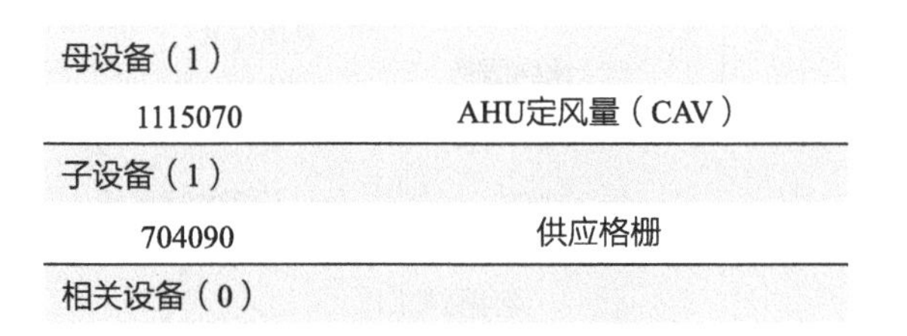

图10-2 显示父资产和相关资产的资产关系[71]

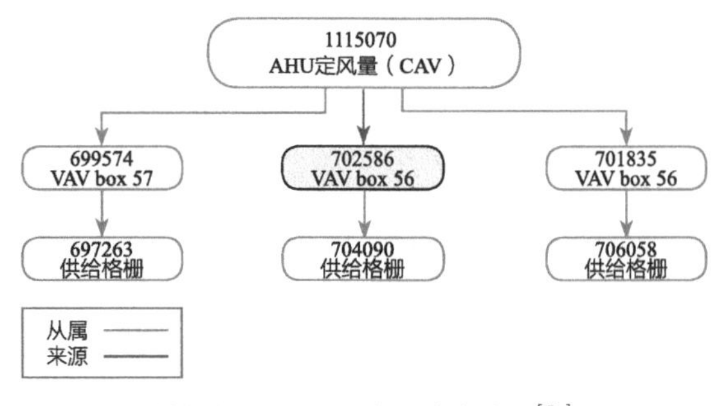

图10-3 系统拓扑可视化VAV箱的资产关系[71]

2. 建筑自动控制系统和CCTV系统集成

及时收集相关信息对故障的高效诊断和处理至关重要。在故障发生前，实时信息可以与现场来自远程CCTV监控摄像机的图像一起提供给设施管理者，这将使维护工程师能够预先进行诊断，以便故障发生前，维护工程师可以准备好工具到达现场及时处理情况。

在BIM-AM系统中，它已经实现了与BAS和CCTV系统集成在一起，移动终端提供了实时信息给维修工程师，以便他们可以远程访问。通过BAS传感器，可以实时查看、定位和清除故障，远程控制/配置一些主要的MEP设备。图10-4是移动终端的屏幕截图，显示实时BAS监测的空调箱（AHU）数值。

在某些情况下，潜在故障组件导致系统故障问题需要密切关注。安装无线传感器是为监测任何异常变化设备/环境温度、声压或功率。传感器数据的超链接很容易附加到BIM-AM系统中的特定资产，并且作为其中的一个属性。从无线收集的数据传感器和现有的BAS可以进一步进行状态监测，因此生成故障前警报方便定位故障。同样，一个无线移动式变焦闭路电视摄像机的开发，可以快速进行事件处理。它可以很容易地安装在任何位置，超链接也可以附加到BIM-AM系统中任何特定资产上，并作为其临时属性的一部分，主管和维护工程师可以实时跟踪事件情况并密

设备细节：
设备ID：115070
描述：AHU恒定风量（CAV）
技术分类：AC1102-AHU

Mice Record | Eqt Relation | Sys Topology | Eqt Manual | Sys Drawing | Service Reg | Show BIM

机械记录 | 设备关系 | 系统拓扑 | 设备手册 | 系统图纸 | 服务设备 | BIM展示

图10-4 移动终端的BIM-AM系统中的CCTV直播[71]

切监督承包商的情况，必要时开展相关工作。图10-4显示了实时馈送在移动终端上可用的无线相机监测的主室区域。应当指出的是，通过URL链接与CCTV系统集成，网络视频录像机/ IP摄像机可以较为容易地和现有的CCTV系统基于IP网络建立。

3. 射频技术和实时定位系统集成

RFID一直被认为是提高FM/AM应用程序中的一种技术，如管理和管理跟踪库存和资产。连接了无源RFID标记到关键的建筑物资产，并用BIM-AM系统编程接口整合其应用程序[72]，如图10-5所示，整合系统能快速列出附近资产的RFID扫描结果，便于维护工程师有效地定位关键设备，进一步查询维护记录等资产信息，静态和动画操作版本的维护手册，即时传输传感器数据和现场图像等到该设备，可实时查看被隐藏在顶棚上方或地板下方的资产。通过快速机动和交叉参考BIM模型中的相关区域，连接管道的详细信息，相连的上游和下游设备的位置也可以容易追踪，使所有看不见的东西都可见。

将固定资产的定位功能扩展到可移动的资产，例如万能钥匙或移动故障定位所需的专用工具，甚至是某些关键任务，在医院内部署的移动医疗设备，难以及时对故障进行定位和维修。两种先进定位方法：基于WiFi的实时定位系统（Real Time Location System，RTLS）以及超宽带（UWB）技术在机电工程署总部试行，旨在帮助更多地找到有关设备，基于其实时位置有效地进行故障检查和诊断。如图10-6（a）所示，RTLS通过WiFi与BIM-AM系统集成在大约3m半径的区域级别定位活动资产。如图10-6（b）所示，基于UWB的RTLS已被成功检查为可行的解决方案，应用程序要求更高的定位精度（厘米级），如对损坏的物品进行标记。

4. 资产地理配准的BIM可视化

在设计BIM-AM的系统应用时，发现RFID技术在准确定位方面有其局限性，一个特定的标记资产通常受基本约束，比如电磁辐射和标签的连接方向。RFID标

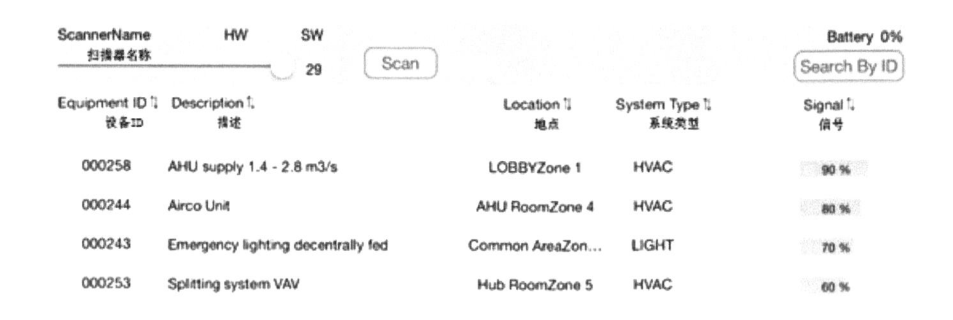

图10-5　列出附近资产的RFID扫描结果[71]

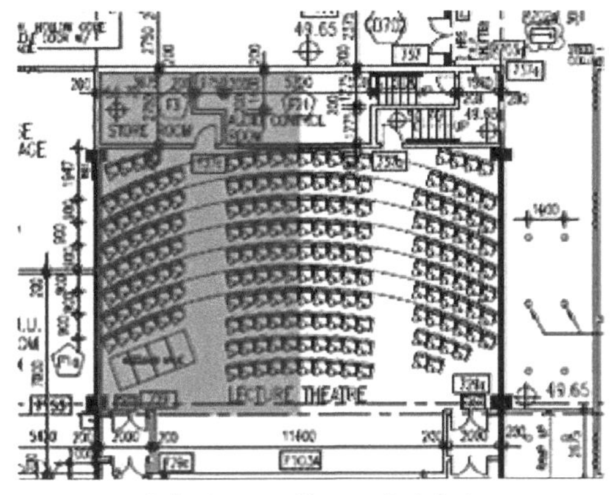

（a）基于WiFi的RTLS室内方法

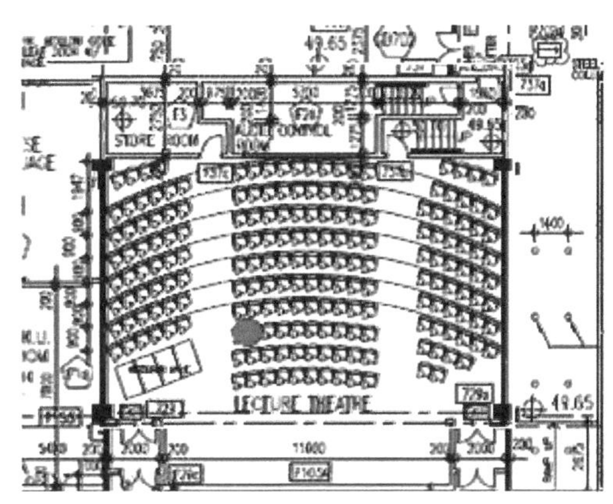

（b）基于UWB的RTLS室内定位方法

图10–6　室内定位方法[71]

签检测几乎不可能附在金属表面后面。在这种情况下，交叉引用相关的BIM模型可能是有效的替代方法。BIM模型提供了丰富的视觉效果，任何MEP装置的信息直至详细的管道设施和管道工程都可以在BIM模型中展示出来。当网站不容易访问或相关资产是安装在隐蔽区域时，如果故障设备在公共区域，BIM中的可视化可以满足现场考察的需求，从而大大减少中断，减少在故障定位期间对公众造成的不便。

BIM也优于2D/3D CAD图纸以确保在本地查看故障，因为它的可视化更密切地对应建筑信息的深度和质量。由二维图纸展示的设施，如平面图和剖面图很难看懂设施的3D立体形态。即使3D CAD图像也只由图形实体组成辅以单独的文档文件。因此，何时编辑3D CAD视图，检查和更新所有相关图纸和文档文件仍然是必需的，操作容易出错并且效率低下。利用BIM中的空间信息，可以更可靠，更能准确定位故障。相反，BIM是一个集中的数据库模型，文件相互依存并以高效的方式携带协调的信息。它允许在通过关联实现的BIM–AM系统中实现完整的BIM集成，BIM模型使每个单独的资产都可以连接捆绑个人资产及其全球唯一标识符（GUID）在其三维几何位置。这远远超过非几何BIM模型与BIM模型的信息交换，也可以应用到其他FM / AM软件的BIM–AM系统。如图10–7所示，一个VAV控制器可以快速可视化其近似的真实世界的物理位置。

图10–7　BIM模型中VAV盒的地理参考[71]

通过这个功能，可以轻松交叉引用BIM模型进行现场故障定位。BIM–AM

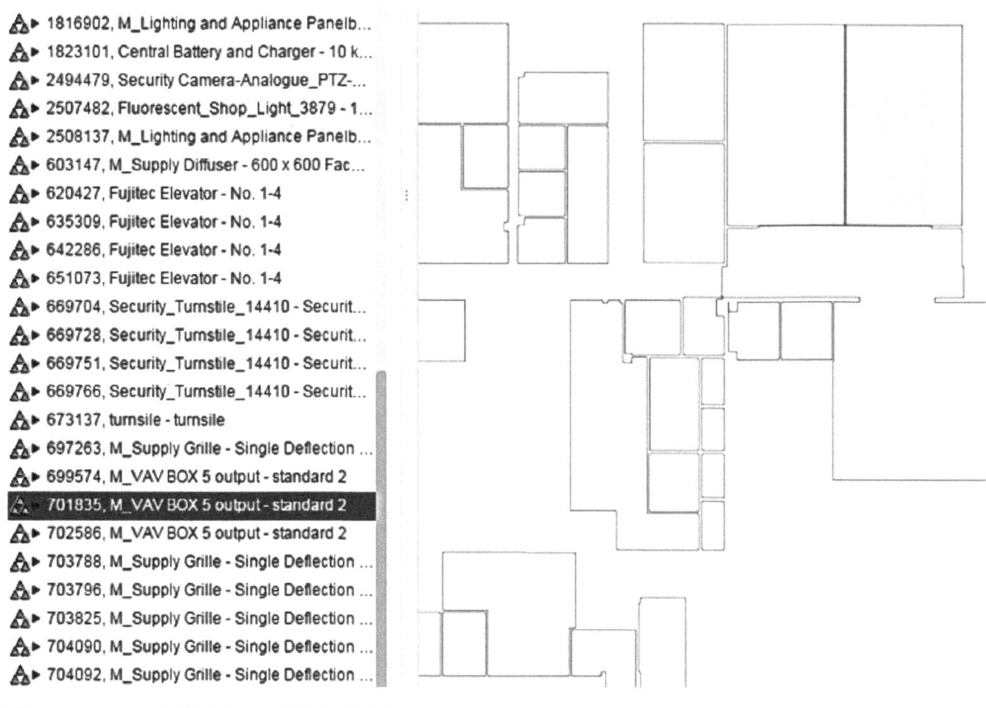

图10-8 2DCAD布局图中VAV框的地理参考

系统也是支持资产与其2D位置之间的关联CAD布局图。图10-8显示了由BIM-AM生成的CAD图中的VAV控制器系统的地理参考。为O&M提供地理参考资产和资产信息的价值和实用性，一个显示JPEG格式平面图的移动应用程序已经由香港机电署开发和使用，简化故障出勤和现场测量活动。将来，地理信息系统也可以集成BIM-AM系统，从而丰富了管理功能。基于地理位置的整体视图，可以显示多个建筑物的地理位置 。

10.1.3 实施应用

BIM-AM系统提供了一个全面的协调和处理故障维修管理平台，特别是故障定位。整个维护从服务请求创建到服务订单的工作流程管理很容易实现。为了方便故障定位，维护工程师必须能够检索在加入该网站之前的服务订单详情。在真实生活中建立运维服务情境，对用户、承包商和组织中的香港机电署等多个利益相关方是动态和多功能的。BIM-AM系统可以通过分配迎合这些高度动态的、相互作用的运维服务，在任何时候在平台上为不同的角色提供便利、高效、有效的监督管理和沟通功能。表10-1表示运营维护BIM-AM系统提供的功能。

香港机电署总部运行维护BIM-AM系统的功能特色　　表10-1

整合的 BIM-AM 系统的功能	在线 / 离线	电脑端 */移动设备 ^	用户	服务台	监督人员	前线	
						现场之前	现场
1. 提出服务请求	在线提交 / 离线输入	*^	√	√			
2. 查询服务请求的状态	在线	*^	√				
3. 产生服务订单	在线	*^		√	√		
4. 检查并记录重复呼叫	在线	*^		√	√		
5. 附加信息和远程支持（例如移动 CCTV）	在线	*^		√	√		
6. 分配服务订单	在线	*^		√	√		
7. 查看同一地点的服务订单	在线	*^		√	√		
8. 检索服务订单	在线	^					
9. 监视和控制 BMS 和专门的无线传感器	在线	*^				√	
10. 查看固定安装和临时移动闭路电视摄像机的直播	在线	*^				√	
11. 从 RTLS 查看移动资产的位置	在线	*^				√	
12. RFID 扫描以快速搜索资产及其进一步的运维信息	离线	^					√
13. 查看资产详细信息，维护记录，资产关系，系统拓扑结构，手动和系统绘图	离线	*^				√	√
14. BIM 模型中的地理参考资产	离线	*^					√
15. 输入服务订单详情	离线	^					√

在BIM-AM系统中，确定了四个关键通用用户模型，即客户端、服务台、主管和客户端维护工程师。各自的用户界面设计系统功能，是专门为每个用户开发的模型以有效地开展他们的活动，例如灵活的桌面功能或移动终端。制作的BIM-AM系统，实现真正的通用和多功能设计。香港机电署一直在努力确保该系统可以满足不同的用户操作模式和不同场合的要求。如图10-9所示，维护工程师的用户界面提供易于访问的资产信息，例如资产属性、维修记录、设备关系、系统拓扑结构、手册和系统图纸以及创建服务请求并在BIM中交叉引用。

为了评估基于所提出的架构的集成BIM-AM系统的有效性，在BIM-AM系

Asset Details 设备细节

设备ID	1115070	在用设备 Live Equipment
描述	AHU Constant Air Volume (CAV)	BMS监测 BMS Monitoring
技术分类	AC1102-AHU	
制造商	AL-KO	BMS控制 BMS Control
供应商	Ahu Room-Ahu Room	
地点	Ahu Room	
照片		

机械记录　设备关系　系统拓扑　设备手册　系统图纸　服务设备　BIM展示

图10-9　维护工程师的用户界面[71]

统中使用AHU模型的维护工作场景被记录在视频中用于演示。分别使用BIM-AM对HVAC出现的紧急状态进行故障位置诊断和维修，还用传统的当前实践程序做同样的故障位置诊断和维修。结果表明BIM-AM系统仅用了20min，传统的方法需要45min，节约了25min。图10-10表明了使用BIM-AM系统和当前系统的对比。表10-2总结了BIM-AM系统简化故障定位过程的好处，表明基于新颖架构的BIM-AM系统与当前的实践相比，简化了故障定位。

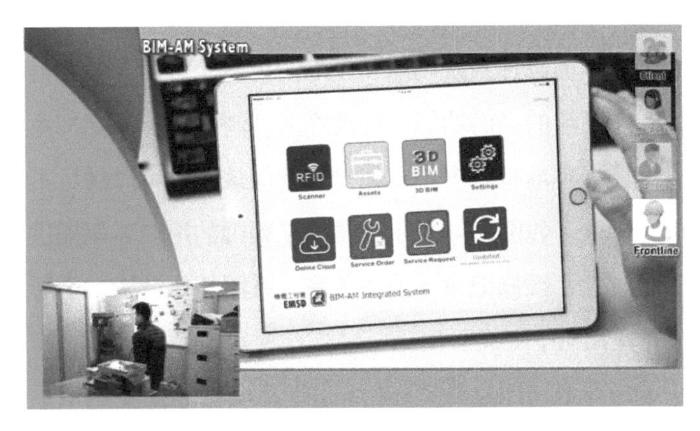

图10-10　使用BIM-AM系统和当前的实践程序的对比[70]

BIM-AM系统简化故障定位过程的好处　　表10-2

故障定位过程	目前的实践程序	BIM-AM 系统
前期诊断通过 CCTV，BAS 和无线传感器	只是在线可用	可用
离线诊断故障位置和问题设备	使用二维图纸很困难	使用 BIM 可视化功能，系统拓扑和 RTLS 很容易找到问题
在线诊断故障位置和验证	隐蔽的工程很难发现	在 RFID 的扫描功能和 BIM 的可视化功能下很容易找到故障

为了简化建筑物运营和维护（O&M）的故障定位过程，通过利用BIM、系统拓扑结构、RFID等信息的互操作性和可重用性，本案例提出了一种管理分散建筑设施信息的新颖架构。此架构的实时数据采集接口结合了RFID技术、BAS、无线传感器、闭路电视（CCTV）系统和实时定位系统（RTLS）等。基于所提出的架构，此案例开发了跨平台的移动和桌面系统。结果表明，在典型的空调故障情况下，故障定位可以实现节省2h以上的显著效果。

在2015～2016财政年度，香港机电署辖下2000多个政府大楼的维修工程总数约为639万人次。由于涉及的维护工作具有不同的性质和困难，因此预测将BIM-AM系统应用于所有建筑物。但是当前的时间节省仅仅基于目前这些数据而没有真正的试验，将导致不准确和不确定的结果。尽管如此，全面推出BIM-AM系统的好处是可以预见的。它可以提高生产力，包括更快的故障响应，更好的工作流程管理，简单的检索和追加维护记录，迅速访问资产细节、关系和手册，清晰地显示3D中的MEP系统路径等。根据场地和应用的不同，优势各不相同。值得一提的关键优势之一是，集成系统可以使维护工程师更快速地应对突发事件，以进行故障定位和维修，特别是在医院和机场等关键任务场所。

10.2 武汉地铁运维案例分析

10.2.1 项目概况

从2000年武汉第一条轨道交通线路开建以来，到2017年底，武汉轨道交通已实现“从无到有、从单条线到网络化”的历史转变。武汉现已建成运营8条轨道交通线路，总运营里程达237km，所有的地铁网络将扩展到333km，并且包括7个跨河隧道。截至2014年5月，武汉地铁有1号线、2号线和4号线在运行，覆盖65个地铁站，全长79.85km。自2014年5月起，在武汉后续的地铁建设项目中，武汉地铁、ARCHIBUS公司和毕埃慕（上海）建筑数据技术股份有限公司共同建立基于BIM 和GIS的武汉地铁运维管理系统，对武汉地铁的运维效率作出巨大贡献。武汉地铁运维项目采用BIM进行规划、设计、建造、调试和运营，并且采用ARCHIBUS公司提出的企业信息模型（Enterprise Information Modeling，EIM）框架进行生命周期管理和直观业务转型（Intuitive Business Transformation，IBT）作为实施方式。在使用ARCHIBUS 运维系统和BIM、GIS等数字化技术之前，武汉地铁存在诸多的问题，其中包括：1）太多的纸质工作，很难去存储和查询信息；2）没有适当的工单管理，繁琐的统计编译无法跟踪工单；3）没有适当的设施管理，运维人员反应时间太长；4）手动报告，数据不准确。

本小节基于BIM和ARCHIBUS系统的武汉地铁运维案例，对基础设施如何结合运维系统和BIM等数字化技术的运维展开分析和探讨。

10.2.2 技术方案

1. 基于建筑信息模型的地铁运维平台

BIM运维平台五大功能模块中优秀的资产管理平台是企业资产管理得以实现的核心，武汉地铁项目是借助整合BIM技术、GIS和企业资源计划（ERP），能够实现更为精准合理的管理。它以提高资产可利用率、降低企业运行维护成本为目标，以优化企业维修资源为核心，通过信息化手段，合理安排维修计划的相关资源与活动。通过提高设备可利用率增加收益，通过优化安排维修资源降低成本，从而提高企业的经济效益与核心业务的市场竞争力。

武汉地铁运维项目集成了武汉地铁、ARCHIBUS、百度地图GIS和地铁BIM模型。图10–11展示了武汉地铁项目的运维管理平台。该平台将设施信息、维护信息、

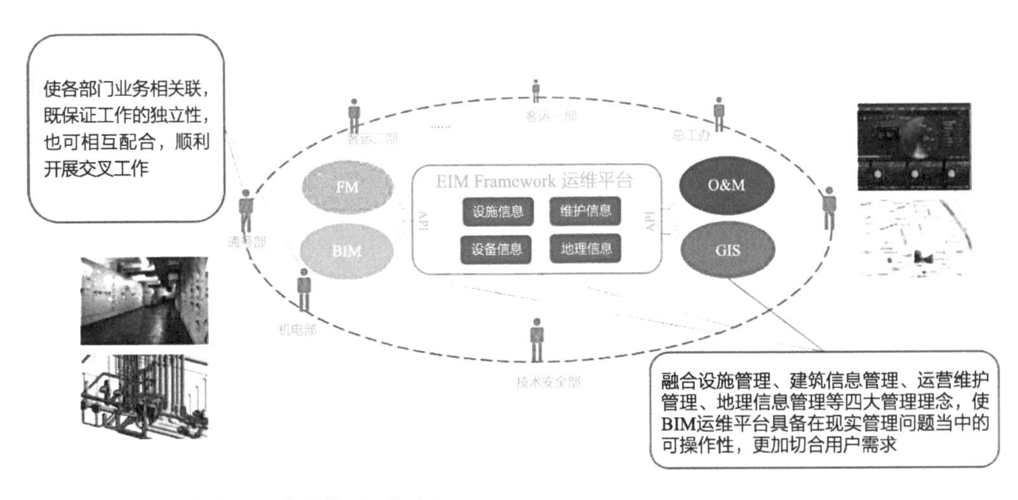

图10–11　武汉地铁项目企业信息模型运维平台

设备信息和地理信息融合在一起，并且让武汉地铁的机电部、通号部、客运部、技术安全部和总工办的部门在同一个系统中协同工作，提高维护管理效率。

在正式的运营维护之前，武汉地铁的项目设施管理人员对武汉地铁内部运营和外部乘客需求进行分析和探讨：

（1）在客运部门，需要进行车站交通管理、车站工作要求和现场维护。主要的需求包括在线工作需求报告、动态报告、工人调度、工人管理和文档管理。

（2）在通号部门，设施管理人员负责维护维修运营程序、维护维修运营流程、地铁站内建造翻新流程，以及审计和财务委员会报告。其中的主要需求包括适合的维护程序、维修流程跟踪、历史数据跟踪、问题分析和设备跟踪。

（3）机电部MEP主要负责 MEP机电维护维修运营程序，MEP机电设备的状态评估和跟踪。主要的需求包括MEP机电维修历史数据、流动部署、MEP机电设备问题分析、MEP机电设备跟踪、检索BIM图纸和商业智能。

根据上述各个部门的需求，ARCHIBUS应用软件提供了五大功能模块去满足上述用户需求，这五大功能模块包括：线路站点管理、设施资产管理、运营维护管理、报表管理和文档知识管理模块（图10–12）。

①线路站点管理模块：ARCHIBUS提供站点基础信息、人员管理、空间管理、空间分析的功能；②设施资产管理模块：ARCHIBUS提供设备信息管理、设备统计、设备定位查看、保修／供应商管理、BIM模型、360° 视角查看模型等功能；③运营维护管理模块：维护维修运营程序、维护维修运营记录追踪、维护维修运营程序追踪、问题分析、设备记录、维护历史、流动部署、指挥中心；④报表管理模块：

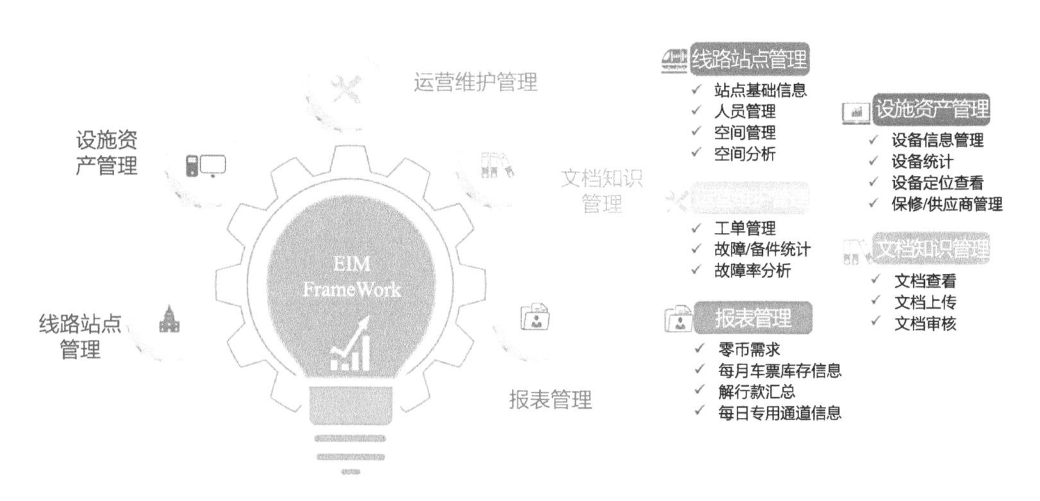

图10–12　武汉地铁运维系统的五大功能模块

零币需求、每月车票库存信息、解行款汇总、每日专用通道信息；⑤文档知识管理模块：文档查看、文档上传和文档审核。

ARCHIBUS平台提供了EIM框架以更好地和其他系统进行合作和整合。融合设施管理、建筑信息管理、运营维护管理、地理信息管理（GIS）等四大管理理念，使BIM运维平台具备在现实管理问题当中的可操作性，平台可以更加切合用户需求。使各部门业务相关联，既保证工作的独立性，也可相互配合，顺利开展交叉工作。

2. 线路站点管理

（1）Personnel 线路站点管理——人员管理。多种人员查看方式：通过多种方式查看全部员工信息，可以按照员工、部门、车间、职位等进行检索，提高运维系统中的管理效率。

（2）GIS Integration 线路站点管理——GIS结合。在武汉地铁的运维项目中，结合GIS定位和卫星地图（Satellite Map），以及三维地图进行地铁站点定位和人员定位，从而很好地解决地铁运维中的定位问题。图10-13展示了武汉地铁运维系统中的定位功能。

（3）空间管理。查看地铁站内部房间分布情况及相关信息，360° 全景图。可以根据ARCHIBUS系统里面二维图纸，快速点开查看房间的三维全景图。其次ARCHIBUS空间管理的功能还包括查看防火分区，查看功能分配，查看疏散路线图，有效提高空间管理效率，以及有效预防紧急事情发生时候的快速逃离。图10-14显示了武汉地铁运维系统中的空间管理功能模块。同时，对于空间管理，还需要考虑通过空间分配计算，提升空间利用率，减少空间使用费用和优化空间利用。

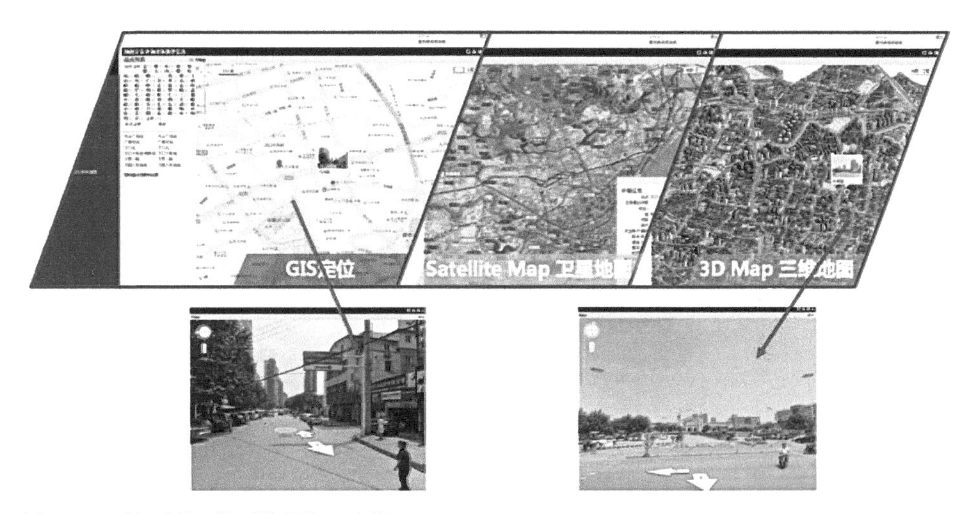

图10-13　武汉地铁运维系统中的GIS定位

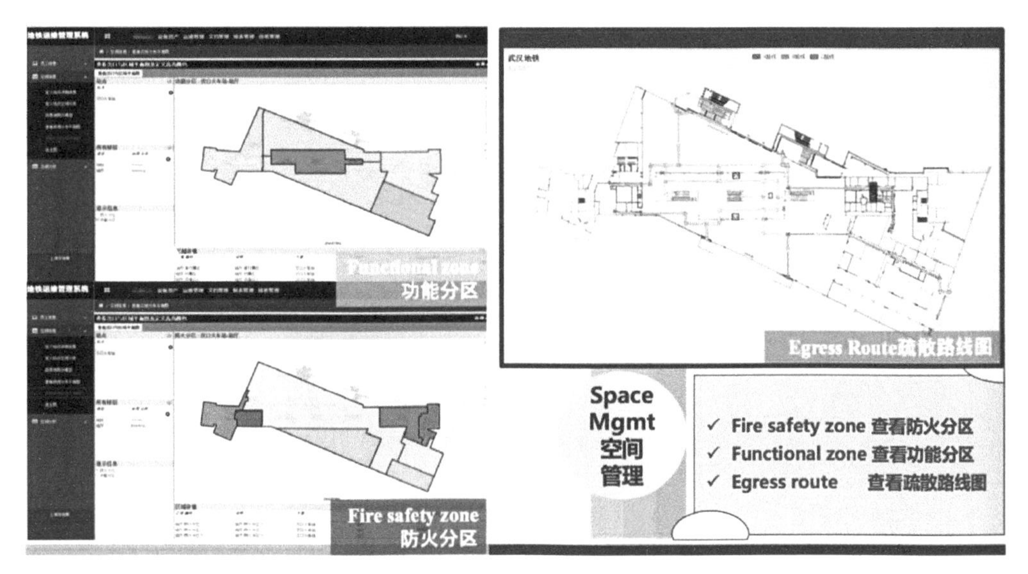

图10-14　地铁运维系统中的空间管理功能

3. 设备资产管理

（1）集成RFID技术。实现更好的数据获取、更快的工作单记录和报告。用移动手持终端，感应RFID射频芯片，快速记录工作单信息和报告，从而实现更快的数据获取，如图10-15所示。之后，这些获取的数据，被用来检索历史记录和故障快速报修等活动。

（2）集成QR Codes二维码用于资产设施管理。利用QR Codes进行设备资产管理，可以用手机和iPad进行二维码扫一扫，用来检索历史维护记录，及时回复工作需求。对地铁站里面的机电设备进行二维码图标的粘贴，然后可以用手机或者iPad里面的APP进行扫描识别，方便记录和查找。

（3）结合BIM技术进行设备追踪。武汉运维系统结合ARCHIBUS和BIM三维模

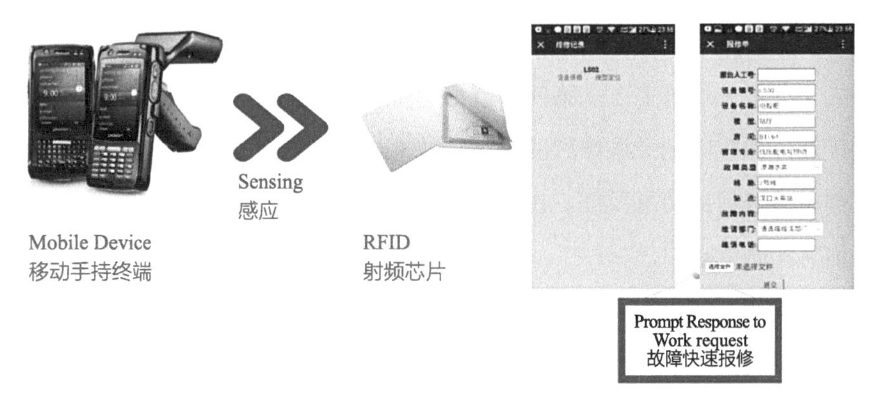

图10-15　RFID支持故障快速报修

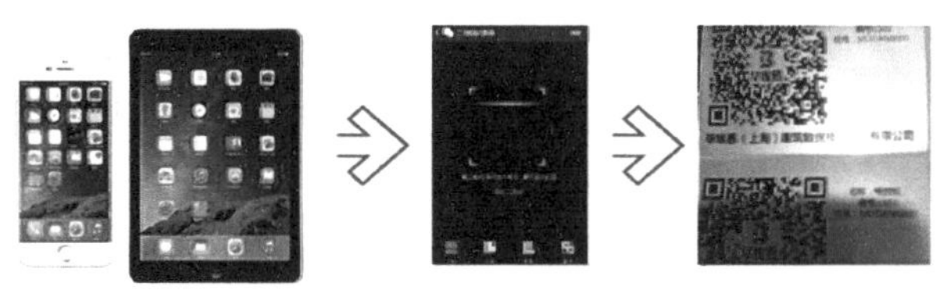

图10-16　二维码用于设施管理

型，可以通过多种方式查看模型，提供漫游功能。安装房间查看设备信息并定位，也可以直接在BIM模型中选择查看。BIM技术提供可以快速定位设备，并查看设备详细信息和相关文档。BIM技术还可以将设备单独隔离查看详细信息。

（4）设备资产查询与统计。武汉运维系统可以提供设备列表，通过查询设备ID、分类、楼层等，可以快速查看资产。设备统计，系统提供了标准的设备统计格式。客户管理，通过由具有相关资产的供应商进行绩效评估。服务供应商管理，由服务提供商和相关资产进行绩效评估。

4. 运营维护管理

（1）工单管理。在武汉地铁的运维管理过程中，工单管理的流程（图10-17），分为以下五步。第一，报修。使用支持拍照和视频的移动设备报告工作维修请求。第二，维修调度处理。通知和分配工作单给设施管理负责人。第三，工班处理。设施管理人员分配工作给工人。第四，维修运维信息更新。工人维修工作后，用移动设备上传图片和视频记录维修后的状态，并上报维修后的信息。第五，反馈。用户和客户进行维修后的情况反馈。在这个过程中，可以使用手机、iPad等移动设备进行维修信息实时更新。

（2）故障统计。武汉运维系统采用ARCHIBUS管理，用Dash Board的饼图去进行故障统计分析，进行故障的详细内容查看。设施管理人员可以按照时间筛选故障。其次，武汉运维系统平台可以让设施管理者快速填入故障信息，并且自动

图10–17　武汉地铁运维系统的工单管理功能

计算故障率。设施管理人员可以按照不同月份筛选查看，方便快速高效地统计故障率。

（3）文档知识管理和报表管理（图10–18）。文档管理的分权限阅读，1～4不同等级的文件，不同的员工所能看到的文档不同。因此在运维管理系统中，不同的员工给予不同的权限，查看不同级别的文档。这也是对文档知识的保密管理。

（4）报表管理。在武汉地铁的运维过程中，票务管理是比较重要的环节。其中乘客的需求包括零币需求、每日车票库存信息、票款汇总、每日专用通道信息。在系统里面，可以方便输入信息，查看报表和导出报表。

5. 物联网和运维系统结合的云视频监控

基于ARCHIBUS集成运维系统可以和CCTV结合，从而实时调用监控视频，并且对紧急情况做迅速处理。同时，ARCHIBUS集成运维系统还可以和物联网结合，实时监控地铁站内的空气质量、温度、湿度、空气污染指数、$PM_{2.5}$等指标，从而给地铁乘客一个很好的乘车环境。再者，ARCHIBUS运维系统可以和BAS系统整合，提供实时的设备监控数据。还可以和物联网结合，提供设备的温度、湿度、压力等信息，为运维管理决策提供良好的数据支撑。如图10–19所示，可以实时查看设备的信息，例如水泵的格栅前液位、调水池液位。

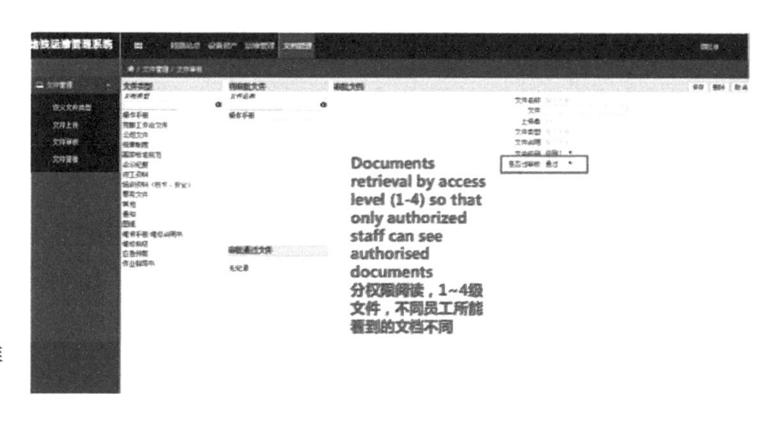

图10–18　基于地铁运维系统的文档知识管理

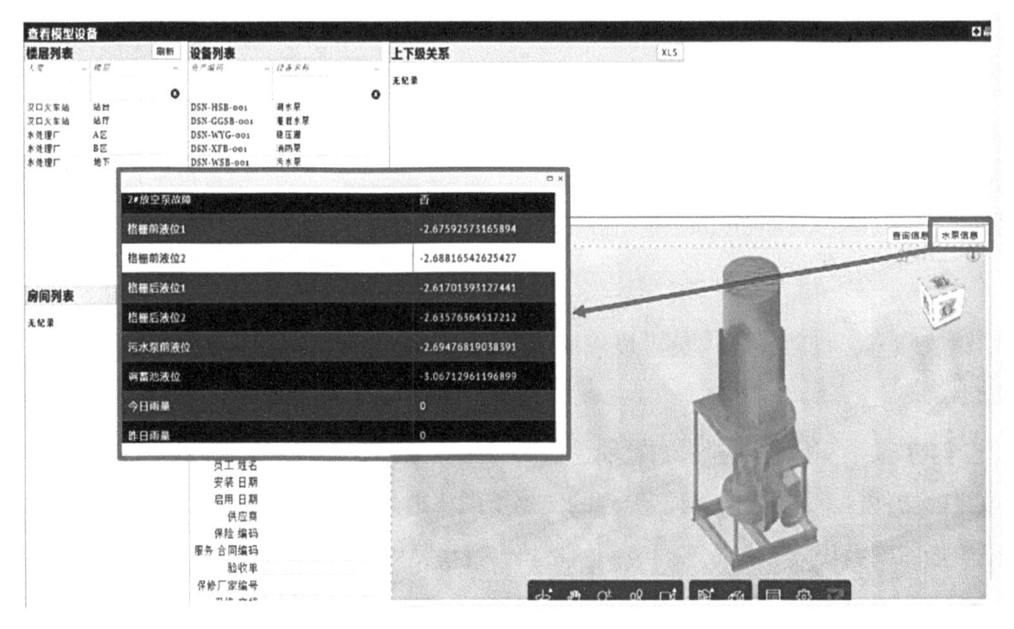

图10-19　运维系统实时监控设备

6. 移动端的应用

地铁的运维不仅可以用软件的平台，还可以结合移动设备进行现场的数据查看、采集数据、更新数据等。方便设施管理人员高效的操作。可以使用手机、iPad、Android系统、笔记本等随时随地进行查看和更新信息。移动设备还可以提供流畅的3D试图和良好的指尖体验，所有的信息都可以通过手指操作轻松查看。其次，有助于相关人员职责划分清晰。

移动设备的核心功能，包括二维码扫描、资产查询、工单报修、维修反馈、工单通知和维修作业反馈等。除此之外，还可以开发相关的APP，完成报修、工单分配、维修反馈、电子巡检、施工作业计划等任务。

10.2.3　实施应用

在武汉地铁的运维项目中，推动数字化的运维具有一定的难度，整个项目实施过程中克服了以下几点实时难点：①习惯改变，难以推动。由于设施管理人员都已经习惯于守旧的操作流程和工作方法，很难改变他们固有的思维和行为模式。需要采取自上而下的策略，从业主领导层自上而下推进；②业主自身的管理问题。在设施管理者和业主之间的关系中，需要一起协助梳理问题，提出意见；③设计部门过多，流程多，难以统一。需要尽量统一，分部门定制开发；④地铁网络环境、软硬件环境不配套。提出相应的处理对策，在建设阶段考虑运维工作，软硬件重新配套。

在武汉地铁的运维项目中，使用EIM进行运营管理实现70%的BIM价值，支持EIM框架的操作成为BIM数据协作的一部分，在设计和施工阶段扩大了FM的可见度，并制定了标准和最佳实践。自动化的实时资产和资产管理有助于优化资源利用，建立可靠的跟踪设备使用情况和动态数据库，有效跟踪资产使用和维护，可以实现战略性更好的资产规划，所有地铁车站的数据和系统的集成，是为实现集中监控提供智能指挥中心。通过与标准流程（Standard Operating Procedure，SOP）建立的信息共享和流程流，改进各部门之间的协作关系。不仅能够更好地应对紧急情况，还能提高整体管理团队的效率。

10.3 北京某办公楼智慧运维案例分析

10.3.1 项目概况

该办公楼位于北京市海淀区中关村软件园二期，该项目于2013年10月开始投入运营，主要用于某公司办公及软件研发，可容纳1200人。

该办公楼运维中利用物联网、大数据和专家系统彻底解决精细化管理中易遇到的信息不完备、知识不完备、分析能力不足、决策执行不到位等风险。最终帮助物业工程部实现节约能源、提高服务品质、增加无故障运行时间、提高客户满意度等目的。

为了建立高稳定、高可靠大数据平台，我们可以采取先进优秀的云平台设计方法，充分考虑数据存储和数据安全，真正为大数据的高质量应用打好坚实的根基，同时本次设计采取全模块化设计方法，极大地优化系统部署，实现短时间的系统敏捷开发和全集团快速部署。

工单管理记录了所有工单的详细信息，包括执行人、响应时间、完成时间、处理结果以及满意度情况等，体现了工单的可记录和可追溯性，并利于用户汇总数据，收集事件处理时间降低成本，反映员工绩效等。工单管理同时能够让用户实时了解项目的工作进度，有效进行监督管理，并能够通过优先级的设定使员工首先完成优先级更高的任务，提高客户满意度和工作效率。

10.3.2 技术方案

1. 服务定制

服务定制是业主与运营者之间的新协议模式，从过程导向的定性管理到结果导向的定量型管理。业主通过服务定制设定服务目标和需求，对项目运维成本进行控制，并且可以随时了解资产的情况。

（1）设定量化目标（图10–20）。业主通过空间环境定制、设备可靠性定制、成本控制红线等功能，随时修改大楼内的服务需求目标，即时或第二天即可生效。

（2）查看成本估算。根据历史数据建立神经网络模型，基于用户输入的目标，详细估算全年各项成本（图10–21）。

（3）工作执行。系统自动分析业主输入的需求与当前服务水平的差异，作出执行判断并发出指令。同时受到成本红线限制，综合选择在成本限制下最满足需求的执行方案。

（4）服务验证与成本结算。物联网自动验证服务效果，呈现给业主，并计算服务费用和生成账单。同时，业主可通过APP随时查看服务状态与账单，了解项目当前的财务状况（图10–22）。

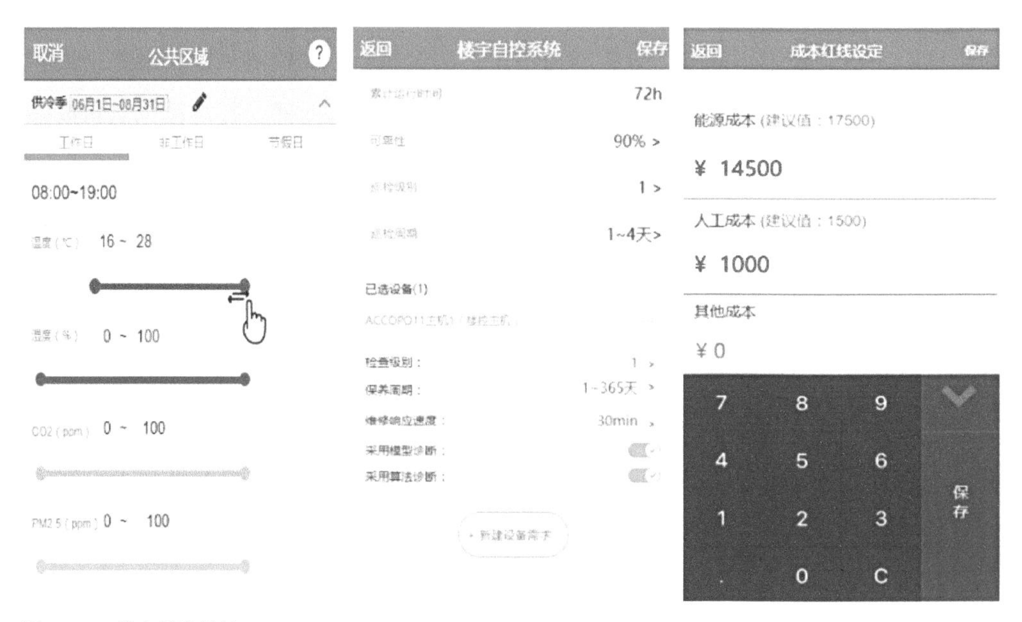

图10–20　设定量化目标

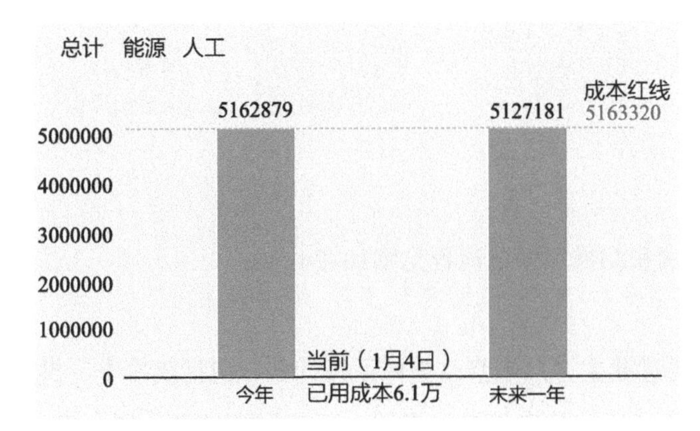

图10-21 估算项目成本

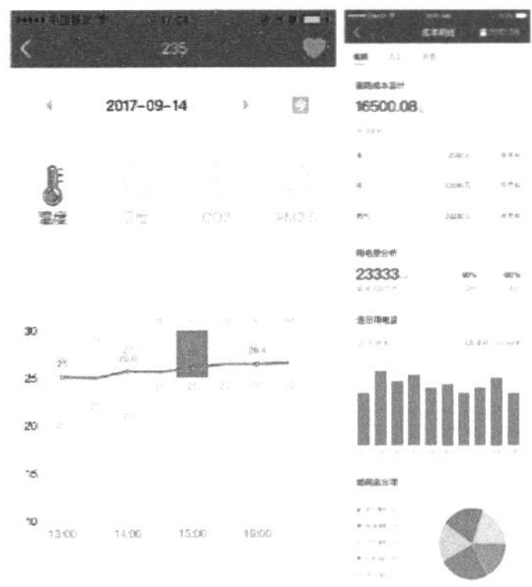

图10-22 物联网生成账单

2. 智能控制

（1）环境调节

实时监测室内$PM_{2.5}$、CO_2浓度及温湿度参数，输出信号直接控制新风机的启动及转速、风机盘管的启停与档位。新风机通过监测数据自动运行，有效改善室内空气CO_2浓度，提高空气质量，加速室内空气的流通、污染空气的排出，加入室外新鲜空气的注入，实现既节能环保又能保持室内良好空气品质。风盘通过服务定制与用户投诉，逐渐学习适应用户个性化需求，使室内保持符合用户习惯的温度环境。

1）功能描述。

上格云智能环境调节系统包括APP用户前端、数据采集、数据过滤、数据存储、AI算法、后台控制、执行单元等7个模块。建筑管理者可以通过APP来对室内环境的各种需求进行初始设置，房间的每个使用者可以通过APP将自己对室内环境的需求反馈给系统。数据采集和数据过滤为系统控制提供有效的调节依据。后台调用相应的AI算法模块基于存储的数据及APP用户反馈信息给出控制命令、发送给执行单元。上格云智能环境调节系统基本框架如图10-23所示。

AI算法部分实现模块化，将其拆分为服务定制修改、空间需求分析、设备控制

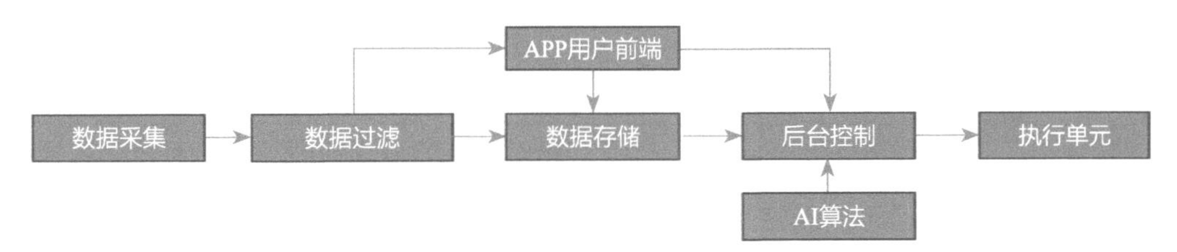

图10-23 上格云智能环境调节系统基本框架

图10-24　AI模块调取流程

指令等3个模块。后台对APP前端和AI模块调取流程见图10-24。

2）控制方式

第一，服务定制初始化，通过业主客户端修改整体运行计划，包括供冷季、供暖季、过渡季日期设置，以及常规运行的启停时间设置。以广联达信息大厦为例，初始化设定：供冷季5月1日~9月30日，供暖季11月1日~3月20日。其余为过渡季。服务定制时间如表10-3所示。

服务定制时间表　　表10-3

	供冷季	供暖季	过渡季
工作日	8:30~18:00 T：22~26℃ φ：30%~70% CO_2：≤ 1000	8:30~18:00 T：22~26℃ φ：30%~70% CO_2：≤ 1000	8:30~18:00 T：无 φ：无 CO_2：≤ 1000
周末	8:30~18:00 T：22~26℃ φ：30%~70% CO_2：≤ 1000	8:30~18:00 T：22~26℃ φ：30%~70% CO_2：≤ 1000	8:30~18:00 T：无 φ：无 CO_2：≤ 1000
节假日	—	—	—

第二，根据APP反馈调整全周期目标。用户当前在APP上可反馈的内容包括：有点冷、冷死了、有点热、热死了、风机太吵、太闷了、请派人过来、关闭设备。以上各种投诉都有相应的目标改变量。根据历史投诉对该天所属的日期类型、季节类型等因素，进行全天的服务定制修改。修改根据每个投诉的先后顺序和发生时间进行计算，得到全天每个时间点的新服务定制。图10-25为对服务定制曲线变更前后的影响示意。

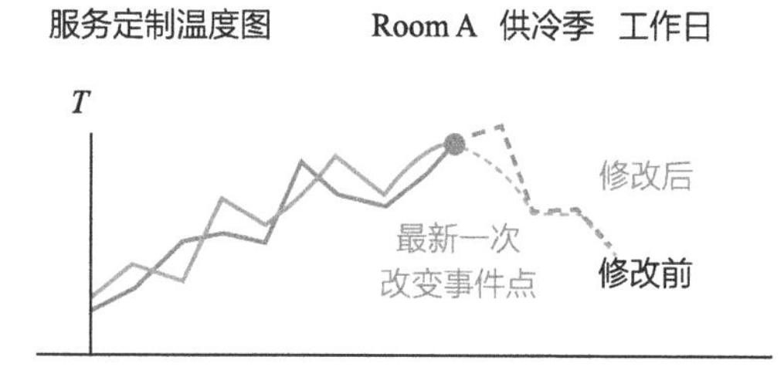

图10-25　服务定制温度图

图10-26显示的是某开放式办公空间在一段时间的用户反馈后，逐渐形成相对稳定的需求曲线，之后系统会按照该结果自动为用户调节。

第三，对空间选择控制动作。决定

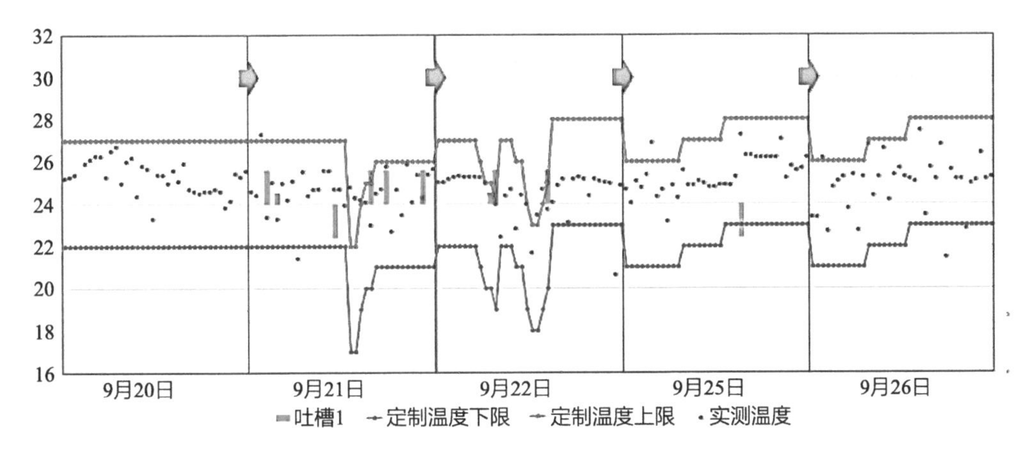

图10-26 温度调节图

每个空间每一时刻的目标区间后，系统将根据训练得到的神经网络模型和实时数据给出当前时刻的控制动作。同时对神经网络模型进行定期线上或线下更新。神经网络模型的基本训练更新方法如图10-27所示。

与常规控制不同的是，系统会学习每个空间独立的调节特性，形成独特的调节策略，而不是简单的反馈控制或PID控制等。例如，不同大小的房间，热物理特性不同。对于同样的当前环境温度、调节目标，小房间升温快，因此设定档位可能低一些；大房间热惯性大，升温慢，因此设定档位可能较高。系统在调节一段时间后

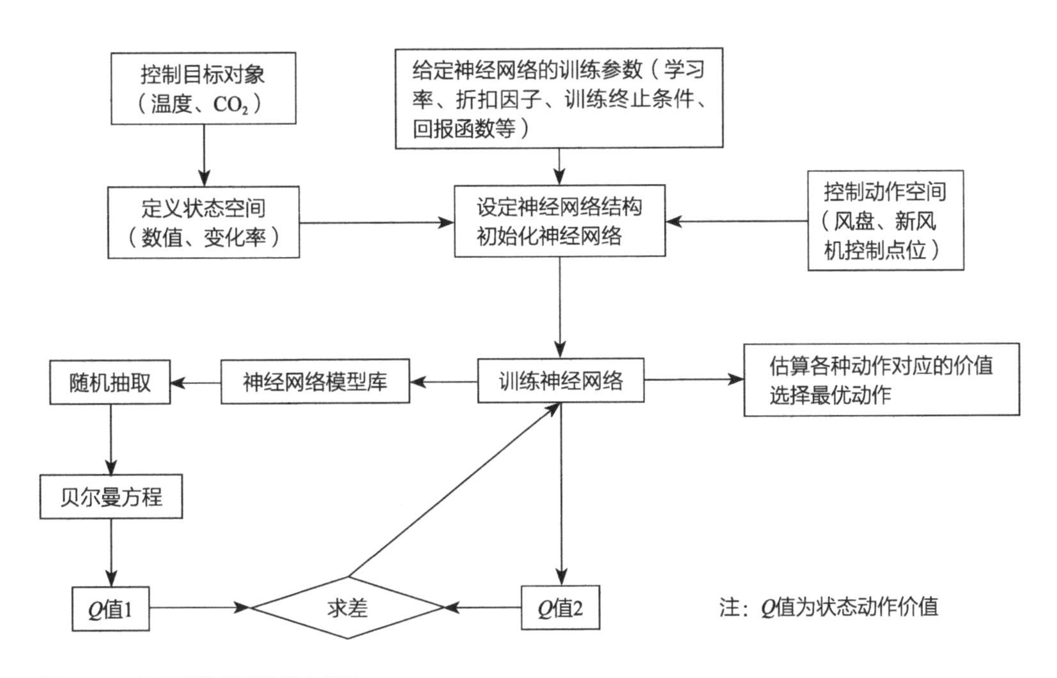

图10-27 神经网络模型的基本训练

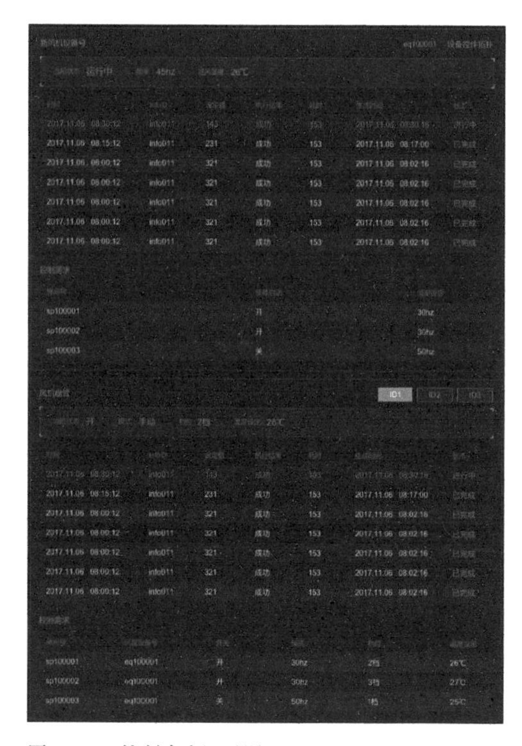

图10-28　控制命令记录图

会逐渐学习这些特性。如果发现不同房间反馈同一个需求后，空调调节动作不一样，属于正常现象。

第四，输出控制指令给对应设备。根据空间与设备的拓扑关系及上一步给出的每个空间的控制需求综合得到各设备的控制指令。控制指令最终会通过云端服务器发布给本地DDC控制系统，操作具体设备执行控制命令。控制命令记录如图10-28所示。

（2）冷站调节

根据末端需求和成本要求，对冷热源运行进行控制调节，在符合成本红线的条件下，最大限度地满足末端的需求，为用户提供更好的室内环境。

1）功能描述

上格云冷站智能调节系统包括需求判断、负荷预测、能耗与满足率计算、指令控制等模块。冷站智能调节基本框架如图10-29所示。

2）控制方式

第一，服务定制需求判断。冷站的开关机完全按照需求自动执行，通常根据需求设定的时间提前1h开机、提前半小时关机。同时，在统计1h与半小时内有服务定制的房间数量，与服务定制设定房间数对比，进一步判断开关机执行动作，充分满足各个房间的冷热需求（图10-30）。

第二，负荷计算及预测。不同于反馈控制与时间表控制，上格云冷站智能调节将对未来一段时间的建筑冷热负荷进行预测，提前做出控制。主要使用负荷时间序

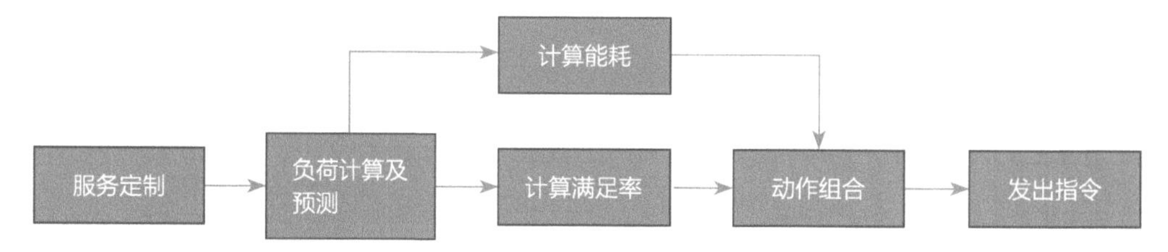

图10-29　冷站智能调节基本框架

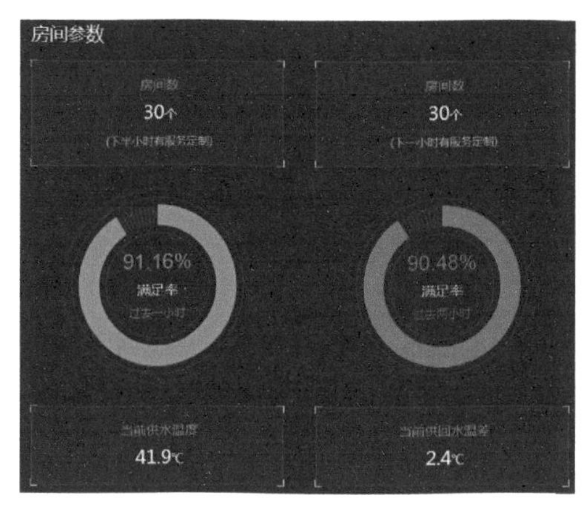

图10-30　需求判断

列与天气预报，通过时间序列神经网络对下一小时的负荷进行预测（图10-31）。

第三，能耗指数与满足率指数。根据预测的负荷以及各种控制动作组合，使用神经网络预测各种组合下的能耗指数。统计各个房间时间满足率、空间满足率、未来负荷预测、过去负荷记录以及各种控制动作，采用强化学习更新价值网络给出各控制组合分数，进而转化得出满足率指数（图10-32）。

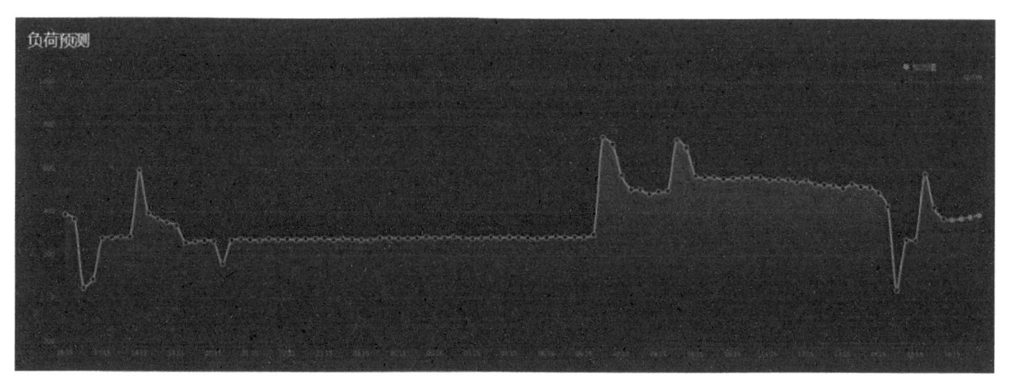

图10-31　建筑负荷预测

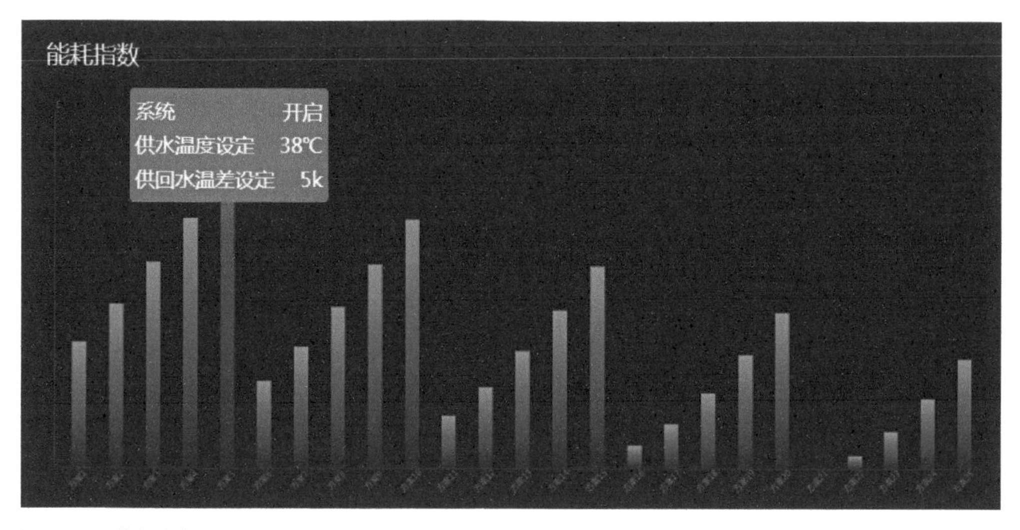

图10-32　能耗指数

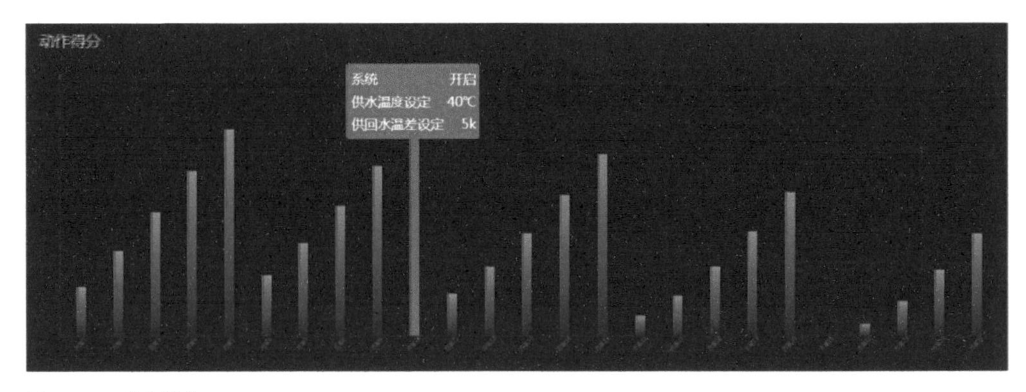

图10–33　动作得分

第四，动作组合。综合成本控制与满足率，对各个动作组合进行打分，得出最合适的控制动作（图10–33）。

3. 机电监测

机电系统运行监测平台实时查看机电系统运行情况，实现报警信息的标准化处理。

对接现有机电系统，将原有的报警信息统一管理输出，形成标准统一的工作流信息。同时，在原有的报警基础上，根据可以监测到的点位随时新增和关闭报警与预警项目，全方位保障机电系统的正常运行。

在机电设备运行期间，系统根据实时的报警与预警情况，自动调整报警逻辑，从而避免误报和漏报的情况发生。

1）功能介绍（图10–34）。包括：对接各系统信息点位，定义报警逻辑，实现报警信息的标准化处理；对报警逻辑进行设置，新增更多的报警模块；将报警信息标准化输出到报警平台与工单系统；可以实时查看的报警监测平台。

2）门限生成（图10–35）。首先确定哪些点位需要被监测，进而根据项目实际情况进行设定。门限的来源除了根据历史数据计算得来外，如果上格云知识库中有

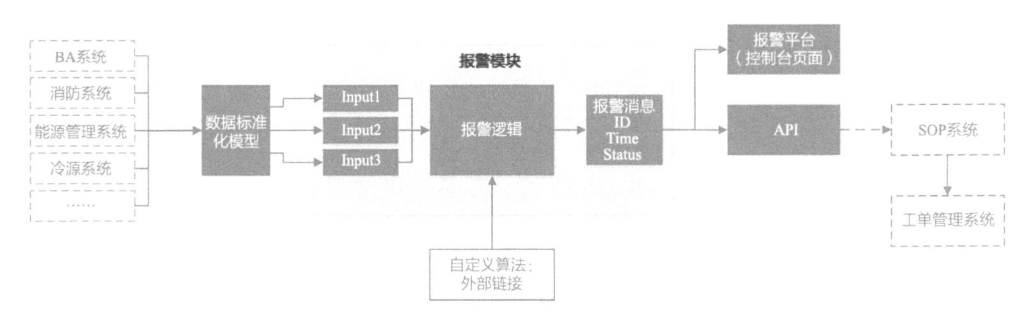

图10–34　功能介绍

图10-35　门限的诊断流程

相应的门限设定可以直接使用。

3）诊断流程。第一，点位调研与录入。故障报警所需的单位信息基本都是使用数据字典中已经定义的点位，所以需要将已有的点位信息根据数据字典的格式录入。对目标系统进行调研，根据数据字典上罗列的信息，尽量多地填写，参考图10-36。图中静态信息是指如设备的功率、额定电流等；动态参数是指根据点位的物理含义，将点位的编号填写到相应的内容后，如电流、电压、压力值等。

第二，报警参数配置。报警参数包括了设备类型、启用时间、诊断模式、持续时间以及限定条件等。需要根据实际情况进行填写。在日常运维中，如果发现故障诊断效果不好，可以对其中的报警参数进行单独修改，便于维护。

第三，诊断流程。读取服务定制需要诊断的点位的数据，根据故障诊断启用时间、限定条件对数据进行筛选，避免发生误报。根据筛选的数据对设备进行诊断，如

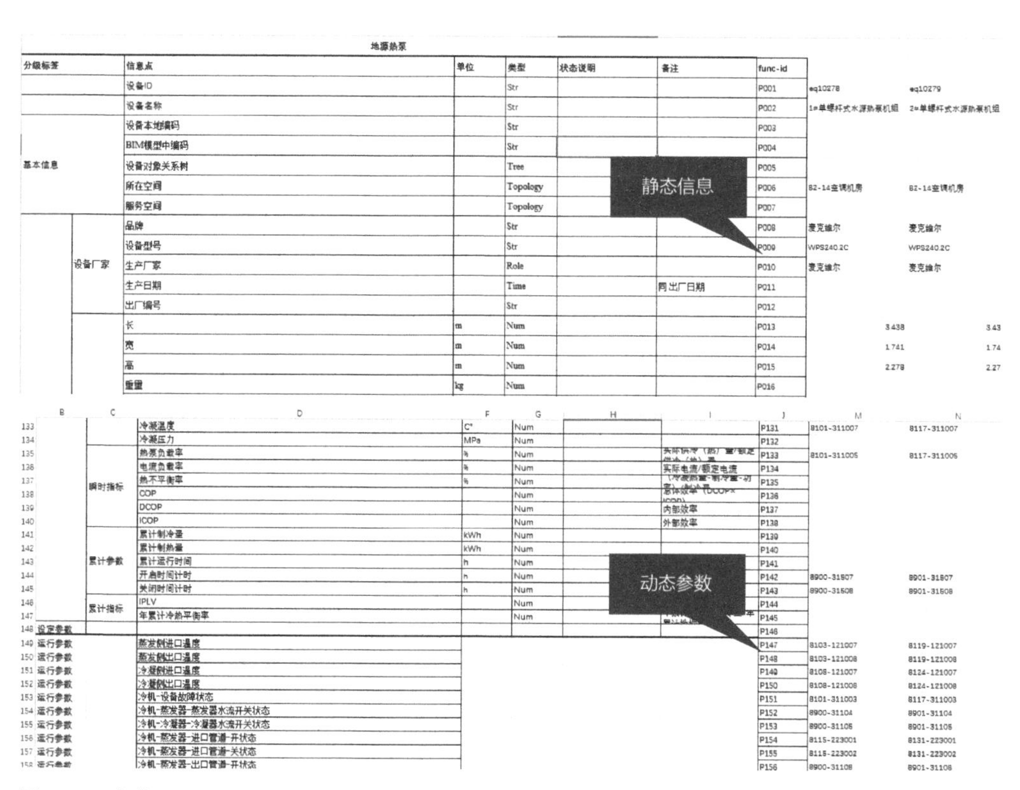

地源热泵

分级标签		信息点	单位	类型	状态说明	备注	func-id		
		设备ID		Str			P001	eq10278	eq10279
		设备名称		Str			P002	1#单螺杆式水源热泵机组	2#单螺杆式水源热泵机组
基本信息		设备本地编码		Str			P003		
		BIM模型中编码		Str			P004		
		设备对象关系树		Tree			P005		
		所在空间		Topology			P006	B2-14空调机房	B2-14空调机房
		服务空间		Topology			P007		
	设备厂家	品牌		Str			P008	麦克维尔	麦克维尔
		设备型号		Str			P009	WPS240.2C	WPS240.2C
		生产厂家		Role			P010	麦克维尔	麦克维尔
		生产日期		Time		同出厂日期	P011		
		出厂编号		Str			P012		
		长	m	Num			P013	3.438	3.43
		宽	m	Num			P014	1.741	1.74
		高	m	Num			P015	2.278	2.27
		重量	kg	Num			P016		

	B	C	D	F	G	H	I	J	M	N
133			冷凝温度	C°	Num			P131	8101-311007	8117-311007
134			冷凝压力	MPa	Num			P132		
135		瞬时指标	热泵负载率	%	Num		[illegible]	P133	8101-311005	8117-311005
136			电流负载率	%	Num		实际电流/额定电流	P134		
137			热不平衡率	%	Num		[illegible]	P135		
138			COP		Num		总体效率（DCOP×ICOP）	P136		
139			DCOP		Num		内部效率	P137		
140			ICOP		Num		外部效率	P138		
141		累计参数	累计制冷量	kWh	Num			P139		
142			累计制热量	kWh	Num			P140		
143			累计运行时间	h	Num			P141		
144			开启时间计时	h	Num			P142	8900-31507	8901-31507
145			关闭时间计时	h	Num			P143	8900-31508	8901-31508
146		累计指标	IPLV		Num			P144		
147			年累计冷热平衡率		Num		[illegible]	P145		
148	设定参数							P146		
149	运行参数		蒸发侧进口温度					P147	8103-121007	8119-121007
150	运行参数		蒸发侧出口温度					P148	8103-121008	8119-121008
151	运行参数		冷凝侧进口温度					P149	8108-121007	8124-121007
152	运行参数		冷凝侧出口温度					P150	8108-121008	8124-121008
153	运行参数		冷机-设备故障状态					P151	8101-311003	8117-311003
154	运行参数		冷机-蒸发器-蒸发器水流开关状态					P152	8900-31104	8901-31104
155	运行参数		冷机-冷凝器-冷凝器水流开关状态					P153	8900-31105	8901-31105
156	运行参数		冷机-蒸发器-进口管道-开状态					P154	8115-223001	8131-223001
157	运行参数		冷机-蒸发器-进口管道-关状态					P155	8115-223002	8131-223002
158	运行参数		冷机-蒸发器-出口管道-开状态					P156	8900-31108	8901-31108

图10-36　参数录入和记录

确实存在故障则发出工单（图10–37）。现场工人接到工单后根据提供的处理流程对故障进行维修，如发现故障报警有误，则会反馈回报警系统，报警系统则会对门限重新进行计算。如果是设备自带的故障点位，则判断发出工单后，不进行误报处理。

4）报警控制台（图10–38）。故障模块控制台可以查看的内容有：已经接入的系统数量；正在运行的系统数量；可靠性预览每个系统的报警数量；故障报警，紧急程度高的故障报警，此处查看已经发出的故障报警处理情况，点击可以查看具体的信息；故障预警，紧急程度较低的报警，此处查看已经发出的故障预警处理情况，点击可以查看的具体信息；故障诊断信息查看，点击查看发出报警对应的故障诊断表；数据问题，查看数据中断的报警信息；设置，对某一个报警来源进行忽略设置，对某一具体报警判断是否误报。

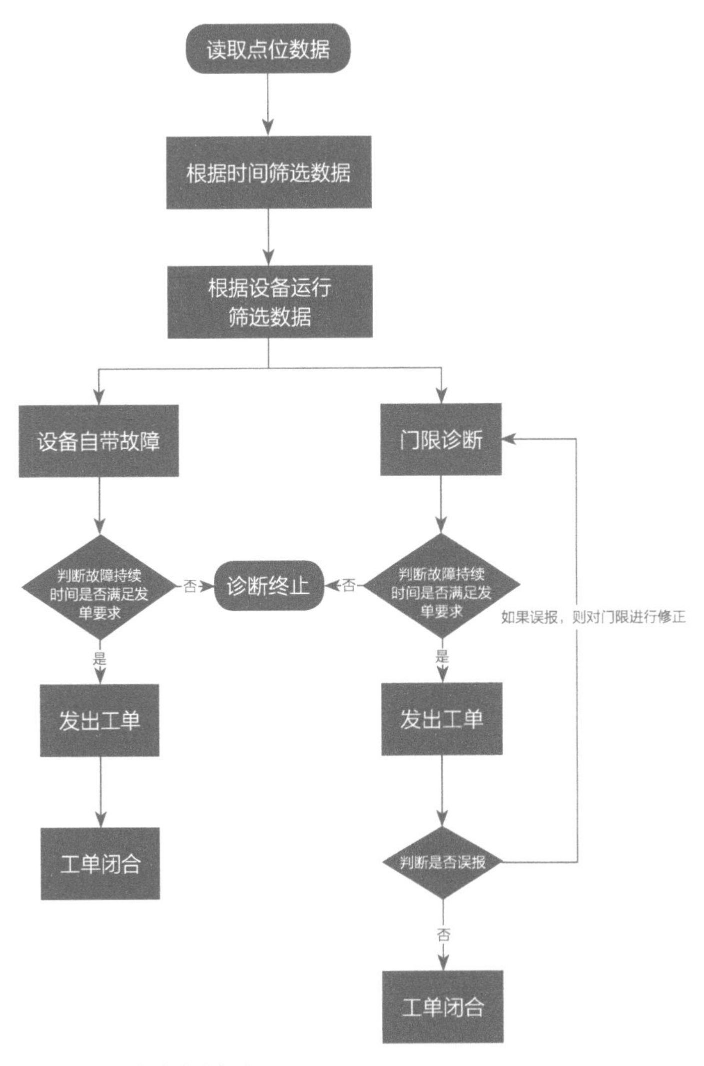

图10–37　设备故障诊断流程

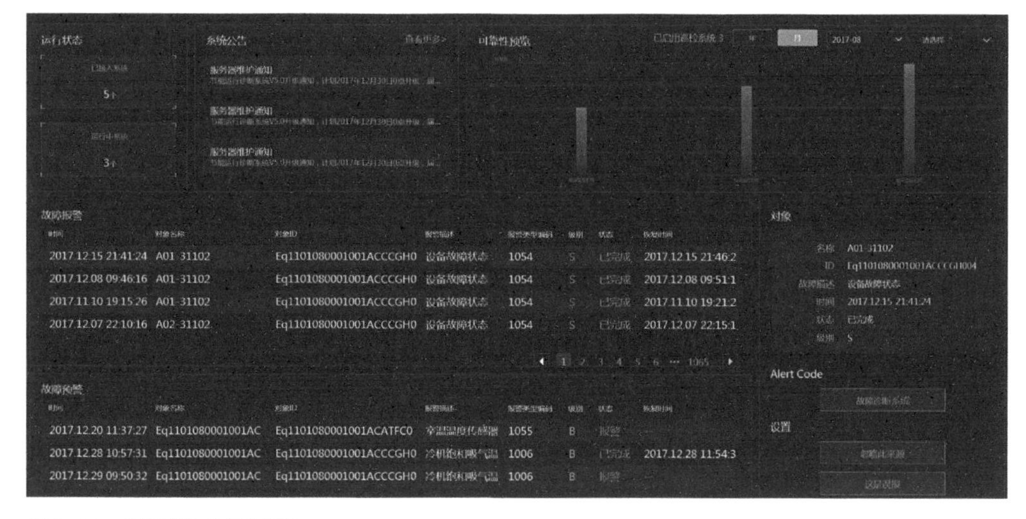

图10–38　故障模块报警控制台

10.3.3　实施应用

1. 工单自动巡检

慧云盈智能工单系统巡视模块，可以更加快速便捷地建立巡检计划，也可随时对计划进行修改。同时可以高效快速地对已经完成的巡检任务进行复盘。

（1）巡检SOP提前录入。在“标准操作知识库”板块点击新建（图10–39），在录入页面填写知识库名称、步骤内容等信息。详细信息中可填写前提、操作内容、需记录的操作结果、注意事项、专业限制。

点击“下一步”可以对此条标准操作知识设定专业、所需工具、适用范围等，并可为知识库附加资料连接（图10–40）。

标准操作知识发布后，可在列表页集中查找或维护（图10–41）。

（2）建立巡检计划。建立计划时，需要先填写计划名称、工单类型、紧急程度、计划频次、每次工单开始和结束时间、工单提前发送时间等基础信息。在填写计划中的工作事项时，可直接引用前期已录入的巡检SOP，快捷添加计划内的工作内容（图10–42）。

点击“下一步”即可发布计划前对所引用的SOP内步骤内容进行预览确认（图10–43）。

成功建立后，即会按照所设定的频次和时间在响应时间自动发出工单。管理人员可在计划首页对进度和所发工单的当前状态进行集中监控（图10–44）。

图10-39　慧云盈智能工单系统巡视模块一

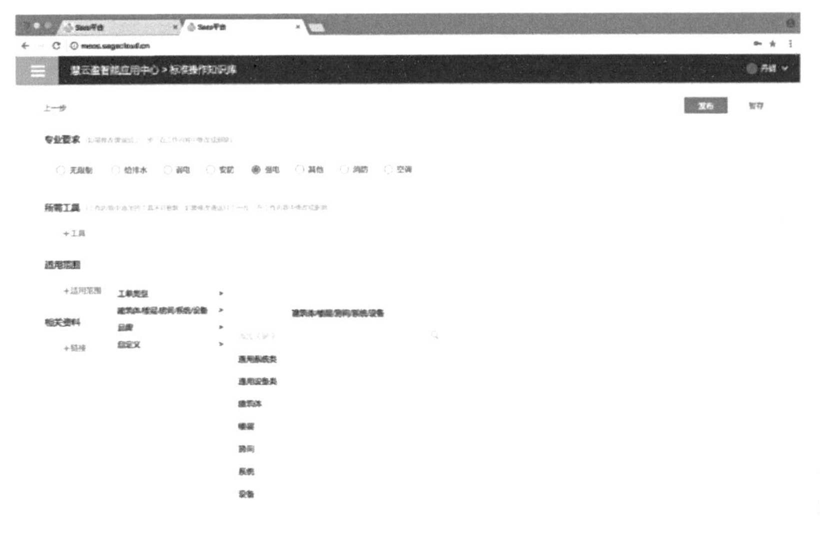

图10-40　慧云盈智能工单系统巡视模块二

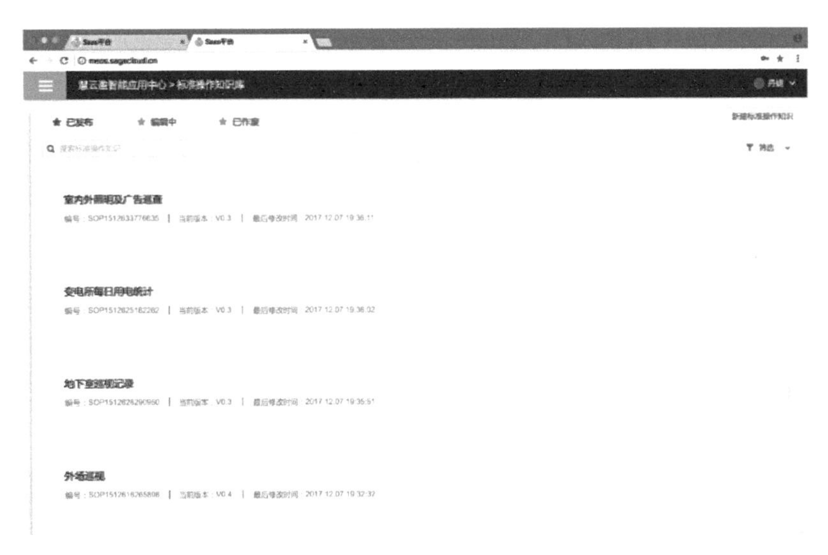

图10-41　慧云盈智能工单系统

图10-42　慧云盈智能计划监控一

图10-43　慧云盈智能计划监控二

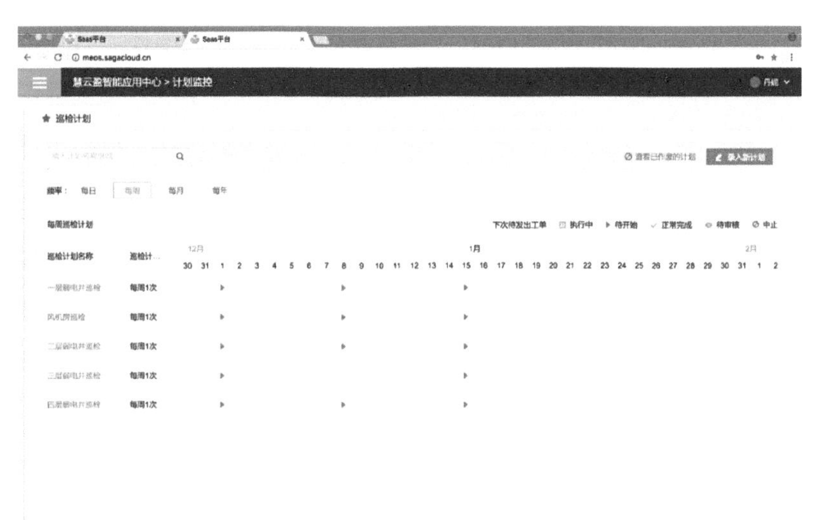

图10-44　慧云盈智能计划监控 三

图10-45　慧云盈智能人工巡检一

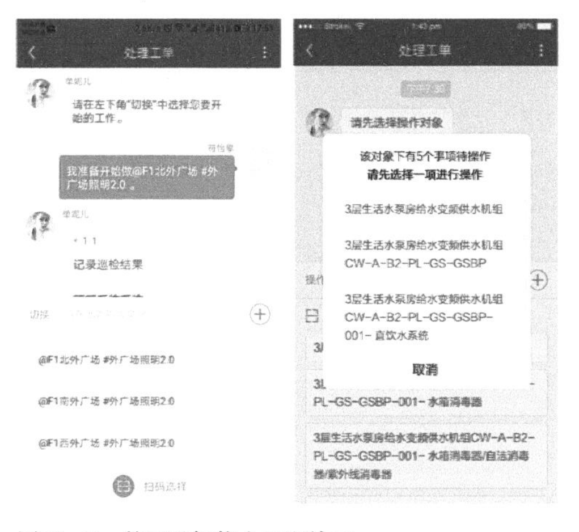

图10-46　慧云盈智能人工巡检二

图10-47　慧云盈智能处理工单功能

（3）使用APP人工巡检。计划内巡检工单会自动发到工程师APP中，接单后即可进行操作（图10–45）。

工程师可直接通过扫码确定巡检对象，避免巡检设备过多时反复查找花费时间（图10–46）。

在执行页面，会有“私人助理”根据计划设定的工作内容智能识别工程师在当前阶段需要做的事项，并给予提示，帮助操作者快速标准化操作（图10–47）。

2. 维保与工单管理

慧云盈智能应用中心针对工程部门的整个工作流程，提供一套Web端和移动端相结合的维保和工单管理系统。应用中心提供了提前录入维保计划到达计划时间自动发送工单的功能，管理员可在年初或月初，制定项目维保计划，并可以随时调整计划时间和内容。工程师通过移动APP提前一天收到带有SOP维保的工单，工人仅需按照SOP中的标准工作要求逐步完成工作内容即可。

功能描述。管理员通过网页端录入年度、季度、月度维保计划；录入过程中可以选择工单的紧急程度、工单提前发送时间、计划的频率、预设计划生效时间和结束时间等信息，在工作事项的描述中可以直接调取已经录入的系统、设备及标准工作流程（SOP）（图10–48）。

计划录入并发布后可以通过计划监控页面查看已经录入的计划执行时间（图10–49）。

图10–48　慧云盈智能维修与工单管理功能一

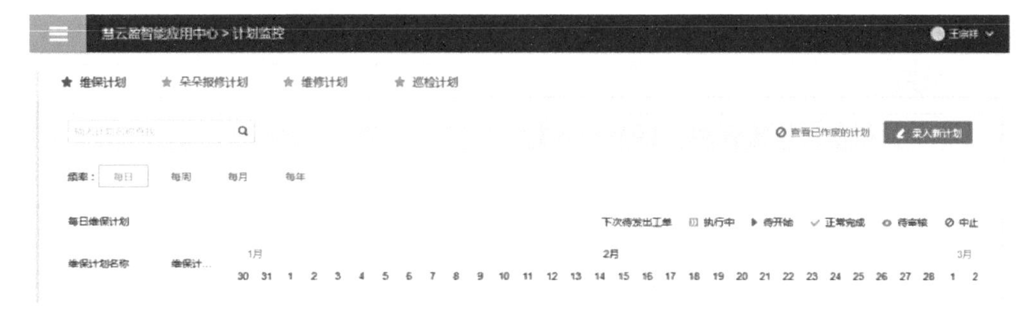

图10–49　慧云盈智能维修与工单管理功能二

计划时间到达后，发送维保工单到工单APP，工人在工单任务—待接单模块内查看该工单的内容，决定接单或者忽略此工单（图10–50）。

图10–50　慧云盈智能维修与工单管理功能三

图10–51　慧云盈智能维修与工单管理功能四

工人接单成功后，在工单任务——进行中模块内，查看已接单的工单内容，按要求执行工单内容，提交并结束工单（图10–51）。

工单完成后工人可以在我的工单记录中查看自己账户下的所有工单记录（图10–52）。

图10–52　慧云盈智能维修与工单管理功能五

3. 快捷微信报修

微信扫码即可实现报修，省去了打电话、找工人等中间环节，直接将故障问题反馈给工人。

功能描述

第一，微信报修流程图，见图10–53。

第二，详细操作方式。首先，扫描现场的二维码，如果没有关注“朵朵报修”公众号，则需要关注公众号。点击报修我要报修，报修地点自动定位为二维码所在的空间位置，如需更改，可以手动点击选择（图10–54）。

图10–53　维修保修流程图

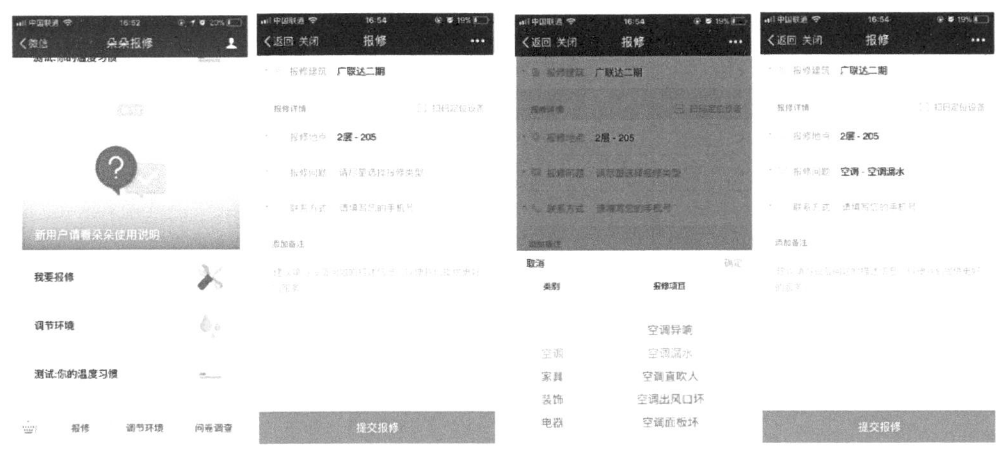

图10-54　维修保修流程图　　　　图10-55　维修报修界面

选择报修问题，内置大量真实的报修问题，基本覆盖大部分日常工作。添加联系方式，便于工人与用户及时沟通，之后就可以提交工单。工人接单后将迅速赶到现场处理问题。问题处理后，报修人可以对工人的工作进行评价，评价将影响工人的积分与收益（图10–55）。

4．SOP

标准操作知识库和SOP的建立，能够有效提高现场工作标准化程度，降低技术门槛。标准化的工作流程可以高效指导现场工作的顺利开展，让经验较少的工人也可以根据提示，做出最合理的操作。同时，通过激励手段，鼓励经验丰富的工人将自己的经验注入知识库，不断完善和丰富知识库，让系统变得更加智能（图10–56、图10–57）。

图10–56　标准操作知识库的建立一

图10-57　标准操作知识库的建立二

5. 资产管理

慧云盈智能应用中心为业主提供全面便捷的资产管理模块，业主可以将原有的纸质资产档案录入应用中心，实现线下线上同步管理，线上资产管理是未来资产管理工作势不可挡的趋势，慧云盈智能应用中心的资产管理提供了很好的解决方案，业主可以实时查看所有设备的历史维修、维保、巡检记录，同时可以实时查看当前时刻设备的维修、巡检及运行状态，让静态的资产动起来。

功能描述。根据确定的设备编码体系，建立设备台账信息库，包括设备本地编码、设备本地名称、设备型号、安装位置、供应商等静态信息，以及设备维修维保状态记录的动态信息，实现业主对资产进行方便的动态管理（图10-58）。

设备详情页面，自动生成设备二维码，实现在设备现场，只要打开手机扫一扫

慧云盈智能应用中心 > 设备管理

全部设备
本周新添加 2

所属建筑：全部　广联达信息大厦
所属专业：全部　给排水　弱电　安防　强电　其他　消防　空调
所属系统：全部　空调机组系统　新风机组系统　风机盘管系统　中央供冷系统　厨房排烟系统　通风系统
设备状态：运行中　已报废

0
当前维修中

0
当前维保中

0
即将报废

当前选项下设备共计：14 个

设备本地编码	设备本地名称	设备型号	安装位置	供应商	录入时间
8000	地源热泵机组	--	广联达信息大厦	--	2018.01.02 17:49
eq10290	4号地源侧循环泵	TP100-390/2A-F-...	广联达信息大厦-B2层-B2-14空调...	蓝格赛节能（北京...	2017.11.29 14:29
eq10289	3号地源侧循环泵	TP100-390/2A-F-...	广联达信息大厦-B2层-B2-14空调	蓝格赛节能（北京...	2017.11.29 14:29
eq10288	2号地源侧循环泵	KL150-315	广联达信息大厦-B2层-B2-14空调	--	2017.11.29 14:29
eq10287	1号地源侧循环泵	KL150-315	广联达信息大厦-B2层-B2-14空调	--	2017.11.29 14:29
eq10280	3号单螺杆式水源热泵机组	WPS240.2C	广联达信息大厦-B2层-B2-14空调...	麦克维尔	2017.11.29 14:29
eq10279	2号单螺杆式水源热泵机组	WPS240.2C	广联达信息大厦-B2层-B2-14空调	麦克维尔	2017.11.29 14:29
eq10278	1号单螺杆式水源热泵机组	WPS240.2C	广联达信息大厦-B2层-B2-14空调...	麦克维尔	2017.11.29 14:29
eq10296	2号内区循环泵	80KDL50-17.5*2	广联达信息大厦-B2层-B2-14空调	--	2017.11.29 14:29
eq10295	1号内区循环泵	80KDL50-17.5*2	广联达信息大厦-B2层-B2-14空调...	--	2017.11.29 14:29

图10-58　慧云智能应用中心的设备管理功能一

图10-59　慧云智能应用中心的设备管理功能二

就能随时查看设备的名称、本地编码、安装位置、所属系统等基础信息以及更专业一点的设备技术参数信息，同时还可以查看该设备的历史工单记录以及当前正在执行的工单状态（图10-59）。

10.4　某大学智慧园区运维案例分析

10.4.1　项目概况

近年来，某大学校园年用能量超过5万t标准煤，被列为全国在京万家重点用能单位和北京市57家重点用能单位之一。按照国家和地方要求，“十三五”末，学校用能总量不能超过7.3万t，用能强度在现有水平上降低10%。而另一方面，学校学科的迅速发展和办学条件改善的现实需求又导致能源需求仍在不断增长。在这样的形势下，减少能源浪费、提高能源使用效率、培养师生员工良好用能习惯，已成为了保障该校基本办学用能的一项重要工作，而建设能源综合管理平台，则是顺利完成这项工作的必要条件。

建设智慧校园运维平台是减少用能浪费的基本条件。要减少能源浪费，首先要明确浪费发生于何时、何地、何人、何种设备设施、其正常用能水平。然而在现有条件下，这些信息分散在不同部门，信息统计与否、统计口径、时效性、准确性都得不到保障，无法满足发现用能浪费的基本条件。建设统一的能源信息平台是解决上述问题的根本途径。经验表明，通过建设能源综合管理平台，实现对用能信息跨部门、及时、有效的收集整合，能够有效发现用能浪费，节约至少3%的用能量，对降低办学成本，改善基本办学条件具有十分积极的意义。

建设智慧校园运维平台是提高能源使用效率的必要基础。提高建筑和设备的能源使用效率需要使用者以大量的运行数据为基础，结合运行条件等因素，全面分析并及时调整建筑和设备的使用参数或开展节能改造，以达到经济运行的目标。这项工作对使用者专业性要求较高，所需的数据量大，时间跨度很长，在现有的条件下，受限于人力成本、技术水平、运行经费，往往难以实现。在这种情况下，建设智慧校园运维平台，利用信息技术收集和分析用能情况，是提高能源使用效率的必要基础。

建设智慧校园运维平台是培养师生员工良好用能习惯的必要条件。用能者的节约意识和用能习惯是用能水平的决定性因素，拥有良好节约意识和习惯的用能者，不但会主动减少浪费、提高能源使用效率，还会积极寻求进一步节约的机会。培养良好的节约意识和习惯，需要对用能者进行教育和约束。而实施教育和约束是建立在对用能者用能行为的长期观察分析的基础之上，需要长期大量的用能信息积累，仅通过人力难以实现，同样离不开信息化的管理手段。

综上所述，节约能源是改善基础办学条件的重要工作，而在用能需求和用能条件日趋多样的今天，强化用能管理已成为节能的首要任务。用能管理是一项跨部门、综合性、持续性的复杂工作，当前的管理方式和手段已无法有效满足其需求，以智慧校园运维平台为代表的信息化、数字化运维技术已成为节能工作的基本工具和基础支撑。基于上述认识，特建设校园自有的智慧园区新模式。

10.4.2 技术方案

1. 数字化运维在校园的主要工作思路和设想

智慧校园运维平台围绕《校园用能管理办法》开展设计，平台的主要功能要为实现校园实际管理需求的分级综合管理、用能成本分担、考核激励措施和节约教育宣传奠定基础。

（1）在基础功能层面，构建面向建筑和各核算单位的水、暖、电计量系统，在校级层面实现分散系统的集中管理，为物业后勤成本分担机制和节约奖励、内部审核、信息公示等激励机制提供信息基础；

（2）在可持续管理层面，智慧校园平台以建筑信息模型为基础，完成用能信息与人、设备、空间、建筑等用能要素的深度整合，实现跨部门的综合管理，有效帮助用能者开展用能管理，发现节能潜力。按照先基础后深化的原则，平台的可扩展性也为用能者投资开展深度建设、实施用能控制和能耗模拟留下接口；

（3）在延伸应用层面，按照国家和地方相关政策要求，实现平台对能源计量器具的交叉校准，同时为能源收费提供辅助工具；通过平台与GIS系统的对接，为房屋和设备管理、基础设施和市政规划等用能要素和环节提供信息系统基础；提供校级、二级单位和个人三个层次的用能管理界面，实现用能信息的展示，为开展节能培训、对外宣传展示、学生开展用能调研分析提供平台。

2. 依托智慧校园平台解决管理问题

首先，通过智慧校园运维平台的建立，运用物联网、互联网、分布式计算等先进的技术手段实现设施、设备的区域性集约化管理，实现节省人力成本、实时能耗分析、监管设备状态、及时故障响应的建设目标，支撑学校未来1～3年业务的快速发展。

其次，通过智慧校园运维平台的建立也将实现全业务统一管理。重点实现对垃圾箱、门锁、路灯、电表、井盖、环境监测设备等业务的全流程、全环节的动态跟踪和时效管理。

最终，将构建数据归集模块，实现对各业务来源数据的统一管理。系统提供统一的数据服务，将各渠道的数据进行归集处理，实现数据规范化使用和管理。

10.4.3 实施应用

1. 智慧校园平台系统架构

校园智慧校园平台通过BIM+GIS技术对建筑及机电设备管网信息进行三维模型建立，以BIM底层数据平台为支撑载体，以能源综合管理平台为前端业务应用窗口，通过统一API接口实现建筑、设备设施、能耗等数据的集成、分析与管理，促进了建筑、能源、设备、人员的信息传递，实现了建筑、设施设备、管网全寿命期的综合管理，实现了校园各级组织结构间的工作流程管理，实现了二级单位间的综合考核管理（图10-60）。

2. 基于BIM的校级能源可视化系统

基于BIM的校级能源管理可视化管理平台，能够实时监测校园水管网和热管网的GIS测绘数据、相关BIM模型、管网数据、能耗数据及设备台账信息，将校园内各个建筑及全校设备设施信息、能耗状态完整投影到该平台中，实现数据与模型的结合互动（图10-61）。该平台能够辅助物业部门进行全校管网的水平衡测试，及时发现跑冒滴漏的设备或管道，减少水资源浪费。同时通过热管网的冷热量数据

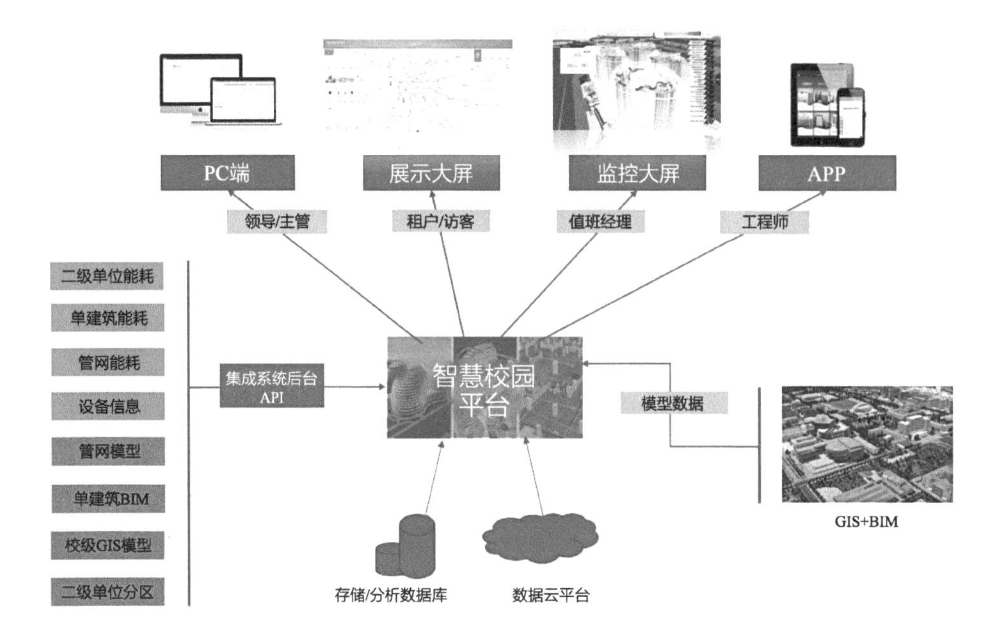

图10-60　某大学智慧校园平台架构

图10-61　某大学智慧校园平台演示图

的监测和上下级逻辑的判断，能够计算热管网的热损率及实现数据平衡校核，支持维修人员对隐蔽工程的可视化管理，降低维护难度和成本。

3. 二级单位能源管理系统

二级单位能源管理平台将学校消耗的电、水、冷、热等能耗数据进行在线实时采集，满足了全校园建筑能耗监测与分项计量的要求，为建设节约型校园提供数据支持。二级能源平台具有能耗实时监测、能耗数据统计、能耗定额管理、能耗报警等功能，与BIM数据平台相结合，可对各二级单位能耗数据制定考核指标，实现建筑能耗对标及排名公示，促进智慧校园的节能监管体系、制度、标准、流程等建设，最终实现构建绿色大学、智慧校园的目标。

图10-62　能源及设备设施管理APP界面

4. 能源及设备设施管理APP

学校的日常能源管理及设备设施管理中，移动能源管理扮演着重要的角色，移动端将设备设施资产管理和维修管理工作紧密联系起来，将设备管理、巡检管理、维保管理、报修管理等集成在一个数据充分共享的信息系统中。运维人员可以通过APP执行设备巡检、设备维保、设备维修及能耗工单等工作，缩短服务响应时间。管理人员也可通过APP远程分配工单，在线检查运维人员工作，随时了解运维人员工单执行情况以及设备运行情况，如图10-62所示。

5. 数字化运维服务

为了使智慧校园平台发挥最大的价值，需为校园定制数字化运维服务方案，服务方式主要包含基于计算机的诊断服务、远程技术服务、现场专家服务。运维专家以三维可视化的管理方式，在线监测全校能源管理使用状况，结合BIM模型的建筑信息和设备设施信息，制订用能定额标准，对校园总能耗和二级单位能耗数据进行跟踪管理、深入分析，及时发现全校能源管理问题，提出改进建议，评估节能潜力，有效帮助校园运维管理人员精细化管理能源，促进绿色校园发展。具体服务内容和频次如表10-4所示。

数字化运维服务内容　　表10-4

服务类别	服务内容	实施频次
基于计算机化诊断的节能服务内容	日常运行管理诊断服务	每周1次
	节能诊断报告服务	每周1次
	节能改造效果评估服务	视项目需求
远程技术服务	数据分析报告	每月1次
	端对端的项目专家服务	每月1次
	节能量核算	不定期
	功率负荷分析服务	视项目需求
	空调系统故障在线诊断及远程协助服务	视项目需求

续表

服务类别	服务内容	实施频次
现场专家服务	配电系统与用电安全分析服务	半年1次
	室内环境服务品质评估服务	半年1次
	设备系统选型数据分析支撑服务	视项目需求
	半年度现场综合节能诊断服务	半年1次
	暖通空调系统现场技术服务	冬夏季各一次

10.5 深圳嘉里中心II期运维案例分析

10.5.1 项目概况

深圳嘉里中心Ⅱ期位于深圳市福田中心区，是由嘉里置业（深圳）有限公司投资的超高层商业建筑，于2009年7月开工，2011年11月竣工。工程占地面积7900.80m^2，总建筑面积102948.54m^2。地下3层、地上41层，地上总高度195.6m。地下三层为人防地下室、平战结合，地下二层与地下一层为车库及设备用房；地上一层、夹层、二层为商业用房；地上三层至四十一层为高档办公楼。中建三局一公司作为工程的总承包商，用Autodesk Revit建立了该工程的完整竣工模型，并与清华大学合作研发了基于BIM的机电设备智能管理系统（BIM-FIM），从而在竣工时将建筑实体与完整的竣工BIM模型及载入该模型的BIM-FIM系统一同交付给业主，实现了数字化集成交付与智能辅助运维管理。

10.5.2 技术方案

1. 建筑信息系统和设施信息系统

图10-63展示的是BIM-FIM系统的五大主要功能模块。

（1）数字化集成交付：将建筑、结构、机电设备的三维模型及其相关信息导入BIM-FIM系统中，将信息与系统数字化集成交付给业主方。

（2）设备信息管理：为运维人员查询设备信息，修改设备状态，追溯设备历史等需求，提供了方便快捷的查询、编辑和分析工具，以及综合报表功能。

（3）维护维修管理：为运维人员提供机电设备维护管理平台，以提醒业主何种设备应于何时进行何种维护，或何种设备需要更换为何种型号的新设备等。

（4）运维知识库：提供了包括操作规程、培训资料和模拟操作等运维知识，运维人员可根据自己的需要，在遇到运维难题时快速查找和学习。

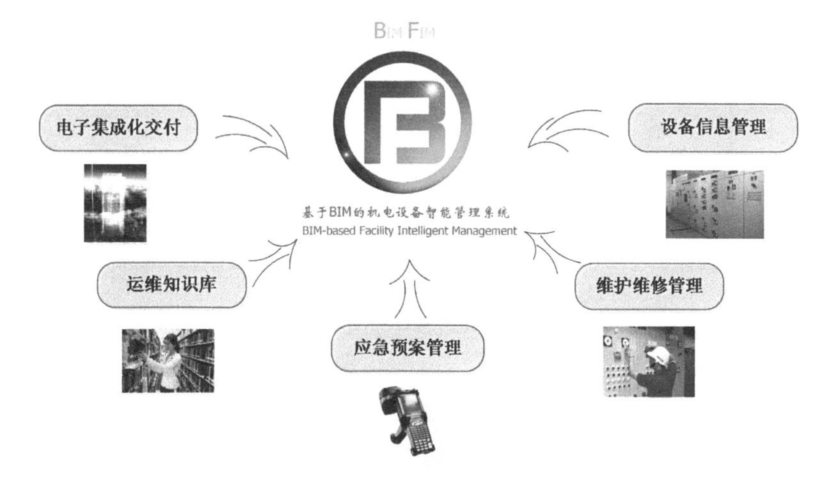

图10-63　深圳嘉里中心Ⅱ期工程BIM-FIM的系统功能模块组成

（5）应急预案管理：为业主方提供设备故障发生后的应急管理平台，省去大量重复的找图纸、对图纸工作。运维人员可快速扫描和查询设备的详细信息、定位故障设备的上下游构件，指导应急管控。该功能还为运维人员提供预案分析，如总阀控制后将影响其他哪些设备，基于知识库智能提示业主应该辅以何种措施等。

2. 运维的三维数字模型的建立

运维信息模型的建立过程基于IFC和COBie两种数据标准模式。使用IFC和COBie作为运维BIM建模工具的典型流程是：1）在施工阶段创建竣工BIM模型并将其转化为IFC格式；2）将运维管理人员所需的信息从IFC文件中提取到基于COBie的电子表格中；3）将电子表格导入维护管理系统以辅助设备管理。

其中，每个竣工BIM模型包含标准建筑层和其他楼层的十几个子模型。此外，总承包商耗时大约6周来整合所有主要模型，并在BIM-FIM系统中扩展其他工程信息。鉴于数据输入是一项沉重而枯燥的任务。BIM-FIM系统提供了尽可能多的输入数据的方法，例如：1）Excel文件中包含的数据批量导入BIM-FIM数据库。在此过程中，采用COBie数据标准来确认并添加一些缺失的信息和文件，例如供应商特定信息、安装信息和保修信息。2）使用存储在BIM-FIM数据库中的数据并按照逻辑链自动创建技术，建立了链接所有MEP构件的上下游逻辑关系，涵盖了管道、暖通空调、电气和安全设备等系统。3）在运维过程中，运维人员通过友好的人机交互界面输入与管理活动相关的信息。需要强调的是，该BIM模型及相应的一整套数据库，也是建筑物的永久资产，同时运行维护阶段为智能化、自动化运维管理提供了支持。图10-64给出了详细的运维BIM建模过程。

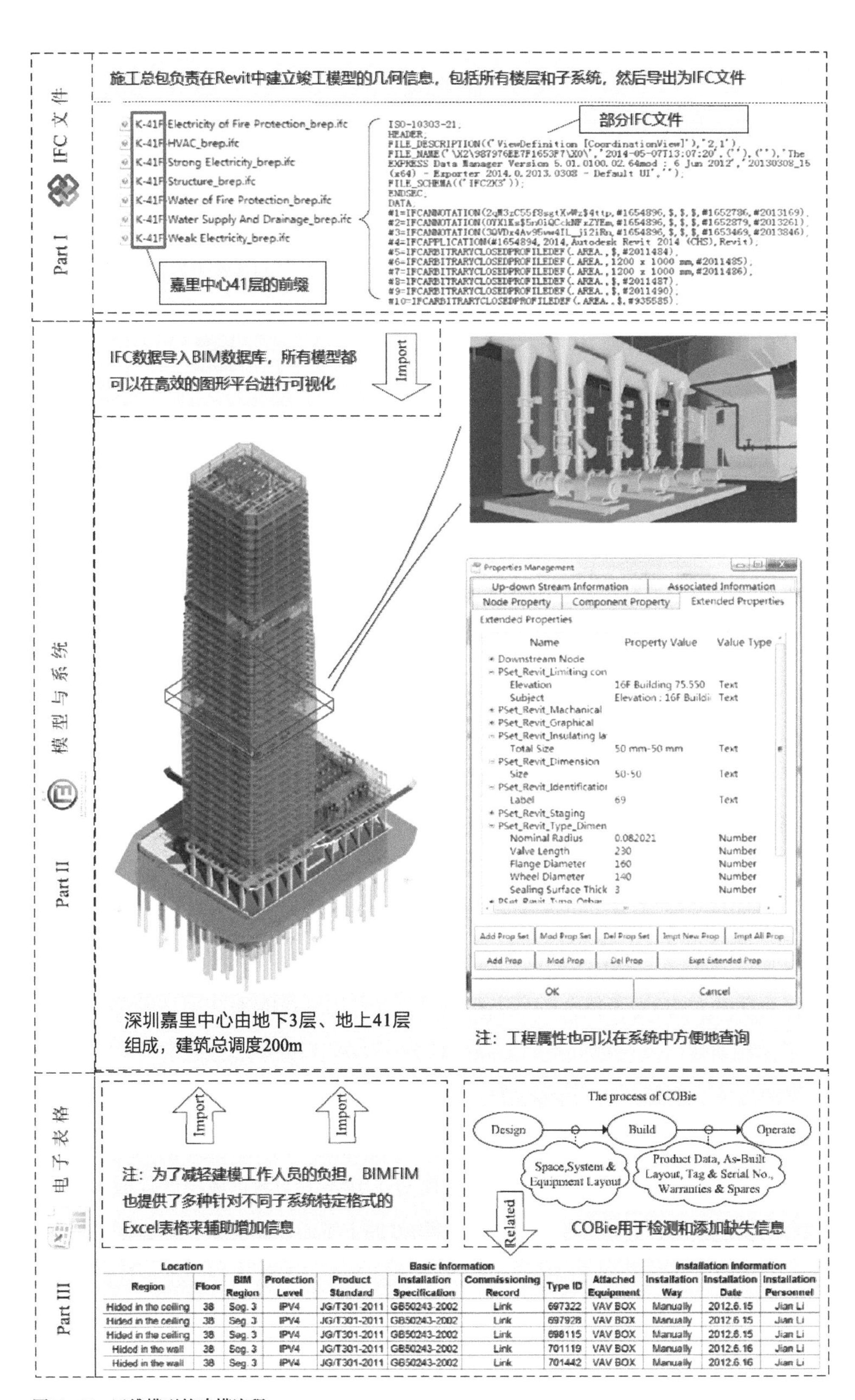

Location		Basic Information							Installation Information		
Region	Floor	BIM Region	Protection Level	Product Standard	Installation Specification	Commissioning Record	Type ID	Attached Equipment	Installation Way	Installation Date	Installation Personnel
Hided in the ceiling	38	Seg. 3	IPV4	JG/T301-2011	GB50243-2002	Link	697322	VAV BOX	Manually	2012.6.15	Jian Li
Hided in the ceiling	38	Seg. 3	IPV4	JG/T301-2011	GB50243-2002	Link	697928	VAV BOX	Manually	2012.6.15	Jian Li
Hided in the ceiling	38	Seg. 3	IPV4	JG/T301-2011	GB50243-2002	Link	698115	VAV BOX	Manually	2012.6.15	Jian Li
Hided in the wall	38	Seg. 3	IPV4	JG/T301-2011	GB50243-2002	Link	701119	VAV BOX	Manually	2012.6.16	Jian Li
Hided in the wall	38	Seg. 3	IPV4	JG/T301-2011	GB50243-2002	Link	701442	VAV BOX	Manually	2012.6.16	Jian Li

图10-64 运维模型的建模流程

10.5.3 实施应用

1. 日常运维管理

（1）项目概况与模型浏览。通过可视化图形平台，运维人员可直观、快捷浏览建筑及其内机电设备的总体概况、平立面及三维空间中的分布，以及隐蔽工程情况等，如图10-65所示。

（2）机电设备维护与维修管理。维护维修管理为机电设备管理人员提供了日常的管理功能，这些功能包括：维护计划将提醒运维人员进行日常维护的区域和工作程序，并在维护工作后，辅助录入维护日志；物业人员根据报修项目进行维修，并可查询备品库中该构件的备品数量，提醒采购人员制定采购计划；维修完成后，辅助录入维修日志；便携式终端不仅可以事先规划路线，还可以在巡视过程中辅助工作人员，如图10-66所示。

（3）信息查询与统计分析。BIM-FIM系统中的所有信息都形成一个闭合的信息环供快速信息查询：与特定设备有关的工程信息可以通过客户端/服务器（C/S）应用程序中特定设备的属性对话框获得，或者在识别设备时通过便携式终端读取属性界面。这些信息包括图纸文件、附件、维护计划、操作和维护手册，如图10-67左侧所示。系统中存储和管理着海量的运维信息，而统计分析功能则可以让运维人员快速获取有用的和关键的信息，以及根据直观图表，了解到各个系统或各个构件当前的运行状况。这些统计数据使运维人员能够快速掌握所有机电设备子系统的工程属性和运行状态，从而快速检查并响应其运行状态的变化。例如，图10-68右图

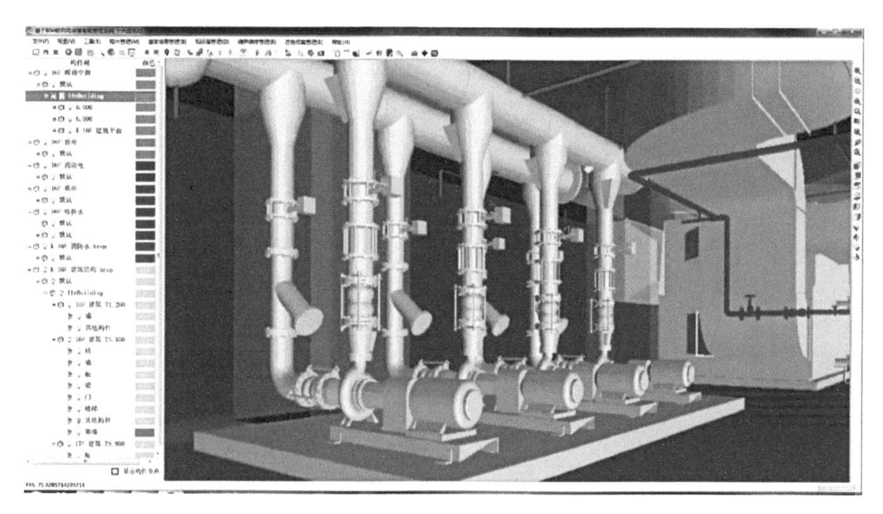

图10-65 运维的可视化平台

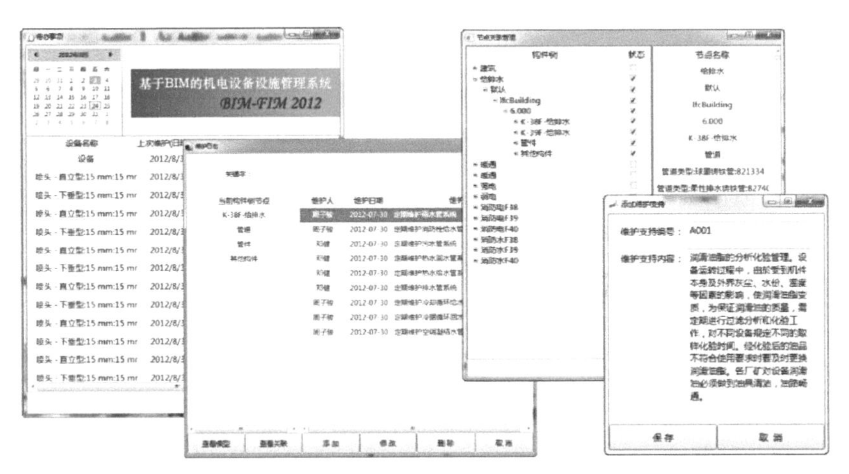

图10-66　维护维修管理对话框

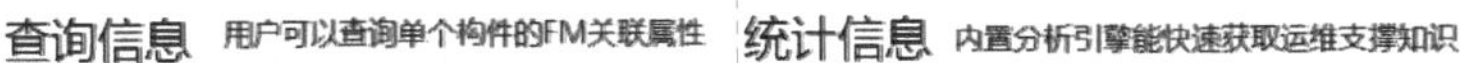

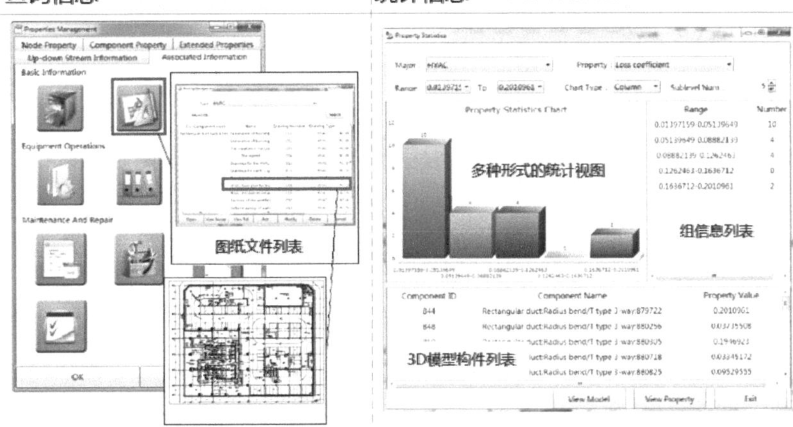

图10-67　各项运维属性查询与统计界面

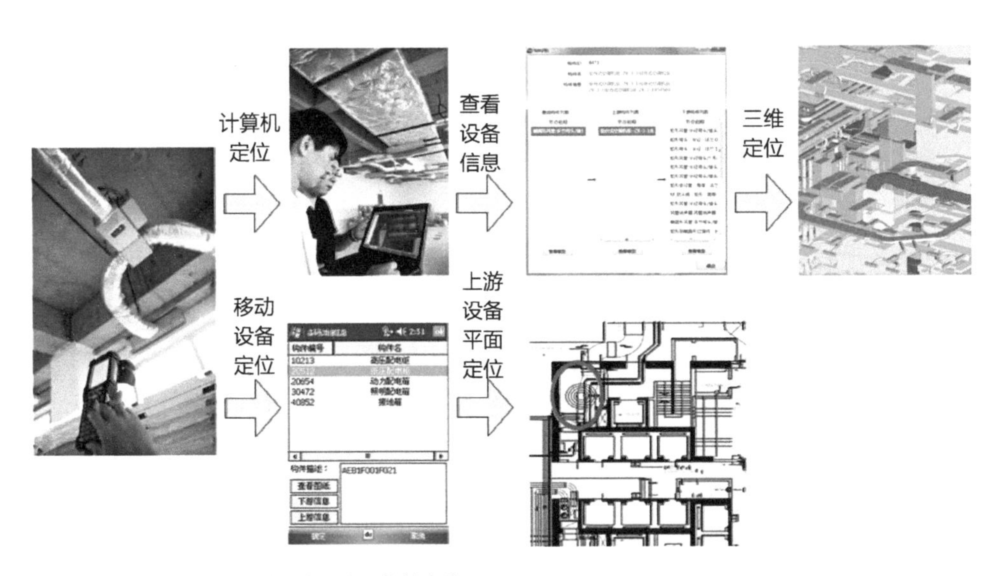

图10-68　电脑客户端及手持设备的应急构件定位

显示了一楼所有HVAC系统的损失系数的统计结果，提供了用于集中调节HVAC系统的数据。

（4）设备识别。在本项目中，通过将二维码和RFID标签贴设备上进行识别。其中，对于不同子系统的设备，标签中的QR码具有不同的背景颜色，通过扫描QR码可以使运维管理人员访问相关信息。例如，获取设备参数帮助维修人员找到并更换故障部件，可以提高维修工作的效率。同时，实时访问远程存储的相关信息，包括设备安装和维护手册、设备大样图、设备参数等，实现运维知识数字化。

2. 应急管理

当运维过程中出现紧急情况时，运维管理人员可通过扫描二维码获取问题构件或设备的关键信息、详细信息及其上下游信息，并通过定位上游构件进行紧急处理。同时系统还将自动分析对上游构件处理后，将会影响到哪些范围内的哪些设备，提前获知影响范围并通知相关人员提前做好准备。

在方便携带便携式电脑的现场，运维人员可以通过二维码扫描枪实现在BIM系统环境中进行三维定位，以更精确更直观地定位设备以及其上下游设备的位置，从而辅助现场操作人员更加方便和准确地处理紧急事件。运维人员也可以携带智能手机，通过扫描二维码进行楼层平面定位。具体的操作流程如图10–69所示。

10.6 昆明长水国际机场航站楼运维案例分析

10.6.1 项目概况

昆明长水国际机场航站楼位于云南省昆明市官渡区长水村，总建筑面积约435400m^2，是中国最大的单体建筑之一，由地上4层和地下3层组成，项目总投资230亿元。2008年12月动土开工至2012年6月交给云南机场集团有限责任公司运营管理，历时3年半。

本项目的业主昆明长水国际机场建设办公室采用BIM协助施工和运维，希望通过BIM应用平台收集一个组织良好的工程数据模型，辅助投入运营后的日常管理，提高管理效率。因此，机电设备项目总承包北京城建集团与清华大学土木工程系负责本项目的BIM系统研发与应用工作。双方共同组建BIM团队，面向施工和运维两个阶段，建立了多尺度信息模型，研发了面向施工和运维的两个BIM管理系统，并提供了系统的软件应用培训。目前，通过前后两期的研发，该基于BIM的昆明机场运维管理系统仍在持续运行。

10.6.2 技术方案

1. 多尺度信息模型的建立

为满足该项目施工和运维过程对宏观和微观管理的需求，项目组建立了相应的多尺度信息模型，包括面向施工过程的3个宏观CM（施工管理）模型、2个概要CM模型、6个微观CM模型，以及面向运维过程的3个宏观FM（运维管理）模型和5个微观FM模型。多尺度信息模型的组成及其信息流如图10–69所示。

本项目的BIM应用贯穿施工和运维过程。图10–70显示了本案例应用中的整体系统架构，包括4D–BIM_MEP系统（面向施工管理）、BIM–FIM_MEP系统（面向运维管理）和统一的服务器，为不同管理角色提供了不同形式的视图，实现了不同层次的功能，满足了各参与方的需求。其中，BIM–FIM_MEP系统的信息继承于

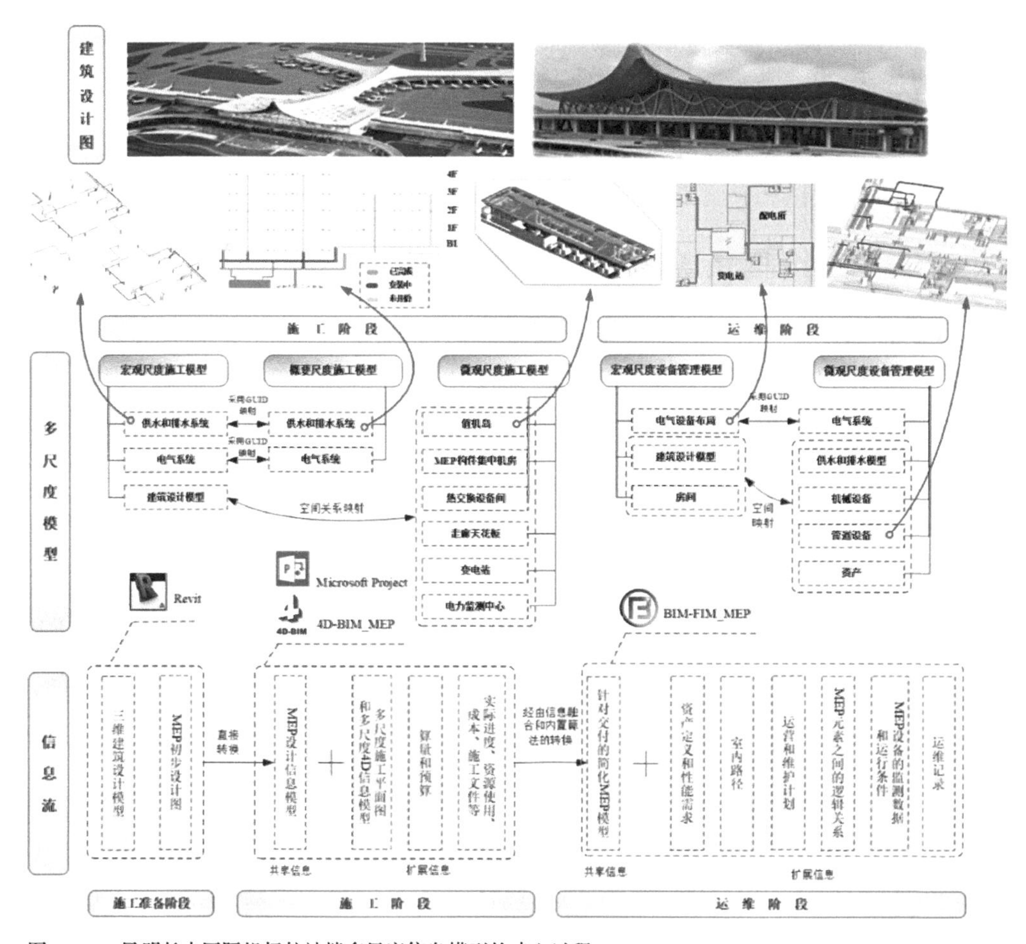

图10–69 昆明长水国际机场航站楼多尺度信息模型的建立过程

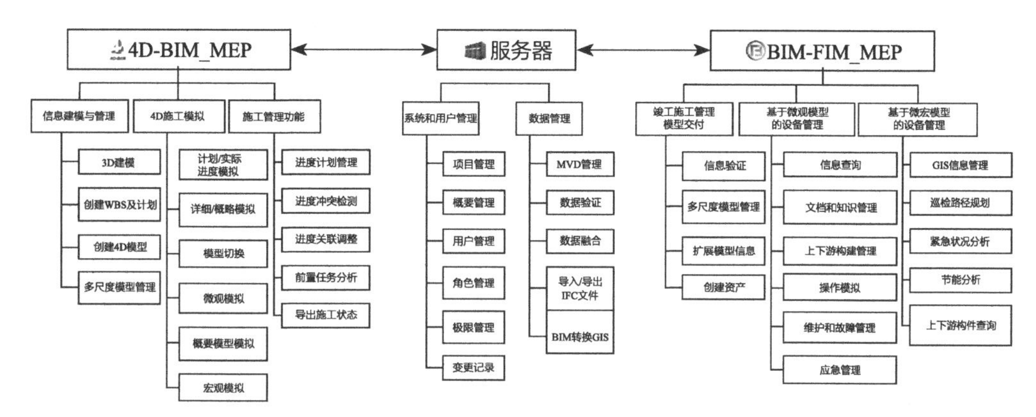

图10–70　昆明长水国际机场航站楼BIM管理系统架构图

4D–BIM_MEP系统，其建模过程和信息的流动与施工阶段的交付密不可分。鉴于本书的主题，后续内容将主要讨论BIM–FIM_MEP系统在本项目的应用情况和效果。

2. 多服务器私有云协同环境的搭建

根据施工过程的实际需要，基于多服务器私有云协同环境的架构，为建设单位、机电总包、弱电分包、行李分包、BIM咨询团队和运维单位搭建了各自的服务器集群。表10–5展示了每个群集的节点数量，每个节点都具有40GB项目硬盘空间，2G RAM和两个CPU线程的Linux虚拟机。

多参与方的数据分布　　表10–5

节点名称	数据节点数	存储的工程信息	数据量（GB）
建设单位节点	5	所有设计和施工信息	98.3
机电总包节点	5	给水排水、电力照明等系统的设计和施工信息；值机岛、罗盘箱、走廊吊顶的设计和施工信息；开闭站等给水排水、电力系统设备机房的设计和施工信息	82.1
弱电分包节点	3	值机岛、罗盘箱、走廊吊顶的设计和施工信息；电力监控中心等智能建筑机房设计和施工信息	8.5
行李分包节点	3	值机岛的设计和施工信息	3.5
咨询团队节点	5	所有设计信息；室内排水系统和值机岛、罗盘箱的施工信息模型、F1 层房间和电力照明系统的运营管理信息	53.4
运维单位节点	10	所有设计、施工和运维信息	131.5

项目组研发了一个BIM信息集成系统（BIMIIP），以实现多服务器私有云协同环境下的BIM信息集成与共享。在BIMIIP系统安装和部署完成后，每个服务器上的IFC数据库都是通过输入IFC架构，各参与方的MVD（模型视图定义）文件和服务器名称

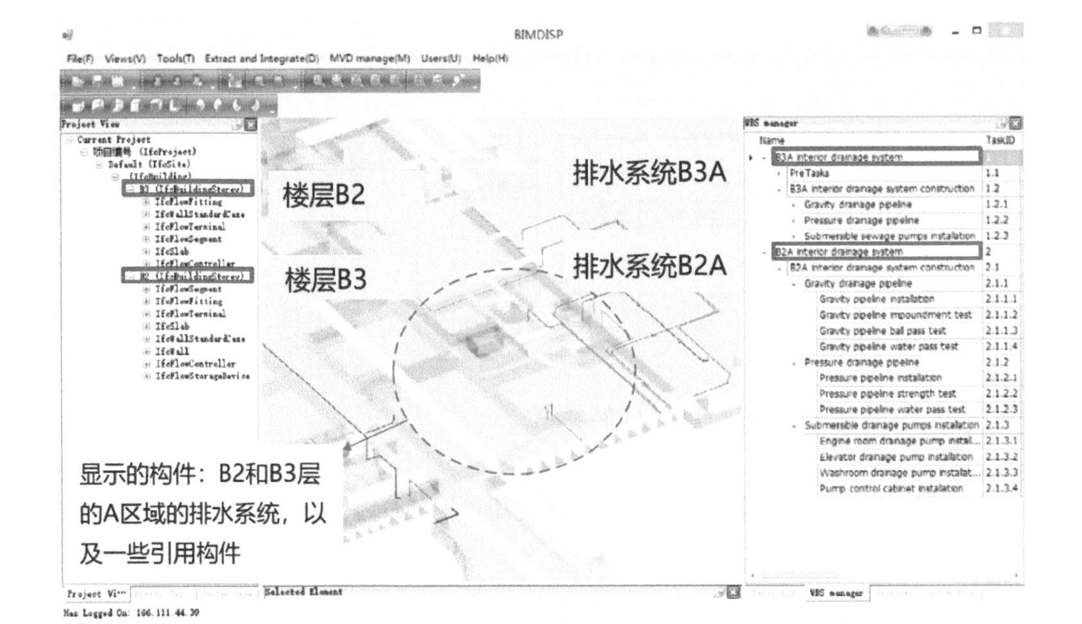

图10-71　BIMIIP系统的信息获取界面

自动创建的。其中，MVD是IFC标准体系架构下的一部分，本项目根据各方数据要求开发了一个半自动化的MVD定义工具辅助进行信息交换。在数据分发过程中，云控制器为所有共享数据建立索引。数据分发过程完成后，各方在自己的服务器上获取所需的数据。例如业主、机电总包、运维管理部门都拥有一百万以上的共享实体和两百万以上的外部实体。一方服务器中的数据可以按照所有权归入该方拥有的内部数据和其他人共享的外部数据，而在内部数据中，只有共享部分被索引。

本项目在私有云环境下进行了跨区数据提取。例如，提取包含B2、B3楼层的A区内部排水系统设计和施工信息模型，所需数据由BIM咨询团队和MEP总承包商共同完成。其过程的核心是定义一个包含从IfcRoot实体继承的79种实体，其中20种是类型实体，24种是关系实体，还有127种来自资源层实体的MVD。图10-71展示了在客户端中的提取结果：即从数据生成器中提取空间结构、进度和其他相关数据等所需组件，并将其作为子模型请求的结果返回到BIMIIP界面中。

10.6.3　实施应用

1. 基于多尺度信息模型的运维管理

（1）宏观FM模型的应用

查询和可视化MEP系统的布局和结构：当管理人员在GIS视图中选择机电设备

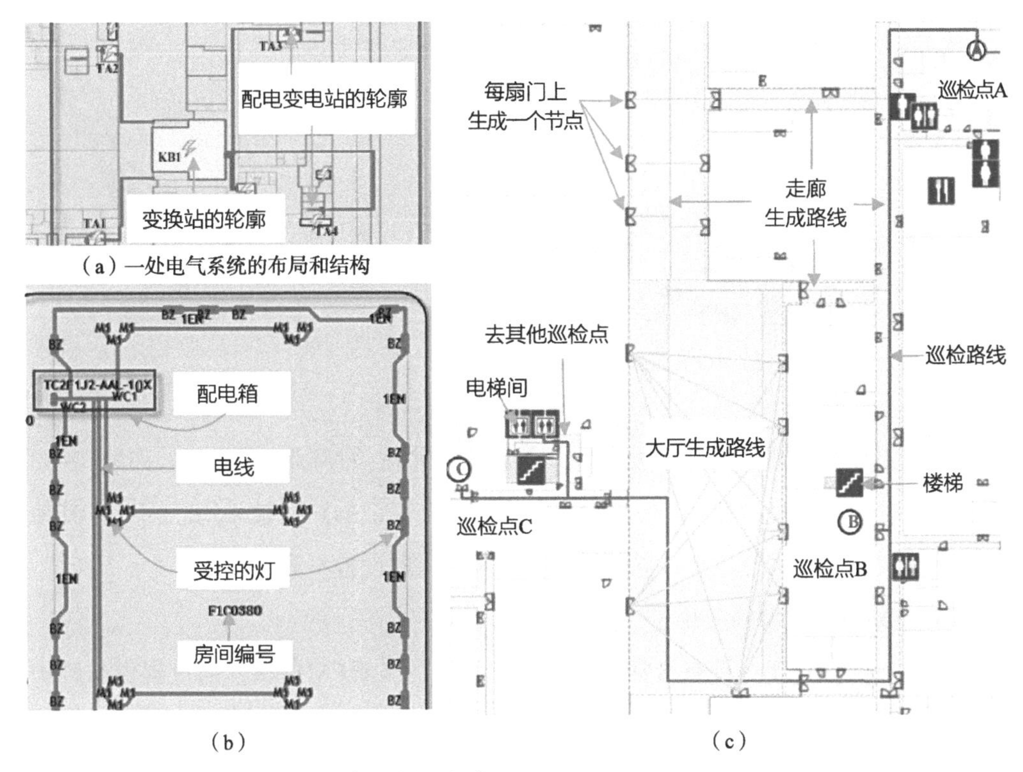

图10-72　房间、室内路径和机电设备系统的可视化

或房间对象时，BIM-FIM_MEP系统将查询其上游和下游设备以及电线或管道路线，并根据嵌入式逻辑链将其有效地显示出来。图10-72（a）展示了电力系统的开闭站KB1及其下游设备的布局和逻辑关系；图10-72（b）展示了房间F1C0380中的照明系统的线路布局。这些布局可有效辅助运维人员制定维护和维修计划，执行维护和维修操作。例如，维修人员在更换F1C0380室的灯时，可通过BIM-FIM_MEP系统查询上下游逻辑，确定TC2F J2-AAL-10X的开关须事先关闭。从设备人员反馈来看，这个功能在大型MEP项目中很有价值，可以保障安全并节约操作时间。

检查路径规划：在宏观FM模型所附加的室内路径信息的基础上，对机电设备系统的布局和逻辑结构进行查询和可视化，可辅助运维人员规划检查路径。特别是，考虑到航站楼室内路径具有严格的权限限制，维护人员使用BIM-FIM_MEP系统来确定执行日常设备检查的最实用和最短路径以提高巡检效率，如图10-72（c）所示。

机电系统节能智能控制：通过结合路径、空间物体和MEP设备之间的关系，基于室内路径中的人流进行分析，可辅助运维节能控制。例如，当几乎没有行人持续

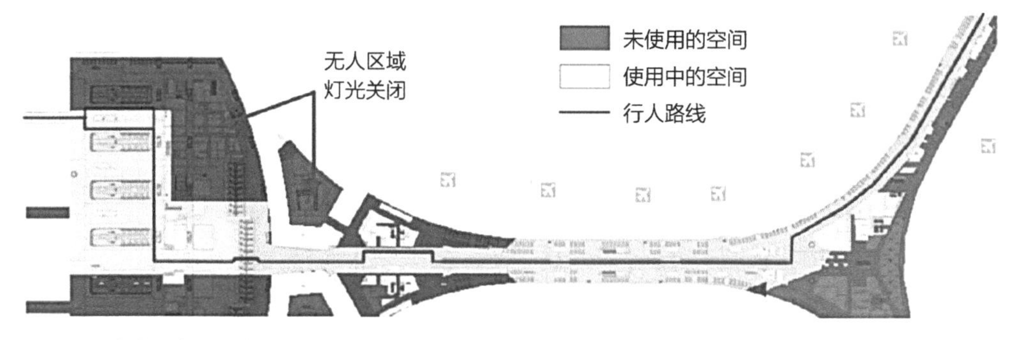

图10-73　考虑室内人流路径的MEP智能控制

通过某条路径时，路上的照明设备和其他设备都将被关掉以节约能源。如图10-73所示，根据航班信息，在13:00～13:50之间，只有标记的路线被采用。因此，其他未经过的走廊和大厅的灯光、空调和热水供应等机电设备不开启。

（2）微观FM模型的应用

维护与维修管理：具有日常维护计划和日志的微观FM模型，通过提供与维护有关的统计数据和备份信息等，协助设备人员提高设备管理人员、工作人员和仓库管理员之间的维护效率和互操作性。运维人员发现设备故障后，将通过BIM-FIM_MEP系统报修，管理人员将马上得到消息并安排合适的维修人员前往现场处理。维修人员可通过扫描二维码获取微观FM模型以及关联的维修手册。维修完成后，将自动生成维修日志并提交到BIM服务器，用于后续数据挖掘与分析。

运行状况分析：通过与建筑自动化系统（BA）的接口继承，可获取设备及管道的运行状况，以直观的三维可视化方式展现出来，辅助进行运行状况分析和预警。

2. 面向基于建筑信息模型运维的数据挖掘技术

数据挖掘技术是人工智能领域的重要组成部分。通过对本项目运维过程产生的BIM数据库进行数据挖掘，探索了人工智能技术与BIM技术结合在智能运维中应用的可行性。其中，运用到了三种数据挖掘技术：聚类、离群点检测和频繁模式分析。

首先读入2281个维护维修记录。在数据仓库读入存储层同时进行必要的初始化之后，每条维护维修记录包含19个属性，将根据挖掘问题的实际需求，向算法提供必要的属性数据。

聚类分析将彼此相似的记录自动分类到同一个组内。例如，从一个高质量的聚类中可以获取信息：一个月时间内，机场B区域中的水泵在晚间进行了很多次的维修。之后，经过管理人员的排查，发现该簇中的水泵均为同一厂家生产，又经实际核实发现，该厂家水泵存在问题，导致其小故障率很高。于是上报设备管理专业部门，对B区域的水泵在晚间使用情况予以注意，并在BIM中进行标记等操作。根据其他高质量簇，还可以进行维修决策、预测和人员材料的部署。

聚类之后，BIM数据库中关联错误的文件由离群点分析进行检测。程序及时检出了66%的不匹配情况，其中前80%不匹配情况的检出率超过了90%，可以认为结果是有效的。在运行检测后，管理人员从离群系数最大的记录开始，从上往下逐个查看原始记录，以确认真实情况，避免误检。

频繁模式概念所列的条件和结果是两个频繁出现且强正相关的事件。表10-6列出一个典型模式。其条件包含三个状态即“时间=早上”“程度=轻微”“备品=不使用”。结果包含两个状态即“构件类型=水泵”“上游构件=无历史记录”。在这里，运维管理人员可以获取的信息是，若水泵需要维护维修，则操作经常在早上进行。这个信息可以作预测用，因为水泵的故障经常发生在早上，那么决策者可以适当在早上增加水泵工作人员的劳动力，同时减少其他时段的人员数量，做到人力资源的高效利用。此外该区域的维修较大概率不需要使用备品，则可以允许将供水系统的备品库安排至其他区域，提高空间管理的灵活性。

一个典型的频繁模式　　表10-6

参数	值	内容
条件	411 条匹配	早上、轻微、不使用备品
结论	478 条匹配	水泵、无上游历史记录
置信度	0.959	
相关系数	0.889	

10.7 某商业地产案例分析

10.7.1 项目概况

拥有完整的项目开发标准流程和对应的商业集团内部部门，机电管理尤其是能源管理从设计阶段到运营阶段都拥有对应的管理和规划动作。而其在智能化系统建设上依然保持了全面完善的管理风格。某商业集团项目开发流程如图10-74所示。

该商业集团在能源、环境及冷站监控方面采用并行的方式，通过专业的系统对

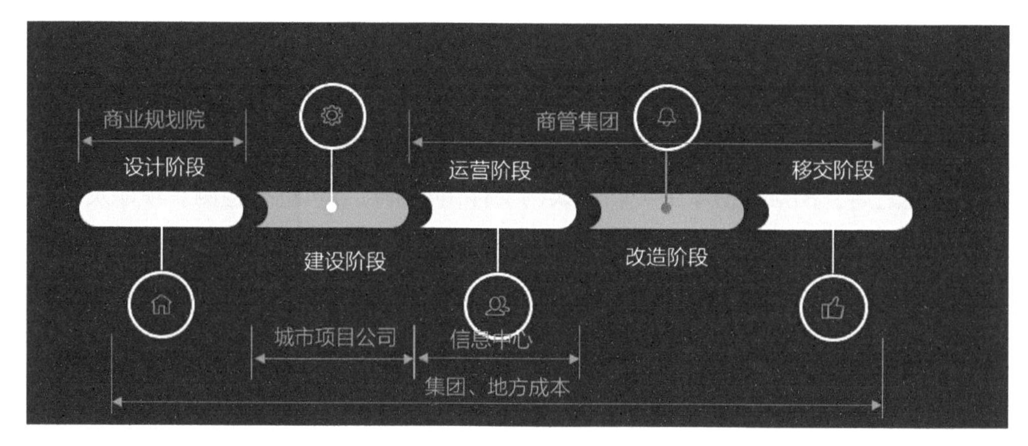

图10–74　商业集团项目开发流程

关键信息进行采集和监控。其中，能源管理试点开展最早，之后基于商业集团对于环境品质的要求，全国范围内部署环境监测系统用于对室内温度的考核管理，最后基于传统BA系统，对专业冷站群控进行试点效果验证。

三个系统相对独立运行但从业务使用角度又相互依赖，环境监测给予品质的目标，决定了品质管理和能源使用的底线，能源管理给予了能耗的目标，决定了能源使用的上线，而对于能耗使用占比最大的冷站部分，冷站监控系统给予了控制方法。三者相结合，通过对目标的上下线把控和实际控制，优化综合运行管理效果。三者缺一不可。

10.7.2　技术方案

该商业集团能源管理设计核心是基于智能化系统采集监测设备运行，利用大数据结合管理目标设计考核KPI并利用远程工具和现场技术手段发现、解决问题并实现优化迭代。其中包括两个重要思路：

思路一：先横向扩展建设EMS系统，再纵向IBMS标准化，最后集中管理。商业集团商业管理智能化系统建设，采取“先横向能源管理系统进行能源管控，再纵向建设IBMS系统解决问题”的思路，收集所有平行项目的能源问题，通过大数据的收集制定通用解决方式，从而制定标准化、统一化的IBMS系统，帮助各项目处理存在的机电管理问题。当项目发展到一定体量后增加中心平台的研发，实现总部对全国项目更高效的管理考核指导。

思路二：数据质量保障体系、能耗定额管控能源使用及现场问题检测并行。商业集团通过能源管理系统的收集数据，为每个项目制定能耗定额指标，用以规范各项目、区域、商业集团层面的用能上限，要求各项目针对用能超限情况自定应对措施并限期整改。通过对配电支路的排查，保障数据质量，进而实现更精细化管控。同时通过平台和管理指标考核发现项目级机电系统问题，通过现场检测进行诊断整改。

1. 能源监控管理发展路线

该商业集团从2010年开始关注能源管理，并选择项目进行EMS平台试点工作；于2012年开始推广新项目能源管理平台建设工作，并进行商业集团范围集采招标工作；从2014年开始，商业集团深入探索能耗数据应用，商管公司、规划院和成本部门都开始利用数据进行相关研究；从2016年开始讨论并逐步开发总部能源平台，将各项目纳入系统进行统一管理。截至2017年年底，能源管理系统中心平台共有160个商业综合体项目系统上线。商业集团项目系统统计图如图10–75所示。

2. 项目级能源管理介绍

项目级能源管理平台底层以传感器（智能电表、智能水表等）获取数据，以RS–485等有线形式传输至采集器，并以TCP/IP等数据格式通过网络传输至服务器，在服务器上实现数据的存储和计算，并按业务逻辑实现业务功能，用户通过网页输入用户名和密码登录系统并使用相应管理分析功能（图10–76）。

采集的数据为了方便业务人员使用，将各支路电表数据按照系统设备和用能区域划分归入能耗模型树中，能耗模型树从顶端到下方末端共分4级，广场用电设备和支路都可以在最末端找到对应关系（表10–7）。

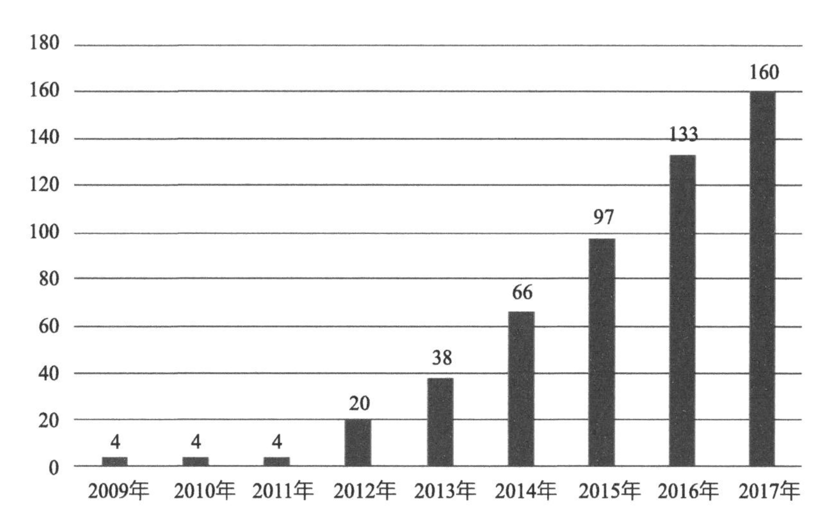

图10–75　某商业集团项目系统统计图

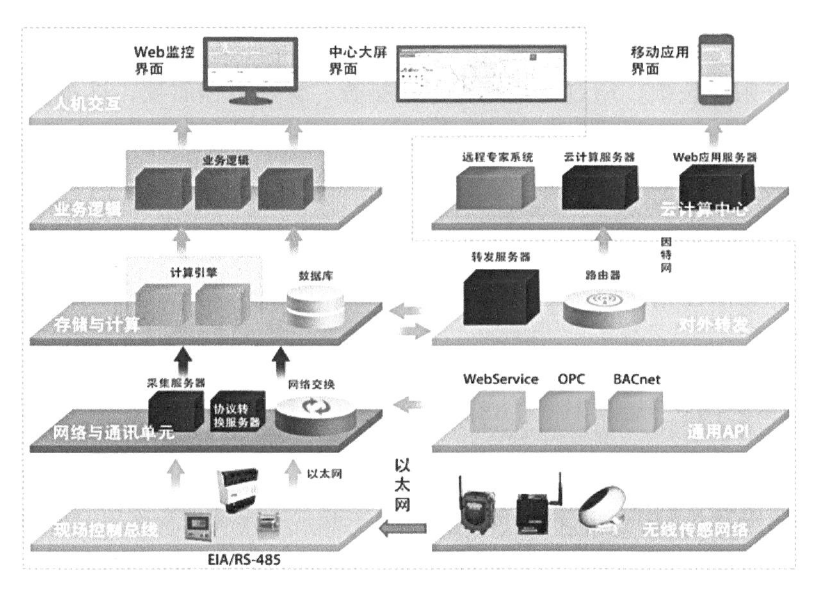

图10-76　项目级能源管理平台

能耗模型树　　表10-7

第一级 能耗用户分类	第二级 能耗区域分类	第三级 能耗分项计量大类	第四级 能耗分项计量小类
商管物业	商管物业公区	室内公共照明	普通照明
			应急照明
		夜景照明	楼体照明
			景观照明
		暖通空调	冷冻站
			热力站
			空调末端、送排风机
			热风幕
			分散空调（如设有独立远传电表）
		给水排水泵	生活泵
			排污泵
			中水系统
		电梯	自动扶梯
			直梯
		停车场	停车场照明
			停车场消防通风 两用风机

续表

第一级 能耗用户分类	第二级 能耗区域分类	第三级 能耗分项计量大类	第四级 能耗分项计量小类
商管物业	商管物业公区	强弱电机房	IBMS 机房
			托管机房
			变配电室
			其他机房（如设有独立远传电表）
		LED 大屏	
		物业用电	
		其他用电	
	商管物业租户	自营主力店	影城
			宝贝王
			大歌星
			其他
		外租商户	步行街小商铺
			非自营主力店
			其他外租商铺

依托能耗模型树，可以对项目能源使用状况进行分析，明确项目用电总量和能耗去向，定位重要能源使用问题，进而推动整改动作。图10–77是各主要分项能耗在总能耗中的比重。其中暖通空调、照明和停车场是能耗使用最多的三个分项，也是能耗管理的重中之重。

因每个项目都有能源管理平台，在对数据进行收集后，可以将所有项目进行横向对比（一般按照气候区划分以减少气候带来的影响），方便商业集团定位能耗较高的广场，从而安排总部管理人员进行集中指导。

从气候区各项目能耗排名中，可以较容易发现异常的项目，同时，计算各区域平均指标作为参考，以辅助判断问题严重性，同时了解气候区对能耗的影响；而且还可以将不同时间能耗进行对

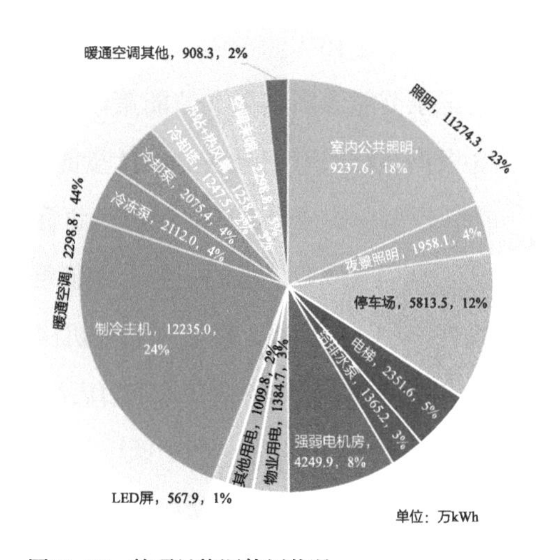

图10–77　某项目能源使用状况

比，以了解能耗使用的趋势。一般商业集团能源管理系统的功能要求如下：

（1）能源管理子系统功能

1）监测功能，包括：

①监测并显示各用电支路或用电设备每日、每周、每月的能耗数据，形成同比、环比分析图。

②监测并显示各用电支路和用电设备能耗的变化趋势、关键拐点和异常特征。

③实现各能耗分项和各能耗区域的能耗数据汇总统计。

④监测并显示变电所低压柜主进线、母联的电流、电压、有功功率、无功功率、功率因数、谐波率（母联不需要）、电度、开关状态。

⑤监测并显示变电所低压柜出线的电流、电压、设计安装功率、实时有功功率、无功补偿功率（电容补偿柜）、功率因数、电度、长延时电流保护整定值、开关状态。

⑥监测并显示变压器的负载率、三相绕组温度和散热风机启停状态。

⑦监测并显示IBMS机房内主UPS电源的输出电压、故障状态。

2）报警功能，包括：

①变压器：变压器超高温报警。

②低压柜进出线：电压异常、过载报警。

③IBMS机房内主UPS：电压异常、故障报警。

④数据采集网关设备运行状态异常报警。

3）记录功能，包括：

①定时统计记录各设备和支路的能耗数据，记录其功率峰值和某时段的均值。记录时间不少于10年。

②记录节能诊断结果、节能策略及其修改信息。

③根据能耗模型记录各分项计量能耗数据。

能耗模型的构成中，能耗用户为商管物业，商管物业的能耗区域包括物业公区和物业租户。商管物业公区的主要分项能耗包括室内公共照明、夜景照明、暖通空调、给水排水泵、电梯、停车场、强弱电机房、LED大屏、物业用电和其他用电。商管物业租户的主要分项能耗包括自营主力店和外租商户。具体项目以此能耗模型表为基础，并结合本项目强电施工设计图中低压多功能表计的设置情况，实现能耗分项计量。

4）数据分析与节能诊断，包括：

①对记录数据具备一定的诊断功能，各低压主进线总能耗数与各出线回路分项

能耗总和的数据匹配性（误差率不大于5%）。

②对比能耗数据与客流量、设备系统运行参数、气象参数等信息，分析能耗变化的规律，并由能源管理子系统供货商给出节能运行的改进建议。

③实现系统级节能诊断，对设备系统节能运行、节能改造措施（若有）的实际效果进行评估，并由能源管理子系统供货商提出改造建议和经济分析。

5）分析报告，包括：各系统能耗分析报表齐全，根据能源管理系统数据分析整理成固定格式的报告，主要包含能效指标评测结果、能耗数据与客流量、室外温度变化的关系，同比环比变化等内容，并由能源管理子系统供货商提出节能运行改进建议。

（2）IBMS集成平台功能

需要具有：IBMS首页能够显示能源管理系统的当日能耗总数、当月能耗累计总数据、一年能耗累计总数据；IBMS集成平台二级导航页面能够显示子能源管理系统的用能趋势图表；IBMS集成平台能够提供给能源管理系统所需的相关数据；当能源管理系统产生报警时，应在IBMS集成平台显示子系统报警信息；点击二级导航“能源管理”能够进入子系统进行各项操作，权限与子系统主机操作权限一致。

在各地项目，能源管理系统一般以IBMS子系统的形式存在。IBMS系统为集成的综合运行管理平台，集成包括能源管理在内的16个子系统，其中视频监控、暖通空调、给水排水、变配电监控、公共照明、夜景照明6项子系统通过兼容集成方式接入IBMS集成平台；防盗报警、门禁管理、电梯监视、客流统计、停车管理、能源管理6项子系统通过嵌套方式接入IBMS集成平台，消防系统、电子巡更、信息发布、背景音乐4项子系统以物理集成方式接入IBMS机房或娱乐业态控制室，相应操作在子系统主机上进行，独立于IBMS集成平台。

IBMS平台对能源管理平台数据交互也有着明确要求，以保障更高效的综合运行管理。能源管理子系统应采用标准通信协议和接口，系统应开放其设备的各层通信协议。除此之外，能源管理系统与IBMS集成平台数据交互的具体要求如下：

1）能源管理子系统应向IBMS集成平台提供建筑用电分项统计数据，内容包括但不限于：用电分项名称、用电趋势、当日能耗总数、当月能耗累计总数据、当年能耗累计总数据，数据传输频率为10min。

2）能源管理子系统应向IBMS集成平台提供主要设备（冷水机组、冷冻泵、冷却泵、冷却塔风机）的电流、电压、有功功率和电度数据，数据传输频率为10min。

3）能源管理子系统应向IBMS集成平台提供变压器实时负载率等监测电力参数

和报警信息，数据传输频率为3s。

4）能源管理子系统应向IBMS集成平台提供子系统的报警信息。

5）IBMS集成平台应向能源管理子系统提供室外温湿度数据，数据传输频率为10min。

6）IBMS集成平台应向能源管理子系统提供建筑总体客流数据，数据传输频率为10min。

7）IBMS集成平台应向能源管理子系统提供冷站运行相关数据，以下所有数据传输频率统一为10min，数据包含：①冷机参数；温度数据，冷冻水供水温度、冷冻水回水温度、冷却水供水温度、冷却水回水温度、蒸发器饱和温度、冷凝器饱和温度；②负载率（额定电流百分比）数据；③各冷机负载率参数，设备启停状态数据，各台冷机、冷冻泵、冷却泵、冷却塔风机群控数据；④频率数据，冷冻泵变频数据、冷却泵变频数据、冷却塔风机变频数据；⑤设备启停状态数据，所有冷冻泵、冷却泵、冷却塔风机；⑥冷量表数据，制冷量数据，冷站总制冷量；⑦冷站群控参数；控制参数设定值数据，冷冻水出水温度设定值、冷却塔出水温度设定值、冷却塔供回水温差设定值；⑧监测参数反馈值，冷冻水总供水温度、冷冻水总回水温度、冷却水总供水温度、冷却水总回水温度、冷冻水供回水总管压差；⑨冷站报警数据，包括报警数量、报警详细信息、报警解决状态参数（10min同步一次冷站报警数据）。

3. 商业集团级能源管理介绍

商业集团级能源管理依托于总部版能源管理平台，通过总部能源平台的建设和功能开发，实现全商业集团项目能源数据的集中管理，在总部统一考核，并对运行异常问题进行层级报警，且后期实现对商户数据及设备运行信息的集中，通过不同类别大数据综合应用，训练能耗模型，最终实现商户、机电、环境的综合评估和运行策略反馈。

总部版是该商业集团从云端进行集中管控的有效工具，一是高度优化了多项目的管理能力和效率；二是也为大数据应用和其他系统数据高效交互更推进了一步；三是基于大量的数据可以做更深入的智能分析和控制。总部平台搭建主要三步：一是所有项目数据接入统一管理并实现线上流程；二是接入其他主要运行平台关键数据充实数据基础；三是基于多类型大数据实现智能算法分析和控制。

目前，各项目本地仍然存在项目级能源管理平台服务器（图10-78），各项目数据通过服务器将原始电表数据上传至总部平台（部分项目和未来新建项目将由采

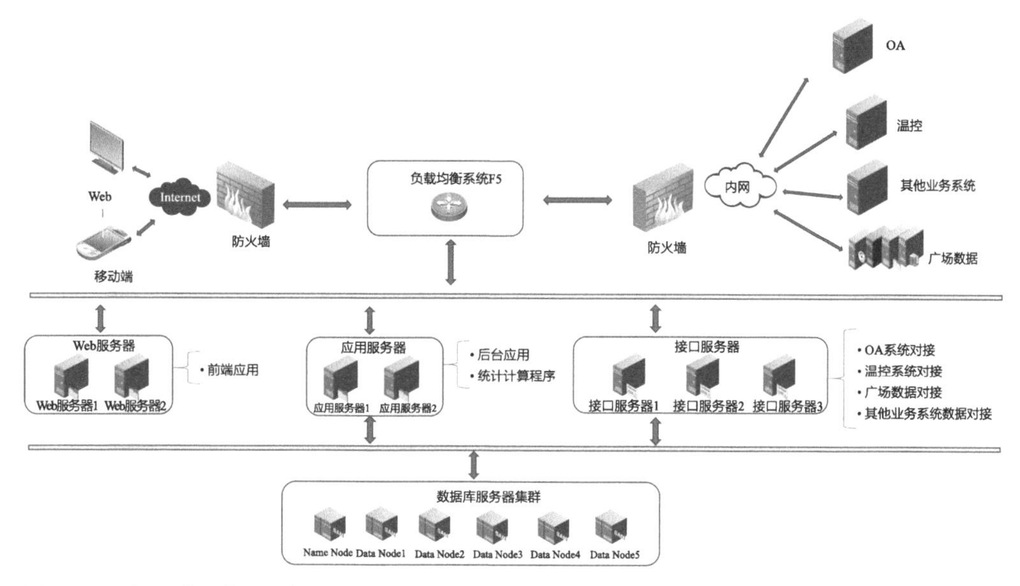

图10-78　项目级能源管理平台

集器直接传送数据至总部），总部统计进行存储和计算，并按照业务需求完善功能逻辑实现。

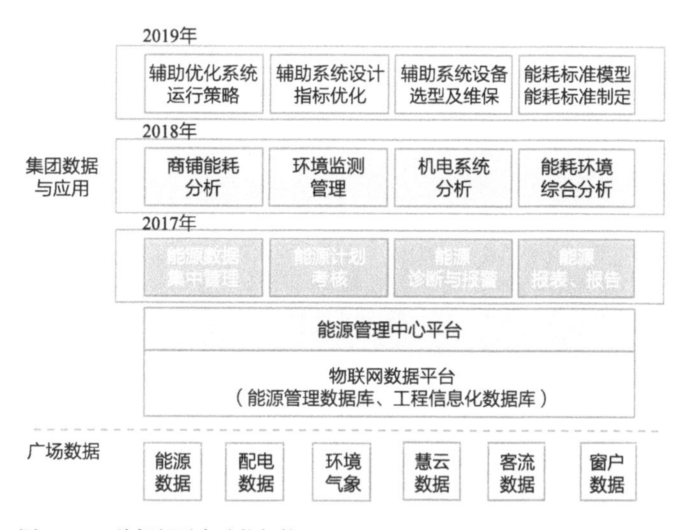

图10-79　总部版平台功能架构

总部版平台功能架构如图10-79所示，第一阶段实现以商管物业公区能耗数据的分析对比、诊断报警、报表报告、计划考核等功能；第二阶段实现商户能耗异常诊断、环境监测管理和机电系统诊断分析等功能；第三阶段完善系统运行策略反馈、设计指标优化、设备选型预测维保等功能。最终形成一个综合的运行管理监测平台。

4. 项目配电系统检测管理和数据运维

该商业集团是业内较早开展能源管理系统建设的商业集团，也是较早开展基于能源管理系统进行运行管理的业主方。通过早期对系统的使用，商业集团较早认识到数据质量对平台应用和工作管理的重要性，同时也意识到了运营改造变动造成的支路设备对应关系混乱的问题。

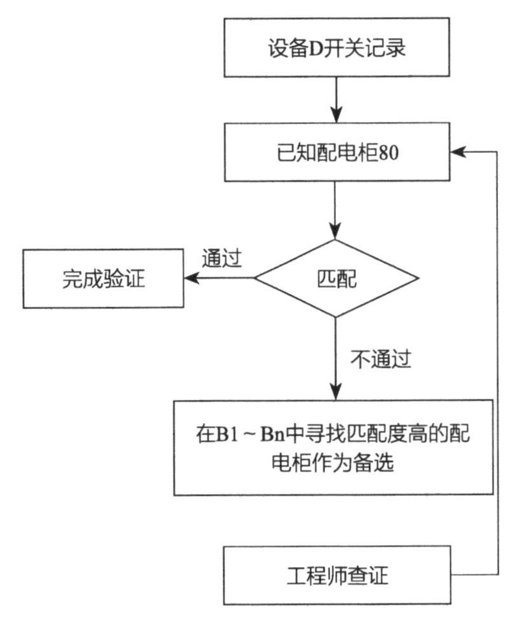

图10-80　设备管理流程

部分项目采用“精细化调研工具”对项目配电系统进行调研，梳理拓扑关系图，通过设备启停和功率信息定位支路和设备对应关系，高效实现配电支路梳理和维护（图10-80、图10-81）。

通常当项目建设期结束后，伴随着运行期的进行，各种调整和改造随经营需求不断变更，导致后期支路情况与刚交付时差异巨大，运营人员很难清楚地梳理出线路等隐蔽工程信息，故此方法节省了大量用于排查支路对应关系的人力。

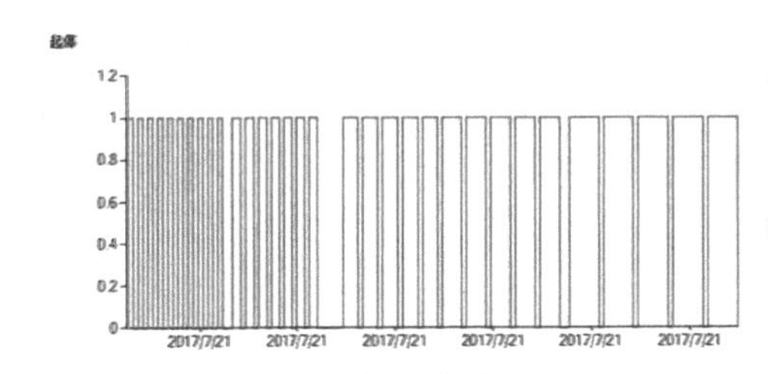

设备启停记录

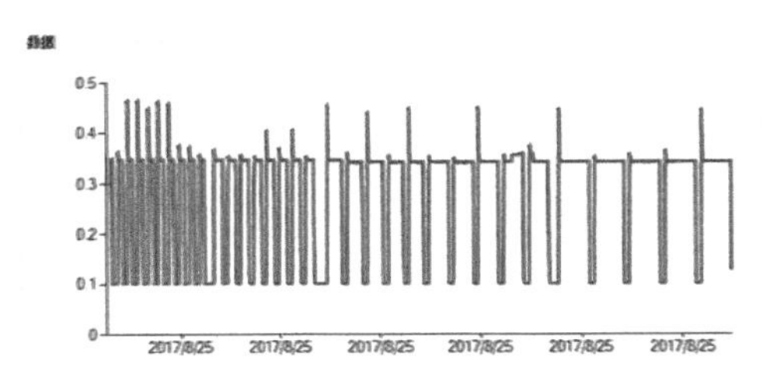

配电柜功率运行曲线

设备	类型	分支	概率
323房间风盘	已知	AS-3F-U2风机盘管（4167）	32.7%
	备选	AS-1F-U2风机盘管（4155-B）	79.3%
	备选	AS-2F-U1办公插座（4177-A）	75.6%

图10-81　设备运行记录

10.7.3 管理应用方案

1. 针对设计标准的规划院科研课题

规划院从2014年开始邀请供方共同开展能源相关研究，其中涉及能耗分析、配电容量优化、冷站效果评估等，期间很多研究成果以该商业集团设计建设标准成果体现（表10-8）。

规划院能源相关研究项目表　　表10-8

年度	起止时间	课题名称	主要内容
2017	2017 年 3 月 ~ 2017 年 12 月	大型商业综合体能耗研究	子课题一：能耗现状及预测分析验证 子课题二：配电及租户用电容量分析 子课题三：空调系统运行分析 子课题四：EMS 相关硬件技术要求完善 子课题五：能耗定额体系完善分析
2016	2016 年 3 月 ~ 2016 年 12 月	能源管理数据分析与节能措施研究	子课题一：2015 年能耗数据分析 子课题二：节能技术效果分析 子课题三：设备容量配置分析 子课题四：能耗定额体系完善分析
2015	2015 年 3 月 ~ 2015 年 12 月	能源管理数据分析与节能措施研究	1）2014 年能耗数据分析 2）节能技术效果分析
2014	2014 年 3 月 ~ 2014 年 12 月	商场能耗数据分析	2013 年能耗数据质量排查与能耗效指标横向对比分析

2. 运营管理阶段管理分析及现场技术检测服务

在运营管理阶段，该商业集团和供方通过管理和技术两种管理思维（图10-84），在管理上从管理体系、技术标准、执行标准和问题复盘来完善提升运行管理效果；在技术上通过效果分析、现场诊断评估和工具开发来解决重要机电系统问题，提升执行效率。其中，诸多项目进行过机电系统诊断工作，并将诊断成果在全国各区域进行培训和讲解（图10-83、图10-84）。

3. 能耗定额管控体系

能耗定额体系是2015年提出并开始试运行的一套能源管控体系（图10-85），通过制定一系列定额指标，包括项目年定额、月定额和日定额，再帮助商业集团和一线运维团队去执行，及时针对问题进行报警和提出整改意见，使得能耗实现可控。

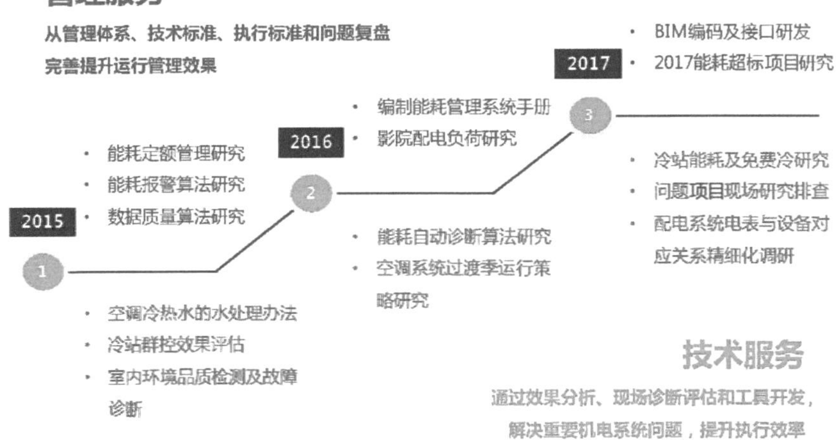

图10-82　运营阶段管理服务和技术服务

图10-83　机电设备诊断工作

图10-84　设备诊断方法讲解培训

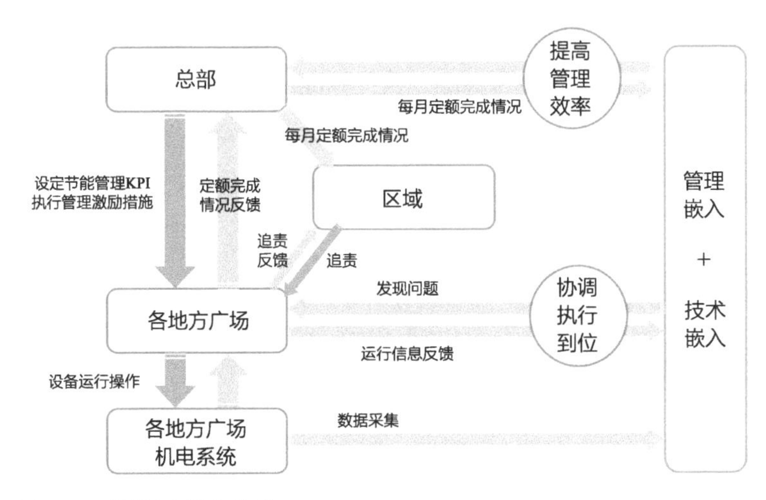

图10-85　能耗定额管控体系

能耗定额的发展分为几个阶段（图10-86），起初的工作流程为总部和项目的博弈或者反复论证的过程，通过这样的讨论，得到每个项目第二年的预算。这个方法初步实现了商业集团整体范围的能耗可控，也通过反复论证加深了对各项目用能特点的了解，但此种方法还缺少较多的实际数据支撑。

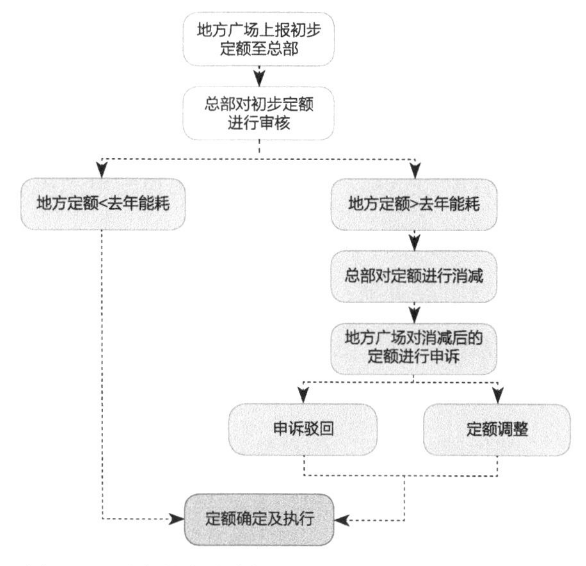

图10-86　定额的发展阶段

然后，通过对积累的项目数据的论证分析，综合考虑所在气候区、餐饮业态、设计效率、客流量和营业时间等因素，做影响分析和建模，得到了每个项目自己的能耗定额，管理更细化了（图10-87）。

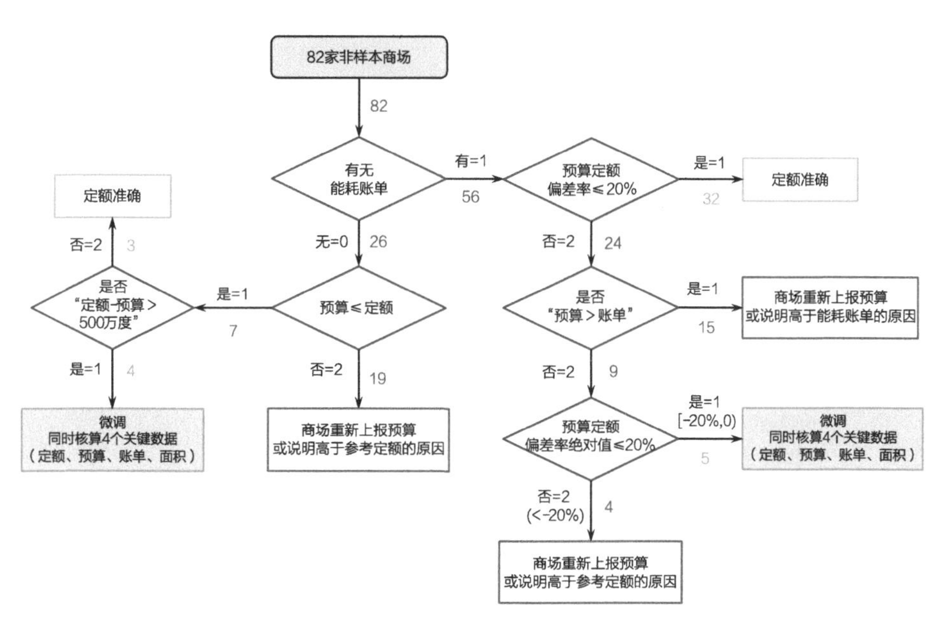

图10-87　能耗定额指导用电预算

能耗定额指标［kWh/（$m^3 \cdot a$）］= 基准能耗指标 × max（a_1，a_2）× a_3 × a_4 × a_5

能耗定额（kWh/a）=能耗定额指标 × 建筑总商业面积

式中，a_1为气候修正系数；a_2为客流量修正系数；a_3为餐饮业态修正系数；a_4为营业时间修正系数；a_5为设计效率修正系数。

4. 能源管理工作相关管理效益

设计阶段贡献：通过对既有项目配电系统和冷源系统容量分析，商业集团将其设计指标降低5%～15%。

运营阶段贡献：2015年，通过能耗定额指导135个项目复核2016年的总用电预算，削减8000万度电，并继续参与2017年、2018年的新旧项目能耗计划指标的制定工作。

其他部分专项工作举例：在某地过渡季运行策略研究中，对该区域项目进行过渡季跟踪指导，通过现场基础信息调研，结合温度能耗数据分析，发现运行潜力；制定优化运行方案并跟踪实验，固化分析模板和管理制度，实现过渡季同比节能率达4%～14%。

在冷站能耗及免费冷研究中，以某商场作为试点研究免费冷控制方式，实现4月节能4.46万kWh、10月节能4.04万kWh（图10-88）。

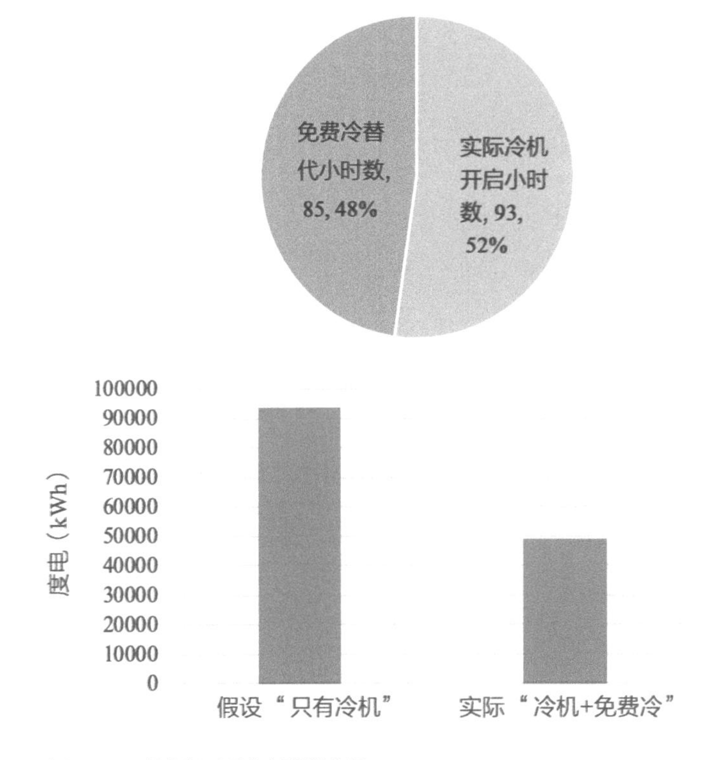

图10-88　某商场项目能耗数据分析

另一商场项目智能诊断算法，通过数据分析提炼典型系统报警曲线，监测运行异常，实现3个月节能8.8万kWh的管理效益（图10-89）。

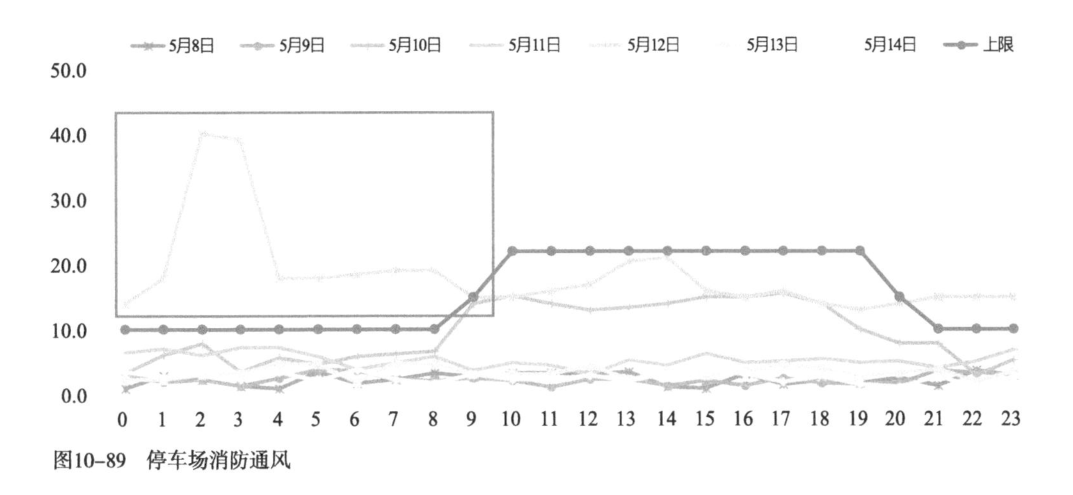

图10-89 停车场消防通风

本章选择了7个数字化运维的案例，案例的选择范围较广，地域从国际到国内。数字化运维案例中的建筑类型丰富，包括机电系统、地铁、办公楼大夏、智慧校园、超高层商业建筑、国际机场以及商业地产。案例的选择具有一定的代表性。这些案例提供了不同数字化技术的应用场景和相对应的解决方案。案例中采用的先进数字化运维技术，以及开发的集成运维管理平台为建设行业的数字化运维前景，提供了有效的参考价值。

索 引

参考文献

[1] International Facility Management Association.What is FM[EB/OL]. [2007-10-1]. http://www.ifma. org/what_is_fm/index.cfm.

[2] 中国香港设施管理学会. What is Facilities Management [J/OL]. [2014-3-1]. www.hkifm.org.hk.

[3] British Institute of Facility Management Facility Management Introduction [EB/OL]. [2007-10-1]. http://www.bifm.org.uk/bifm/about/facilities.

[4] Facility Management Austrilia [EB/OL]. [2014-3-1]. http://www.f-m-a.com.au/.

[5] John D.Gilleard.Facility Management in China:An Emerging Market [J/OL]. [2014-31]. http://www.ifma.org.hk/essentials.

[6] 日本建筑学会. 建筑环境管理[M]. 余晓潮译. 北京：中国电力出版社，2009：44-270.

[7] 科茨. 设施管理手册：超越物业管理 [M]. 北京：中信出版社, 2001.

[8] Nutt, B. Four Competing Futures for Facility Management. Facilities, 2000, 18 (3/4): 124-132.

[9] Quah, L. K. Facilities Management, Building Maintenance and Modernization Link: Evolution of Facilities Management Traced Suggesting a Need to Re-divert Attention Back to Underlying Issues such as Improvements in Maintenance, Modernization Systems, and Feedback Procedures. Building Research and Information, 1992: 20 (4) , 229-232.

[10] Alexander K. Facilities Management: Theory and Practice. Routledge. 2013.

[11] Godager B A. Analysis of the Information Needs for Existing Buildings for Integration in Modern BIM-based Building Information Management 2011.

[12] Becerik-Gerber B, Jazizadeh F, Li N, et al. Application Areas and Data Requirements for BIM-enabled Facilities Management [J]. Journal of Construction Engineering and Management, 2011, 138 (3): 431-442.

[13] Lee, S K, An H K, Yu J H. An Extension of the Technology Acceptance Model for BIM-based FM// Proceedings of the Construction Research Congress 2012: Construction Challenges in a Flat World, ASCE, West Lafayette, IN. 2012.

[14] Meadati P, Irizarry J, Akhnoukh A K. BIM and RFID Integration: a Pilot Study. Advancing and

Integrating Construction Education, Research and Practice, 2010：570–78.

[15] Schevers H, Mitchell J, Akhurst P, et al. Towards Digital Facility Modelling for Sydney Opera House Using IFC and Semantic Web Technology. Journal of Information Technology in Construction（ITcon）, 2007, 12（24）：347–362.

[16] 澳大利亚皇家建筑师学会．Adopting BIM for Facilities Management Solutions for Managing the Sydney Opera House［Z］．墨尔本：澳大利亚建筑创新研究中心，2007.

[17] 郑万钧，李壮．浅析大厦型综合楼物业设备设施的管理．黑龙江科技信息，2008，（19）：98–98.

[18] 刘幼光，黄正．浅析设备管理存在的问题与对策．江西冶金，2005，25（1）：46–48.

[19] 刘会民．设施设备管理存在的部分问题及解决方法．中国物业管理，2007（8）：58–59.

[20] 曹吉鸣，张军青，缪莉莉．基于WSR的设施管理三维要素模型及要素分析（Doctoral Dissertation）．2009.

[21] 过俊，张颖．基于BIM的建筑空间与设备运维管理系统研究［J］．土木建筑工程信息技术，2013，5（3）：41–49.

[22] 杨焕峰, 闫文凯．基于BIM技术在逃生疏散模拟方面的初步研究［J］．土木建筑工程信息技术，2013，5（3）：63–67.

[23] 张建平，郭杰，王盛卫，等．基于IFC标准和建筑设备集成的智能物业管理系统［J］．清华大学学报（自然科学版），2008，48（6）：940–946

[24] Modern BIM–based Building Information Management［J］．Environmental Engineering, 2011：886–892.

[25] Kandil A, Hastak M, Dunston P S. An Extension of the Technology Acceptance Model for BIM–based FM［J］．Bridges, 2012（10）：602–611

[26] 蒋林涛．互联网与物联网［J］．电信工程技术与标准化，2010（2）．

[27] 赵起升，朱静孙，王平．智能建筑中的建筑自动化设计及其应用（Doctoral Dissertation）．2003.

[28] 温伯银．《智能建筑设计标准》实施要点．建筑电气，2001，20（4）：33–39.

[29] 潘兴华．BACnet和 LonWorks 在建筑自动控制系统中的应用（Doctoral Dissertation）．2004.

[30] 古丽萍．备受青睐的物联网及其应用与发展［J］．中国无线电，2010（3）：25– 28.

[31] 何可．物联网关键技术及其发展与应用［J］．射频世界，2010（1）．

[32] Chen W, Chen K, Cheng J C, et al. BIM–based Framework for Automatic Scheduling of Facility Maintenance Work Orders. Automation in Construction, 2018（91）：15–30.

[33] Cheng J C, Chen W, Chen K, et al. Data–driven Predictive Maintenance Planning Framework for MEP Components Based on BIM and LoT Using Machine Learning Algorithms. Automation in Construction, 2020, 112（103087）．

[34] 郑国勤，邱奎宁．BIM国内外标准综述．土木建筑工程信息技术，2012，4（1）：32–34.

[35] Deng Y, Cheng J C, Anumba C. Mapping between BIM and 3D GIS in Different Levels of Detail Using Schema Mediation and Instance Comparison. Automation in Construction, 2016（67）:1–21.

[36] Wang Q, Kim M K, Cheng J C, Sohn H. Automated Quality Assessment of Precast Concrete

Elements with Geometry Irregularities using Terrestrial Laser Scanning. Automation in Construction, 2016（68）：170–182.

[37] Tang P, Huber D, Akinci B, Lipman R, Lytle A. Automatic Reconstruction of As-built Building Information Models from Laser-scanned Point Clouds: A Review of Related Techniques. Automation in Construction, 2010, 19（7）：829–843.

[38] 杨震．物联网及其技术发展．南京邮电大学学报（自然科学版），2010：4.

[39] Meadati P, Javier Irizarry, Amin K, et al. BIM and RFID Integration：A Pilot Study [C] . Second International Conference on Construction on Developing Countries, 2010：570–578.

[40] 谢维兵，敬勇，刘敏，等．增强现实（AR）技术在电网培训中的运用．重庆电力高等专科学校学报，2018.

[41] Jack C P Cheng, Keyu Chen, Weiwei Chen. Comparison of Marker-based AR and Markerless AR: A Case Study on Indoor Decoration System. In: Proc. Lean & Computing in Construction Congress（LC3）, Vol. 2（CONVR）, Heraklion, Greece. 2017.

[42] Chen Weiwei, Jack Chin Pang Cheng, Yi Tan. BIM-and IoT-based Data Driven Decision Support System for Predictive Maintenance of Building Facilities. 2017.

[43] 杨智璇，高平，班允浩．BIM技术在校园建筑数字化中的应用研究．工程经济，2016（2）：44–48.

[44] Teicholz P（Ed.）. BIM for Facility Managers. John Wiley & Sons. 2013.

[45] Chen W, J L Gan Vincent, K Chen, JCP Cheng. A BIM-based Approach for Implementing WELL Standard on Human Health and Comfort Analysis. Proceedings of the 17th International Conference on Computing in Civil and Building Engineering. 2018.

[46] Cheng J C, Chen W, Tan Y, Wang M. A BIM-based Decision Support System Framework for Predictive Maintenance Management of Building Facilities. In Proceedings of the 16th International Conference on Computing in Civil and Building Engineering（ICCCBE2016）.

[47] Cheng J C, Wang M. Automated Detection of Sewer Pipe Defects in Closed-circuit Television Images using Deep Learning Techniques. Automation in Construction, 2018（95）：155–171.

[48] P Chen, L Cui, C Wan, et al. Implementation of IFC-based Web Server for Collaborative Building Design between Architects and Structural Engineers. Autom. Constr, 2005, 14（1）：115–128.

[49] A Kiviniemi, M Fischer, V Bazjanac. Integration of Multiple Product Models: IFC Model Servers as a Potential Solution. Proc. of the 22nd CIB-W78 Conference on Information Technology in Construction, 2005.

[50] J Beetz, L van Berlo, R de Laat, P. van den Helm, BIMserver.org–an open source IFC model server. Proc. of the CIP W78 Conference, 2010.

[51] K A Jørgensen, J Skauge, P Christiansson, et al, Use of IFC Model Servers. Modelling Collaboration Possibilities in Practice, 2008.

[52] East E W. Construction Operations Building Information Exchange（Cobie）：Requirements Eefinition and Pilot Implementation Standard（No. ERDC/CERL TR-07-30）. Engineer Research and Development Center Champaign IL Construction Engineering Research Lab. 2007.

[53] East E W. Construction Operations Building Information Exchange (COBie)(No. ERDC/CERL-TR-07-3) . Engineer Research and Development Center Champaign IL Construction Engineering Research lab. 2007.

[54] Afsari K, Eastman C M. A Comparison of Construction Classification Systems used for Classifying Building Product Models. In 52nd ASC Annual International Conference Proceedings, 2016：1-8.

[55] https://en.wikipedia.org/wiki/MasterFormat.

[56] Miller K R, Newitt J S. MasterFormat 2004 Impact on Construction Organizations. In ASC Proceedings of the 41st Annual Conference University of Cincinnati. 2005.

[57] Kasi M, Chapman R E. Proposed Uniformat II Classification of Bridge Elements [No. Special Publication (NIST SP) -1122] . 2011.

[58] Crawford R H, Stephan A. The Principles of a Classification System for BIM: Uniclass 2015.

[59] I Faraj, M Alshawi, G Aouad, et al. An Industry Foundation Classes Web-based Collaborative Construction Computer Environment: WISPER. Autom. Constr. 2000, 10 (1)：79–99.

[60] M Venugopal, C M Eastman, R Sacks, J Teizer. Semantics of Model Views for Information Exchanges using the Industry Foundation Class Schema. Adv. Eng. Inform. 2012, 26 (2)：411-428.

[61] Zhen-Zhong Hu, Pei-Long Tian, Sun-Wei Li, et al. BIM-based Integrated Delivery Technologies for Intelligent MEP Management in the Operation and Maintenance Phase [J] . Advances in Engineering Software. 2018 (115)：1-16.

[62] Yang Peng, Jia-Rui Lin, Jian-Ping Zhang, et al. A Hybrid Data Mining Approach on BIM-based Building Operation and Maintenance [J] . Building and Environment, 2017 (126)：483-495.

[63] Zhen-Zhong Hu, Jian-Ping Zhang, Fang-Qiang Yu, et al. Construction and Facility Management of Large MEP Projects using a Multi-scale Building Information Model [J] . Advances in Engineering Software, 2016 (100)：215-230.

[64] Xiao Yaqi, Hu Zhenzhong, Wang Wei, et al. A Mobile Application Framework of the BIM-based Facility Management System under the Cross-platform Structure. Computer Aided Drafting, Design and Manufacturing, 2016, 26 (1)：58-65

[65] 胡振中，陈祥祥，王亮．等．基于BIM的机电设备智能管理系统．土木建筑工程信息技术．2013，5 (1)：17-21.

[66] U Isikdag. Design Patterns for BIM-based Service-oriented Architectures. Autom. Constr. 2012 (25)：59–71.

[67] Jianping Zhang, Qiang Liu, Zhenzhong Hu, et al. A Multi-server Information-sharing Environment for Cross-party Collaboration on a Private Cloud. Autom. Constr. 2000, 10 (1)：79–99.

[68] T H Beach, O F Rana, Y Rezgui, et al. Cloud Computing for the Architecture, Engineering & Construction Sector: Requirements, Prototype & Experience. Journal of Cloud Computing: Advances, Syst. Appl. 2018, 2 (1)：8.

[69] Electrical and Mechanical Service Department, Hong Kong. EMSD official website: http://www.emsd.gov.hk/en/engineering_services/project_management_consultancy/highlights_of_work/bim_am/index.html.

[70] Lifecycle Building Information Modelling-Asset Management (BIM-AM) System Buildings Operation and Maintenance. EMSD presented on 17 Nov 2016. http://www.emsd.gov.hk/filemanager/en/content_1226/18_BIM%20AM%20System%20for%20Buildings%20Operation%20and%20Maintenance.pdf.
[71] Chan H Y, Leung S F, Yuen P H et al. Towards Smart Operation & Maintenance (O&M) by Building Information Modelling (BIM) and Asset Management (AM) Technologies.
[72] Chan P S, Chan H Y, Yuen P H. BIM-enabled Streamlined Fault Localization with System Topology, RFID Technology and Real-time Data Acquisition Interfaces. In Automation Science and Engineering（CASE）, IEEE International Conference, 2016：815-820.
[73]《企业房地产与设施管理指南》编委会. 企业房地产与设施管理指南［M］. 上海：同济大学出版社，2018.
[74] 付永栋. 基于信息时代的建筑空间资源配置研究［D］. 深圳大学，2017.
[75] 武慧敏，高平. BIM在建筑项目物业空间管理中的应用［J］. 项目管理技术，2015，148（10）：59-65.
[76] 余芳强. 基于BIM的医院建筑智慧运维管理技术［J］. 中国医院建筑与装备，2019（01）：83-86.
[77] 李明照，张瀛月. 基于数字化校园空间管理问题的思考与研究［C］. 探索科学学术研讨会（2016）. 2016.
[78] 金伟强. 基于BIM模型的空间与设施管理研究［D］. 吉林建筑大学，2016.
[79] Cotts D G，The facility management handbook. 2nd edn. New York，NY：Amacom Press. 1999.
[80] 陶赛伦，孟慧. 基于 WSR 方法论的设施管理服务绩效评价. 经济论坛. 2010（10）：173-6.
[81] 丁智深，赵娜. 设施管理及其在中国的发展. 建筑经济. 2007（S1）：23-6.
[82] 李俊华. 基于物联网的智能数字校园研究与设计（Doctoral dissertation）. 2010.
[83] 闫鹏. BIM与物联网技术融合应用探讨. 铁路技术创新，2015（6）：45-47.
[84] Wang M, Deng Y, Won J, et al. An Integrated Underground Utility Management and Decision Support Based on BIM and GIS. Automation in Construction, 2019, 107（102931）.
[85] What is COBie? Available on: https://www.thenbs.com/knowledge/what-is-cobie.
[86] 余芳强. 面向建筑全生命期的BIM集成与应用技术研究［D］. 清华大学，2014.
[87] Chen W. Integration of Building Information Modeling and Internet of Things for Facility Maintenance Management［D］. 2019.